全国水利行业规划教材　高职高专水利水电类
全国水利职业教育优秀教材
中国水利教育协会策划组织

水力分析与计算

（第2版）

主　编　罗全胜　王勤香
副主编　杨璐瑶　黄淑芳　谭文波
　　　　田　静　顾长宽
主　审　邹　林

黄河水利出版社
·郑州·

内 容 提 要

本书是全国水利行业规划教材。本书根据教育部国家示范性高等职业院校建设计划水利水电建筑工程重点建设专业及专业群人才培养方案要求,按照水力分析与计算课程教学标准编写。根据实际工程中水力分析与计算的工作任务组织教材内容,全书共分11个学习项目,主要内容包括:水力分析与计算基础、水流运动分析与计算基础、水工建筑物壁面静水荷载分析与计算、恒定管流水力分析与计算、明渠恒定均匀流水力分析与计算、渠道水面曲线分析与计算、堰流水力分析与计算、闸孔出流水力分析与计算、泄水建筑物下游消能水力分析与计算、渗流水力分析与计算、高速水流基础等。本书的编写以党的二十大精神为指引,融入了行业思政教育元素,旨在培养学生的大国工匠精神,成为国家民族复兴大业的建设者。

本书为高职高专院校水利水电建筑工程专业教材,也可供水利类相关专业教学使用,同时可作为水利水电工程技术人员的参考用书。

图书在版编目(CIP)数据

水力分析与计算 / 罗全胜, 王勤香主编. -- 2 版. 郑州 : 黄河水利出版社, 2024. 7. -- (全国水利行业规划教材). -- ISBN 978-7-5509-3946-2

Ⅰ. TV131.4

中国国家版本馆 CIP 数据核字第 20243Y4E96 号

出版顾问:王路平　电话:13623813888　E-mail:hhslwlp@163.com

组稿编辑:陈俊克　0371-66026749　hhslcjk@126.com

责任编辑:陈俊克　责任校对:兰文峡　封面设计:李思璇　责任监制:常红昕

出版发行:黄河水利出版社

地址:河南省郑州市顺河路49号　邮政编码:450003

网址:www.yrcp.com　E-mail:hhslcbs@126.com

发行部电话:0371-66020550、66028024

承印单位:河南田源印务有限公司

开本:787 mm×1 092 mm　1/16

印张:17

字数:400千字　印数:1—2 100

版次:2011年10月第1版　印次:2024年7月第1次印刷

2024年7月第2版

定价:46.00元

第 2 版前言

本书是根据《中共中央关于认真学习宣传贯彻党的二十大精神的决定》(2022 年 10 月)、国务院办公厅《关于推动现代职业教育高质量发展的意见》(2021 年 10 月)、《国家职业教育改革实施方案》(国发〔2019〕4 号)、《国务院关于加快发展现代职业教育的决定》(国发〔2014〕19 号)和《水利部 教育部关于进一步推进水利职业教育改革发展的意见》(水人事〔2013〕121 号)等文件精神,依据教育部印发的《高等职业学校专业教学标准(试行)》中关于课程的教学要求,在中国水利教育协会指导下,由中国水利教育协会职业技术教育分会高等职业教育教学研究会组织编写的第四轮水利水电类专业规划教材。教材以学生能力培养为主线,体现出实用性、实践性、创新性的教材特色,是理论联系实际、教学面向生产的高职教育精品规划教材。

本书第 1 版在 2017 年由中国水利教育协会组织的教材评选中,被评为"全国水利职业教育优秀教材"。

本书从高职教育的实际出发,基于水利工程设计、施工、管理中水力分析与计算的工作任务和工作过程,依据水利水电建设的有关规范,以培养学生的岗位工作能力为目标,以具体实际工程案例为载体组织教材内容、构建学习项目,融"教、学、练、做"于一体,适合开展项目化教学,学习项目做到理论与实践有机融合,突出学生水力分析能力与水力计算技能的培养。

本书在编写过程中为了便于教师教学和学生的技能训练,书中选有类型丰富的典型工程案例和实践性强的工作任务。为进一步培养学生的水力分析与计算技能,书后附有与各学习项目紧密结合配套对应的实际工程完整案例。

本书编写单位及编写人员如下:黄河水利职业技术学院罗全胜、王勤香、田静,云南水利水电职业学院杨璐瑶,江西水利职业学院黄淑芳,湖南水利水电职业技术学院谭文波,河南省豫东水利保障中心顾长宽。本书由罗全胜、王勤香担任主编,罗全胜负责全书统稿;由杨璐瑶、黄淑芳、谭文波、田静、顾长宽担任副主编;由长江工程职业技术学院邹林担任主审。

在本书的编写过程中,得到了黄河勘测规划设计研究院有限公司的大力支持。同时,本书参考了国内同行的著作、教材及相关规范,在此,谨对所有参考文献的作者深表谢意!

由于本书编者水平有限,不足之处在所难免,恳请读者,特别是使用本书的教师和同学积极提出批评和改进建议,以便今后对本教材进一步修订完善。

编　者

2024 年 3 月

深入实施科教兴国战略、人才强国战略、创新驱动发展战略，为中华民族伟大复兴而奋斗

——教育、科技、人才是全面建设社会主义现代化国家的基础性、战略性支撑。必须坚持科技是第一生产力、人才是第一资源、创新是第一动力，深入实施科教兴国战略、人才强国战略、创新驱动发展战略，开辟发展新领域新赛道，不断塑造发展新动能新优势。

——培育创新文化，弘扬科学家精神，涵养优良学风，营造创新氛围。

——我们要坚持教育优先发展、科技自立自强、人才引领驱动，加快建设教育强国、科技强国、人才强国，坚持为党育人、为国育才，全面提高人才自主培养质量，着力造就拔尖创新人才，聚天下英才而用之。

——全面贯彻党的教育方针，落实立德树人根本任务，培养德智体美劳全面发展的社会主义建设者和接班人。

摘自中国共产党第二十次全国代表大会报告

目 录

绪 论

1 水力分析与计算的研究对象和任务

1.1 水力分析与计算的研究对象

在自然界、日常生活和实际生产中可以遇到种类众多的液体,如水、各种油、酒精等,其中,数量最多、应用最广而又不可缺少的就是水,尤其是在水利工程中。水力分析与计算就是研究以水为主的液体在静止和运动状态下的基本规律。水力分析与计算的基本原理与计算方法并不仅仅适用于水,也适用于与水类似的液体。

1.2 水力分析与计算的任务

自古以来的人类活动,包括现代化工农业生产的各个部门,无不与水有着密切的联系。因此,水力分析与计算已成为解决与液体运动有关的各种工程技术问题的重要手段之一,并不断得到丰富和完善。水力分析与计算在水利水电工程的勘测、规划、设计、施工和运用管理中有比较广泛的应用。例如,为了满足防洪、供水、发电的需要,通常要在河道上修闸筑坝形成水库,用来控制与调节水位和水量。水库蓄水形成水库后,便会出现以下需要分析和计算的问题:

(1)闸坝除挡水外还要控制水流,从水库向下游宣泄洪水、供水和引水发电,需要修建溢洪道、泄洪洞及引水隧道等建筑物,泄水建筑物需要多大的孔口尺寸才能满足通过的设计流量,这也是必须解决的问题。

(2)闸坝挡水后,会受到巨大的水压力,这个水压力会使闸门、坝体有向下游倾倒或移动的趋势。另外,水压力还是闸门、坝体的重要荷载之一。因此,正确计算水压力是闸坝稳定计算与结构计算的必要条件。

(3)从泄水建筑物下泄的水流一般为高速水流,流速很大,会冲刷河床和岸坡,危及建筑物的安全,需要通过水力分析与计算采取措施改善水流条件,消除多余的动能和预防冲刷,避免对水工建筑物及河道的冲刷等。

(4)闸坝挡水后,抬高了上游水位,形成水库,为估算淹没和迁移范围,必须要估算库区的淹没范围和淹没损失,需要推算上游的水面线。

(5)闸坝的基础为岩石或土壤,大多能够透水。闸坝挡水后在上、下游水位差的作用下,有一小部分水在水压力的作用下会经坝体、坝基和两岸向下游渗流,渗流是否会造成过多的水量损失,能否对坝体、坝基产生破坏作用,需要进行渗流计算。

以上这些都是水力分析与计算中极为重要的问题。

图 0-1 为葛洲坝泄洪闸,图 0-2 为永嘉金溪水库泄洪场景。

归纳起来,在水利水电工程中经常遇到的水力问题主要有五个方面:一是水工建筑物及河渠的过流能力问题;二是水对水工建筑物的作用力问题;三是水流的流态及泄水建筑物下游水流的消能问题;四是河渠水面线问题;五是渗流问题。

图 0-1　葛洲坝泄洪闸

图 0-2　永嘉金溪水库泄洪场景

需要指出的是,上述五个方面的问题并不是水力分析与计算的全部问题,它们之间也不是孤立的、截然分开的,而是水流与边界的相互作用从不同角度的反映,在分析研究时需要综合考虑。

本书主要完成的水力分析与计算任务如下:

(1)建筑物壁面静水荷载分析与计算;

(2)平板、弧形闸门上的静水总压力计算;
(3)压力管道和隧洞水力分析与计算;
(4)泵站水力分析与计算;
(5)倒虹吸水力分析与计算;
(6)渠道水力分析与计算;
(7)渡槽水力计算;
(8)渠道水面线分析与计算;
(9)堰流、闸孔出流过流能力水力计算;
(10)泄水建筑物下游消能防冲计算;
(11)地下渗流及井的分析计算;
(12)高速水流对建筑物过流能力和影响的分析与计算。

2 液体的基本特性和主要物理力学性质

2.1 液体的基本特性

自然界的物质一般有三种形态,即固体、液体和气体。液体的基本特性主要是从力学的角度,研究其与固体、气体的区别。固体由于分子间的距离很小,内聚力很大,所以它能够保持固定的形状和体积,能够承受一定大小的拉力、压力和剪切力。与固体相比,液体分子间的距离较大,内聚力较小,它只能保持一定的体积,没有固定的形状。液体几乎不能承受拉力而抵抗拉伸变形,在静止状态下也不能承受剪切力,极易发生剪切变形或流动,但液体与固体一样能够承受压力。气体分子之间的距离很大,几乎不存在内聚力,分子可以自由运动,因此气体不仅没有固定的体积,也没有固定的形状,它可以任意扩散而充满其所占据的有限空间,所以气体极易膨胀和压缩。液体与气体相比,液体的压缩性很小,但它们都具有易流动性,所以液体、气体又统称为流体。

从微观角度看,液体分子之间具有空隙,并且进行着复杂的微观运动,是不连续、不均匀的。液体和其他物质一样,都是由分子或原子组成的。由于分子或原子间存在间距,产生空隙,致使液体各物理量在时空上产生不连续变化,给分析液体运动带来困难。由于水力分析与计算是为水利工程服务的,是分析计算液体的宏观机械运动,并不关心液体分子的微观运动,所以在水力分析与计算中引入了液体具有连续性的假定,即认为液体是由无数液体质点组成的中间没有空隙存在的连续介质。所谓液体质点,是指由许多分子组成、无微观运动、体积很小可以忽略不计的小水团,它是水力分析与计算的液体的最小单位。另外,在水力分析与计算中,一般还认为液体具有均匀等向性,即认为液体的各个部分和各个方向的物理性质是一样的。这样就可以运用数学中的连续函数来分析水力分析与计算问题。实践证明,这一假定对水力分析与计算的问题有足够的精确性。

2.2 液体的主要物理力学性质

液体受外力作用做机械运动与自身的物理性质有关,分析液体的机械运动应首先了解液体的物理性质。液体的物理性质是多方面的,下面着重讨论与液体运动有关的几种主要物理力学性质。

2.2.1 惯性

物体所具有的保持原有运动状态的物理性质叫惯性。液体与其他物体一样也具有惯性。惯性用质量度量,质量愈大,惯性愈大。当物体受其他物体的作用而改变运动状态时,物体反抗改变原有运动状态而作用于其他物体上的反作用力称为惯性力。设物体的质量为 m,加速度为 a,则惯性力为

$$F = -ma \tag{0-1}$$

式中,负号表示惯性力的方向与物体的加速度方向相反。

按照国际单位制的规定,质量的单位为千克(kg),长度的单位为米(m),时间的单位为秒(s),力的单位为牛(N)或千牛(kN)。

单位体积的液体所具有的质量称为密度,以符号 ρ 表示。体积为 V,质量为 m 的均质液体的密度为

$$\rho = \frac{m}{V} \tag{0-2}$$

在国际单位制中,密度的单位为千克/米³(kg/m^3)。

液体的密度与液体的种类有关,同一种液体的密度随压强和温度的变化而变化,但变化甚微,一般情况下可视为常数。在水力计算时,通常把一个标准大气压下,温度为 4 ℃时水的最大密度值 $\rho = 1\ 000\ kg/m^3$ 作为计算值,也就是在水力计算中认为水的密度是一个常量。

2.2.2 万有引力特性

物体之间相互具有吸引力的性质,称为万有引力特性。地球与物体之间的引力称为重力,也叫物体的重量,用符号 G 表示。液体的运动一般只考虑地球对液体的引力。设物体的质量为 m,重力加速度为 g,水力分析与计算中取 $g = 9.8\ m/s^2$,则重力为

$$G = mg \tag{0-3}$$

重力的单位为牛(N)或千牛(kN)。

单位体积的液体所具有的重量称为容重,也叫重度或重率,用符号 γ 表示。对于体积为 V、重量为 G 的均质液体,其容重为

$$\gamma = \frac{G}{V} \tag{0-4}$$

将 $G = mg$ 代入式(0-4),可得

$$\gamma = \frac{G}{V} = \frac{mg}{V} = \rho g \tag{0-5}$$

或

$$\rho = \frac{\gamma}{g} \tag{0-6}$$

采用国际单位制时,容重的单位为牛/米³(N/m^3)或千牛/米³(kN/m^3)。

液体的容重与液体的种类有关,同一种液体的容重随温度和压强的变化而变化,但变化很小,水力计算中也常以一个标准大气压下,4 ℃时水的容重 $\gamma = 9\ 800$ 牛/米³(N/m^3)作为计算值,也就是说,在水力计算中认为水的容重是一个常量。不同温度时水的容重值见表 0-1,几种常见液体的容重值见表 0-2。

表 0-1　不同温度时水的容重 γ 值(标准大气压)

温度/℃	0	4	10	20	30	40	60	80	100
容重/(N/m^3)	9 798.73	9 800.00	9 797.55	9 782.95	9 758.45	9 725.03	9 637.12	9 525.01	9 394.77

表 0-2　几种常见液体的容重 γ 值(标准大气压)

液体名称	汽油	纯酒精	蒸馏水	海水	水银
温度/℃	15	15	4	15	0
容重/(N/m^3)	6 664~7 350	7 778.3	9 800	9 996~10 084	133 280

2.2.3　黏滞性

液体在静止状态下不能够承受剪切力抵抗剪切变形,但是运动的液体,当液体质点之间发生相对运动时,液体内部能够产生内摩擦力抵抗剪切变形,这种性质称为液体的黏滞性。液体间的内摩擦力又称为黏滞力。

如图 0-3(a)所示,液体沿固体表面做平行直线流动,设流动方向为 x,与流动方向垂直的为 y,并且认为水流分层流动,各层液体质点在流动过程中互不混掺。因为液体具有黏滞性,紧靠固体表面的液体质点与固体表面无相对运动,速度为零,沿 y 方向流速逐渐增大。若距固体边界为 y 的流层的流速为 u,在相邻流层 $y+dy$ 处的流速为 $u+du$,由于两流层的速度不同,则液体质点必然存在相对运动,在两流层之间就会产生一对大小相等、方向相反的内摩擦力。上层流速大的液体对下层流速小的液体的作用力方向与流动方向相同,下层流速小的液体对上层流速大的液体的作用力方向与流动方向相反。

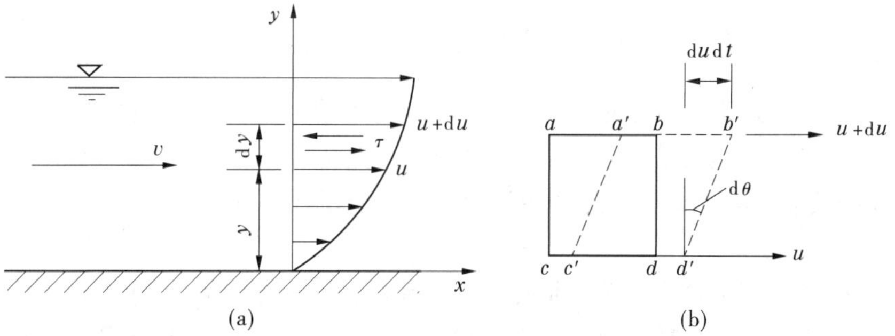

图 0-3

早在 1686 年,牛顿根据试验成果首先提出:对于平行直线流动,液体的内摩擦力 F 与液体的性质有关,与流速梯度 $\frac{du}{dy}$、流层接触面积 A 成正比,与接触面上的压力无关,其表达式为

$$F = \mu A \frac{du}{dy} \tag{0-7}$$

这一结论得到了后人验证,被称为牛顿内摩擦定律。式中μ为动力黏滞系数。由于液体的内摩擦力与作用面平行,单位面积上的内摩擦力又称为黏滞切应力,以符号τ表示。

$$\tau = \frac{F}{A} = \mu \frac{du}{dy} \tag{0-8}$$

作用在两相邻液层之间的黏滞切应力τ数值相等、方向相反。

液体的黏滞性还可以表达为动力黏滞系数μ与液体密度ρ的比值,用符号ν表示。

$$\nu = \frac{\mu}{\rho} \tag{0-9}$$

式中　ν——运动黏滞系数,国际单位制中ν的单位是米^2/秒(m^2/s),也可使用厘米^2/秒(cm^2/s)。

不同液体的动力黏滞系数μ和运动黏滞系数ν是不同的。同一种液体,它们随压强和温度的变化而变化。对于常见的液体,黏滞系数随压强变化很小,一般可以忽略,温度是影响黏滞系数的主要因素。不同温度时水的运动黏滞系数值见表0-3。

表0-3　不同温度时水的运动黏滞系数值

温度/℃	ν/(cm^2/s)	温度/℃	ν/(cm^2/s)	温度/℃	ν/(cm^2/s)
0	0.017 75	14	0.011 76	28	0.008 39
2	0.016 74	16	0.011 18	30	0.008 03
4	0.015 68	18	0.010 62	35	0.007 25
6	0.014 73	20	0.010 10	40	0.006 59
8	0.013 87	22	0.009 89	45	0.006 03
10	0.013 10	24	0.009 19	50	0.005 56
12	0.012 39	26	0.008 77	60	0.004 78

黏滞性对液体运动有两个重要作用:一是传递运动,保证液体运动空间的连续性;二是消耗能量,液体运动要克服液体质点间的摩擦力做功,其能量来自于运动液体自身的机械能,导致机械能沿流程减少。黏滞性是运动液体能量损失的根源。

2.2.4　压缩性

物体在外力作用下产生变形、体积缩小的性质,称为压缩性;当除去外力后(在弹性范围内)能恢复原状的性质,称为弹性。因为液体只能承受压力,抵抗体积压缩变形,当压力除去后能恢复原状,所以这种性质称为液体的压缩性或弹性。当液体受外力作用产生压缩变形时,在其内部将产生企图恢复原状的内力,从而影响液体的运动状况。

水的压缩性很小,10 ℃时,体积模量$K=1.96\times10^6$ kN/m^2,容易推算,每增加1个大气压,水的体积相对压缩量约为1/20 000。一般情况下,可认为水是不可压缩的,在实用上已经足够精确,只有在个别情况下,才需要考虑弹性的影响。例如,对于水电站中的高压输水管道,当水电站出现事故进水闸门紧急关闭时,由于水体的惯性,管道中的水体将受到压缩,压力急剧升高,这时产生的弹性力对水流运动的影响就不能忽略了。

2.2.5 表面张力特性

液体的自由表面是液体和气体的分界面,由于两侧分子引力不平衡,使自由面上液体分子间存在微小的拉力,称为液体的表面张力。表面张力使液体有尽量缩小其表面的趋势。

表面张力的大小可用表面张力系数 σ 度量。σ 表示液体表面单位长度上所受的拉力,单位是牛/米(N/m)。σ 值随液体的种类和温度而变化,20 ℃的水和水银,σ 值分别为 0.072 8 N/m 和 0.514 N/m。

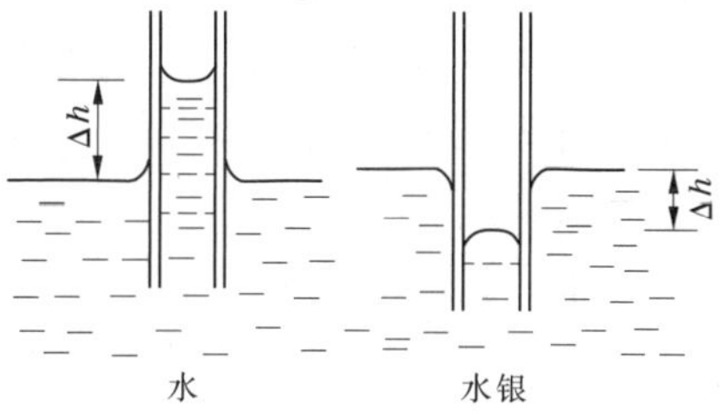

图 0-4

表面张力很小,一般情况下可忽略不计。但是,当液面的曲率很大时,表面张力的影响就必须加以考虑。例如,在水力试验中,经常用盛有水或水银的细玻璃管量测压强,由于表面张力的作用,使管中的液面与容器中的液面不在同一水平面上,如图 0-4 所示,这就是物理学中所说的毛细管现象。由于玻璃与水分子之间的附着力大于水分子之间的吸引力,管中弯液面高于容器中的液面。玻璃与水银分子之间的附着力小于水银分子之间的吸引力,则管中弯液面低于容器中的液面。管子与容器中的液面高差 Δh,除与液体的性质有关外,还与管径有关。管径愈小,差值就愈大。为了减少测量误差,测压管的内径不宜太小,一般应大于 10 mm。

上述液体的五种物理力学性质中,惯性、万有引力特性和黏滞性较为重要,它们对水流运动的影响较大。压缩性只在某些情况下才予以考虑,而表面张力一般都可以忽略不计。

2.3 “理想液体”的概念

实际液体,水利工程中的主要介质就是水,除具有惯性、万有引力等特性外,还存在黏滞性、压缩性、表面张力,这些特性都会对液体运动产生一定的影响,但影响程度有很大差别。例如,压缩性和表面张力只有在一些特殊情况下才产生比较大的影响,一般情况下可以忽略,黏滞性使水流运动变得十分复杂,给分析计算液体运动带来很大困难。为了简化问题,便于分析计算,便提出分析液体运动的简化模型——“理想液体”。

所谓“理想液体”,就是把液体看作不可压缩和膨胀、没有黏滞性、没有表面张力的连续介质。水力分析与计算中,常采用通过对“理想液体”进行分析得到一定规律,再考虑实际液体的黏滞性等加以修正的方法。

总之,水力分析与计算的液体主要是水。计算中认为水的密度和容重是常量,它是容易流动、不易压缩、均匀等向的连续介质。

治水名人

大 禹

禹,相传生于约公元前 2000 年,姓姒,名文命,又称大禹、帝禹。大禹治水被誉为中华文明的起源,为夏王朝的开创奠定了基础。

相传,禹所在的年代发生了全国规模的特大洪水。《尚书·尧典》载:“汤汤洪水方割,荡荡怀山襄陵,浩浩滔天,下民其咨。”滔天的洪水使百姓苦不堪言,于是帝尧先令鲧(禹之父)治理洪水,鲧采用“壅防百川,堕高堙庳(低)”的方法,历时九年未能成功。禹子承父业,受命继续担当治水重任,他总结吸取了鲧治水的经验教训,提出了改堵为疏、因势利导的治水策略,前后历时十三年,终于治水成功。禹在治水的同时,还将天下划分为九州,整理山川名录,并根据不同地区的风俗物产制定了贡赋制度。《尚书·禹贡》载:“禹别九州,随山浚川,任土作贡”,这也是对古代中国最早的地理认知。

大禹治水体现了中华民族不畏艰险、艰苦奋斗的精神和水利工作公而忘私、创新求实的精神。几千年来,大禹治水一直是中华文明的重要精神图腾之一,在世界范围也有广泛影响。

项目练习

(一)单选题

1. 影响水的运动黏滞系数的主要因素为(　　)。

A. 水的容重　B. 水的温度　C. 当地气压　D. 水的流速

2. 在水力计算中,一个标准大气压,4 ℃时水的密度取为(　　)kg/m^3。

A. 1 000　B. 133.3　C. 101.3　D. 9.8

3. 水在一个标准大气压下,4 ℃时的容重为(　　)。

A. 1 000 kg/m^3　B. 9.8 kN/m^3　C. 10 kN/m^3　D. 1 kg/m^3

4. 下面哪个是重力的单位?(　　)

A. kg/m^3　B. g/m^3　C. kN　D. kN/m^3

(二)计算题

1. 已知海水的密度$\rho=1\,030$ kg/m^3,求它的容重值。

2. 水的容重$\gamma=9.71$ kN/m^3,动力黏滞系数$\mu=0.599\times10^{-3}$ $N\cdot s/m^2$,求其运动黏滞系数ν。空气的容重$\gamma=11.5$ N/m^3,运动黏滞系数$\nu=1.57\times10^{-5}$ m^2/s,求其动力黏滞系数μ。

3. 如图0-5所示,一平板在油面上作水平运动,已知速度$u=1$ m/s,板与固定边界的距离$\delta=1$ mm,油的动力黏滞系数$\mu=1.15$ $N\cdot s/m^2$,由平板带动的油层的运动速度呈直线分布。求作用在平板单位面积上的黏滞阻力为多少?

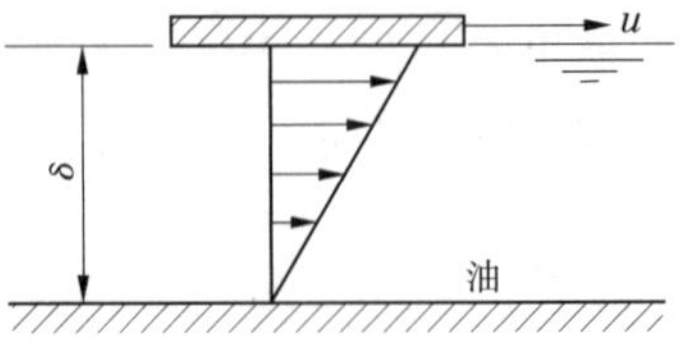

图 0-5

项目 1　水力分析与计算基础

水利工程就是对自然界的地表水和地下水进行控制、治理、调配、保护、开发、利用，以达到除害兴利的目的而修建的工程。从水的运动状态看，可以分为两类：一类是处于静止状态的水，另一类是处于运动状态的水。

水力分析与计算基础项目的主要任务是：掌握压强的基本性质，压强的表示方法和单位，静水压强基本规律，描述水流运动的方法，正确区分不同的水流运动，水头损失基本知识等；会对压强各种表示方法和单位进行换算，会正确计算各种水力要素，能利用连续方程、能量方程、动量方程解决简单的实际工程问题，能利用雷诺数准确判别水流型态。

任务 1　静水力学分析

1　压强的概念

1.1　静水压力

各种水利工程建筑物中与水直接接触的部分（如闸门、坝面等）都有水压力的作用，这些接触面称为受压面。就是在水体的内部，一部分水体对相邻部分的水体也有压力的作用，这种压力称为水压力，用 P 表示，其单位为力的单位，一般用牛（N）或千牛（kN）来表示。当水处于静止状态时，水压力就是静水压力。

1.2　静水压强

静水压力在建筑物接触面上往往是不均匀分布的。例如，检修闸门工作面受到水压力作用，但水压力从水面到闸门底部是不同的，在图 1-1 所示的平板闸门上，取微小面积 ΔA，令作用于闸门上的静水压力为 ΔP，则 ΔA 面上所受的平均静水压强为

$$\bar{p} = \frac{\Delta P}{\Delta A} \tag{1-1}$$

式中　$\bar{p}$——ΔA 面上的平均静水压强。

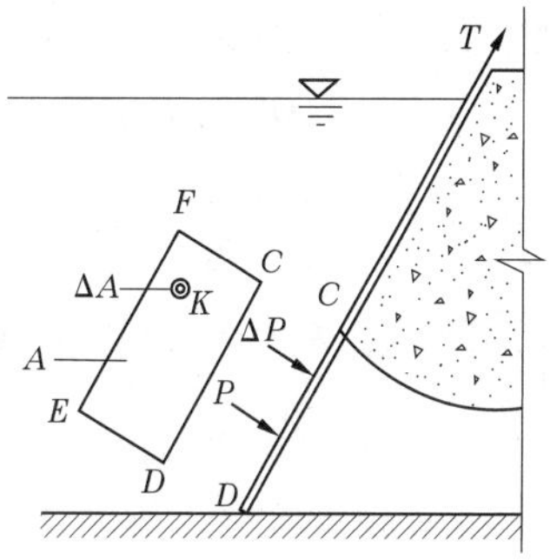

图 1-1

由于受压面各点的静水压强一般不等，为了反映受压面各点压强的变化情况，须建立点静水压强的概念。图 1-1 中，当 ΔA 无限缩小并趋于点 K 时，比值 $\frac{\Delta P}{\Delta A}$ 的极限值定义为 K 点的静水压强，即

$$p_K = \lim_{\Delta A \to 0} \frac{\Delta P}{\Delta A} \tag{1-2}$$

在国际单位制中，静水压强的单位为牛/米^2（N/m^2）或千牛/米^2（kN/m^2），分别又称

为帕(Pa)或千帕(kPa)。

2 静水压强的特性

2.1 静水压强的方向垂直并指向受压面

因为静水不能承受剪力,否则静水就会沿壁面产生分力,液体会朝着分力方向流动,液体也不能承受拉力,否则会发生膨胀运动。这些都与水的静止状态不符合,所以静水压强只能垂直指向受压面。

2.2 静水中任一点各方向的静水压强相等

如图 1-2 所示为淹没在水下的一个微小四面体 $O'ABC$,为分析简单起见,让其中 $O'C$、$O'B$、AO'分别平行于 x 轴、y 轴、z 轴,其中 z 轴为重力方向。

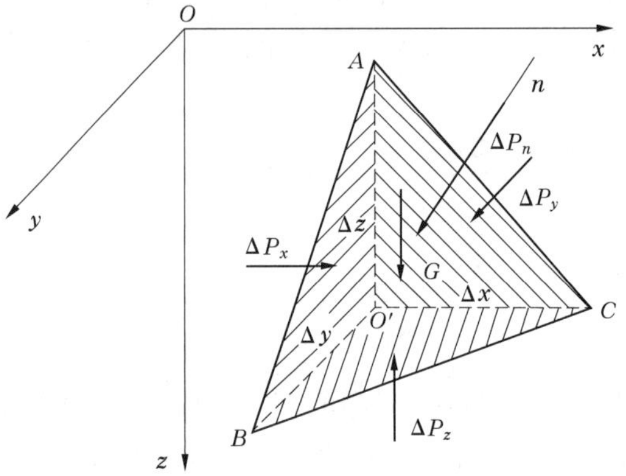

图 1-2

微小四面体是任意从静水中脱离出来的,处于静止状态,说明它受到的合外力为零,微小四面体受到的力包括静水压力和重力。

令 $O'AB$、$O'AC$、$O'BC$、ABC 四个面上受到的静水压力分别为 ΔP_x、ΔP_y、ΔP_z、ΔP_n。四面体的体积 $\Delta V=\dfrac{1}{6}\Delta x\Delta y\Delta z$,显然重力 $G=\gamma\Delta V$ 且平行于 z 方向。

按照平衡条件,作用在微小四面体各方向的合力为零,即

$$\left.\begin{aligned}\Delta P_x-\Delta P_n\cos(n,x)=0\\ \Delta P_y-\Delta P_n\cos(n,y)=0\\ \Delta P_n\cos(n,z)+G-\Delta P_z=0\end{aligned}\right\}\tag{1-3}$$

式(1-3)中的(n,x)、(n,y)、(n,z)分别表示斜面 ABC 的法线方向 n 与 x 轴、y 轴、z 轴的夹角;ΔA_x、ΔA_y、ΔA_z 分别表示 $O'AB$ 面、$O'AC$ 面、$O'BC$ 面的面积,则 $\Delta A_x=\Delta A_n\cos(n,x)=\dfrac{1}{2}\Delta z\Delta y$、$\Delta A_y=\Delta A_n\cos(n,y)=\dfrac{1}{2}\Delta z\Delta x$、$\Delta A_z=\Delta A_n\cos(n,z)=\dfrac{1}{2}\Delta x\Delta y$。

将式(1-3)中的第一式各项同除以 ΔA_x,根据点压强的概念得到

$$\frac{\Delta P_x}{\Delta A_x}-\frac{\Delta P_n\cos(n,x)}{\Delta A_x}=\frac{\Delta P_x}{\Delta A_x}-\frac{\Delta P_n}{\Delta A_n}=p_x-p_n=0\tag{1-4}$$

即 $p_x=p_n$，同理可得到 $p_y=p_n$。

将式(1-3)中的第三式各项同除以 ΔA_z，得到

$$\frac{\Delta P_n \cos(n,z)}{\Delta A_z}+\frac{G}{\Delta A_z}-\frac{\Delta P_z}{\Delta A_z}=p_n+\frac{1}{6}\gamma\Delta z-p_z=0 \tag{1-5}$$

式(1-5)忽略高阶无穷小 $\frac{1}{6}\gamma\Delta z$，得到 $p_z=p_n$。

综合上述说明，对于微小四面体，有

$$p_x=p_y=p_z=p_n \tag{1-6}$$

式(1-6)说明水下任一点静水压强的大小与受压面的方向无关。

3 静水压强基本方程

当水处在静止状态时，作用在水体上的力只有重力。如图1-3所示，在静水中任取一点 A，该点在水面以下的淹没深度为 h（h 也称为淹没水深），压强为 p。围绕点 A 取一微小面积 dA，以 dA 为底、h 为高取一铅直液柱为脱离体进行受力分析。

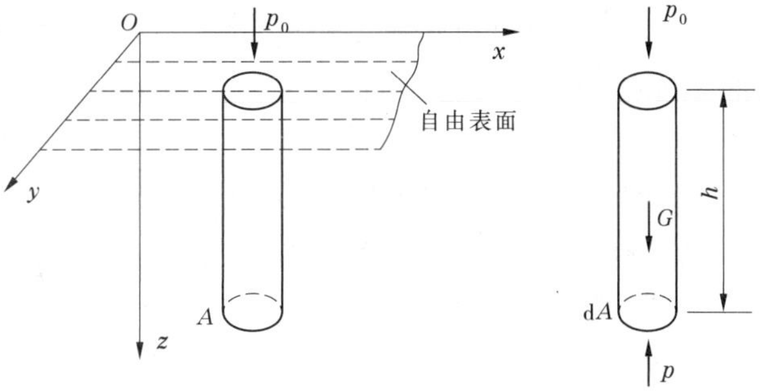

图1-3

(1)小水柱的自重(重力)为 G，$G=\gamma h\mathrm{d}A$，方向铅直向下。

(2)作用于小水柱顶面上的总压力为 $p_0\mathrm{d}A$，方向铅直向下，作用于小水柱底面上的总压力为 $p\mathrm{d}A$，方向铅直向上。

(3)作用于小水柱侧面上的水压力，因其侧面皆为铅直面，则侧面上所受的水压力皆为水平力，因小水柱处于平衡状态，水平方向上的力相互抵消。在铅直方向，因小水柱处于平衡状态，作用于小水柱上的所有外力之和等于零，小水柱沿铅直方向的平衡方程为

$$-p\mathrm{d}A+p_0\mathrm{d}A+\gamma h\mathrm{d}A=0 \tag{1-7}$$

平衡方程两边同除以 $\mathrm{d}A$ 得

$$p=p_0+\gamma h \tag{1-8}$$

式(1-8)为仅在重力作用下的液体平衡方程式，也称为静水压强基本方程。它表明仅在重力作用下的静水中任一点静水压强 p 等于水面压强 p_0 和该点在水面以下的深度 h 与水的容重 γ 的乘积之和（γh 也叫水重压强）。如果把式(1-8)中水的容重换成其他液体，也有同样的规律。通过式(1-8)可以看出：液体表面压强可以大小不变地传递到液体内部任何一点，这就是帕斯卡原理。

淹没在水下所有点都要符合式(1-8)表达的基本规律,如果淹没在水下有任意1、2两点,两点压强分别为 p_1 和 p_2,淹没水深分别为 h_1 和 h_2,则不难看出两点压强差为

$$p_1 - p_2 = \gamma(h_1 - h_2) \tag{1-9}$$

也就是说,水下任意两点压强差为两点淹没水深的差值乘以水的容重。

4 压强的表示方法

计算压强大小时,因起算基准的不同,可表示为绝对压强和相对压强。

4.1 绝对压强 $p_{绝}$

以设想没有气体存在的绝对真空作为基准面(见图1-4中0—0面)起算所得的压强称为绝对压强,用符号 $p_{绝}$ 表示。

4.2 相对压强 p

水利工程中,建筑物表面和水面均存在大气压的作用,并且建筑物材料的物理力学性质也是在大气压的作用下检测得到的,所以以当地大气压 p_a 作为计算压强的基准(见图1-4中0′—0′面,一般称为自由面)进行水力计算比较方便,这种以当地的大气压为基准起算所得的压强称为相对压强,用符号 p 表示。绝对压强和相对压强是由不同的基准(零点)起算所得的压强,二者的数值相差一个当地大气压 p_a,如图1-4所示。对于某一点来说,它的相对压强 p 较绝对压强 $p_{绝}$ 小一个当地大气压强,即

$$p = p_{绝} - p_a \tag{1-10}$$

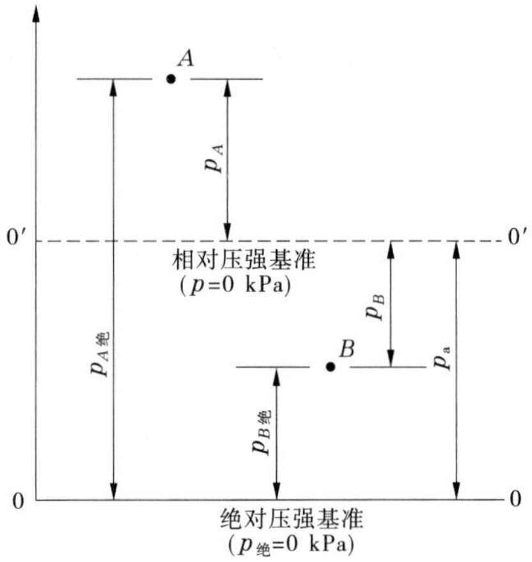

图 1-4

今后在讨论压强或具体进行压强计算时,若不加特殊说明,均指相对压强,以符号 p 表示。绝对压强总为正值,而相对压强要根据绝对压强值大于或小于当地大气压而决定其正负。

当水面的压强 p_0 等于当地的大气压 p_a,即 $p_0 = p_a$ 时,如水池中的水,采用相对压强计算水体中的压强时,式(1-8)可改写为

$$p = \gamma h \tag{1-11}$$

4.3 真空度 $p_{真}$

当水体中某点的绝对压强小于大气压强时,该点称为有真空,此时相对压强为负值,故真空又称为负压,真空度一般用 $p_{真}$ 表示。

$$p_{真} = p_a - p_{绝} = -p \tag{1-12}$$

需要注意的是,水利工程中负压不是普遍存在的,只有在特殊部位才可能产生真空或负压,此时才存在真空度,如虹吸现象的原理就是利用负压。另外,注意水利工程中的真空有别于物理概念中的绝对真空。

5 压强的单位

在水利工程中,常用的压强单位一般有三种,即应力单位、工程大气压和水柱高。

5.1　应力单位

应力单位是水力分析与计算中的基本单位，用单位面积上的作用力表示，单位为 Pa，1 Pa=1 牛/米^2（1 N/m^2），由于在水利工程中 Pa 是比较小的单位，所以还常用 kPa、MPa 表示，1 MPa = 10^3 kPa = 10^6 Pa。

5.2　工程大气压

一般水利工程中水面受到的压强为当地大气压 p_a，当地大气压与地理位置、气温等因素有关，不同地区、不同时间当地大气压不同，但相差不大。为了计算方便，水利工程中用工程大气压来代替当地大气压，工程大气压用 p_a 表示。1 个工程大气压为 98 kPa，一个标准大气压为 101.32 kPa，所以工程大气压与当地大气压和标准大气压相差不大，由此引起的误差可以忽略不计。

5.3　水柱高

水利工程中还常用液柱高表示压强，一般用水柱高或汞柱高表示。在水力分析与计算中，水的容重为常数，所以液柱高 $h=\dfrac{p}{\gamma}$能反映压强的大小。例如，1 个工程大气压相应的水柱高度为

$$h = \frac{p}{\gamma} = \frac{p}{\rho g} = \frac{98\ 000\ \text{N/m}^2}{1\ 000\ \text{kg/m}^3 \times 9.8\ \text{N/m}^2} = 10\ \text{m 水柱高} \tag{1-13}$$

综上所述，有

$$1\ \text{个工程大气压} = 98\ \text{kPa} = 10\ \text{m 水柱高产生的压强} \tag{1-14}$$

任务 2　静止液体分析计算基础

本任务主要从能量的角度对静水压强的基本方程加以说明。

对于如图 1-5 所示的容器，围绕水深为 h_1 的 1 点取 dm 的水体，则该水体的位置势能 dE_z=dmgz_1；在水深为 h_1 的边壁上开个小孔，在孔口连接垂直向上的开口玻璃管，根据静水压强基本方程，1 点处的压强 $p_1=\gamma h_1$，即 $h_1=\dfrac{p_1}{\gamma}$，在压强的作用下，可以使质量为 dm 的水体上升$\dfrac{p_1}{\gamma}$的高度，这说明 1 点处的压力具有潜在的做功能力，称为压力势能，1 点处的压力势能 dE_p=d$mg\dfrac{p_1}{\gamma}$。

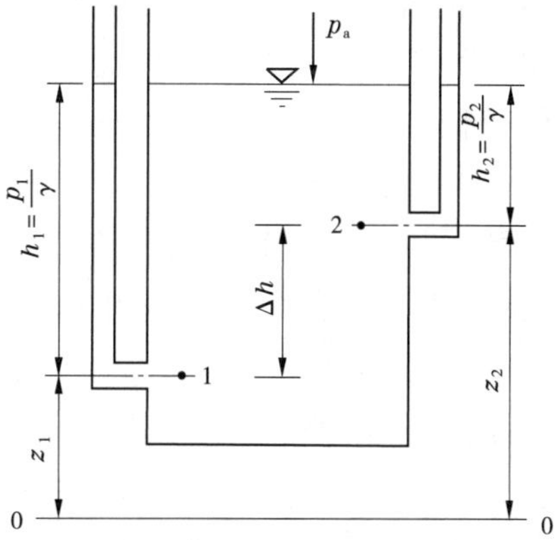

图 1-5

则位于 1 点处质量为 dm 的水体所具有的总势能为

$$dE = dmgz_1 + dmg\frac{p_1}{\gamma} = dmg\left(z_1 + \frac{p_1}{\gamma}\right) \tag{1-15}$$

水利水电工程中常把单位重量的水体所具备的能量,称为单位能量,也叫水头,水头是用长度表示能量的物理量。用水头表示机械能,其单位是长度单位 m,具有形象直观的特点,所以水利学科常采用水头为能量的表现形式,此种表示在水利水电工程中有着重要的意义。

由式(1-16)得到1点处单位势能为

$$\frac{\mathrm{d}E}{\mathrm{d}mg}=\frac{\mathrm{d}mgz_1+\mathrm{d}mg\dfrac{p_1}{\gamma}}{\mathrm{d}mg}=z_1+\frac{p_1}{\gamma} \tag{1-16}$$

式中 z_1——1点处单位重量的液体所具有的位置势能,叫单位位能,它又表示距离基准面的垂直高度,所以又称为位置水头;

$\frac{p_1}{\gamma}$——1点处单位重量的液体所具有的压强势能,叫单位压能,它又表示该点压强具备使水质点达到某个位置高度的能力,所以又称为压强水头;

$z_1+\frac{p_1}{\gamma}$——水的总单位势能,又称为测压管水头,在工程中常用符号 $E_{势}$ 来表示。

$$E_{势}=z_1+\frac{p_1}{\gamma}=z_2+\frac{p_2}{\gamma}=C \tag{1-17}$$

式(1-17)表明,仅在重力作用下的静止液体,各点的单位势能 $E_{势}$ 均相等。常数 C 的大小随基准面的位置而变,选定了基准面,C 值就确定了。式(1-17)说明水库中水面、水底、水中各点的单位势能均相等。因此,大坝越高,库容越大,储存的能量越大,将来可利用的能量越大,这就是修建高坝大库的原因。

由压强大小相等的点所构成的平面或曲面为等压面。由式(1-17)可以看出,仅在重力作用下静止液体中,位置高度相等的点压强大小相等,即等压面是水平面。也可以说,仅在重力作用下的均质连通静止液体中,水平面为等压面,这就是连通器原理。

【案例1-1】 求静止淡水湖面下3.5 m处的绝对压强、相对压强,并分别用应力、工程大气压和水柱高表示。

【案例分析与计算】:

淡水湖表面是自由水面,相对压强为0 Pa,绝对压强为98 kPa。湖面下3.5 m处的压强为

$p_{绝}=p_a+\gamma h=98+9.8\times3.5=132.3(\mathrm{kPa})=1.35$ 工程大气压 $=13.5$ m 水柱高

$p=p_{绝}-p_a=\gamma h=9.8\times3.5=34.3(\mathrm{kPa})=0.35$ 工程大气压 $=3.5$ m 水柱高

从案例可以看出,压强用工程大气压和水柱高表示比较方便直观,前者乘以10就得到后者。

【案例1-2】 利用水泵提水,吸水管中某点绝对压强为72.0 kPa,试求出该点的相对压强和真空度,并分别用工程大气压和水柱高表示。

【案例分析与计算】：

$p=p_{绝}-p_a=72.0-98=-26.0(\text{kPa})=-0.265$ 工程大气压 $=-2.65$ m 水柱高

因为相对压强是负值，所以产生了负压或真空，则

$p_{真}=|p|=26.0$ kPa $=0.265$ 工程大气压 $=2.65$ m 水柱高

治水名人

孙叔敖

孙叔敖（约公元前 630 年～公元前 593 年），姓蒍、名敖，字孙叔，河南淮滨县期思镇人，曾任楚国令尹，春秋时期著名的水利家、政治家和军事家。

公元前 605 年，孙叔敖主持修建了期思雩娄灌区，后世称之为“百里不求天灌区”；公元前 597 年，主持修建了我国最早的蓄水灌溉工程——芍陂，使今寿县一带成为楚国的粮仓，清代学者顾祖禹称芍陂为“淮南田赋之本”。《孙叔敖庙碑记》中对他评价：“宣导川谷，陂障源泉，溉灌沃泽，堤防湖浦，以为池沼。钟天地之美，收九泽之利。”

孙叔敖一生为国为民、鞠躬尽瘁，科学治水、勇于创新，毛泽东曾称他为“了不起的水利专家”。

项目练习

（一）单选题

1. 根据静水压强的特性，静止液体中同一点各方向的压强（　　）。

A. 数值相等　　B. 数值不等

C. 仅水平方向数值相等　　D. 铅直方向数值最大

2. 液体中某点的绝对压强为 100 kN/m^2，则该点的相对压强为（　　）kN/m^2。

A. 1　　B. 2　　C. 5　　D. 10

3. 如图 1-6 所示的容器中有两种液体，密度 $\rho_2>\rho_1$，则 A、B 两测压管中的液面必为（　　）。

A. B 管高于 A 管　　B. A 管高于 B 管　　C. A、B 两管同高

4. 一个工程大气压相当于（　　）m 水柱高。

A. 9.8　　B. 10　　C. 98　　D. 1 000

5. 在静止液体中，静水压强的方向总是（　　）。

A. 倾斜指向受压面　　B. 平行于受压面

C. 垂直指向受压面　　D. 背离受压面

6. 盛有三种液体的容器中，如图 1-7 所示，其等压面为（　　）。

A. $A—A$ 面　　B. $B—B$ 面　　C. $C—C$ 面　　D. $D—D$ 面

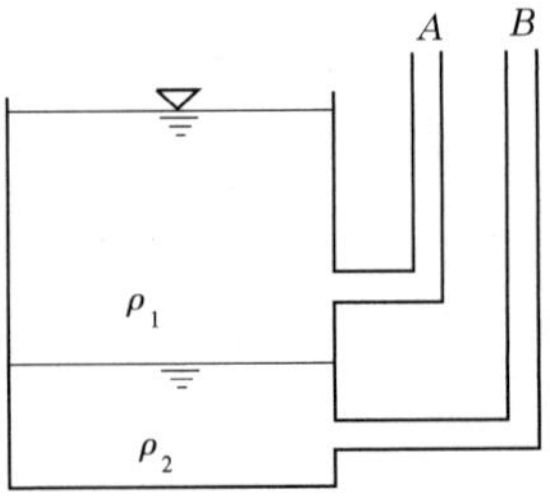

图 1-6

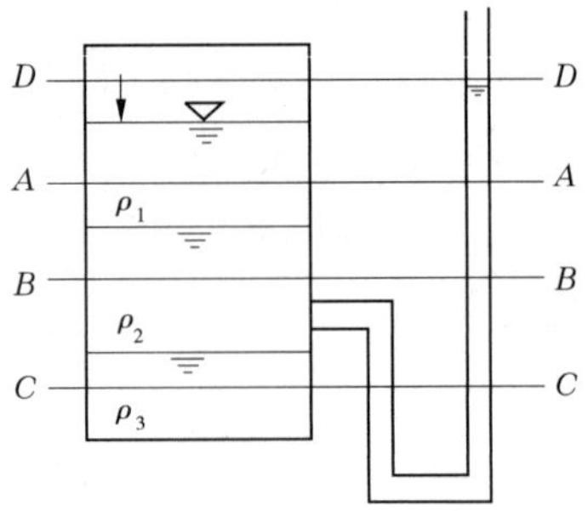

图 1-7

7. 一个工程大气压等于(　　)kPa。

A. 10　　B. 98　　C. 100　　D. 101. 3

8. 在重力作用下静止的液体中,等压面是水平面的条件是(　　)。

A. 同一种液体　　B. 相互连通

C. 不连通　　D. 同一种液体,相互连通

(二)分析题

如图 1-8 所示的几个不同形状的容器,放置在桌面上,容器内的水深 h 是相等的,容器底面积亦相等。问:①容器底面的静水压强是否相同,静水压强的大小与容器形状有无关系?②容器底面所受的静水总压力是否相等,它与容器所盛水的总重量有无关系?③桌面上所受的压强与总压力和水对容器底部作用的压强与总压力是否相同?

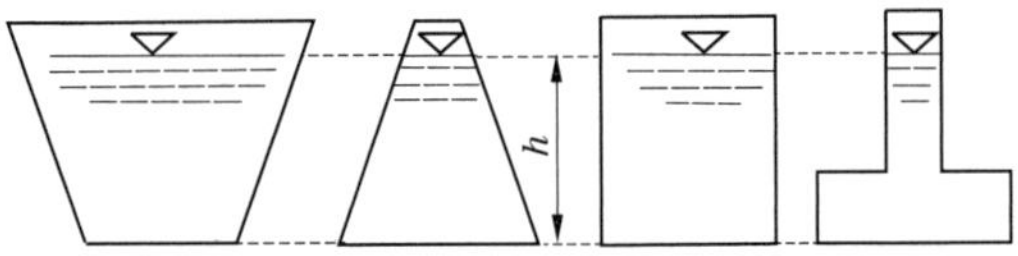

图 1-8

(三)计算题

1. 如图 1-9 所示,计算容器壁面上 1~5 各点的静水压强的大小(单位用 kPa),并绘出各点静水压强的方向。

2. 如图 1-10 所示为两个封闭容器 A、B,其测压管中的液面分别高于或低于容器中液面的高度均为 h,已知 $h=1$ m。试求:容器 A、B 内液面的绝对压强、相对压强和真空度。

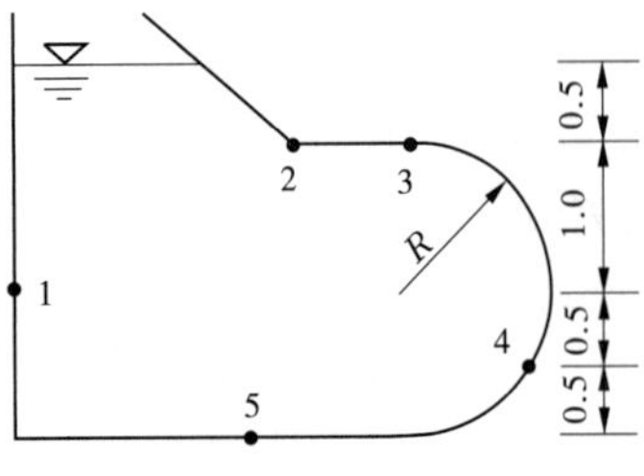

图 1-9 (单位:m)

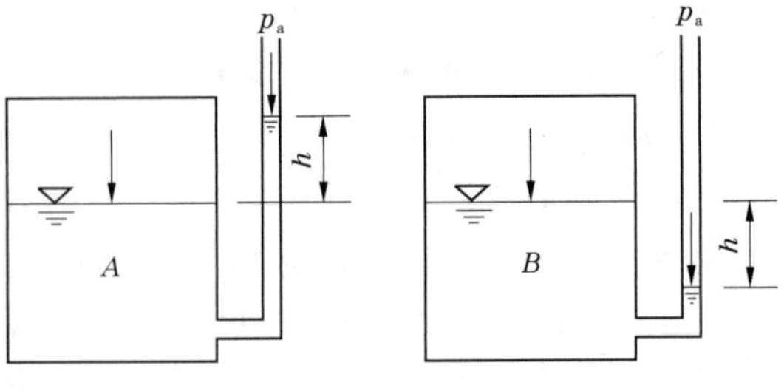

图 1-10

项目 2 水流运动分析与计算基础

任务 1 水流运动分类

1 描述水流运动的两种方法

描述水流运动,不像描述固体运动那样往往可以用一个质点代替,水流内部也会产生相对运动,又因为水是透明液体,观察运动十分困难,需要用其他方法描述水流运动。描述水流运动的方法很多,下面只介绍质点系法和流场法。

1.1 质点系法

质点系法是以水体中的各质点为研究对象,选定一个坐标系,跟踪每个质点,考察分析质点所经过的轨迹及其运动要素的变化规律,把每个水体质点的运动情况综合起来获得整个水体的运动规律。由于水流的质点很多,每个质点的运动轨迹各不相同,无一定的规律性,因此用这种方法来研究水流运动是非常困难的。

1.2 流场法

流场法跟踪的不是水体各个质点,而是着眼于考察分析水体质点在通过不同固定空间点时的运动要素的变化情况来获得整个水体的运动规律。此种方法避免了研究复杂的质点运动带来的麻烦,是工程中描述水流运动情况常用的一种方法。

流场法是用流线来描述水流运动的。流线是指某一瞬时,在流场(液体流动所占据的空间)绘出的一条曲线,在这些曲线上的水流质点的流速方向都与该点所在曲线处的切线方向相同(见图 2-1),流线能够表示某时刻各点的流动方向。

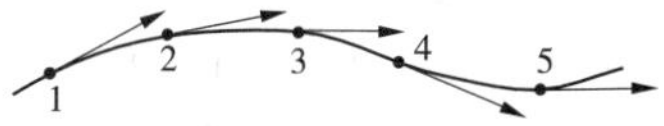

图 2-1

根据流线的概念,流线有以下特征:

(1)流线上任一点的切线方向即为该点的流速方向,如图 2-1 所示。

(2)一般地讲,流线是一条光滑的曲线,不可能转折,也不可能相交。如果流线有折点或两条流线相交,则在流线折点或交点处,一个水流质点在同一瞬时就会有两个流动方向,显然,这是不可能的。

(3)由于流线不可相交,所以位于流线上的某质点,不可能有横越流线的流动,只能沿着所在的流线流动。

在具有一定边界尺寸的流场中,某一瞬时绘制一簇有代表性的流线,就构成了流线图,它可形象地描绘出该瞬时整个水流的流动趋势。

图 2-2 是描述溢流坝和管道中的水流通过阀门的流线图。从图 2-2 可以看出,流线图具有以下特点:

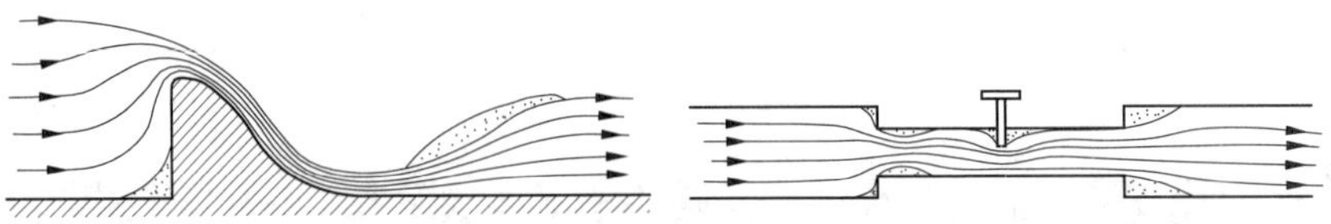

图 2-2

(1)流线分布的疏密程度反映了流速的大小。流线的疏密与水流横断面的大小有关,横断面小的地方流线密,流速大;反之,流线疏,流速小。

(2)流线的形状与固体边界形状有关。离边界愈近,边界的影响愈大,流线的形状愈接近边界的形状。在边界平顺处紧靠边界的流线与边界形状完全相同。在边界形状变化急剧的地方,由于惯性作用,边界附近的质点不可能完全沿着边界流动而与边界脱离,在主流与边界之间形成旋涡区。

【案例 2-1】 图 2-3 为消防水枪射流某一瞬间的照片,如何描述此瞬间水枪射流中各质点的运动状态呢?

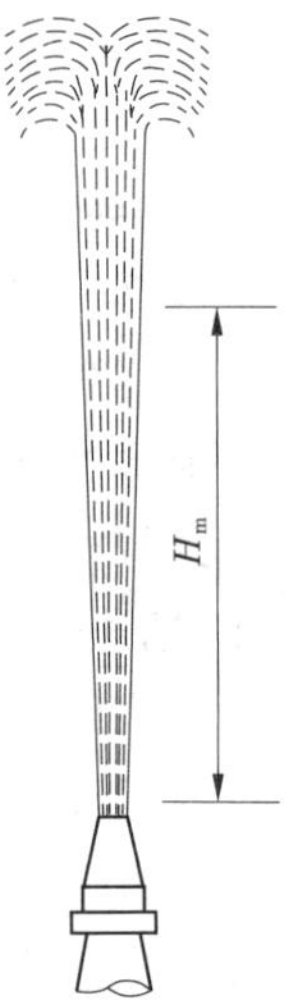

图 2-3

【案例分析】:

图 2-3 记录的是某一瞬间水枪射流中各连续质点所处的运动状态,这簇曲线表示该时刻各水流质点的运动方向,即用流线可描述此瞬间水枪射流中各质点的运动状态。

2 水流运动的基本要素

2.1 过水断面

凡与流线(水流运动方向)正交的过水横断面都称为过水断面。过水部分的横断面面积叫过水断面面积,常用符号 A 表示。例如,直径为 d 的充满水的圆形管道,其过水断面面积 $A=\pi d^2/4$。

如果水流的流线相互平行,则过水断面为平面,如图 2-4 中的 1—1 断面;否则就是曲面,如图 2-4 中的 2—2 断面。水力分析与计算中,常采用水流的流线相互平行的断面作为计算断面,面积容易确定是其中一个重要原因。

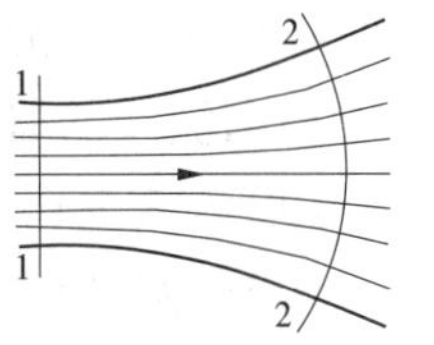

图 2-4

2.2 流量

单位时间内通过某一过水断面的液体体积称为流量,用 Q 表示。水利工程常用单位为米^3/秒(m^3/s),给水排水工程中常用升/秒(L/s),一般水泵常用米^3/小时(m^3/h)。

水工建筑物的过水能力大小、管道的过水量多少常用流量表示。

2.3 断面平均流速

水体流动的快慢用流动速度即流速表示。流速是指水体质点在单位时间内运动的距离,常用的单位是 m/s。

在水利工程中,同一过水断面上,由于水的黏滞性及其边界的作用结果,水流各点的流速并不相等。一般情况下,越靠近固体边界水流流速越小,也越不均匀;远离边界的部分流速较大,也比较均匀。例如,对于在管道中流动的水流,管中心点的流速最大,离管壁愈近流速愈小,如图 2-5(a)所示。

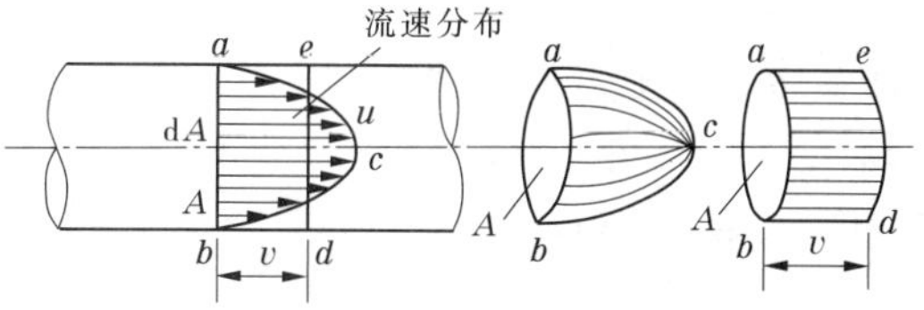

图 2-5

过水断面上各点的流速不相等,为了计算方便,引入断面平均流速的概念。

断面平均流速是一个假想的流速,认为该流速均匀分布在过水断面上,按此流速计算的流量与按实际不均匀分布的点流速 u 所计算出的流量相等,图 2-5(b)中的体积 V_{abc} 与图 2-5(c)的体积 V_{abde} 相等,那么这个流速就称为断面平均流速,用符号 v 表示。则

$$Q = vA \tag{2-1}$$

2.4 湿周与水力半径

过流断面上流体与固体壁面接触的周界线,称为湿周,常用 χ 表示。

过水断面面积与湿周之比即为水力半径,表达式为

$$R = A/\chi \tag{2-2}$$

3 运动水流的基本分类

3.1 恒定流与非恒定流

根据水流中某空间点的运动要素是否随时间变化,把水流运动分为恒定流和非恒定流。凡水体流动空间中任一固定点的所有运动要素都不随时间而变的水流称为恒定流;反之,称为非恒定流。

本书中的水力分析与计算主要针对恒定流,以后如果不作特别说明,涉及的水力分析与计算的内容均指恒定流。

3.2 均匀流与非均匀流

在恒定流中,根据液体运动要素是否沿流程变化,又可将水流分为均匀流与非均匀流两种。凡断面平均流速与流速分布沿程不变的水流叫均匀流(或叫等速流);反之,断面平均流速与流速分布沿程变化的水流叫非均匀流(或叫变速流)。

均匀流中,同一流线上水体质点流速的大小和方向沿程不变,流线为一组相互平行的直线,均匀流没有离心力,过水断面为平面。均匀流中同一断面上动水压强符合静水压强分布规律,即同一断面上各点的测压管水头相等,但不同断面上的测压管水头不同。非均匀流中,同一流线上液体质点流速的大小和方向沿程变化,流线不是平行直线,相邻流线间有夹角,是一组曲线,过水断面不是平面而是曲面。

【案例 2-2】 图 2-6 为水箱小孔出流。若泄流的同时不断向箱内充水,保持箱内水位不变,如图 2-6(a)所示,可观测到:无论经过多长时间,孔口出流的形状、流速和压强均保

持不变;若不向水箱注水,水箱水位不断下降,如图 2-6(b)所示,泄流的形状、流速和压强都随时间变化。两种情况下,孔口处水流运动要素(流速、压强等)是否随时间变化?图 2-6(c)为直径不变的输水管道,容器水位保持不变。水流运动要素沿输水管道是否变化?管道出口处水流运动要素是否随时间变化?

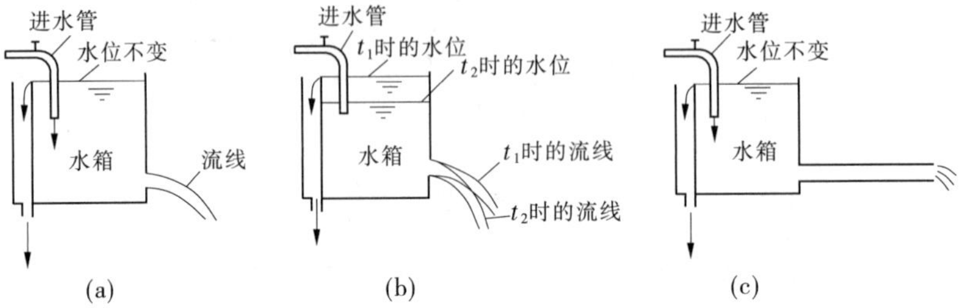

图 2-6

【案例分析】:

(1)图 2-6(a)中水箱水位不变,可以长时间保持孔口出流的形状、流速和压强、孔口处流速和压强等不变,为恒定流。

(2)图 2-6(b)中水箱水位不断下降,泄流的形状、流速和压强、孔口处流速等都随时间变化,为非恒定流。

(3)图 2-6(c)中管中为恒定流,沿流程管径不变,各点要素不随时间发生变化,输水管道中除进、出口局部外,管道中流线为平行的直线,是均匀流,沿流程流速分布、断面平均流速不发生变化。

3.3 渐变流与急变流

在非均匀流中,根据流线的形状及沿程变化的情况又可将水流分为渐变流与急变流。

凡流线间的夹角很小,流线的曲率不大,流线可近似地认为是平行的直线,这种水流叫渐变流;凡流线的曲率较大,流线间夹角较大,这种水流叫急变流。如图 2-7(a)所示的溢流坝附近,图 2-7(b)所示的管道直径变化部位和转弯处均为急变流。

渐变流流线较平缓,离心力很小,在计算中可忽略不计,过水断面可近似当做平面,同一断面上动水压强近似符合静水压强的分布规律,类似均匀流,即同一断面上测压管水头为一常数,但在不同的过水断面上具有不同的常数。水力分析与计算常采用均匀流或渐变流断面作为计算断面,其中一个重要原因是压强分布与静水压强分布规律相同。如图 2-7(a)所示的溢流坝与坝后较远部分,图 2-7(b)所示的管道直径变化、转弯部位的上下游均为渐变流。

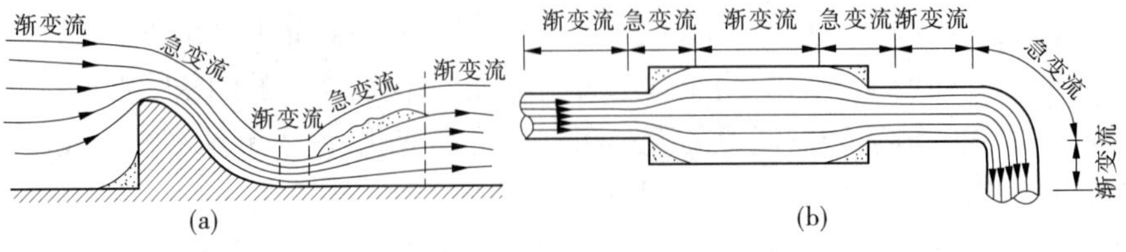

图 2-7

3.4 有压流与无压流

根据水流在流动过程中有无自由水面，可将其分为有压流与无压流。

(1)水体靠外部压力作用产生的流动，称为有压流。其特征是没有自由水面，水体充满整个管道断面。有压输水管道的水流都属于有压流，也叫管流。

(2)水体靠自身重力作用而产生的流动，称为无压流。其特征是具有自由水面。渠槽江河和无压管道中的水流都属于无压流，也叫明渠水流。

3.5 自由出流与淹没出流

对于管流，管道出口的水流流入大气，称为自由出流。当管道出口淹没在下游水面以下时，管道过流量受下游水位的影响，这种出流叫淹没出流。对于明渠水流，下游水位对出流不造成影响，称为自由出流。

另外，根据液流运动要素所依据的空间自变量的个数，可将液流分为一元流、二元流、三元流。

任务 2 恒定水流连续性分析计算

1 恒定水流连续性方程

水体和其他物质一样，在运动过程中遵守着质量守恒定律。连续性方程实际上就是质量守恒定律在水力分析与计算中的具体体现。

如图 2-8 所示为一恒定管流，分别在细管段、粗管段上任意取两个过水断面 1—1 和 2—2，其过水断面面积分别为 A_1 和 A_2，断面平均流速分别为 v_1 和 v_2，一般情况下，认为水是不可压缩的连续介质，根据质量守恒定律，在同一时间内流经过水断面 1—1 的水流体积应等于流经过水断面 2—2 的水流体积，也就是说，过水断面 1—1 与过水断面 2—2 的流量相等，即

$$Q_1 = Q_2 = Q = 常数 \tag{2-3}$$

或

$$v_1A_1 = v_2A_2 = vA = 常数 \tag{2-4}$$

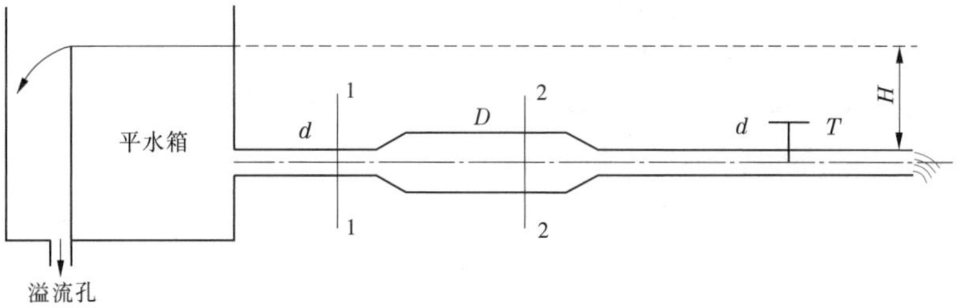

图 2-8

式(2-3)、式(2-4)表明：在恒定流中，流经任一过水断面的流量不变。

式(2-4)也可写为

$$\frac{v_1}{v_2}=\frac{A_2}{A_1} \tag{2-5}$$

式(2-5)表明:恒定流中任意两断面,其过水断面平均流速与过水断面面积成反比,过水断面面积越大,断面平均流速越小;过水断面面积越小,断面平均流速越大。

在有分汊或支流的情况下,如图2-9所示,也可应用连续性方程,即

$$Q_1=Q_2+Q_3 \tag{2-6}$$

或

$$v_1A_1=v_2A_2+v_3A_3 \tag{2-7}$$

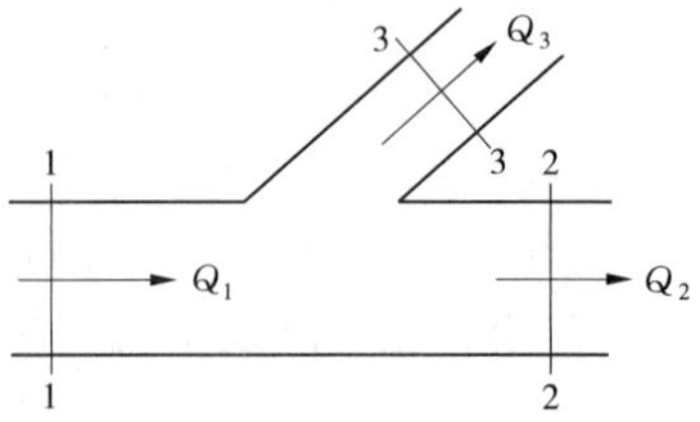

图2-9

2 恒定水流连续性方程水力计算

【案例2-3】 如图2-8所示的变直径恒定管流,已知1—1断面的直径d=150 mm,2—2断面的直径D=300 mm,已测得1—1断面的平均流速v_1=1 m/s,试计算2—2断面的平均流速v_2。

【案例分析与计算】:

可由连续性方程求解

$$A_1=\frac{\pi}{4}\times d^2=\frac{3.14\times 0.15^2}{4}=0.018(\mathrm{m}^2)$$

$$A_2=\frac{\pi}{4}\times D^2=\frac{3.14\times 0.3^2}{4}=0.071(\mathrm{m}^2)$$

由式(2-5)可得

$$v_2=\frac{A_1v_1}{A_2}=\frac{0.018\times 1}{0.071}=0.25(\mathrm{m/s})$$

【案例2-4】 如图2-10所示,某河段在枯水期河中形成一江心滩地,此滩地把河道分为左右两汊道。在左汊道断面和右汊道断面实测得:左汊道断面的过水面积A_2为2 500 m²,断面平均流速v_2为1.0 m/s;右汊道断面的过水面积A_3为3 500 m²,断面平均流速v_3为0.5 m/s。试求总流量Q_1及左、右汊道的分流比(各汊道通过的流量与总流量的百分比)。

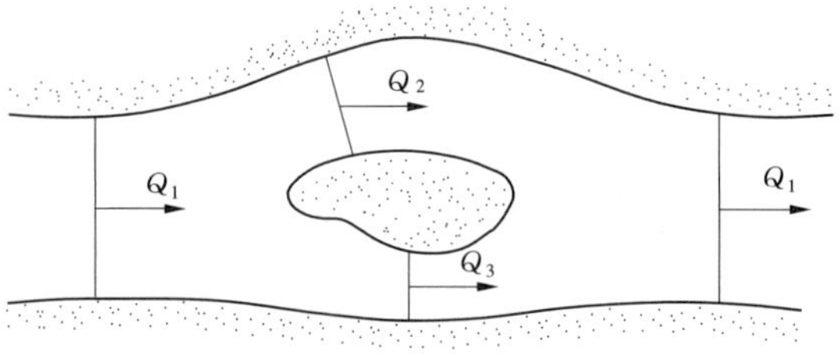

图2-10

【案例分析与计算】:

按照连续性方程

$Q_1=Q_2+Q_3$ 或 $v_1A_1=v_2A_2+v_3A_3$

左汊道流量

$Q_2=1.0\times 2\,500=2\,500(\mathrm{m^3/s})$

右汊道流量

$Q_3 = 0.5\times3\ 500 = 1\ 750(m^3/s)$

总流量

$Q_1 = Q_2 + Q_3 = 2\ 500 + 1\ 750 = 4\ 250(m^3/s)$

右汊道的分流比

$\frac{Q_3}{Q_1}\times100\% = \frac{1\ 750}{4\ 250}\times100\% = 41.18\%$

左汊道的分流比

$\frac{Q_2}{Q_1}\times100\% = \frac{2\ 500}{4\ 250}\times100\% = 58.82\%$

任务 3　恒定水流能量转换及能量守恒分析计算

运动水流的机械能同样有位置势能、压力势能，此外，运动水流还具有动能，如过水断面某点处质量为 dm 的液体质点的运动速度为 u，则其动能为$\frac{1}{2}\mathrm{d}mu^2$。单位重量液体所具有的动能叫单位动能，也叫流速水头，即

$$\frac{\mathrm{d}E_u}{\mathrm{d}mg} = \frac{1}{2}\mathrm{d}mu^2/(\mathrm{d}mg) = \frac{u^2}{2g} \tag{2-8}$$

1　运动水流的能量转换现象

在只有重力或弹力做功的物体系统内（或者不受其他外力的作用下），物体系统的动能和势能（包括重力势能和压力势能）发生相互转化，但机械能的总能量保持不变。这个规律叫作机械能守恒定律，即

$$\mathrm{d}E = \mathrm{d}E_h + \mathrm{d}E_p + \mathrm{d}E_u = 常数 \tag{2-9}$$

如果用水头表示，即

$$z + \frac{p}{\rho g} + \frac{u^2}{2g} = 常数 \tag{2-10}$$

水体和固体一样，遵循着能量守恒定律和能量转化定律，即在运动过程中机械能的各种形式可以互相转化，同时由于水流黏滞性的作用，水流在运动过程中，一部分机械能要克服摩擦力做功而转变成热能而消散。这种机械能转化成热能，热能在水流中的消散叫作机械能的损失，机械能的损失如果用水头表示就是水头损失，用 h_w 表示。

如果用平均流速 v 代替实际各质点水流速度 u，并且代表断面是均匀流或渐变流断面，则可以得到总流的能量方程为

$$z_1 + \frac{p_1}{\rho g} + \frac{\alpha_1 v_1^2}{2g} = z_2 + \frac{p_2}{\rho g} + \frac{\alpha_2 v_2^2}{2g} + h_{w1-2} \tag{2-11}$$

式中　z_1、$\frac{p_1}{\rho g}$、$\frac{v_1^2}{2g}$ ——上游 1—1 进流断面位置水头、压强水头和流速水头；

z_2、$\frac{p_2}{\rho g}$、$\frac{v_2^2}{2g}$ ——下游 2—2 进流断面位置水头、压强水头和流速水头;

h_{w1-2}——流经 1—2 断面间的水头损失;

α_1、α_2——由于水流流速分布的不均匀性取得修正系数,一般 $\alpha=1.05\sim1.1$,流速分布越均匀,该系数越接近 1,实际运用中为简化计算,常采用 $\alpha\approx1.0$。

2 微小流束的能量方程

在流场中任意取一微分面积 dA 与流线正交,如图 2-11(a)所示,通过该面积周界上的每一点作一根流线所构成的封闭管状曲面,称为流管。

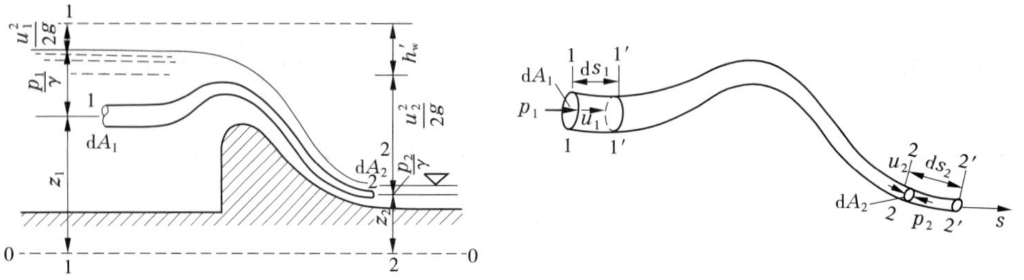

(a) (b)

图 2-11

充满流管的一束水流称为微小流束,又称元流。因为流线不能相交,所以流管内外的水体不能穿越管壁流动。若水流为恒定流,微小流束的形状和位置将不会随时间而改变;若水流为非恒定流,微小流束的形状和位置将随时间而改变。

由于微小流束的横断面面积 dA 很小,故对同一横断面上的各点运动要素可认为是相等的。具有一定边界尺寸的实际水流称为总流,总流可以认为是由无限多个微小流束组成的。如果把总流比喻为钢丝绳,那么微小流束类似于其中极细的钢丝。

如图 2-11(a)所示,通过溢流坝的水流为恒定流,在该流场中任取一微小流束中的 1—1 断面和 2—2 断面之间的流段来进行分析。设 1—1 断面和 2—2 断面的面积分别为 dA_1、dA_2,设 1—1 断面和 2—2 断面上的流速和动水压强分别为 u_1、p_1 和 u_2、p_2,断面中心距基准面的高度分别为 z_1、z_2,因为微小流束的过水断面很微小,微小流束上游进口断面选取在距离溢流坝一定距离的部位,下游出口断面选取在溢流坝末端与下游渠道连接处,所以上、下游断面均是渐变流断面,故断面上各点的流速和动水压强可认为相等。

经 dt 时段后,1—2 之间的水体运动到 1′—2′的位置[见图 2-11(b)],其动能亦发生相应变化。由于流管是封闭的,所以没有水流流进、流出微小流管,并且水流是恒定流,在 dt 时段内,由于流段 1′—2 这部分水体的质量、各点的流速、动能均没有变化,所以整个流段的动能变化仅仅体现在由 1—1′段的动能流动到 2—2′段的动能变化。又因为水流不可压缩,流进的水量与流出的水量相等,即 $dV_{1-1'}=dV_{2-2'}$,令它们都等于 dV,该部分液体的重量为 γdV,质量 $dm=\frac{\gamma dV}{g}$。

作用于所取流段 1—2 的外力做功使微小流段 1—2 中体积为 dV 的液体 1—1′和 2—2′

动能发生变化，动能的增量为

$$\frac{1}{2}\mathrm{d}mu_2^2 - \frac{1}{2}\mathrm{d}mu_1^2 = \frac{\gamma \mathrm{d}V}{2g}(u_2^2 - u_1^2) \tag{2-12}$$

作用于所取流段1—2的外力有重力、边界上的动水压力和摩擦阻力。它们在dt时段内，各外力对该流段所做的功分别如下。

2.1 重力做功 W_1

在dt时段内，由于流段1′—2的位置、流速等没有变化，只考虑重力将水体1—1′移到2—2′的位置所做的功。流段1—1′和流段2—2′的体积dV很小，其重心距基准面的高度可分别近似看成断面中心距基准面的高度z_1和z_2，则重力所做的功为

$$W_1 = \gamma \mathrm{d}V(z_1 - z_2) \tag{2-13}$$

2.2 动水压力做功 W_2

作用于流段侧面的动水压力垂直于流动方向，在流动方向上没有分力，侧面动水压力不做功。1—1断面和2—2断面上的动水压力与流动方向一致，沿流动方向做功。作用于1—1断面上的动水压力为$p_1\mathrm{d}A_1$，移动距离为ds_1，做功为$p_1\mathrm{d}A_1\mathrm{d}s_1$（力和位移方向一致取正号），2—2断面上的总压力为$p_2\mathrm{d}A_2$，移动距离为ds_2，做功为$-p_2\mathrm{d}A_2\mathrm{d}s_2$（力和位移的方向相反取负号）。因此，动水压力做功为

$$W_2 = p_1\mathrm{d}A_1\mathrm{d}s_1 - p_2\mathrm{d}A_2\mathrm{d}s_2 \tag{2-14}$$

根据水流连续原理有

$$\mathrm{d}A_1\mathrm{d}s_1 = \mathrm{d}A_2\mathrm{d}s_2 = \mathrm{d}V \tag{2-15}$$

因此

$$W_2 = \mathrm{d}V(p_1 - p_2) \tag{2-16}$$

2.3 摩擦阻力做功 W_3

水流的摩擦阻力作用于流段1—2侧面上，是与流动方向相反的切应力，以h'_{w1-2}表示从流段1—1′移到流段2—2′的位置摩擦阻力做功所消耗的水头，则摩擦阻力所做的功为

$$W_3 = -\gamma \mathrm{d}Vh'_{w1-2} \tag{2-17}$$

水流的摩擦阻力做功是消耗水流的机械能，所以取负号。

所有外力所做的总功为

$$W_1 + W_2 + W_3 = \gamma \mathrm{d}V(z_1 - z_2) + \mathrm{d}V(p_1 - p_2) - \gamma \mathrm{d}Vh'_{w1-2} \tag{2-18}$$

根据动能原理，即单位时间内流段动能的增量等于外力对流段所做的功之和，则

$$\frac{\gamma \mathrm{d}V}{2g}(u_2^2 - u_1^2) = \gamma \mathrm{d}V(z_1 - z_2) + \mathrm{d}V(p_1 - p_2) - \gamma \mathrm{d}Vh'_{w1-2} \tag{2-19}$$

将式(2-19)中各项除以重量$\gamma \mathrm{d}V$得

$$\frac{1}{2g}(u_2^2 - u_1^2) = (z_1 - z_2) + \frac{p_1 - p_2}{\gamma} - h'_{w1-2} \tag{2-20}$$

整理后得

$$z_1 + \frac{p_1}{\gamma} + \frac{u_1^2}{2g} = z_2 + \frac{p_2}{\gamma} + \frac{u_2^2}{2g} + h'_{w1-2} \tag{2-21}$$

式(2-21)就是不可压缩液体恒定微小流束的能量方程，又称伯努利（Bernoulli）方程。

式(2-21)中 $z_1+\frac{p_1}{\gamma}+\frac{u_1^2}{2g}$ 和 $z_2+\frac{p_2}{\gamma}+\frac{u_2^2}{2g}$ 分别表示同一微小流束位于1—1断面和2—2断面上的单位重量的液体所具有的总机械能,又称总水头。

h'_{w1-2} 是单位重量液体从1—1断面流动到2—2断面的水头损失。流速水头、水头损失同位置水头、压强水头一样,都具有长度单位。

微小流束的能量方程反映了恒定流同一微小流束中任意两个断面上的液体所具有的机械能的相互关系。利用微小流束能量方程,可以用来求解任一微小流束在不同断面上(不同点)的流速、压强和位置高度间的数值关系。

工程实际中要解决和更注重的是具有一定边界尺寸实际水流(即总流)的水力计算问题,这就需要将微小流束的能量方程式推广到总流。

3 恒定总流的能量方程及水头线

3.1 恒定总流的能量方程

对总流过水断面上各微小流束断面的机械能求总和,即通过将式(2-21)微小流束能量方程的两端断面分别对总流1—1过水断面和2—2过水断面积分,就可以得到总流的能量方程。

若任一微小流束的流量为 $\mathrm{d}Q$,单位时间通过微小流束过水断面的水体重量为 $\gamma\mathrm{d}Q$,将式(2-21)各项乘以 $\gamma\mathrm{d}Q$,并积分得

$$\int_Q\left(z_1+\frac{p_1}{\gamma}\right)\gamma\mathrm{d}Q+\int_Q\frac{u_1^2}{2g}\gamma\mathrm{d}Q=\int_Q\left(z_2+\frac{p_2}{\gamma}\right)\gamma\mathrm{d}Q+\int_Q\frac{u_2^2}{2g}\gamma\mathrm{d}Q+\int_Q h'_{w1-2}\gamma\mathrm{d}Q \qquad (2\text{-}22)$$

(1)若选取的断面是均匀流断面或渐变流断面,那么该断面上 $\left(z+\frac{p}{\gamma}\right)$ 近似为常数,则

$$\int_Q\left(z+\frac{p}{\gamma}\right)\gamma\mathrm{d}Q=\left(z+\frac{p}{\gamma}\right)\gamma\int_Q\mathrm{d}Q=\left(z+\frac{p}{\gamma}\right)\gamma Q \qquad (2\text{-}23)$$

(2)若采用断面平均流速 v 来代替 u,由于 $\int_A u^3\mathrm{d}A\neq\int_A v^3\mathrm{d}A$,故需要乘以一个修正系数 α 使二者相等,则

$$\int_Q\frac{u^2}{2g}\gamma\mathrm{d}Q=\int_A\gamma\frac{u^3}{2g}\mathrm{d}A=\frac{\gamma}{2g}\int_A u^3\mathrm{d}A \qquad (2\text{-}24)$$

因 $\mathrm{d}Q=u\mathrm{d}A$

$$\frac{\gamma}{2g}\int_A u^3\mathrm{d}A=\frac{\gamma}{2g}\alpha\int_A v^3\mathrm{d}A=\frac{\gamma}{2g}\alpha v^3A=\gamma Q\frac{\alpha v^2}{2g} \qquad (2\text{-}25)$$

$$\alpha=\frac{\int_A u^3\mathrm{d}A}{v^3A} \qquad (2\text{-}26)$$

式中 α——动能修正系数,其值始终大于1.0,均匀流、渐变流时,一般 $\alpha=1.05\sim1.1$,流速分布愈均匀,α 愈接近于1,为计算简便,通常取 $\alpha=1.0$。

(3)假定总流1—1过水断面和2—2过水断面之间各个微小流束单位重量水体所损

失的能量 h'_w 都用 h_w 来代替，则

$$\int_Q h'_{w1-2}\gamma \mathrm{d}Q = \gamma h_{w1-2}\int_Q \mathrm{d}Q = \gamma Q h_{w1-2} \tag{2-27}$$

用式(2-23)、式(2-25)分别表示 1—1 断面和 2—2 断面各积分项并和式(2-27)一同代入式(2-22)两端，同时除以 γQ 得

$$z_1 + \frac{p_1}{\gamma} + \frac{\alpha_1 v_1^2}{2g} = z_2 + \frac{p_2}{\gamma} + \frac{\alpha_2 v_2^2}{2g} + h_{w1-2} \tag{2-28}$$

式(2-28)就是不可压缩液体恒定总流的能量方程。它反映了总流中进、出口过水断面上的液体单位机械能的相互关系，表达了总流单位能量转化和守恒的规律。

在总流中任取两个过水断面，若两断面上单位重量的液体所具有的总机械能分别为 H_1 和 H_2，根据能量方程得

$$H_1 = H_2 + h_{w1-2} \tag{2-29}$$

对于理想液体，由于不考虑液体的黏滞性，则不存在水头损失，即 $h_{w1-2}=0$，则 $H_1 = H_2$，也就是说，在不计能量损失时，总流中任意过水断面上的总水头保持不变。

3.2　恒定总流能量方程应用条件

从上述推导过程中可以看出，微小流束的能量方程扩展到总流时，除满足恒定、不可压缩外，还作了重要假设或要求：一是水流必须是连续的，二是选取的断面是均匀流断面或渐变流断面，三是用断面平均流速 v 来代替各点流速 u，四是总流水头损失与各微小流束水头损失相同。因此，恒定总流能量方程应用时，必须满足以下要求：

(1)水流必须是恒定流。

(2)两个过水断面必须是均匀流断面或渐变流断面，这样，就可以取过水断面上任意点来计算该断面上的单位势能值$\left(z+\dfrac{p}{\gamma}\right)$。至于两个断面之间，可以存在急变流。

(3)两个断面之间，流量应保持不变，即没有流量的加入或分出。

(4)式(2-28)表示两个断面之间不能有外界能量的加入或能量的分出；如果有外界能量的加入(如水泵)，则能量方程应加入单位机械能，如图 2-12(a)所示。

$$z_1 + \frac{p_1}{\gamma} + \frac{\alpha_1 v_1^2}{2g} + H = z_2 + \frac{p_2}{\gamma} + \frac{\alpha_2 v_2^2}{2g} + h_{w1-2} \tag{2-30}$$

式中　H——水泵扬程。

如果有能量的分出(如水轮机)，则能量方程应减去单位机械能，如图 2-12(b)所示。

$$z_1 + \frac{p_1}{\gamma} + \frac{\alpha_1 v_1^2}{2g} - H = z_2 + \frac{p_2}{\gamma} + \frac{\alpha_2 v_2^2}{2g} + h_{w1-2} \tag{2-31}$$

式中　H——水轮机水头。

3.3　能量方程的几何意义——水头线

恒定总流的能量方程式中各项都用单位能量表示，也称为水头，具有长度单位，因此可以用几何线段的长度表示它们的大小，从而将水流沿流程能量的相互转化形象地表示出来。

管中充满流动的水，基准面为 0—0，如图 2-13 所示，各断面中心点与基准面的铅垂高

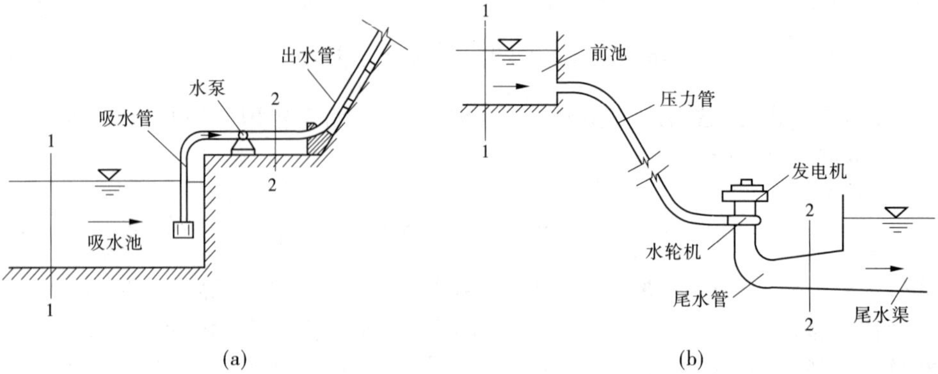

图 2-12

度就是该断面的位置水头 z;从各断面的中心点向上作铅垂线,分别在该铅垂线截取线段长度等于相应断面上的压强水头$\frac{p}{\gamma}$,就得到了各断面的压强水头,位置水头线与压强水头线的和$\left(z+\frac{p}{\gamma}\right)$就是测压管水头;在测压管水头以上再作铅垂线段,线段长度等于相应断面的流速水头$\frac{\alpha v^2}{2g}$,测压管水头与流速水头的和就是各断面的总水头 $H=z+\frac{p}{\gamma}+\frac{\alpha v^2}{2g}$。

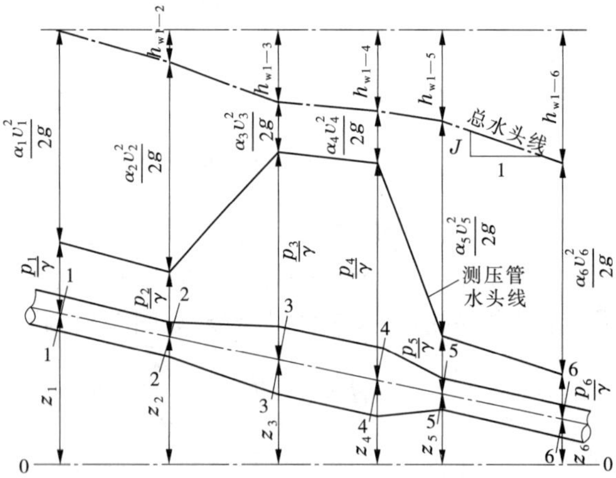

图 2-13

把各断面测压管水头连接起来就得到了该管的测压管水头线,把各断面总水头连接起来就得到了该管的总水头线。

测压管水头线和总水头线有以下规律:

(1)管轴线表示了各断面位置水头 z 沿程的变化。

(2)管轴线与测压管水头线的垂直距离反映了沿程各断面压强水头的变化。测压管水头线沿程可以下降也可以上升,当某断面测压管水头线在该断面管轴线以上时,压强为正值;反之,压强为负值,也就是该断面出现了真空。

(3)总水头线与测压管水头线之间的铅垂距离反映了沿程各断面上流速水头的变

化,差距越大,流速水头越大,在流速不变的流段,总水头线和测压管水头线平行。

(4)过水断面间总水头线下降的铅直高度即两断面间的水头损失。由于实际水流在流动过程中总有水头损失,所以总水头线沿程总是下降的。

习惯上用水力坡度 J 表示水头损失在单位流程上的变化量。水力坡度就是沿流程单位长度上的水头损失。当总水头线是直线时,可用式(2-32)计算:

$$J=\frac{H_1-H_2}{L}=\frac{h_{w1-2}}{L} \tag{2-32}$$

式中 L——两断面间流程长;

h_{w1-2}——两断面间的水头损失。

当总水头线是曲线时,水力坡度不是定值,某一过流断面处的水力坡度可表示为

$$J=-\frac{dH}{dl}=\frac{dh_w}{dl} \tag{2-33}$$

式中 dH——总水头沿程的增量,水利工程中把水力坡度规定为正值,但因总水头的增量总是负值,为使水力坡度为正值,所以在式(2-33)中加"-"号。

能量方程图示法可以清晰地表示出水流沿流程各断面的位置水头、压强水头、流速水头、测压管水头和总水头的变化情况。在管流的水力设计中,常用这种方法分析问题。

4 恒定总流的能量方程应用

4.1 应注意的几个问题

(1)选好基准面:基准面是计算位置水头 z 的标准,为一水平面。基准面 0—0 可以任意选取,并不影响计算结果,以计算方便为原则,为避免位置水头 z 出现负值的情况,基准面一般不要选得过高。在同一能量方程中,计算两断面的位置水头时,必须采用统一基准面。

(2)选好过水断面:过水断面的选择一方面必须符合均匀流或渐变流断面的条件;另一方面尽量选在未知量较少的断面上及与待求物理量有关的断面上,这样便于求解问题。

(3)选好代表点:渐变流同一过水断面上任一点$\left(z+\frac{p}{\gamma}\right)$值是相等的,因此具体选择哪一点来计算$\left(z+\frac{p}{\gamma}\right)$值以计算方便为原则。通常,对于管道选管轴形心点为代表点,对于明渠选自由水面上的点为代表点。

(4)方程两边压强水头 p/γ 值,用相对压强或绝对压强计算都可以,但在同一方程中必须采用同一标准。计算中多数用相对压强计算。

(5)要注意能量方程与连续性方程的联合应用。

【案例 2-5】 如图 2-14 所示为一连通的两段水管,已知小管直径 $d_A=0.15$ m,$A—A$ 断面中心点的相对压强 $p_A=68.6$ kPa;大管直径 $d_B=0.3$ m,$B—B$ 断面中心点的相对压强 $p_B=58.8$ kPa,大管断面平均流速 $v_B=1.5$ m/s,两断面中心点高差 $\Delta z=1$ m,求 A、B 两断面的总水头差及判断水流方向。

【案例分析与计算】:

(1)求两断面的总水头。

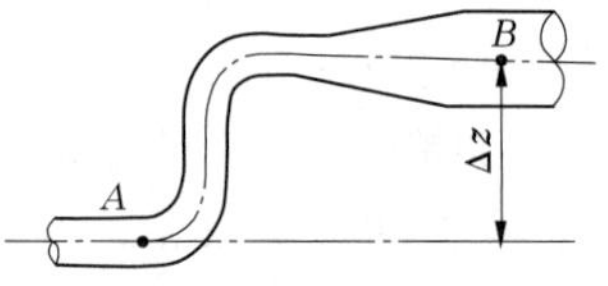

图 2-14

A、B 两断面的总水头差即为两断面间的水头损失 h_w。因此,先要分别计算出 A、B 两个断面上的总水头 H。因为断面 A 上的平均流速未知,所以首先应用连续性方程求 A 断面的平均流速 v_A,即

$$v_A=v_B\frac{d_B^2}{d_A^2}=1.5\times\frac{0.3^2}{0.15^2}=6.0(\text{m/s})$$

再来计算 A、B 两断面的总水头。取断面 A 中心点的水平面为基准面,并取两断面的中心点为代表点,则断面 A、B 的总水头分别为

$$H_A=z_A+\frac{p_A}{\gamma}+\frac{\alpha v_A^2}{2g}=0+\frac{68.6}{9.8}+\frac{1\times6.0^2}{19.6}=8.84(\text{m})$$

$$H_B=z_B+\frac{p_B}{\gamma}+\frac{\alpha v_B^2}{2g}=1+\frac{58.8}{9.8}+\frac{1\times1.5^2}{19.6}=7.11(\text{m})$$

需要注意的是,计算过程中压强的单位为 kPa,也就是 $10^3\ \text{N/m}^2$,而水的容重要采用 $\gamma=9.8\ \text{kN/m}^3$,$\frac{p}{\gamma}$的单位为 m,流速单位是 m/s,$v^2/(2g)$得到的是流速水头,单位也是 m,压强和流速所使用的单位并不统一,但各自计算的结果都是用水头表示,对计算结果并没产生影响,在其他利用能量方程分析计算过程中始终要注意单位问题。

(2)确定管中的水流方向。

由上述计算过程可知:$H_A>H_B$,因此管中水流应由 A—A 断面流向 B—B 断面。

(3)求两断面的总水头差。

根据能量方程 $H_A=H_B+h_w$ 可得

$h_w=H_A-H_B=8.84-7.11=1.73(\text{m})$

通过上述计算结果说明:水流总是由单位机械能大(总水头高)的地方流向单位机械能小(总水头低)的地方,而不能单纯根据位置高低、压强和流速的大小来判别水流方向。

【案例 2-6】 图 2-15 为一水库的溢流坝,坝下游河床高程为 105.0 m,当库水位为 120.0 m 时,坝址处收缩断面 C—C 处的水深 $h_C=1.2$ m。设溢流坝的水头损失 $h_w=0.1v_C^2/(2g)$,求 C—C 断面的平均流速 v_C。

【案例分析与计算】:

(1)选基准面。以通过下游河床的水平面 0—0 为基准面。

(2)选过水断面。因坝面水流为急变流,第一个过水断面应选在距坝顶上游一段距离的水库中的渐变流 1—1 断面,因水库面积相当大,可认为行近流速 v_1 约等于零;另外,选取该断面为计算断面可使所列出的能量方程未知量减少。因坝下游收缩断面处的水流流线近似平行,可近似地看作是渐变流,该断面的流速正是待求的未知量,所以将 C—C 断面作为第二个过水断面。

(3)选代表点。由于前面所选的两个计算断面均为渐变流断面,且水流为明渠水流,因此代表点选在水面一点,其相对压强 p_1、p_2 均为零,$H=120.0-105.0=15.0(\text{m})$。

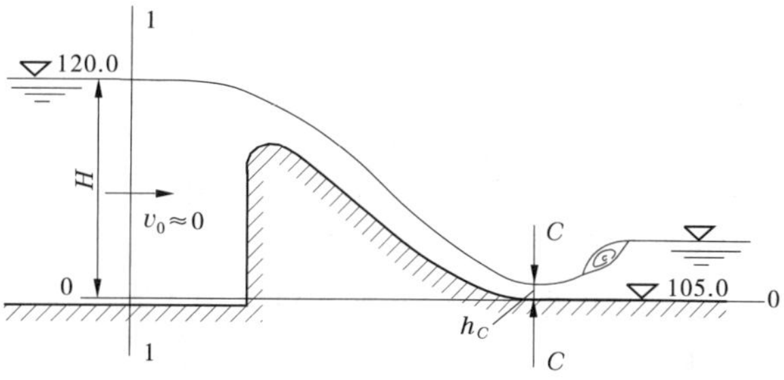

图 2-15

(4)由 1—1 断面、C—C 断面列能量方程求流速 v_C。

$$H+\frac{\alpha_1 v_1^2}{2g}=h_C+\frac{\alpha_C v_C^2}{2g}+h_w$$

$$H+0=h_C+\frac{\alpha_C v_C^2}{2g}+0.1\times\frac{v_C^2}{2g}$$

$$v_C=\frac{1}{\sqrt{\alpha_C+0.1}}\sqrt{2g(H-h_C)}=\frac{1}{\sqrt{1+0.1}}\times\sqrt{2\times9.8\times(15.0-1.2)}=15.69(\text{m/s})$$

4.2　毕托管测流速

毕托管是利用液流运动的能量转化原理制作的测定液流点速度的仪器。简单的毕托管就是一根弯成 90°的开口细管。如图 2-16(a)所示，将弯管前端管口置于 A 点并正对水流方向，就可测得场中 A 点的流速。此时，弯管的管口由于水流的顶冲，该点处水流质点的动能将全部转化为压能，管中的水面将上升至 h_2 的高度，正对水流方向管口 A 点处的流速变为零，该点称为驻点。管中的水柱高度 h_2 是 A 点处的动水压强水头 p_A/γ 与由该点流速水头 $u^2/(2g)$ 转化的压强水头之和，即

$$h_2=\frac{p_A}{\gamma}+\frac{u_A^2}{2g} \tag{2-34}$$

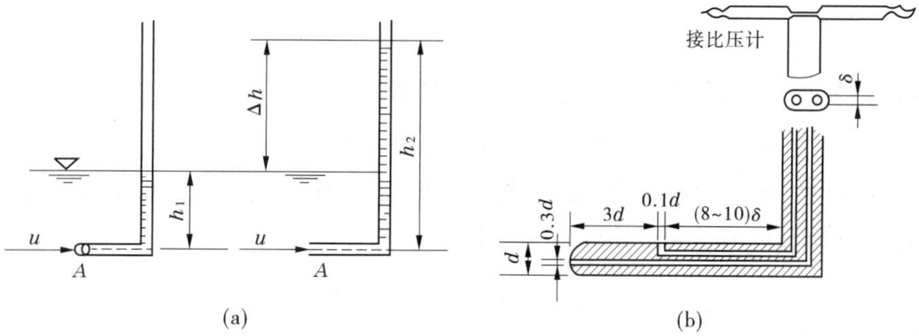

图 2-16

若用同样一根细弯管，前端管口封闭而侧面开口，以同样的方式置于 A 点处，此时 A 点的压强水头就等于管中液面上升的高度 $p_A/\gamma=h_1$。注意：由于管口垂直水流方向，所以流速在开口方向没有分量，也就是 h_1 只有该点处的压强水头。

$$h_2 - h_1 = \left(\frac{p_A}{\gamma} + \frac{u_A^2}{2g}\right) - \frac{p_A}{\gamma} \tag{2-35}$$

这样就可以计算出 A 点的流速,即

$$u_A = \sqrt{2g(h_2 - h_1)} = \sqrt{2g\Delta h} \tag{2-36}$$

式中 Δh——两根管中的水面高差。

如图 2-16(b)所示,实际上的毕托管是将两根细管纳入同一根弯管之中,只是将前端的小孔和侧面的小孔(可以是多个)分别连通到两支测压管上。测量流速时可以分别读出两支测压管上的读数,计算得出 Δh,由于毕托管前端的小孔和侧面小孔的位置不同,加之考虑毕托管放入水中所产生的扰动影响,需对式(2-36)加以修正,即

$$u_A = c\sqrt{2g\Delta h} \tag{2-37}$$

式中 c——毕托管的校正系数,一般取 0.98~1.0,毕托管出厂时,产品说明书上给有 c 值,若使用时间长了,c 值应重新率定。

利用能量方程还可以做成文丘里流量计测管流中流量,计算小孔口的出流量,这里不再一一介绍。

任务 4 恒定流动量方程分析计算

对于某些水力计算问题,如需要确定输水管中水流对管道的作用力、射流的冲击力等,则需要利用动量原理求解。水力分析与计算中的动量方程反映了水流的动量变化与水流和固体壁面之间作用力的关系。

1 恒定流动量方程式及应用条件

1.1 恒定流动量方程的建立

动量定理指出:物体在一个过程始末的动量变化量等于它在这个过程中所受力的冲量(用字母 I 表示),即力与力作用时间的乘积,数学表达式为

$$\mathrm{d}I = \vec{F}\mathrm{d}t = \mathrm{d}m\mathrm{d}\vec{u} \tag{2-38}$$

如果液体质点初速度为 $\vec{u}_1$,末速度为 $\vec{u}_2$,那么

$$\vec{F}\mathrm{d}t = \mathrm{d}m(\vec{u}_2 - \vec{u}_1) \tag{2-39}$$

在 $\mathrm{d}t$ 时间内运动的距离为 $u\mathrm{d}t$,过流断面面积为 $\mathrm{d}A$,此时运动的液体体积 $\mathrm{d}V = u\mathrm{d}t\mathrm{d}A$,由于 $\mathrm{d}m = \rho\mathrm{d}V = \rho u\mathrm{d}t\mathrm{d}A$,由于 $\mathrm{d}Q = u\mathrm{d}t$,则式(2-39)改写为

$$\vec{F}\mathrm{d}t = \rho Q\mathrm{d}t(\vec{u}_2 - \vec{u}_1) \tag{2-40}$$

两边同除以 $\mathrm{d}t$ 得

$$\vec{F} = \rho Q(\vec{u}_2 - \vec{u}_1) \tag{2-41}$$

如果用平均流速 v 代替实际各质点水流速度 u,并且代表断面是均匀流或渐变流断面,则可以得到总流的动量方程为

$$\vec{F} = \rho Q(\beta_1\vec{v}_2 - \beta_2\vec{v}_1) \tag{2-42}$$

式中 $\vec{F}$——系统所受合外力;

β_1、β_2——动量修正系数,表示单位时间内通过断面的实际动量与单位时间内以相应的断面平均流速通过的动量的比值;β 值取决于过水断面上的流速分布状况,分布越均匀,β 值越小,越接近于 1.0;在一般渐变流中,β = 1.02 ~1.05,实际运用中为了简化计算,常采用 $\beta \approx 1.0$。

如图 2-17 所示,在恒定总流中任取 1—1 断面为进口,2—2 断面为出口,把液体从 1—1 断面、2—2 断面和固体边界范围内取出,作为脱离体。

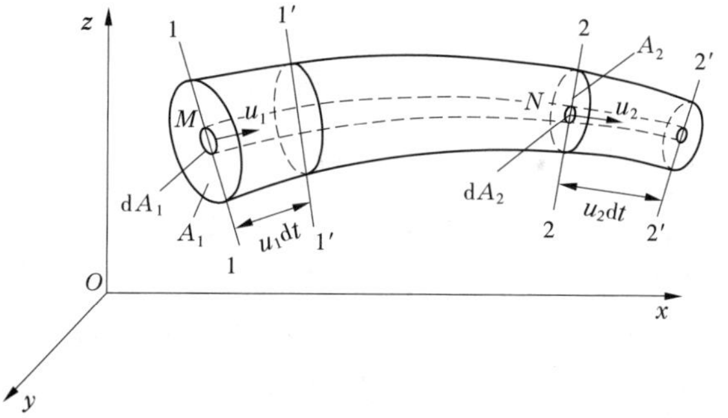

图 2-17

在脱离体中任意选取微小流束 MN,微小流束 MN 在 $\mathrm{d}t$ 时段内,从位置 1—2 运动到新位置 1′—2′。设液体在运动过程中动量变化量为 ΔK_{MN},则 ΔK_{MN} 等于流段动量的变化量,即等于 1′—2′与 1—2 内液体的动量 $K_{MN1'-2'}$ 与 K_{MN1-2} 之差。

$$\Delta K_{MN} = K_{MN1'-2'} - K_{MN1-2} \tag{2-43}$$

由图 2-17 可以看出

$$K_{MN1-2} = K_{MN1-1'} + K_{MN1'-2} \tag{2-44}$$

$$K_{MN1'-2'} = K_{MN1'-2} + K_{MN2-2'} \tag{2-45}$$

式(2-44)中,$K_{MN1'-2}$ 是 $\mathrm{d}t$ 初时刻流段 1′—2 内液体的动量,式(2-45)中 $K_{MN1'-2}$ 是 $\mathrm{d}t$ 末时刻流段 1′—2 液体的动量,两者虽在不同时刻,但因为液流为恒定流,因此 $K_{MN1'-2}$ 不随时间而改变。将式(2-44)和式(2-45)代入式(2-43)可得

$$\Delta K_{MN} = K_{MN2-2'} - K_{MN1-1'} \tag{2-46}$$

令微小流束断面 1—1 的面积为 $\mathrm{d}A_1$,流速为 u_1,则微小流束流段 1—1′内的液体动量 $K_{MN1-1'} = m_1u_1$, $m_1 = \rho \mathrm{d}V_1 = \rho u_1 \mathrm{d}t\mathrm{d}A_1$,把微小流束扩充到整个脱离体,即对微小流束积分,用 $K_{1-1'}$ 表示 $\mathrm{d}t$ 时段内 1—1 断面和 1′—1′断面间水体的动量,则

$$K_{1-1'} = \int_{A_1} \rho u_1 u_1 \mathrm{d}t\mathrm{d}A_1 = \rho \mathrm{d}t \int_{A_1} u_1 u_1 \mathrm{d}A_1 \tag{2-47}$$

令 2—2 断面的面积为 $\mathrm{d}A_2$,流速为 u_2,$K_{2-2'}$ 表示 $\mathrm{d}t$ 时段内 2—2 断面和 2′—2′断面间水体的动量,同理得

$$K_{2-2'} = \int_{A_2} \rho u_2 u_2 \mathrm{d}t\mathrm{d}A_2 = \rho \mathrm{d}t \int_{A_2} u_2 u_2 \mathrm{d}A_2 \tag{2-48}$$

因为总流过水断面上的流速分布不均匀,若过水断面符合均匀流或渐变流条件,可以

认为断面平均流速的方向和实际的方向一致,用断面平均流速 v 代替流速 u,产生的误差用系数 β 修正,则式(2-47)、式(2-48)可改写成

$$K_{1-1'}=\rho \mathrm{d}t\int_{A_1}u_1u_1\mathrm{d}A_1=\rho \mathrm{d}t\beta_1v_1v_1A_1=\rho \mathrm{d}t\beta_1v_1Q_1 \tag{2-49}$$

$$K_{2-2'}=\rho \mathrm{d}t\int_{A_2}u_2u_2\mathrm{d}A_2=\rho \mathrm{d}t\beta_2v_2v_2A_2=\rho \mathrm{d}t\beta_2v_2Q_2 \tag{2-50}$$

在均匀流或渐变流断面上,流速 u 和断面平均流速 v 的方向是一致的,故 β 的表达式为

$$\beta=\frac{\int_A u^2\mathrm{d}A}{v^2A} \tag{2-51}$$

式中 β——动量修正系数,$\beta>1.0$,对于渐变流 $\beta=1.02\sim1.05$,为计算简便常取 $\beta=1.0$。

由连续性方程可知,$Q_1=Q_2=Q$,令 ΔK 表示总流流段动量的变化量,则有

$$\Delta K=K_{2-2'}-K_{1-1'}=\rho Q\mathrm{d}t(\beta_2v_2-\beta_1v_1) \tag{2-52}$$

设 $\sum F\mathrm{d}t$ 为时段内作用于总流 1—2 流段上所有外力冲量的矢量和,由动量定律可以得到

$$\sum F\mathrm{d}t=\rho Q\mathrm{d}t(\beta_2v_2-\beta_1v_1) \tag{2-53}$$

式(2-53)两端同除以 $\mathrm{d}t$ 得

$$\sum F=\rho Q(\beta_2v_2-\beta_1v_1) \tag{2-54}$$

式(2-54)为不可压缩液体恒定总流的动量方程。它表明在单位时间内,恒定总流流段动量的变化量等于作用于该流段上所有外力的合力。作用于流段两端断面的外力包括动水压力 P、重力 G 和边界对脱离体的作用力 R。

式(2-54)为矢量式,其中的力和速度都是矢量,为了便于计算,可以建立直角坐标系对各矢量进行分解,则式(2-54)可以分解为三个投影表达式

$$\left.\begin{aligned}\sum F_x&=\rho Q(\beta_2v_{2x}-\beta_1v_{1x})\\ \sum F_y&=\rho Q(\beta_2v_{2y}-\beta_1v_{1y})\\ \sum F_z&=\rho Q(\beta_2v_{2z}-\beta_1v_{1z})\end{aligned}\right\} \tag{2-55}$$

式中 v_{1x}、v_{1y}、v_{1z}、v_{2x}、v_{2y}、v_{2z}——v_1 和 v_2 在三个坐标方向上的投影;

$\sum F_x$、$\sum F_y$、$\sum F_z$——作用在隔离体上所有外力在三个坐标方向投影的代数和。

1.2 动量方程应用的条件

在上述推导过程中,对于总流的动量方程也作了一些重要假设:一是水流必须是连续的,二是选取的断面是均匀流断面或渐变流断面,三是用断面平均流速 v 来代替各点流速 u。因此,恒定流动量方程应用时,必须满足以下要求:

(1)水流为恒定流。

(2)水流是连续的、不可压缩的均质液体。

(3)脱离体两端的断面必须是渐变流断面,但脱离体内部可以存在急变流。

2 动量方程的应用步骤

应用动量方程可在一定条件下求解水流对建筑物的作用力。下面说明应用动量方程求解水流作用力的一般方法步骤：

(1)选脱离体。

根据具体问题的要求，把所研究的两个渐变流断面之间的流段(水体)取出作为脱离体，并对其进行受力分析(常受的力有脱离体两个渐变流断面上的动水总压力 P_1、P_2，脱离体的水重 G，边界作用于脱离体上的外力 R)。

(2)建立直角坐标系。

根据流速求解力，选定坐标轴 x、y、z 的方向，并把流速和各力投影到各坐标轴上，确定它们的大小和方向，并将其标注在受力分析图上。

(3)建立动量方程的投影式并求解。

根据求解的力选合适的投影式，并代入投影式求解。注意：当外力、流速与坐标轴方向相同时为正，与坐标轴方向相反时为负。对未知力可先假定方向，如未知力解出后为正，说明假设方向正确；如未知力解出后为负，说明假设方向与实际方向相反。

另外，注意动量方程与能量方程及连续性方程联合应用；注意边界对水流的作用力 R 与水流对边界的作用力 R' 互为作用力与反作用力，它们大小相等，方向相反。

3 动量方程的应用

【案例2-7】 水泵站压力水管的渐变段如图2-18所示。直径 $D_1=1.5$ m，$D_2=1.0$ m，渐变段起点断面管道中心处压强 $p_1=392$ kPa，管中通过的流量 $Q=1.8$ m^3/s，$\alpha=\beta=1.0$。求渐变段支座承受的轴向力(不计渐变段能量损失)。

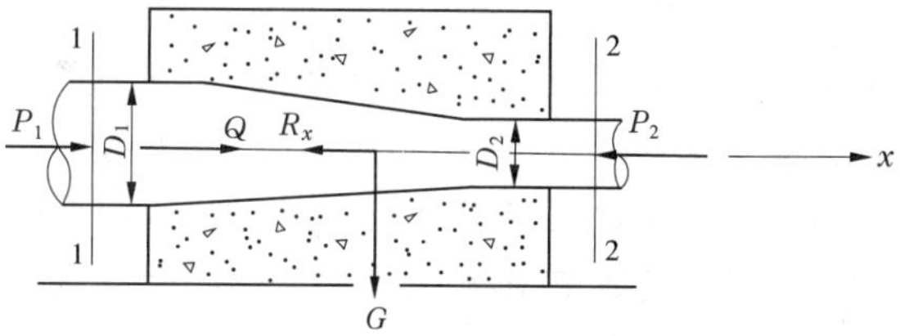

图2-18

【案例分析与计算】：

(1)取脱离体。取渐变段起始断面1—1和渐变段出口断面2—2间的水体为脱离体，并对其进行受力分析。脱离体两个渐变流断面上的动水总压力 P_1、P_2，管壁对水流的轴向作用力 R_x，脱离体的水重 G(此题只计算轴向力，铅垂方向的重力对其不影响，不考虑重力)，如图2-18所示。

(2)选直角坐标系 xOy。因为案例只涉及水平方向的作用，所以选择水流方向为 x 坐标方向，如图2-18所示。各流速和各力方向已在 x 坐标轴上，力、流速与坐标轴方向相同时为正，与坐标方向相反时为负。

(3)列能量方程求2—2断面的动水压强。2—2断面动水压强可以通过1—1、2—2

两断面列能量方程求得(以管轴为基准面,代表点选在管轴线上)

$$\frac{p_1}{\gamma}+\frac{v_1^2}{2g}=\frac{p_2}{\gamma}+\frac{v_2^2}{2g}$$

$$v_1=\frac{Q}{A_1}=\frac{1.8}{\frac{\pi}{4}\times 1.5^2}=\frac{1.8}{1.767}=1.019(\text{m/s})$$

$$v_2=\frac{Q}{A_2}=\frac{1.8}{\frac{\pi}{4}\times 1^2}=\frac{1.8}{0.785}=2.293(\text{m/s})$$

$$\frac{p_2}{\gamma}=\frac{p_1}{\gamma}+\frac{v_1^2}{2g}-\frac{v_2^2}{2g}=\frac{392}{9.8}+\frac{1.019^2}{2\times 9.8}-\frac{2.293^2}{2\times 9.8}=39.785(\text{m})$$

则 $p_2=9.8\times 39.785=389.893(\text{kPa})$

(4)选动量方程的投影式计算。因为所求的轴向力为水平方向的力,所以只列水平方向的动量投影式

$$\sum F_x=\rho Q\beta(v_{2x}-v_{1x})$$

$$\sum F_x=P_1-P_2-R_x=p_1A_1-p_2A_2-R_x$$

$$v_{1x}=v_1=1.019\ \text{m/s}$$

$$v_{2x}=v_2=2.293\ \text{m/s}$$

根据以上计算结果代入动量方程的投影式求 R_x,即

$$\begin{aligned}R_x&=p_1A_1-p_2A_2-\rho Q(v_{2x}-v_{1x})\\&=392\times1.767-389.893\times0.785-1\times1.8\times(2.293-1.019)\\&=384.3(\text{kN})\end{aligned}$$

需要注意的是,力的单位使用 kN,动量方程式的 ρ 采用 1.0 t/m^3,如果力的单位使用 N,则 ρ 采用 1 000 kg/m^3。

渐变段支座承受的轴向力与 R_x 大小相等,方向相反。

【案例 2-8】 某压力管道有一水平放置的渐缩弯管,如图 2-19(a)所示,弯管进口 1—1 断面中心点的压强 $p_1=123.0$ kPa,断面直径 $d_1=200$ mm,弯管出口 2—2 断面,直径 $d_2=150$ mm,转角 $\theta=60°$,管道中通过流量为 85 L/s。若不计弯管水头损失,计算水流对弯管的作用力。

【案例分析与计算】:

(1)取脱离体。选取 1—1 断面和 2—2 断面以及弯道边壁之间的水体为脱离体。

(2)选取直角坐标系。取水平面为 xOy 坐标平面,为简单起见,设 Ox 方向与进口水流方向一致。因弯道水平放置,重力在 xOy 平面上没有分力,所以整个脱离体所受到的外力为进、出口水压力 P_1、P_2,其中 P_2 未知。管壁对水流的作用力为 R,设 R 在 Ox、Oy 方向的分力为 R_x、R_y,水流流速为 v_1、v_2,但 v_1、v_2 未知,各矢量方向如图 2-19(b)所示。运用动量方程计算 R 之前首先计算确定 p_2 和 v_2。

(3)根据水流连续性方程和能量方程计算进、出口断面流速 v 和 2—2 断面压强 p_2。

$$A_1=\frac{1}{4}\pi d_1^2=\frac{1}{4}\times 3.14\times 0.2^2=0.031\,4(\text{m}^2)$$

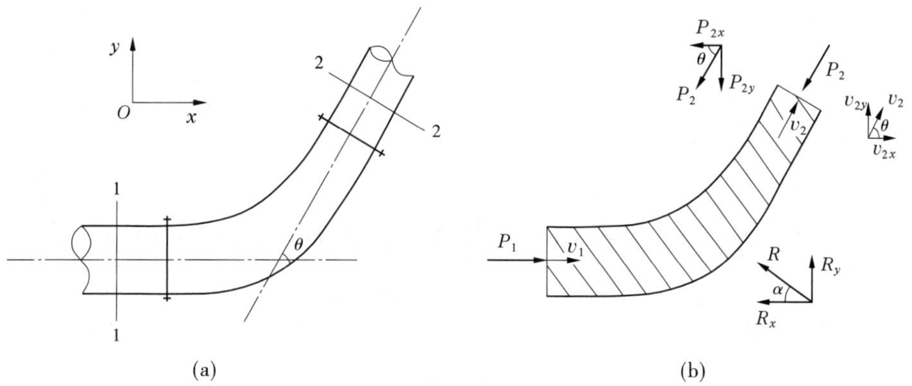

图 2-19

$$A_2=\frac{1}{4}\pi d_2^2=\frac{1}{4}\times 3.14\times 0.15^2=0.0177(\mathrm{m}^2)$$

$$v_1=Q/A_1=0.085/0.0314=2.71(\mathrm{m/s})$$

$$v_2=Q/A_2=0.085/0.0177=4.80(\mathrm{m/s})$$

设管道基准面通过管轴线，因不考虑弯管水头损失，列1—1断面与2—2断面能量方程

$$z_1+\frac{p_1}{\gamma}+\frac{\alpha_1 v_1^2}{2g}=z_2+\frac{p_2}{\gamma}+\frac{\alpha_2 v_2^2}{2g}+h_{\mathrm{w1-2}}$$

其中：$z_1=0 \quad z_2=0 \quad h_{\mathrm{w1-2}}=0$

$$\frac{p_2}{\gamma}=\frac{p_1}{\gamma}+\frac{\alpha_1 v_1^2}{2g}-\frac{\alpha_2 v_2^2}{2g}=\frac{123.0}{9.8}+\frac{2.71^2}{2\times 9.8}-\frac{4.80^2}{2\times 9.8}=11.75(\mathrm{m})$$

2—2断面形心处的压强 $p_2=9.8\times 11.75=115.1(\mathrm{kPa})$

1—1断面平均压力 $P_1=p_1A_1=123.0\times 0.0314=3.86(\mathrm{kN})$

2—2断面平均压力 $P_2=p_2A_2=115.1\times 0.0177=2.04(\mathrm{kN})$

(4) 选动量方程的投影式计算。取 $\beta_1=\beta_2=1.0$，则

$$\sum F_x=\rho Q\beta(v_{2x}-v_{1x})$$

$$\sum F_x=P_1-P_2\cos\theta-R_x$$

$$\rho Q\beta(v_{2x}-v_{1x})=\rho Q\beta(v_2\cos\theta-v_1)$$

$$R_x=P_1-P_2\cos\theta-\rho Q\beta(v_2\cos\theta-v_1)$$

$$=3.86-2.04\times\cos60^\circ-1\times 0.085\times(4.80\times\cos60^\circ-2.71)=2.87(\mathrm{kN})$$

$$\sum F_y=\rho Q\beta(v_{2y}-v_{1y})$$

$$\sum F_y=0-P_2\sin\theta+R_y$$

$$\rho Q\beta(v_{2y}-v_{1y})=\rho Q\beta(v_2\sin\theta-0)$$

$$R_y=P_2\sin\theta+\rho Q\beta v_2\sin\theta$$

$$=2.04\times\sin60^\circ+1\times 0.085\times 4.80\times\sin60^\circ=2.12(\mathrm{kN})$$

得到的 R_x 与 R_y 都是正值，表示假设方向正确，合力大小为

$$R=\sqrt{R_x^2+R_y^2}=\sqrt{2.87^2+2.12^2}=3.57(\mathrm{kN})$$

外力 R 方向为

$$\alpha = \arctan\frac{R_y}{R_x} = \arctan\frac{2.12}{2.87} = 36.45°$$

水流对弯管的作用力与 R 大小相等,方向相反。

任务5　水头损失分类及水流运动两种流态

1　水头损失产生的原因

水头损失产生的内因是液体的黏滞性。因为黏滞性的存在,当水体在固体边界(管道、渠道)内流动时,紧贴固体壁面的很薄一层水和固体边壁没有相对运动,流速为零,而由边界至水流内部,流速由零变大,过水断面上的各点流速不相等,相邻两流层之间发生了相对运动,黏滞性的作用使有相对运动的两流层之间产生了内摩擦力。水流在流动过程中为克服内摩擦阻力做功,消耗了自身的能量,所消耗的机械能转化为热能而散失,形成了能量损失,即能量方程中的 h_w 项。当固体边界发生突然变化,在这些地方水流容易脱离边界形成旋涡,在旋涡区水质点的剧烈运动将会使摩擦阻力急剧增大,在局部区域造成额外的水头损失。

水头损失产生的外因是液流固体边界纵向、横向轮廓的形状和外边界条件的变化对水流的影响。液流边界横向轮廓的形状和大小对水头损失的影响可用水力半径 R 表示。

若圆管中充满水流,直径为 d,则

$$R_{管} = \frac{A}{\chi} = \frac{\frac{\pi}{4}d^2}{\pi d} = \frac{d}{4} \tag{2-56}$$

【案例2-9】 图2-20中实际液体在流动过程中有水头损失,水头损失在水流运动过程中有什么规律?

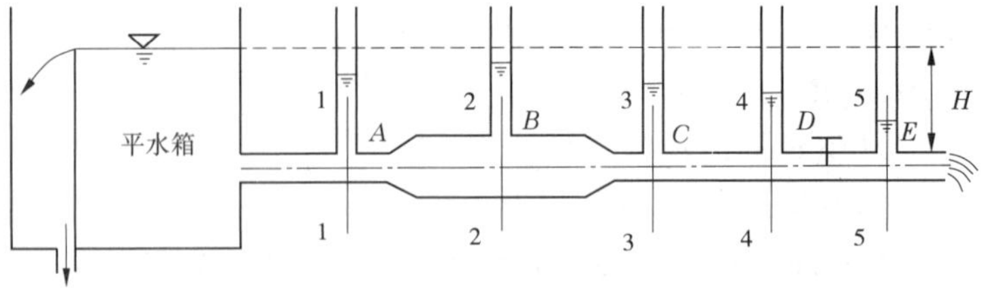

图2-20

【案例分析】:

由图2-20可以看出,由于管道中为恒定流,各断面中测压管的水面连接起来就是该管段的测压管水头线。

(1)管道从 A 处到 B 处测压管水头升高了,原因是2—2断面直径大于1—1断面,1—1断面流速水头大于2—2断面流速水头,部分流速水头转化成了测压管水头;水流从1—1断面流动到2—2断面时,产生了能量损失,造成水头下降;但总体来说,流速水头转化为测压管水头大于水头损失。

(2)从 C 处到 D 处管径 d 不变，故 3—3、4—4 两断面处的断面平均流速 v 均相等。又因为管轴水平，两断面位置高度 z 也相等，但 4—4 断面测压管液面高度低于 3—3 断面测压管液面高度，说明单位压能减小了，显然，减小值是在流动中消耗了。

(3)从 D 处到 E 处管径 d 不变，同样可以看到 4—4 断面到 5—5 断面的测压管中测得的水面也呈下降趋势，其下降量更大，这说明水流经阀门也有水头损失，其损失往往要比相等长度的直管段大。

2　水头损失的分类

水流在不同边界情况下的流动情况是十分复杂的，为了便于计算水头损失，通常把水头损失分为两类。

2.1　沿程水头损失

在均匀流和渐变流中，水流克服沿程摩擦阻力而损失的水头，称为沿程水头损失，用 h_f 表示，它随着流程的增大而增大。在图 2-20 中，3—3 断面与 4—4 断面之间的水头损失就是沿程水头损失。

2.2　局部水头损失

由于固体边界的形状、尺寸急剧变化，如管道过水断面的突然扩大、缩小、转弯或安装阀门的地方，使水流结构发生急剧变化所形成的阻力称局部阻力，水流克服局部阻力所损失的水头，称局部水头损失，用 h_j 表示。在图 2-20 中，4—4 断面与 5—5 断面之间的水头损失既有局部水头损失也有沿程水头损失。

引起沿程水头损失和局部水头损失的外因(边界条件)虽然不同，但内因(水流的黏滞性)是相同的，液体流经整个流程上的水头损失 h_w 等于液流各段沿程水头损失和全部流程上各个局部水头损失的总和，即

$$h_w = \sum h_f + \sum h_j \tag{2-57}$$

式中　$\sum h_f$——全流程上各段沿程水头损失之和；

$\sum h_j$——全流程上各个局部水头损失之和。

液流边界纵向轮廓有两种液流：均匀流与非均匀流。均匀流段只有沿程水头损失。非均匀流的渐变流段局部水头损失可忽略不计，只考虑沿程水头损失；非均匀流的急变流段既有沿程水头损失又有局部水头损失。可见，液流边界横向轮廓影响水头损失的大小，液流边界纵向轮廓影响水头损失的种类。

3　液体流动的两种型态

为揭示流体在不同水流的运动方式、断面流速分布、水头损失等方面的规律，英国物理学家雷诺通过试验揭示了这些问题的实质。

3.1　雷诺试验

图 2-21 为雷诺试验装置的示意图。在水箱侧面安装一根水平带喇叭口的玻璃管，管的下游末端装阀门 K 以调节管内流量，在喇叭口处安有可注入颜色水的针形小管。水箱设有溢流板的平水装置，以保持试验时水箱水面不变，使管内水流为恒定流。

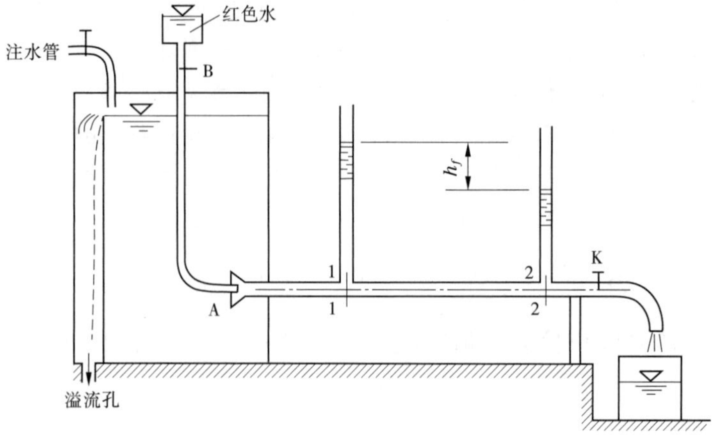

图 2-21

试验时,先将阀门 K 慢慢开启,管内水流以很小的速度流动,然后将颜色水开关 B 打开。随着颜色水流入玻璃管内,可以看到玻璃管内出现了一条细而直的红色水流,如图 2-22(a)所示。此红色水流呈直线运动,各液体质点不相互混掺,这种水流质点作分层流动型态称为层流。

如逐渐开大阀门 K,管中水流的流速逐渐增大,着色的直线水流开始颤动,并弯曲成波形,如图 2-22(b)所示,水流处于这种状态的流速范围比较小。继续逐渐开大阀门 K,红色线逐渐变粗,先在个别地方出现断裂,失去原清晰形状;最后完全破裂形成旋涡,向四周扩散,使全部水流染色,水流质点在运动过程中相互混掺,如图 2-22(c)所示,水的这种流动型态称为紊流。

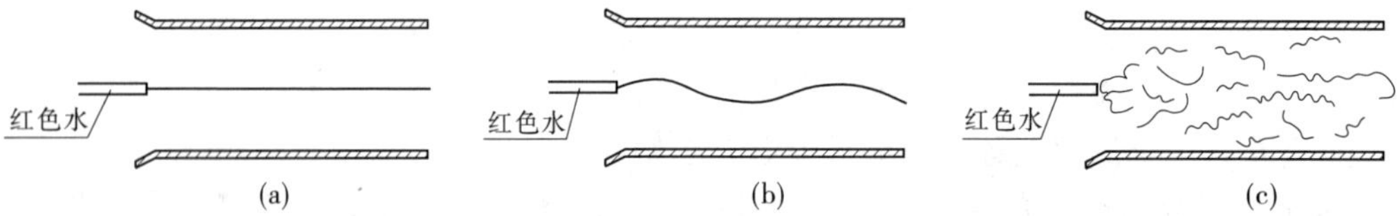

图 2-22

如果上述过程和观察到的现象是可逆的,阀门从大开度逐渐变成小开度,上述现象会反过来重复发生,水流从紊流状态逐渐过渡到层流状态。

雷诺试验清楚地表明,在管中流动的水流,当其流速不同时,水流具有层流和紊流两种不同的流动型态。

3.2 层流和紊流的判别

雷诺对不同种类的液体进行大量试验,发现影响流动型态的因素有液流强度、液体流动边界条件和液体黏滞特性,所以雷诺选用反映水流强度(断面平均流速 v)、边界条件(管径 d)和液体黏滞特性(运动黏滞系数 ν)的三个物理量,组成无量纲的综合指标——雷诺数 Re 来判别充满圆管液流的流态,即

$$Re = \frac{vd}{\nu} \tag{2-58}$$

对于渠道和河道这类明槽流动,雷诺数可写为

$$Re = \frac{vR}{\nu} \tag{2-59}$$

式中 R——过水断面的水力半径。

层流和紊流转换时的雷诺数叫临界雷诺数,用 Re_k 表示。当实际雷诺数 $Re>Re_k$ 时,水流流动型态为紊流;当实际雷诺数 $Re<Re_k$ 时,水流流动型态为层流。通过试验表明:临界雷诺数仅与边界条件有关,边界条件相同时,临界雷诺数为常数。

试验测得:对于圆管流动,临界雷诺数 $Re_k = 2\ 320$;对于明槽流动,临界雷诺数 $Re_k = 500$。

人工渠道和天然河道中的水流、输水管中的水流,其水流流速和固体边界的几何尺寸均比较大,水流的流态一般都是紊流。只有在地下渗流、沉沙池和高含沙的浑水中,或输油的管道中,水流速度很小时才有可能发生层流。

【案例 2-10】 某输水管道直径 $d=50$ mm,管道中流速 $v=1.6$ m/s,水温 16 ℃,试判别管中的水流流态。

【案例分析与计算】:

查表 0-3,水温 16 ℃时,水的运动黏滞系数

$\nu=0.011\ 18\ \text{cm}^2/\text{s}=1.118\times10^{-6}\ \text{m}^2/\text{s}$

管道中水流的雷诺数

$$Re=\frac{vd}{\nu}=\frac{1.6\times0.05}{1.118\times10^{-6}}=71\ 556.4$$

管道中的雷诺数 $Re=71\ 556.4$,大于管道临界雷诺数 $Re_k=2\ 320$,因此管道中水流是紊流状态。

4 水头损失分析与计算

沿程水头损失的计算,有理论公式和经验公式两类。理论公式即达西-魏斯巴哈公式,经验公式有谢才公式。

4.1 沿程水头损失的理论计算公式——达西-魏斯巴哈公式

在均匀流中,对任意两断面列能量方程,并通过改变试验条件分析得出影响沿程水头损失的因素主要包括流速水头、水力半径 R、流程长度和水流型态,通过研究得到沿程水头损失的计算公式

$$h_f = \lambda \frac{L}{4R}\frac{v^2}{2g} \tag{2-60}$$

式中 λ——沿程水头损失系数,它反映了水流型态、边界粗糙度对水头损失的影响,是无单位数。

式(2-60)就是沿程水头损失计算公式,即达西-魏斯巴哈公式。对于圆管,$R=\frac{d}{4}$,故

圆管沿程水头损失的表达式可写为

$$h_f = \lambda \frac{L}{d} \frac{v^2}{2g} \tag{2-61}$$

利用达西-魏斯巴哈公式计算水头损失的关键是确定沿程水头损失系数 λ。

4.2 沿程水头损失系数的分析

在紊流运动中,并不是整个水流都处于紊流状态,在靠近固体边界附近的地方,由于固体边界对水的黏附,十分贴近边壁的水处于静止状态,就同附着在石头表面的水不流动是一个道理,通常称该流层为黏性底层,在黏性底层以外的水流才是紊流。黏性底层的厚度 δ 很小,通常只有几分之一毫米,甚至更薄,如图 2-23 所示。δ 随雷诺数 Re 的增大而减小,黏性底层的存在对水流阻力和水头损失的影响是很大的。

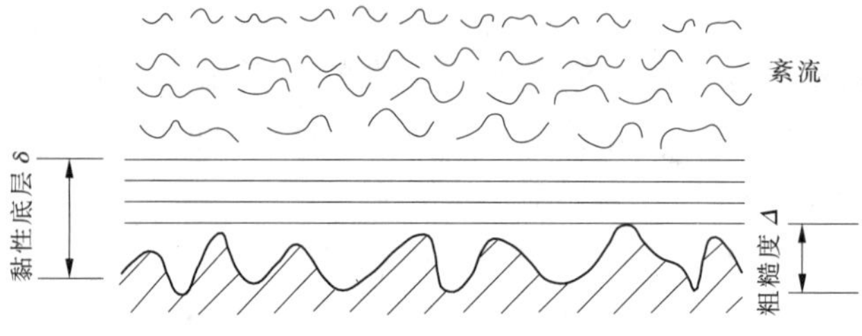

图 2-23

由于固体边界是粗糙不平的,所以黏性底层也不是十分均匀的。固体边界的粗糙程度一般用 Δ 表示。由于实际固体壁面粗糙状况极不均匀,无法直接测量出其绝对粗糙程度,一般用当量粗糙度 k 表示,就是用与实际水流具有同一沿程水头损失系数 λ 值的人工贴砂加糙的粗糙度 Δ 来代表实际固体边壁的绝对粗糙度。表 2-1 是常用边壁材料当量粗糙度值。

表 2-1 常用边壁材料当量粗糙度值

序号	边界种类	当量粗糙度 k/mm	序号	边界种类	当量粗糙度 k/mm
1	新的无缝钢管	0.04~0.17	8	橡皮软管	0.01~0.03
2	一般状况的钢管	0.19	9	磨光的水泥管	0.33
3	旧的生锈钢管	0.60	10	木管	0.45~0.60
4	新的铸铁管	0.20~0.30	11	混凝土及钢筋混凝土管	1.8~3.5
5	旧的铸铁管	0.5~1.6	12	混凝土衬砌渠道	0.8~9.0
6	镀锌管、白铁皮管	0.15	13	土渠	4~11
7	铜或玻璃的无缝管	0.0015~0.01	14	卵石河床	30~60

根据对水管和明渠中的大量试验资料的分析发现,水流随雷诺数 Re 变化和相对粗糙度 $\frac{\Delta}{d}$(或 $\frac{\Delta}{R}$)的不同,出现 4 个流区。在不同的流区中,水头损失系数 λ 遵循着不同的规

律，下面以圆管流动为例加以说明。

(1)近壁层流区(Re<2 320)，整个水流都是层流，绝对粗糙度 Δ 完全掩盖在层流中。这时 λ 与边壁粗糙度 Δ 无关，而仅与 Re 有关。根据管道试验资料 $\lambda=\frac{64}{Re}$，层流区的特征是水头损失与断面平均流速的一次方成正比。

(2)紊流水力光滑区($\frac{\Delta}{\delta}<0.4$)，水流是紊流，流速较大，绝对粗糙度 Δ 仍完全被淹没在黏性底层中，对外部紊流不产生影响。此时，λ 与绝对粗糙度 Δ 无关，仅与 Re 有关，紊流水力光滑区的特征是水头损失与断面平均流速的 1.75 次方成正比。

(3)紊流水力过渡区($0.4\leq\frac{\Delta}{\delta}<6$)，水流是紊流，流速很大，$\delta$ 已不能完全掩盖住绝对粗糙度 Δ。这时 λ 既与 Re 有关，又与$\frac{\Delta}{d}$有关。紊流过渡区的特征是水头损失与断面平均流速的 1.75~2 次方成正比。

(4)紊流水力粗糙区($\frac{\Delta}{\delta}\geq6$)，水流是紊流。流速 v 和雷诺数 Re 已足够大，近壁黏性底层厚度 δ 比绝对粗糙度 Δ 小得多，近壁层流对边壁的粗糙不能掩盖。这种管道称为水力粗糙管，这时 λ 与 Re 无关，仅与相对粗糙度$\frac{\Delta}{d}$有关。紊流水力粗糙区的特征是水头损失与断面平均流速的平方成正比。由于 h_f 与流速的平方成正比，故水力粗糙区又称为阻力平方区。

在计算确定 λ 时，必须考虑水流所处的区域，但由于实际工程中 δ、Δ 难以精确测定，所以往往根据经验进行判断。

4.3 沿程水头损失计算的经验公式——谢才公式

上面所讲的沿程水头损失的计算公式及沿程水头损失系数 λ 的变化规律是人们在 200 年前通过系统的试验研究取得的。下面介绍沿程水头损失计算的经验公式，最常用的是 1769 年法国工程师谢才总结了大量工程实践经验得到的明渠均匀流的经验公式，称为谢才公式

$$v=C\sqrt{RJ} \tag{2-62}$$

式中 v——断面平均流速；

R——水力半径；

J——水力坡降，即单位流程上的水头损失；

C——谢才系数。

将式(2-62)中的水力坡降 J 用沿程水头损失与流段长度比表示，则式(2-62)可改写为

$$h_f=\frac{v^2}{C^2R}L \tag{2-63}$$

式(2-63)中的谢才系数常用的计算公式——曼宁公式为

$$C = \frac{1}{n}R^{1/6} \tag{2-64}$$

式中 R——水力半径；

n——粗糙系数,简称糙率,它是衡量边界形状不规则和边壁粗糙度影响的一个无量纲综合系数。

这里要注意:上述各公式中水力半径的单位均采用米(m)。

目前 n 值选定已积累了较多资料,为工程界所采用。不同输水管道表面各种材料的粗糙系数 n 值见表 2-2,以供查用。曼宁公式形式简单,计算方便,且能获得较满意的结果,因此被较广泛采用。

表 2-2　输水管道表面各种材料的粗糙系数 n 值

输水管道表面性质	表面粗糙程度		
	较光滑	中等	较粗糙
1. 玻璃管、有机玻璃管	0.007 5~0.008 3	—	—
2. 铸铁管、钢管	0.011	0.012 5	0.014
3. 木质管道、木槽	0.011	0.013	0.015
4. 陶土管(缸瓦管)	0.012	0.013	—
5. 混凝土管道或渠道			
抹灰的混凝土或钢管混凝土护面	0.011	0.012	0.013
不抹灰的混凝土	0.013	0.014~0.015	0.017
喷浆面	0.016	0.018	0.021

需要注意的是:曼宁公式形式与水流流动所在区域无关,只反映了边界形状的不规则性和边壁粗糙的影响,因此只能适用于特定的流态。在进行河渠水力计算时,一般可以直接利用公式计算,但在进行管道计算时,根据经验,如果管道流速超过 1.2 m/s,可以直接采用谢才公式进行计算,如果管道的流速小于 1.2 m/s,谢才公式需要加以修正,在具体工作任务时将要讲到这一点。

谢才公式和达西-魏斯巴哈公式实质上是一致的,由式(2-60)和式(2-63)可得出如下关系

$$\lambda = \frac{8g}{C^2} \quad 或 \quad C = \sqrt{\frac{8g}{\lambda}} \tag{2-65}$$

【案例 2-11】 如图 2-24 所示,某混凝土渠道断面为矩形,底宽 $b=5$ m,水流为均匀流,当通过的流量 $Q=6\ m^3/s$ 时,水深 $h=1.5$ m,渠道的沿程水头损失系数 $\lambda=0.011\ 5$,求相距 1 000 m 的两个断面的水面落差为多少?

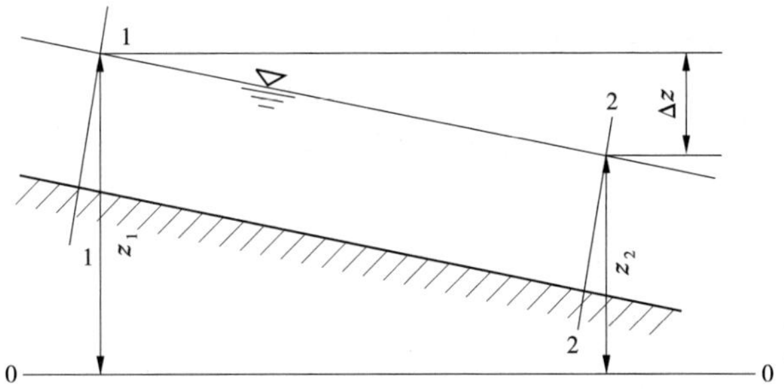

图 2-24

【案例分析与计算】：

选任一水平面为基准面，以水面为代表点，对1—1、2—2两断面列能量方程

$$z_1+\frac{p_1}{\gamma}+\frac{\alpha_1 v_1^2}{2g}=z_2+\frac{p_2}{\gamma}+\frac{\alpha_2 v_2^2}{2g}+h_{w1-2}$$

$p_1=p_2=0$，水流为均匀流，$v_1=v_2$，$h_{w1-2}=h_{f1-2}$，取 $\alpha_1=\alpha_2=1.0$，则水面落差为 $\Delta z=z_1-z_2=h_{f1-2}$。

计算1—1、2—2两断面之间的沿程水头损失 h_{f1-2}

面积 $A=bh=5\times1.5=7.5(\mathrm{m}^2)$

湿周 $\chi=b+2h=5+2\times1.5=8(\mathrm{m})$

水力半径 $R=A/\chi=7.5/8=0.94(\mathrm{m})$

流速 $v=Q/A=6/7.5=0.8(\mathrm{m/s})$

将以上各值代入式(2-60)得

$$h_f=\lambda\frac{L}{4R}\frac{v^2}{2g}=0.011\ 5\times\frac{1\ 000}{4\times0.94}\times\frac{0.8^2}{2\times9.8}=0.1(\mathrm{m})$$

因此，两断面的水面落差 Δz 为0.1 m。

【案例2-12】 有一混凝土衬砌的引水隧洞，洞径 $d=2.0$ m，洞长 $L=1\ 000$ m。求引水隧洞通过流量 $Q=5.65\ \mathrm{m^3/s}$ 时的沿程水头损失，并求其对应的 λ 值。

【案例分析与计算】：

(1)计算隧洞的水力要素。

$$A=\frac{\pi}{4}d^2=\frac{3.14}{4}\times2.0^2=3.14(\mathrm{m}^2)$$

$$R=\frac{A}{\chi}=\frac{d}{4}=\frac{2.0}{4}=0.5(\mathrm{m})$$

$$v=\frac{Q}{A}=\frac{5.65}{3.14}=1.80(\mathrm{m/s})>1.2\ \mathrm{m/s}$$

(2)查表2-2选用 $n=0.014$。

(3)求 h_f。

由式(2-63)及式(2-64)得

$$C = \frac{1}{n}R^{1/6} = \frac{1}{0.014} \times 0.5^{1/6} = 63.6$$

$$h_f = \frac{v^2}{C^2R}L = \frac{1.8^2}{63.6^2 \times 0.5} \times 1\ 000 = 1.602(\text{m})$$

(4) 求 λ。

$$\lambda = \frac{8g}{C^2} = \frac{8 \times 9.8}{63.6^2} = 0.019\ 4$$

4.4 局部水头损失的分析和计算

局部水头损失就是由于水流边界发生不连续突然改变,水流的惯性导致水流与边壁的脱离现象而产生的水头损失。边界分离现象在水利工程中经常遇到,边界突然变化的形式是多种多样的,如管道或渠道的突然扩大、突然缩小、转弯和连续扩大等,但在水流结构上都具有两个共同的特点:

(1)凡在局部水头损失的地方都有水流脱离边界层的现象,产生旋涡,加大能量的消耗。

(2)凡在局部水头损失的地方都有流速分布的急剧改变、调整,因而质点内部相对运动加剧,碰撞、摩擦作用加剧,如图2-25所示,相应地加大了能量损失。

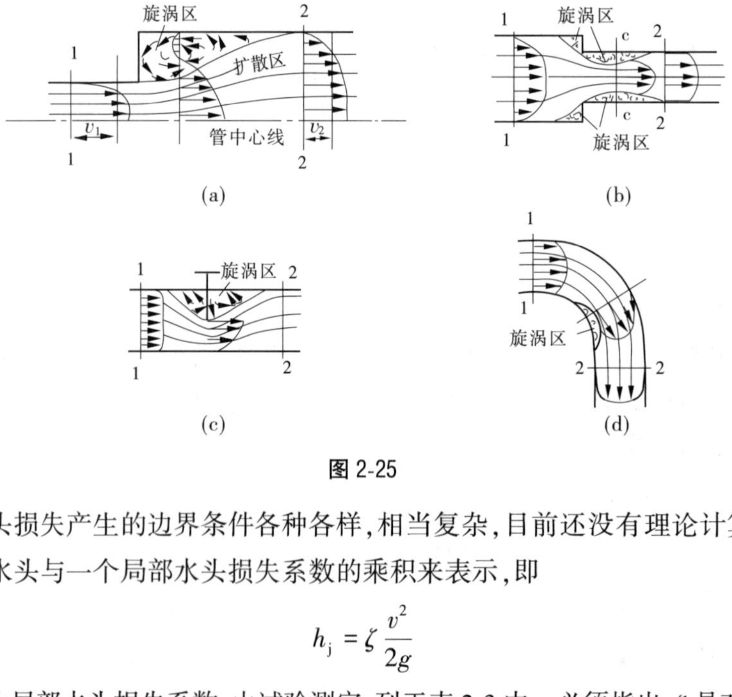

图2-25

局部水头损失产生的边界条件各种各样,相当复杂,目前还没有理论计算公式,通常用一个流速水头与一个局部水头损失系数的乘积来表示,即

$$h_j = \zeta \frac{v^2}{2g} \tag{2-66}$$

其中 ζ 为局部水头损失系数,由试验测定,列于表2-3中。必须指出,ζ 是对应于某一流速水头而言的,因此在选用时应注意二者的关系,以免用错了流速水头。与 ζ 相应的流速水头在表2-3中已标明,若不加特殊标明,该 ζ 值皆是相应于局部阻力后的流速水头而言的。

表 2-3　管路各种局部水头损失系数表

计算局部水头损失公式：$h_j=\zeta\dfrac{v^2}{2g}$，式中 v 如图说明

<table>
<tr><th>名称</th><th colspan="2">简图</th><th colspan="9">局部水头损失系数 ζ 值</th></tr>
<tr><td>断面突然扩大</td><td colspan="2">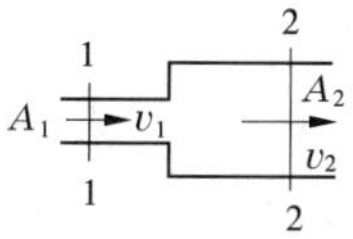</td><td colspan="9">$\zeta'=(1-\dfrac{A_1}{A_2})^2$　（应用公式 $h_j=\zeta'\dfrac{v_1^2}{2g}$）
$\zeta''=(\dfrac{A_2}{A_1}-1)^2$　（应用公式 $h_j=\zeta''\dfrac{v_2^2}{2g}$）</td></tr>
<tr><td>断面突然缩小</td><td colspan="2">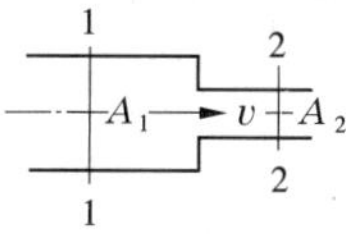</td><td colspan="9">$\zeta=0.5(1-\dfrac{A_2}{A_1})$</td></tr>
<tr><td rowspan="3">进口</td><td rowspan="2">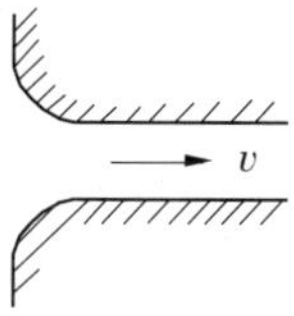</td><td>完全修圆</td><td colspan="9">0.05~0.10</td></tr>
<tr><td>稍微修圆</td><td colspan="9">0.20~0.25</td></tr>
<tr><td>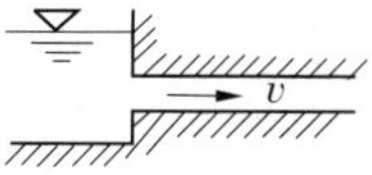</td><td>没有修圆</td><td colspan="9">0.50</td></tr>
<tr><td rowspan="3">出口</td><td>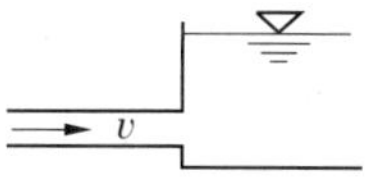</td><td>流入水库（池）</td><td colspan="9">1.0</td></tr>
<tr><td rowspan="2">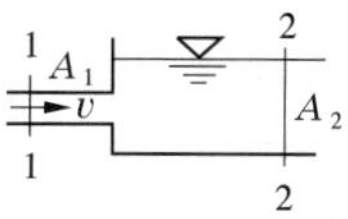</td><td rowspan="2">流入明渠</td><td>A_1/A_2</td><td>0.1</td><td>0.2</td><td>0.3</td><td>0.4</td><td>0.5</td><td>0.6</td><td>0.7</td><td>0.8</td><td>0.9</td></tr>
<tr><td>ζ</td><td>0.81</td><td>0.64</td><td>0.49</td><td>0.36</td><td>0.25</td><td>0.16</td><td>0.09</td><td>0.04</td><td>0.01</td></tr>
<tr><td rowspan="4">急转弯管</td><td rowspan="4">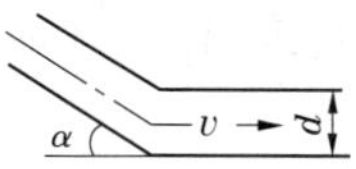</td><td rowspan="2">圆形</td><td>$\alpha/(°)$</td><td>30</td><td>40</td><td>50</td><td>60</td><td>70</td><td>80</td><td>90</td><td></td><td></td></tr>
<tr><td>ζ</td><td>0.20</td><td>0.30</td><td>0.40</td><td>0.55</td><td>0.70</td><td>0.90</td><td>1.10</td><td></td><td></td></tr>
<tr><td rowspan="2">矩形</td><td>$\alpha/(°)$</td><td>15</td><td>30</td><td>45</td><td>60</td><td>90</td><td></td><td></td><td></td><td></td></tr>
<tr><td>ζ</td><td>0.025</td><td>0.11</td><td>0.26</td><td>0.49</td><td>1.20</td><td></td><td></td><td></td><td></td></tr>
</table>

续表 2-3

<table>
<tr><th>名称</th><th colspan="2">简图</th><th colspan="13">局部水头损失系数 ζ 值</th></tr>
<tr><td rowspan="7">弯管</td><td rowspan="2">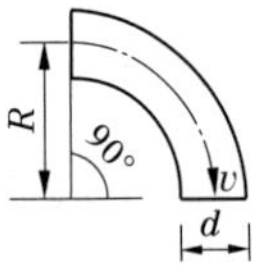
</td><td rowspan="2">90°</td><td>R/d</td><td colspan="2">0.5</td><td colspan="2">1.0</td><td colspan="2">1.5</td><td colspan="2">2.0</td><td>3.0</td><td>4.0</td><td>5.0</td></tr>
<tr><td>$\zeta_{90°}$</td><td colspan="2">1.2</td><td colspan="2">0.80</td><td colspan="2">0.60</td><td colspan="2">0.48</td><td>0.36</td><td>0.30</td><td>0.29</td></tr>
<tr><td rowspan="5">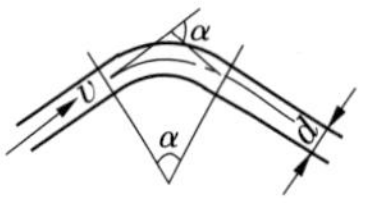
</td><td rowspan="5">任意角度</td><td colspan="12">$\zeta_\alpha = a\zeta_{90°}$</td></tr>
<tr><td>α/(°)</td><td>20</td><td>30</td><td>40</td><td>50</td><td>60</td><td>70</td><td colspan="5">80</td></tr>
<tr><td>a</td><td>0.40</td><td>0.55</td><td>0.65</td><td>0.75</td><td>0.83</td><td>0.88</td><td colspan="5">0.95</td></tr>
<tr><td>α/(°)</td><td>90</td><td>100</td><td>120</td><td>140</td><td>160</td><td colspan="6">180</td></tr>
<tr><td>a</td><td>1.00</td><td>1.05</td><td>1.13</td><td>1.20</td><td>1.27</td><td colspan="6">1.33</td></tr>
<tr><td rowspan="9">闸阀</td><td rowspan="9">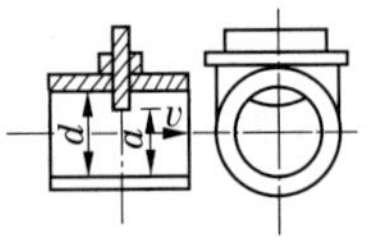
</td><td rowspan="9">圆形管道</td><td colspan="12">当全开时($a/d=1$)</td></tr>
<tr><td>d/mm</td><td>15</td><td>20~50</td><td>80</td><td>100</td><td>150</td><td colspan="6">200~250</td></tr>
<tr><td>ζ</td><td>1.5</td><td>0.5</td><td>0.4</td><td>0.2</td><td>0.1</td><td colspan="6">0.08</td></tr>
<tr><td>d/mm</td><td colspan="2">300~450</td><td colspan="2">500~800</td><td colspan="7">900~1 000</td></tr>
<tr><td>ζ</td><td colspan="2">0.07</td><td colspan="2">0.06</td><td colspan="7">0.05</td></tr>
<tr><td colspan="12">当各种开启度时</td></tr>
<tr><td>a/d</td><td>7/8</td><td>6/8</td><td>5/8</td><td>4/8</td><td>3/8</td><td>2/8</td><td colspan="5">1/8</td></tr>
<tr><td>$A_{开启}/A_{总}$</td><td>0.948</td><td>0.856</td><td>0.740</td><td>0.609</td><td>0.466</td><td>0.315</td><td colspan="5">0.159</td></tr>
<tr><td>ζ</td><td>0.15</td><td>0.26</td><td>0.81</td><td>2.06</td><td>5.52</td><td>17.0</td><td colspan="5">97.8</td></tr>
<tr><td>截止阀</td><td>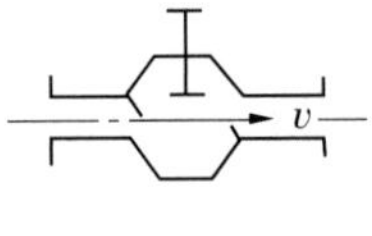
</td><td>全开</td><td colspan="13">4.3~6.1</td></tr>
<tr><td rowspan="3">莲蓬头(滤水网)</td><td>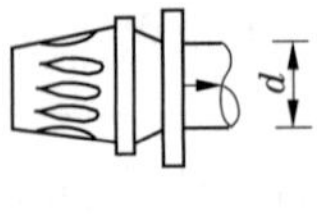
</td><td>无底阀</td><td colspan="13">2~3</td></tr>
<tr><td rowspan="2">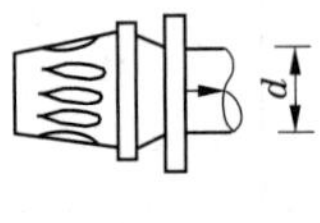
</td><td rowspan="2">有底阀</td><td>d/mm</td><td>40</td><td>50</td><td>75</td><td>100</td><td>150</td><td>200</td><td>250</td><td>300</td><td>350</td><td>400</td><td>500</td><td>750</td></tr>
<tr><td>ζ</td><td>12</td><td>10</td><td>8.5</td><td>7.0</td><td>6.0</td><td>5.2</td><td>4.4</td><td>3.7</td><td>3.4</td><td>3.1</td><td>2.5</td><td>1.6</td></tr>
</table>

续表 2-3

名称	简图	局部水头损失系数 ζ 值
平板门槽	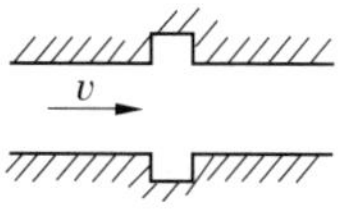	0. 05~0. 20
拦污栅	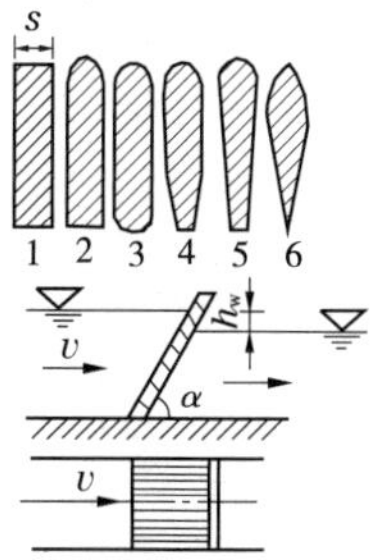	$\zeta=\beta\left(\frac{s}{b}\right)^{4/3}\sin\alpha$ 式中 s——栅条宽度； b——栅条间距； α——倾角； β——栅条形状系数，由下表确定

栅条形状	1	2	3	4	5	6	7
β	2. 42	1. 83	1. 67	1. 035	0. 92	0. 76	1. 79

注：载自《管渠水力计算表》，中国建筑工业出版社，1973 年 5 月；基谢列夫，《水力计算手册》，俄文第 4 版，1972 年。

【案例 2-13】 如图 2-26 所示的变直径恒定管流，已知细管直径 $d=150$ mm，粗管直径 $D=300$ mm，已测得细管断面的平均流速 $v_1=1.0$ m/s。细管的沿程水头损失系数 $\lambda_1=0.038$，长度 $l_1=50$ m，粗管的沿程水头损失系数 $\lambda_2=0.036$，长度 $l_2=15$ m，闸阀 T 开启度为 $a/d=0.5$。求：沿程水头损失 $\sum h_f$，局部水头损失 $\sum h_j$，水箱的水头 H。

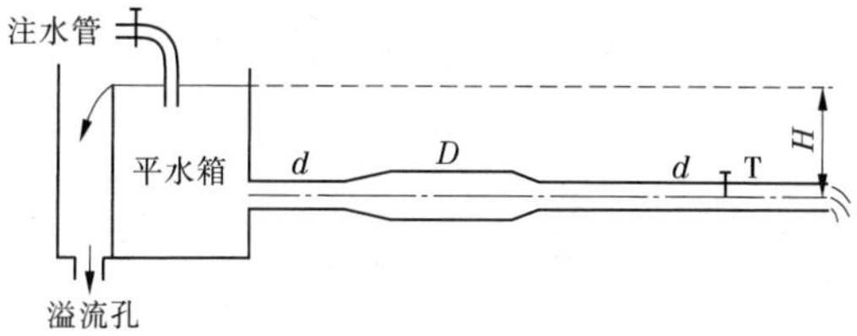

图 2-26

【案例分析与计算】：

根据细管断面的平均流速 v_1 可求粗管断面平均流速 v_2

$$v_2=\frac{A_1v_1}{A_2}=\frac{\frac{\pi}{4}\times d^2\times1.0}{\frac{\pi}{4}D^2}=\frac{0.018\times1.0}{0.071}=0.25(\text{m/s})$$

(1)沿程水头损失分析计算。

细管的断面平均流速相等，沿程水头损失可一起计算，则细管沿程水头损失

$$h_{f1}=\lambda_1\frac{l_1}{d}\frac{v_1^2}{2g}=0.038\times\frac{50}{0.15}\times\frac{1.0^2}{2\times9.8}=0.646(\text{m})$$

粗管沿程水头损失

$$h_{f2}=\lambda_2\frac{l_2}{D}\frac{v_2^2}{2g}=0.036\times\frac{15}{0.3}\times\frac{0.25^2}{2\times9.8}=0.00574(\text{m})$$

$$\sum h_f=h_{f1}+h_{f2}=0.646+0.00574=0.65174\approx0.652(\text{m})$$

(2)局部水头损失分析计算。

查表2-3中直角进口$\zeta_{进}=0.5$,则进口局部水头损失

$$h_{j1}=\zeta_{进}\frac{v_1^2}{2g}=0.5\times\frac{1.0^2}{2\times9.8}=0.0255(\text{m})$$

渐扩段损失取$\zeta_{扩}=0.5$,则

$$h_{j2}=\zeta_{扩}\frac{v_1^2}{2g}=0.5\times\frac{1.0^2}{2\times9.8}=0.0255(\text{m})$$

渐缩段损失取$\zeta_{缩}=0.1$,则

$$h_{j3}=\zeta_{缩}\frac{v_1^2}{2g}=0.1\times\frac{1.0^2}{2\times9.8}=0.0051(\text{m})$$

闸阀损失,由平板闸阀的开启度$a/d=0.5$,查表2-3得$\zeta_{闸}=2.06$,则

$$h_{j4}=\zeta_{闸}\frac{v_1^2}{2g}=2.06\times\frac{1.0^2}{2\times9.8}=0.1050(\text{m})$$

$$\sum h_j=h_{j1}+h_{j2}+h_{j3}+h_{j4}=0.0255+0.0255+0.0051+0.1050=0.161(\text{m})$$

(3)水箱的水头H。

以管轴为基准面,取水箱内和管道出口两过水断面列能量方程。水箱内断面代表点取水面点,其位置高度为H,压强为大气压,流速近似为零。出口断面代表点取中心点,位置高度为零,因断面四周为大气压强,故中心点也近似为大气压,流速为$v_1=1$ m/s,则列能量方程后得

$$H=\frac{\alpha v_1^2}{2g}+h_w=\frac{\alpha v_1^2}{2g}+\sum h_f+\sum h_j=\frac{1.0^2}{2\times9.8}+0.652+0.161=0.864(\text{m})$$

治水名人

西门豹

西门豹(生卒年不详),姓西门,名豹,战国时期魏国人,著名的水利学家和政治家。

西门豹任邺(今河北省临漳县)令期间,见此地田园荒芜、人烟稀少,决定引漳水溉田、发展农业。通过调查,西门豹了解到那里的官绅和巫婆勾结,编造河伯娶亲的故事危害百姓。因此,工程修建前西门豹决心首先破除迷信、惩凶除恶、动员群众,随后查勘地形、科学规划,组织开凿十二渠,引漳河水淤灌改良农田,增加粮食产量,对区域社会经济发展影响深远,这就是著名的“引漳十二渠”。《史记·河渠书》记载:“西门豹引漳水溉邺,以富魏之河内”。

西门豹治水秉持科学精神,充分考虑漳水多泥沙的特性,遵循河流规律并加以引导利用,至今依然具有十分重要的借鉴意义。

项目练习

(一)单选题

1. 已知水流的沿程水头损失系数 λ 只与边界粗糙度有关,可判断该水流属于(　　)。

A. 层流区　　B. 紊流光滑区

C. 紊流过渡粗糙区　　D. 紊流粗糙区

2. 液流的沿程水头损失系数与边壁粗糙度和雷诺数都有关,即可判断该液流属(　　)。

A. 层流区　　B. 紊流光滑区

C. 紊流过渡区　　D. 紊流粗糙区

3. 紊流粗糙区的水头损失与流速成(　　)。

A. 一次方关系　　B. 二次方关系　　C. 1.75~2.0 次方关系

4. 雷诺数是判别下列哪种流态的重要的无量纲数?(　　)

A. 急流和缓流　　B. 均匀流和非均匀流

C. 层流和紊流　　D. 恒定流和非恒定流

5. 水流的流线疏,说明水流的流速(　　)。

A. 小　　B. 不一定

C. 大　　D. 等于零

6. 其他条件不变,液体雷诺数随温度的增大而(　　)。

A. 增大　　B. 减小　　C. 不变　　D. 不一定

7. 恒定流是(　　)。

A. 任一时刻各点的运动要素均相同的流动

B. 运动要素对时间的变化率保持不变的流动

C. 任一点的运动要素不随时间而变化的流动

D. 流速的大小和方向沿流线不变的流动

8. 毕托管测流速的原理是水流的(　　)。

A. 动能全部转化为压能　　B. 位能全部转化为压能

C. 压能全部转化为动能　　D. 上述都不是

9. 沿程阻力系数 λ 与谢才系数 C 的关系是(　　)。

A. λ 与 C 成正比　　B. λ 与 $1/C$ 成正比

C. λ 与 $1/C^2$ 成反比　　D. λ 与 C^2 成反比

10. 如图 2-27 所示,容器中的水通过一水平等直径管道流入大气,则管中 A、B 两点的压强 p_A 与 p_B 的关系为(　　)。

A. $p_A<p_B$　　B. $p_A>p_B$　　C. $p_A=p_B$　　D. 无法确定

11. 明渠水流雷诺数的表达式为(　　)。

A. $Re=v\rho g/\nu$　　B. $Re=vz/\nu$　　C. $Re=vA/\nu$　　D. $Re=vR/\nu$

12. 如图 2-28 所示,水流通过渐缩管流出,若容器水位保持不变,则管内水流属(　　)。

A. 恒定均匀流　B. 非恒定均匀流　C. 恒定非均匀流　　D. 非恒定非均匀流

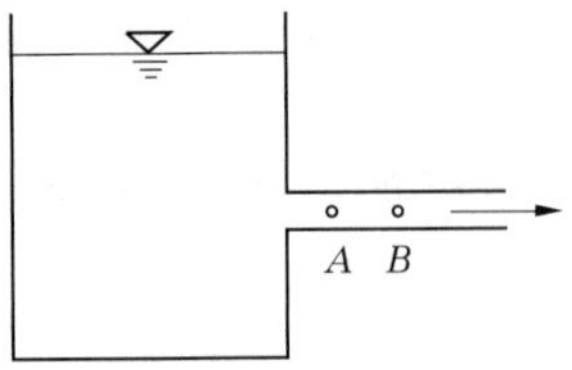

图 2-27

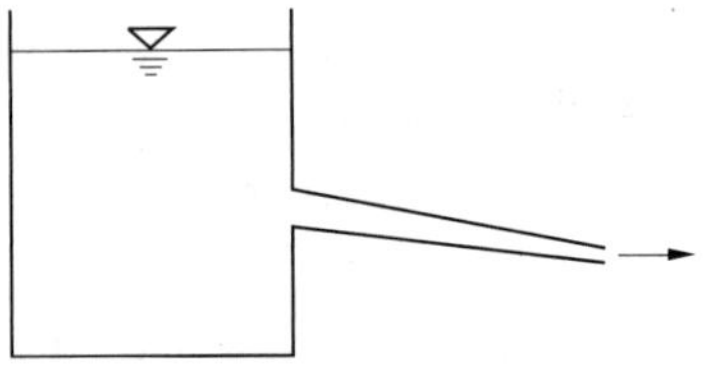

图 2-28

13. 明渠均匀流水面流速为 0.9 m/s,则下列哪个流速可能是水面下 0.4H 处的流速?(　　)

A. 1.2 m/s　　B. 1.0 m/s　　C. 0.9 m/s　　D. 0.6 m/s

14. 某矩形明槽水流,底宽 b=1 m,水深 h=1 m,今测得其断面平均流速 v=3 m/s,水流的运动黏滞系数 $\nu=1.01\times10^{-6}$ m^2/s,则水流流动型态为(　　)。

A. 层流　　B. 紊流　　C. 临界流　　D. 不能确定

15. 下面关于粗糙系数 n 的叙述错误的是(　　)。

A. 它是衡量边壁形状和粗糙对水流阻力影响的一个综合系数

B. 它是一个无单位的综合系数

C. 天然河道水力计算时,n 值的选取对计算结果影响很大

D. 在紊流水力粗糙区,粗糙系数 n 值的大小对沿程水头损失的大小不影响

16. 下面说法正确的是(　　)。

A. 水总是从位置高的地方流向位置低的地方

B. 水总是从压强大的地方流向压强小的地方

C. 水总是从流速水头大的地方流向流速水头小的地方

D. 水总是从总水头高的地方流向总水头低的地方

17. 产生水头损失的根本原因是(　　)。

A. 液体的黏滞性　　B. 水流的横向边界形状

C. 水流的纵向边界形状　　D. 液体的压缩性

(二)计算题

1. 汇交管路如图 2-29 所示,已知管径 $d_1=d_2=200$ mm,$d_3=100$ mm,$v_1=1$ m/s,$v_3=2$ m/s,求 v_2。

2. 一弯曲水管如图 2-30 所示,已知:A、B 两点高差 $\Delta z=6$ m,$d_A=150$ mm,$d_B=300$ mm,$p_A=78.4$ kN/m^2,$p_B=49$ kN/m^2,$v_A=1$ m/s,试判别 A、B 两点间的水流方向,并求出两断面间的水头损失 h_w。

3. 如图 2-31 所示,一输水管道当阀门 K 完全关闭时,A 点处压力表的读数为 0.5 工程大气压,打开阀门 K,压力表的读数降低至 0.3 工程大气压,若水箱中水面

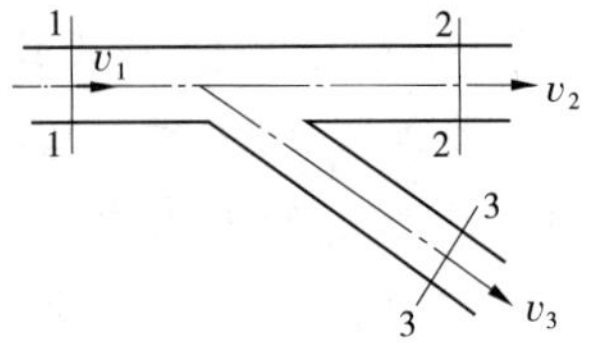

图 2-29

高度 H 保持不变，管道中压力表前的水头损失为 0.5 m，求管道中的平均流速。

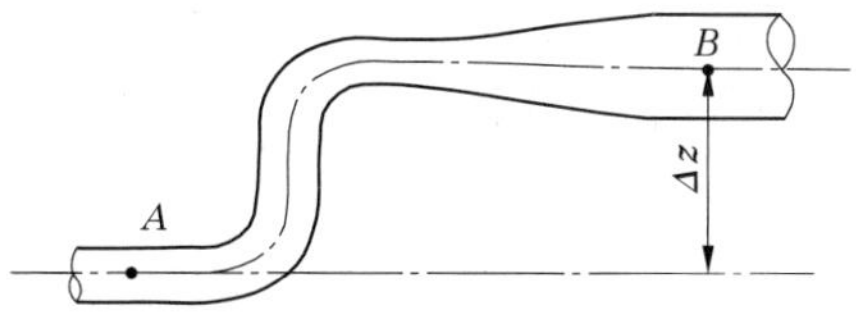

图 2-30

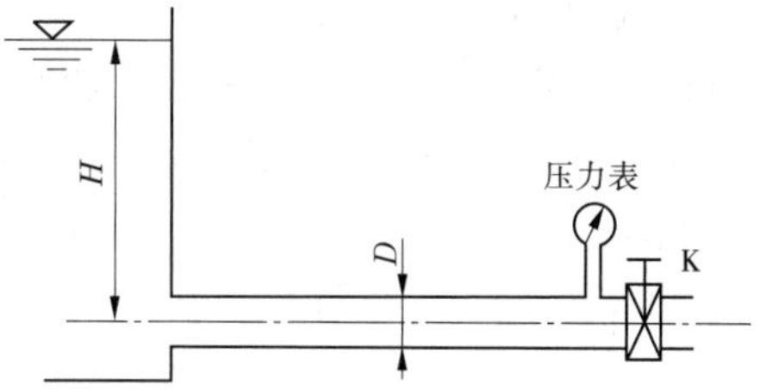

图 2-31

4. 如图 2-32 所示，已知 $H=10$ m，坝趾断面 c—c 处水深 $h_c=1.2$ m，下游河床断面 2—2 的水深 $h=3.57$ m，上、下游河底高程相同，通过的单宽流量为 $q=10\ m^3/(s\cdot m)$。试求：①1—1、c—c、2—2 断面处水流的单位势能、单位动能和单位总能量；②1—1 断面至 c—c 断面，c—c 断面至 2—2 断面的水头损失。

5. 如图 2-33 所示，一矩形断面渠道底宽 $b=2.7$ m，在某处渠底抬高了 0.3 m，抬高前水深为 1.8 m，渠道的水面因此逐渐降低了 0.12 m，设水流过坎的水头损失为抬高后渠道中流速水头的 1/3，试求通过渠道的流量。

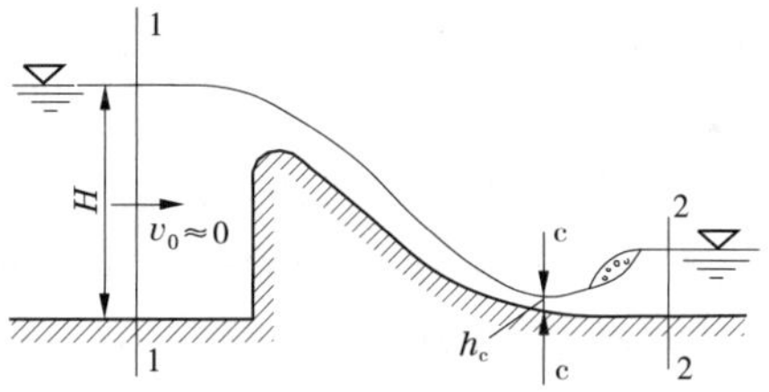

图 2-32

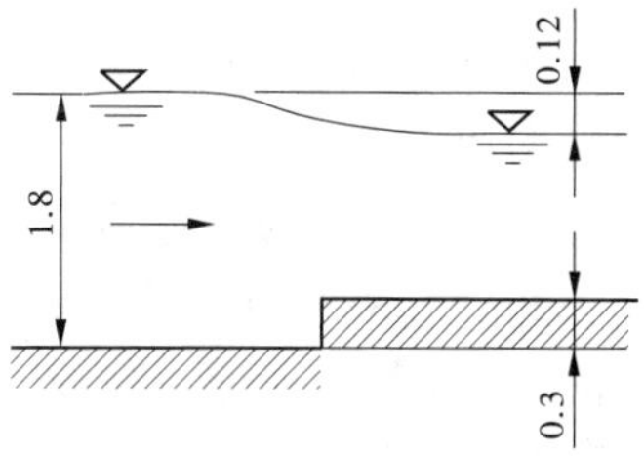

图 2-33　（单位：m）

6. 水轮机的直锥形尾水管见图 2-34。已知 A—A 断面的直径为 0.6 m，流速 $v_A=6$ m/s，出口 B—B 断面的直径为 0.9 m，两断面间的水头损失为 A—A 断面流速水头的 0.15 倍。试求：当 $z=5$ m 时，A—A 断面处的压强水头。

7. 有一矩形断面渠道，水深 $h=15$ cm，底宽 $b=20$ cm，断面平均流速 $v=0.15$ m/s，水温为 15 ℃，试判渠道中的流态。

8. 管道直径 $d=10$ mm，通过流量 $Q=20\ cm^3/s$，运动黏滞系数 $\nu=0.010\ 1\ cm^2/s$ 的水流。问管中水流流态属层流还是紊流？若将直径改为 $d=30$ mm，水温、流量不变，问管中水流属何种流态？

9. 为了测定 AB 管段的沿程水头损失系数 λ 值，采用如图 2-35 所示的装置。已知 AB 段的管长 $L=10$ m，管径 $d=45$ mm。试验量测数据为：①AB 试验段的测压管水头差 $\Delta h=0.6$ m；②经 120 s 流入量水箱的水体积为 0.35 m^3。试求该管段的沿程水头损失系数 λ 值。

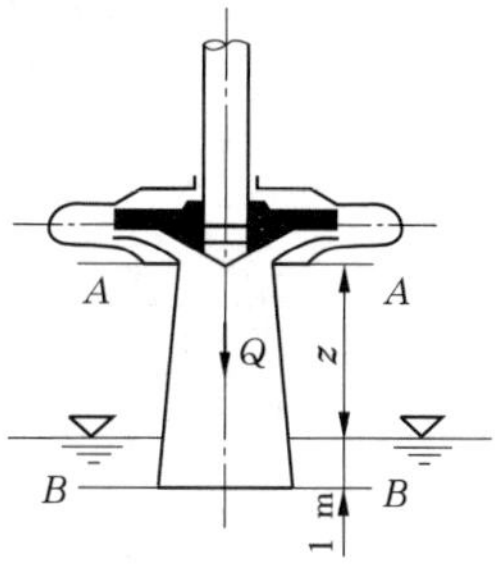

图 2-34

10. 有一梯形断面，坚实的黏土渠道，已知：底宽 $b=10$

m,均匀流水深 $h=3$ m,边坡系数 $m=1$,土壤的粗糙系数 $n=0.020$,通过的流量 $Q=39\ m^3/s$。试求:在 1 000 m 渠道长度上的水头损失。

11. 为测定 90°弯管的局部水头损失系数 ζ 值,可采用如图 2-36 所示的装置。已知 AB 管长 L 为 10 m,管径 $d=50$ mm,该管段的沿程水头损失系数 $\lambda=0.03$,今测得试验数据:①A、B 两测压管的水头差为 0.629 m;②经 2 min 流入量水箱的水量为 0.329 m^3。试求弯管的局部水头损失系数 ζ 值。

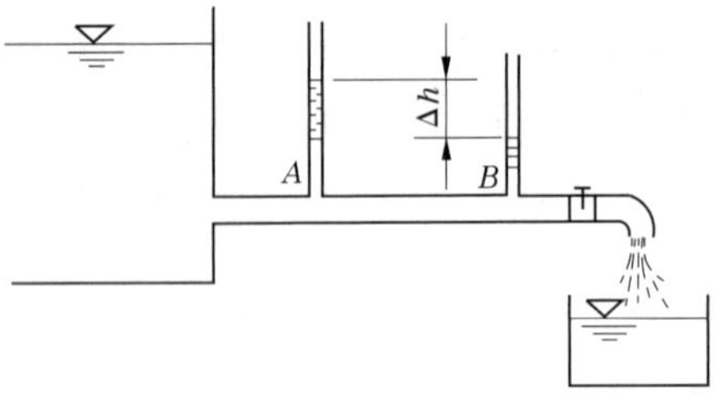

图 2-35

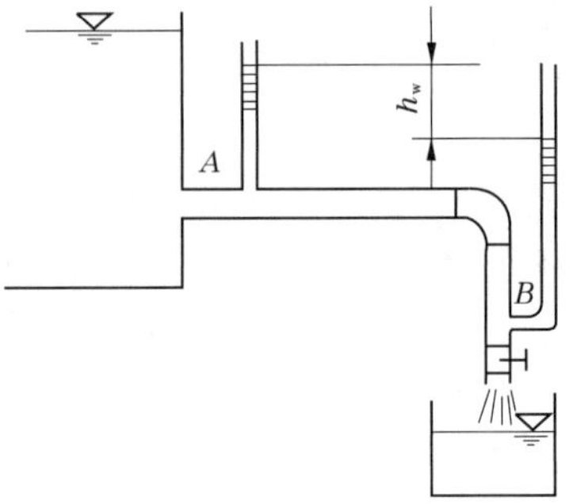

图 2-36

12. 如图 2-37 所示,一设置镇墩的水平放置的压力钢管的渐缩段,已知:$D_1=1.5$ m,$D_2=1$ m,渐变段起点断面的压强 $p_1=400$ kPa,流量 $Q=2\ m^3/s$。若不计水头损失,求镇墩上所受的轴向推力为多少?

13. 如图 2-38 所示为一弯曲渐缩压力管道,管轴线位于水平面内,两端用法兰分别与 A、B 两管相连。A、B 管的直径分别为 $d_A=200$ mm,$d_B=150$ mm,A、B 两管轴线的夹角 $\theta=60°$。已知通过的流量 $Q=0.1\ m^3/s$,A 端中心处相对压强 $p_A=120$ kPa。若不计水头损失,求水流对弯管的作用力。

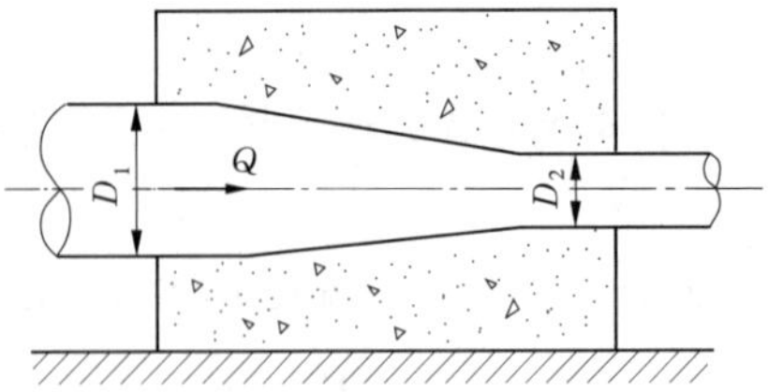

图 2-37

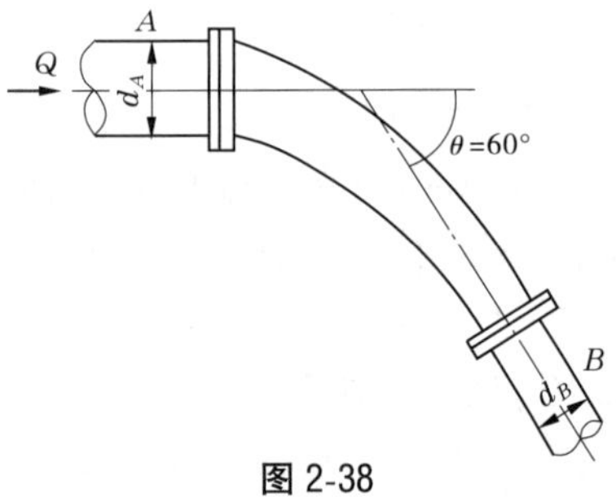

图 2-38

项目 3　水工建筑物壁面静水荷载分析与计算

水利工程中的挡水坝、水闸等水工建筑物在设计施工过程中都需要计算壁面静水荷载来确定尺寸或进行结构分析与计算。

水工建筑物壁面静水荷载分析与计算的主要任务是:掌握静水力学的基础知识,平面壁及曲面壁静水总压力的计算方法;能正确计算静水压强,会绘制平面壁上静水压强分布图和曲面壁的压力体图,能根据背景资料计算平面壁和曲面壁上的静水总压力。

任务 1　平面壁静水总压力分析与计算

1　绘制静水压强分布图

挡水建筑物受压面为沿水深等宽的矩形是水利工程中遇到最多的情况,如平板闸门和单位宽度挡水坝坝面等,计算这类平面上的静水总压力,比较简便的方法是利用静水压强分布图进行分析与计算。

根据静水压强基本方程及静水压强的两个特性(垂直性和各向等值性),可用带有箭头的直线表示压强的方向,用直线长度表示压强的大小,将受压面上的静水压强分布规律形象而直观地画出来,所绘出的几何图形称为静水压强分布图。

静水压强分布图的具体绘制方法如下:

(1)用静水压强的基本公式计算出静水压强的大小,按一定比例用线段长度代表该点静水压强的大小。

(2)用箭头表示静水压强的方向(垂直指向受压面)。

(3)连接线段的尾部构成的几何图形,就构成受压面上的静水压强分布图。对于平面壁,压强大小沿水深 h 方向呈直线分布,只要确定受压面两端点的压强值,就可以确定该直线。

如图 3-1 所示,一矩形平板闸门 AB,一侧挡水,水深为 h,水面为大气压 p_a,闸门顶、底两点的压强值分别为 $p_A=0$,$p_B=\gamma h$。由 B 点作垂直 AB 面的箭杆,以线段 $B'B$ 表示 p_B 的大小,连接 AB' 构成的直角三角形 ABB' 即为 AB 面上的静水压强分布图。

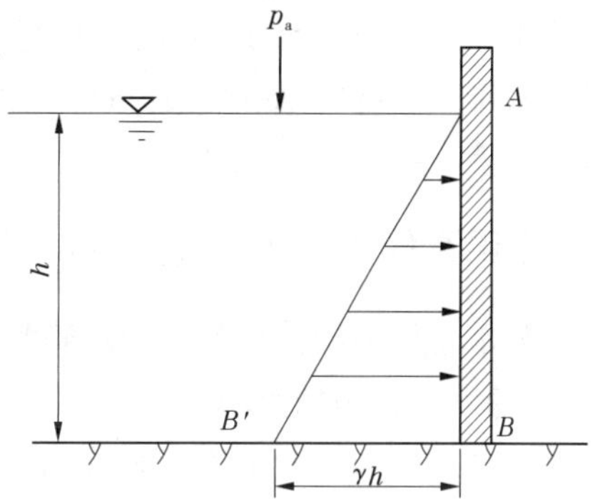

图 3-1

图 3-2 中绘出了几种有代表性受压面的静水压强分布图。

静水压强分布图可以叠加,对于建筑物上、下游都受水压力的情况,如图 3-2(b)所示,叠加之后静水压强分布图为矩形,这样做可简化静水总压力的计算。

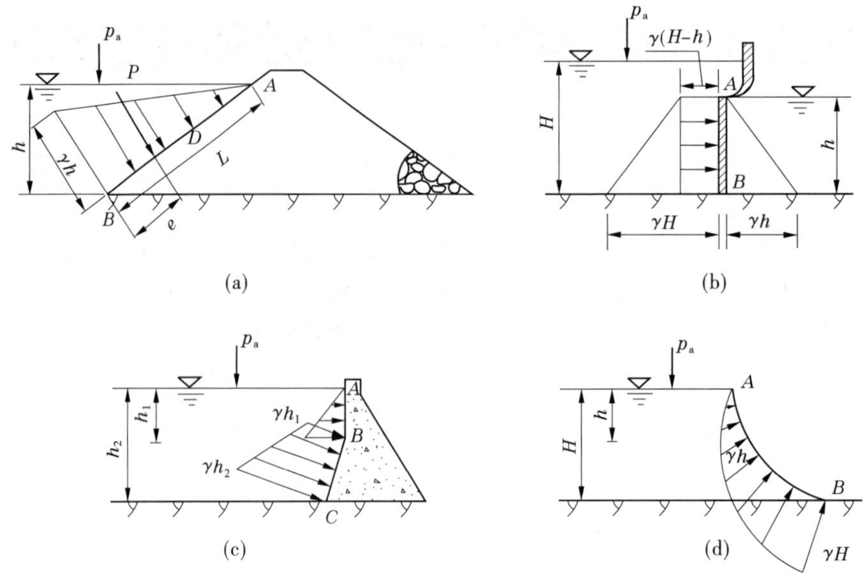

图 3-2

【案例 3-1】 某检修闸门关闭时的情况如图 3-3 所示,绘出检修闸门关闭时的静水压强分布图。

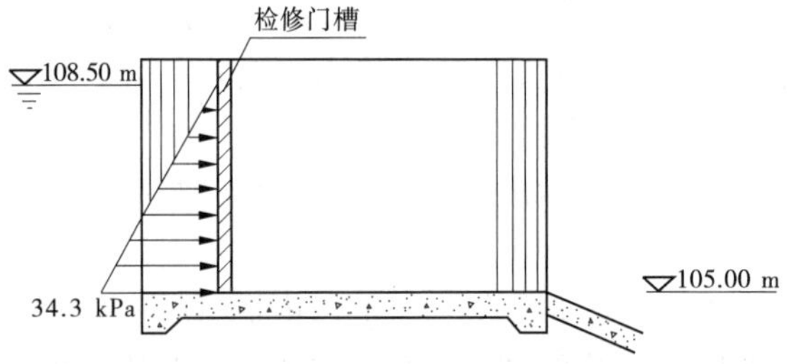

图 3-3

【案例分析与计算】:

水面高程 108.50 m,闸门底部高程 105.00 m,这样闸门淹没在水下的高度 3.50 m,底部静水压强 $p=\gamma h=9.8\times3.5=34.3$(kPa),水面压强为零。由此绘出检修闸门关闭时的静水压强分布图如图 3-3 所示。

2 作用在矩形平面壁上的静水总压力计算——图解法

静水总压力的计算包括确定静水总压力的大小、方向和作用点。

2.1 静水总压力的大小

静水总压力一般用 P 表示。如图 3-4 所示,倾斜受压面 $EFF'E'$ 的长度为 L、宽度为 b,EE' 平行于水面,E 点的水深为 h_1,F 点的水深为 h_2。在水面下任一深度取微面积 dA,$dA=bdy$。因微面积 dA 上各点的压强均为 p,则作用于微面积 dA 上的静水压力为

$$dP = pb\,dy \tag{3-1}$$

则作用于整个受压面上的静水总压力为

$$P = \int_A dP = b\int_0^L p\,dy \tag{3-2}$$

上式中 $\int_0^L p\,dy$ 就是静水压强分布图的面积,用符号 Ω 表示,则

$$P = \Omega b \tag{3-3}$$

式中　Ω——静水压强分布图的面积;

　　　b——受压面的宽度。

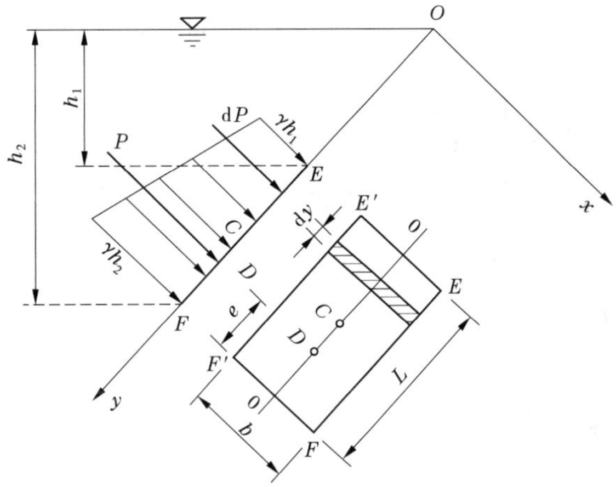

图 3-4

式(3-3)是利用静水压强分布图求静水总压力的,此法称为图解法,适用于受压面为沿水深等宽的矩形平面。

式(3-3)表明:作用于沿水深等宽的矩形平面壁上的静水总压力等于静水压强分布图的面积与受压面宽度的乘积。

当静水压强分布图为梯形时(见图 3-4),则 $\Omega=\frac{1}{2}(\gamma h_1+\gamma h_2)L$;当静水压强分布图为三角形时,如图 3-2(a)所示,则 $\Omega=\frac{1}{2}\gamma hL$,其中,$L$ 为受压面长度。

2.2　静水总压力的方向

由于平面上各点静水压强的方向均垂直指向受压面,求解静水总压力属于平行力系求合力的问题,故静水总压力的方向必定垂直指向受压面。

2.3　静水总压力的作用点

静水总压力与受压面的交点为静水总压力的作用点。由图 3-4 可以看出,矩形平面存在纵向对称轴 0—0,压强相对于 0—0 轴对称分布,静水总压力 P 的作用点 D 必定位于对称轴 0—0 上。同时,静水总压力 P 的作用线还应通过对称轴 0—0 上静水压强分布图的形心点,与受压面相交于 D 点,D 点为总压力的作用点,又称为压力中心。

当静水压强分布图为三角形时,压力中心 D 离底部的距离 $e=\frac{L}{3}$,如图 3-2(a)所示;当静水压强分布图为梯形时,根据合力矩定理可求得 $e=\frac{L(2h_1+h_2)}{3(h_1+h_2)}$,如图 3-4 所示;当静水压强分布图为矩形时,压力中心 D 离底部距离 $e=\frac{L}{2}$,如图 3-2(b)所示。

【案例 3-2】 用图解法计算某水闸检修工作,检修闸门关闭时,单孔闸门所受的静水总压力,具体尺寸见图 3-5,闸门宽 $b=4.5$ m。

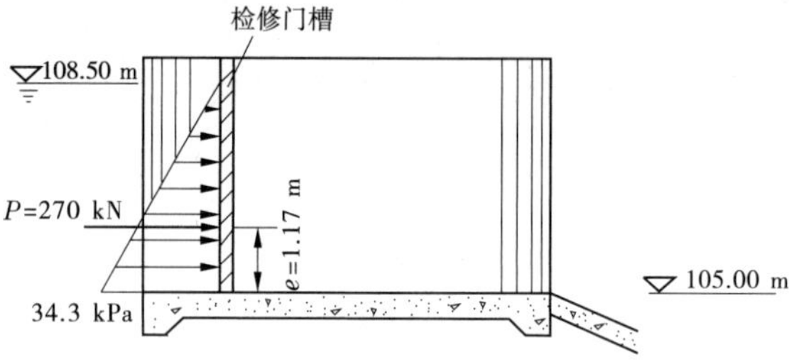

图 3-5

【案例分析与计算】:

(1)静水总压力大小。

静水压强分布图面积为

$$\Omega=\frac{1}{2}\gamma hL$$

$$h=108.50-105.00=3.5(\text{m})$$

因受压面垂直放,受压面长度 $L=h$,则

$$\Omega=\frac{1}{2}\times 9.8\times 3.5\times 3.5=60.03(\text{kN/m})$$

$$P=\Omega b=60.03\times 4.5=270.11(\text{kN})$$

(2)静水总压力方向垂直指向受压面,如图 3-5 所示。

(3)静水总压力作用点。

$$e=\frac{L}{3}=\frac{3.5}{3}=1.17(\text{m})$$

【案例 3-3】 如图 3-6 所示为一水工隧洞的进口,倾斜设置一矩形平板闸门,倾角 α 为 60°,门宽 b 为 4 m,门高 L 为 6 m,门顶在水面以下的淹没深度 h_1 为 10 m,若不计闸门自重,求沿斜面拖动闸门所需的拉力 T 为多少(已知闸门与门槽之间摩擦系数 f 为 0.25)?计算确定闸门上静水总压力的大小和压力中心的位置。

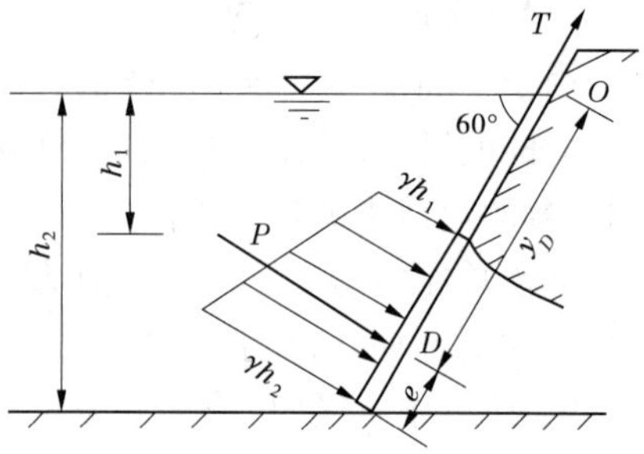

图 3-6

【案例分析与计算】：

当不计闸门自重时，拖动闸门的拉力就是克服闸门与门槽间的摩擦力

$$T = Pf$$

式中的 P 为闸门上的静水总压力，求拉力 T 就是求解静水总压力 P。

(1)静水总压力 P 的大小。

先画出闸门 AB 上静水压强分布图，静水压强分布图为梯形。计算可得

$\gamma h_1 = 9.8\times10 = 98(\text{kPa})$

$\gamma h_2 = \gamma(h_1 + L\sin\alpha) = 9.8\times(10+6\times\frac{\sqrt{3}}{2}) = 149.0(\text{kPa})$

$\Omega = \frac{1}{2}(\gamma h_1 + \gamma h_2)L = \frac{1}{2}\times(98+149)\times6 = 741.0(\text{kN/m})$

$P = \Omega b = 741.0\times4.0 = 2\ 964.0(\text{kN})$

$T = Pf = 2\ 964.0\times0.25 = 741.0(\text{kN})$

即沿斜面拖动闸门所需拉力 T 的大小至少为 741.0 kN。

(2)压力中心的位置。

压力中心距闸门底部的距离为

$$e = \frac{L(2h_1+h_2)}{3(h_1+h_2)} = \frac{6\times\left(2\times10+10+6\times\frac{\sqrt{3}}{2}\right)}{3\times\left(10+10+6\times\frac{\sqrt{3}}{2}\right)} = 2.79(\text{m})$$

3 作用在任意平面壁上的静水总压力计算——解析法

水利工程中受压平面除矩形外，圆形、梯形等任意形状平面的情况也是较多的，当受压面为任意形状的平面时，静水总压力的计算较复杂。

受压面为圆形平面，如在隧洞中设置圆形平板闸门，计算这类平面上的静水总压力可以使用解析法。

如图3-7所示为倾斜放置于水中的任意形状的平面 EF，受压面与水平面的夹角为 α，面积为 A，形心点为 C。下面分析如何确定作用于该平面上的静水总压力的大小和压力中心的位置。

在 EF 面所在的平面建立坐标系 xOy，以 EF 所在平面与水面的交线为 x 轴，与之相垂直的为 y 轴。为了便于分析，将 xOy 面绕 y 轴转动90°。

3.1 静水总压力的大小

在 EF 面上任取一点 M，设 M 点水深为 h，围绕 M 点取微面积 $\mathrm{d}A$，则静水压强 $p=\gamma h$。微面积 $\mathrm{d}A$ 上作用的静水压力 $\mathrm{d}P = p\mathrm{d}A = \gamma h\mathrm{d}A$，整个 EF 面上的静水压力

$$P = \int_A \mathrm{d}P = \int_A \gamma h \mathrm{d}A \tag{3-4}$$

由图3-7知，$h = y\sin\alpha$，则

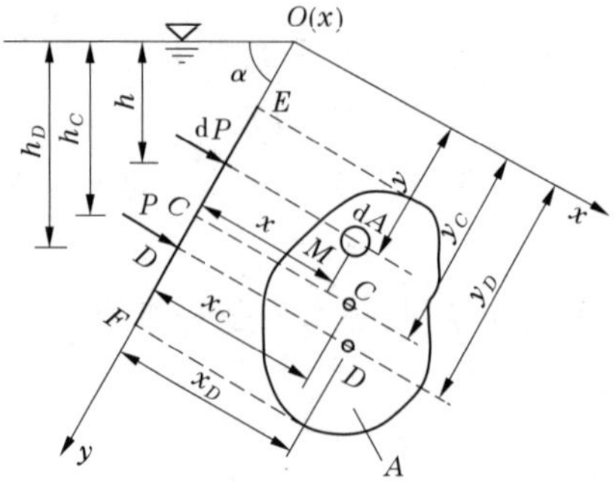

图 3-7

$$P = \gamma \sin\alpha \int_A y \mathrm{d}A \tag{3-5}$$

式(3-5)中 $\int_A y\mathrm{d}A$ 为 EF 面对 Ox 轴的面积矩,其值等于受压平面 EF 的面积 A 与其形心 C 处坐标 y_C 的乘积,因此

$$P = \gamma \sin\alpha y_C A \tag{3-6}$$

即

$$P = \gamma h_C A \tag{3-7}$$

式中 h_C——受压平面 EF 的形心点 C 处水深,$h_C = y_C \sin\alpha$。

$\gamma h_C = p_C$,p_C 为形心点 C 处的静水压强,由此得

$$P = p_C A \tag{3-8}$$

式(3-8)表明:作用在任意平面上的静水总压力的大小等于该平面形心点 C 处的静水压强的大小与该受压平面面积的乘积。

3.2 静水总压力的作用点

设静水总压力的作用点 D 的坐标值为(x_D,y_D),应用理论力学合力矩定理确定 D 点的位置,求解 D 的坐标值(x_D,y_D)。由合力矩定理可知,合力对任一轴的力矩等于各分力对该轴力矩的代数和,运用这一原理,首先对 Ox 轴求力矩

$$P y_D = \int_A y p \mathrm{d}A \tag{3-9}$$

将 $p = \gamma h = \gamma y \sin\alpha$ 代入式(3-9)得

$$P y_D = \gamma \sin\alpha \int_A y^2 \mathrm{d}A \tag{3-10}$$

令 $I_{Ox} = \int_A y^2 \mathrm{d}A$,$I_{Ox}$ 表示平面 EF 对 Ox 轴的惯性矩。根据惯性矩的平行移轴定理得

$$I_{Ox} = I_{Cx} + y_C^2 A \tag{3-11}$$

式(3-11)中 I_{Cx} 表示平面 EF 对通过其形心 C 点与 Ox 轴平行的轴线的惯性矩。因此

$$P y_D = \gamma \sin\alpha (I_{Cx} + y_C^2 A) \tag{3-12}$$

由此得

$$y_D = \frac{\gamma \sin\alpha (I_{Cx} + y_C^2 A)}{P} = \frac{\gamma \sin\alpha (I_{Cx} + y_C^2 A)}{\gamma y_C \sin\alpha A} = y_C + \frac{I_{Cx}}{y_C A} \tag{3-13}$$

在工程实际中，受压平面大多具有对称轴，对称轴两侧静水压力对称，所以压力中心落在纵向对称轴上，因而无须计算 x_D。

在式(3-13)中，一般$\frac{I_{Cx}}{y_C A}>0$，故 $y_D>y_C$，即静水总压力作用点 D 一般在受压面形心 C 之下。常见受压平面图形的 A、y_C 及 I_{Cx} 的计算公式见表 3-1。

表 3-1 常见受压平面图形的 A、y_C 及 I_{Cx} 的计算公式

几何图形	面积 A	形心坐标 y_C	对通过形心点 C_x 轴的惯性矩 I_{Cx}
矩形 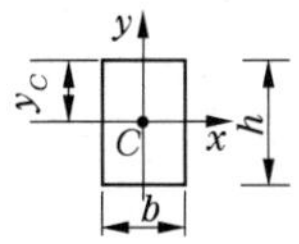	bh	$\frac{h}{2}$	$\frac{bh^3}{12}$
三角形 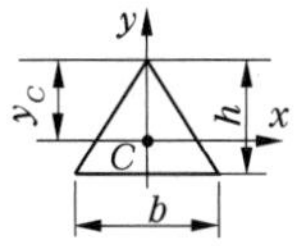	$\frac{bh}{2}$	$\frac{2h}{3}$	$\frac{bh^3}{36}$
梯形 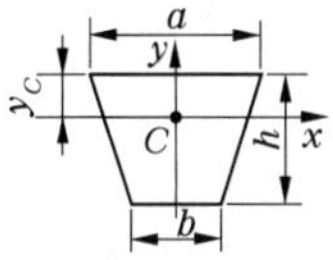	$\frac{h(a+b)}{2}$	$\frac{h}{3}\left(\frac{a+2b}{a+b}\right)$	$\frac{h^3}{36}\left(\frac{a^2+4ab+b^2}{a+b}\right)$
圆 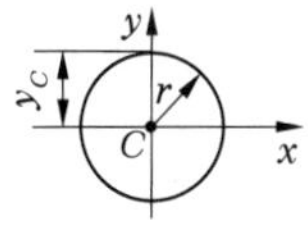	πr^2	r	$\frac{1}{4}\pi r^4$
半圆 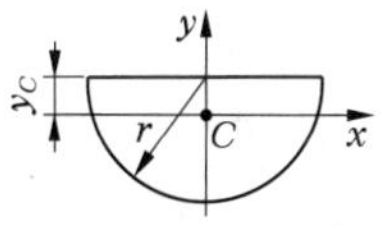	$\frac{1}{2}\pi r^2$	$\frac{4r}{3\pi}=0.424\,4r$	$\frac{9\pi^2-64}{72\pi}r^4=0.109\,8r^4$

【案例 3-4】 用解析法计算某水闸检修工作，检修闸门关闭时，单孔闸门所受静水总压力 P，具体尺寸见图 3-5。

【案例分析与计算】：

(1)静水总压力的大小及方向。

在图 3-5 中，水面高程 108.50 m，闸门底部高程 105.00 m，这样闸门淹没在水下的高度为 3.50 m，受压面形心在水面下的淹没深度为

$h_C=3.5/2=1.75(\text{m})$

由图 3-5 可知，$h=L=3.5$ m，$b=4.5$ m，则

$P=p_C A=\gamma h_C bL=9.8\times1.75\times4.5\times3.5=270.11(\text{kN})$

静水总压力方向垂直指向受压面，如图 3-5 所示。

(2)静水总压力的作用点 y_D。

利用公式 $y_D=y_C+\frac{I_{Cx}}{y_C A}$求静水总压力的作用点，其中

$$I_{Cx}=\frac{1}{12}bL^3=\frac{1}{12}\times4.5\times3.5^3=16.08(\text{m}^4)$$

$$y_D=y_C+\frac{I_{Cx}}{y_CA}=1.75+\frac{16.08}{1.75\times4.5\times3.5}=2.33(\text{m})$$

由以上的计算可知,对于矩形受压面,采用图解法、解析法的计算结果完全相同,可以将两种方法结合运用,如利用解析法求 P 的大小和利用图解法求 P 的作用点的位置,这样可使计算过程更为简单。

【案例 3-5】 如图 3-8 所示,一铅直设置的平板闸门。已知:$r=1$ m,$h_C=10$ m。求作用于闸门上的静水总压力。

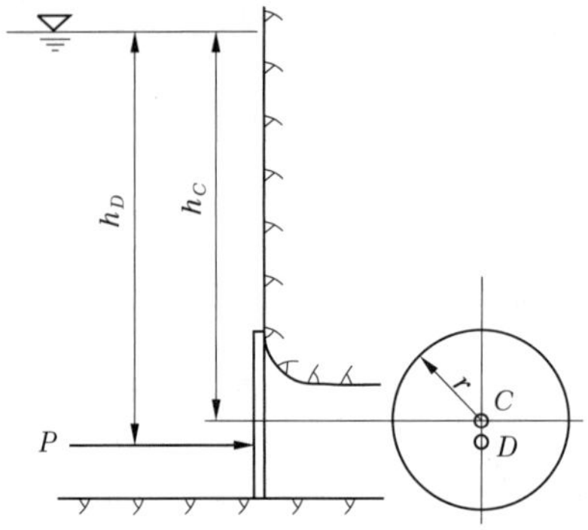

图 3-8

【案例分析与计算】:

(1)静水总压力的大小及方向。

根据计算公式(3-8)得

$$P=p_CA=\gamma h_C\pi r^2=9.8\times10\times3.14\times1^2=307.7(\text{kN})$$

静水总压力方向垂直指向受压面,如图 3-8 所示。

(2)静水总压力的作用点。

作用点 D 应位于纵向对称轴上,故仅需求出 D 点在纵向对称轴上的位置。在本题因受压面垂直放,$y_C=h_C$,$y_D=h_D$,故有

$$h_D=h_C+\frac{I_{Cx}}{h_CA}$$

圆形平面绕圆心轴线的惯性矩 $I_{Cx}=\frac{\pi r^4}{4}$,则

$$h_D=h_C+\frac{I_{Cx}}{h_CA}=10+\frac{\frac{1}{4}\pi r^4}{10\times\pi r^2}=10+\frac{1}{40}\approx10.03(\text{m})$$

平面壁静水总压力解析计算(以圆形断面为例)见表 3-2,表格计算主要公式见表 3-3。

表 3-2　平面壁静水总压力解析法计算(以圆形断面为例)

	A	B	C	D
1	内容			
2	受压面上缘与水面垂距 h_1(m)=	9		
3	受压面下缘与水面垂距 h_2(m)=	11		
4	受压面上缘与水面倾角 α(°)=	90	换算弧度(rad)	1. 57
5	受压面半径 r(m)=	1		
6	受压面面积 A(m^2)=	3. 14	查表 3-1	
7	受压面形心坐标 L_C(m)=	1. 00		
8	通过形心点 Cx 轴的惯性矩 I_{Cx}(m^4)=	0. 79		
9	受压面形心斜距 y_C(m)=	10		
10	受压面形心与水面垂距 h_C(m)=	10		
11	受压面形心处压强 p_C(kPa)=	98		
12	受压面静水压力 P(kN)=	307. 88		
13	受压面压力中心点斜距 y_D(m)=	10. 025		

表 3-3　平面壁静水总压力表格计算主要公式

序号	计算参数	单元格	单元格计算公式	水力计算公式
1		D4	=B3/180 * PI()	角度/180×π
2	r	B4	=(B2-B1)/SIN(D3)/2	$(h_2-h_1)/\sin\alpha$
3	A	B5	=PI() * B4 * B4	πr^2
4	I_{Cx}	B7	=1/4 * PI() * B4^4	$1/4\pi r^4$
5	y_C	B8	=B1/SIN(D3)+B4	$h_1/\sin\alpha+r$
6	h_C	B9	=B8 * SIN(D3)	$y_C\sin\alpha$
7	p_C	B10	=9. 8 * B9	γh_C
8	P	B11	=B10 * B5	$p_C A$
9	y_D	B12	=B8+B7/B8/B5	$y_C+\frac{I_{Cx}}{y_C}$

任务 2　作用在曲面壁上的静水总压力计算

在水利工程中,根据设计要求需修建拱坝、弧形闸门等水工建筑物,它们的受压面常为二元曲面,在对水工建筑物进行稳定计算时,需要求解作用在曲面上的静水总压力。作用在曲面上任一点处的静水压强也是垂直指向受压面,并且其大小与该点在水面以下的深度成正比,由此可以画出曲面上的静水压强分布图,如图 3-2(d)所示。由于曲面上各点压强方向不相同,彼此不平行,也不一定交于一点,因此曲面上静水总压力的计算不能用求代数和的方法。为了把它变成一个求平行力系的合力问题,首先计算受压曲面上静水总压力的水平分力 P_x 和铅直分力 P_z,然后将静水总压力的水平分力 P_x 和铅直分力 P_z 合成,求出曲面上的静水总压力。

如图 3-9(a)所示,AB 为二元受压曲面,计算其静水总压力 P,首先确定水平分力 P_x 和铅直分力 P_z,为确定分力 P_x 和 P_z,先选取宽度为 b(闸门宽度)、截面为 ABC 的水体为脱离体,如图 3-9(b)所示,研究该水体的平衡。在图 3-9(b)中:P'为闸门 AB 对水体的反作用力,与 P 等值反向;P'_x、P_z'为 P'的水平分力、铅直分力;P_{AC}、P_{BC} 为作用在 AC 面、BC 面的静水总压力;G 为脱离体的重量。

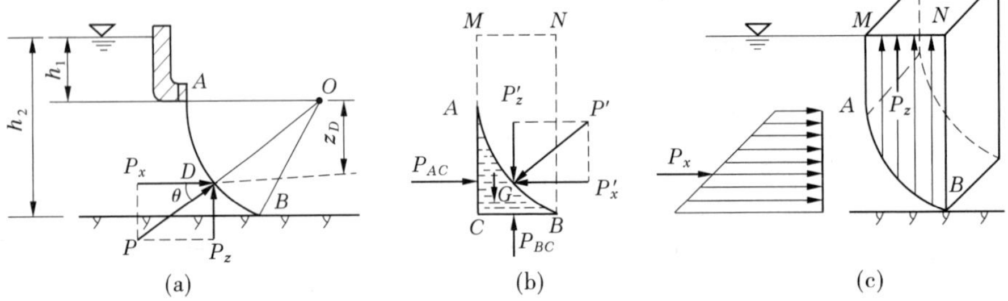

图 3-9

1　静水总压力的水平分力 P_x

因脱离体在水平方向是静止的,故该方向合力为零,即

$$P'_x = P_{AC} \tag{3-14}$$

根据作用力与反作用力大小相等、方向相反的原理,闸门受到的水平分力为

$$P_x = P'_x = P_{AC} \tag{3-15}$$

式(3-15)表明:曲面壁静水总压力的水平分力 P_x 等于曲面壁在铅直平面上的投影面的静水总压力。其铅直投影面为平面,这样,就把求解曲面上静水总压力的水平分力问题转化为求平面的静水总压力问题。

由任务 1 可知,曲面壁静水总压力的水平分力 P_x 为

$$P_x = p_C A_x = \gamma h_C A_x \tag{3-16}$$

式中　p_C——曲面壁在铅直平面上的投影面形心 C 点的压强;

h_C——曲面壁在铅直平面上的投影面形心 C 点的水深;

A_x——曲面壁在铅直平面上的投影面的面积。

当铅直投影面为矩形平面时,也可通过绘制投影面上的静水压强分布图用图解法求 P_x。

2　静水总压力的铅直分力 P_z

分析图 3-9(b),铅直方向是静止的,故铅直方向合力为零,即

$$P'_z = P_{BC} - G \tag{3-17}$$

P_{BC} 是 BC 平面上受到的静水总压力，BC 平面是以 BC 和受压面宽度 b 为边长的矩形平面，面积用 A_{BC} 表示，所处水深为 h_2，BC 面为等压面，故其面上各点的压强都等于 γh_2，则

$$P_{BC} = \gamma h_2 A_{BC} = \gamma V_{MCBN} \tag{3-18}$$

式中　V_{MCBN}——以 $MCBN$ 为底面、b 为高的棱柱体体积。

G 为脱离体 ABC 的水重。

$$G = \gamma V_{ACB} \tag{3-19}$$

式中　V_{ACB}——以 ACB 为底面、b 为高的棱柱体体积。

$$P'_z = P_{BC} - G = \gamma V_{MCBN} - \gamma V_{ACB} = \gamma V_{MABN} \tag{3-20}$$

式中　V_{MABN}——以 $MABN$ 为底面、b 为高的棱柱体体积，该棱柱体称为压力体，其体积称为压力体体积，如图 3-9(c)所示。

压力体是由受压面本身、水面或水面的延续面以及由受压面的边缘向水面或水面的延续面所作的铅直面所围成的几何体。

$MABN$ 称压力体剖面，其面积用 $A_{剖}$ 表示，则

$$P'_z = \gamma V_{MABN} = \gamma A_{剖}\, b \tag{3-21}$$

由作用力与反作用力大小相等的原理，得静水总压力的铅直分力 P_z 的大小为

$$P_z = \gamma A_{剖}\, b \tag{3-22}$$

图 3-10 为受压曲面 AB 的压力体剖面图，为了形象直观，虚拟对称另一半，由图 3-10 可以看出，当液体位于受压面的上面[见图 3-10(a)]时，静水总压力的铅直分力 P_z 即为以 ABC 为底面、h 为高的棱柱形水体的重力，方向向下。当液体位于受压面的下面[见图 3-10(b)]时，静水总压力的铅直分力 P_z 即为以 ABC 为底面、h 为高的棱柱体受到的浮力，方向向上。

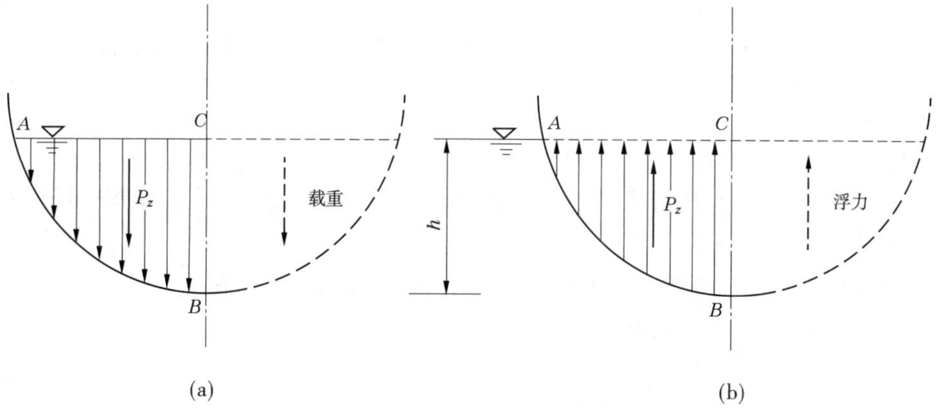

图 3-10

3　曲面壁上的静水总压力

求出静水总压力水平分力 P_x 和垂直分力 P_z 后，由力的合成定理，曲面所受静水总压力 P 应为

$$P = \sqrt{P_x^2 + P_z^2} \tag{3-23}$$

P 的方向用它与水平面的夹角 θ 表示,如图 3-9(a)所示。

$$\theta = \arctan \frac{P_z}{P_x} \tag{3-24}$$

P 的作用线应通过 P_x 与 P_z 的交点[见图 3-9(a)]。P 的作用线与曲面的交点为压力中心 D。

【案例 3-6】 某弧形工作闸门关闭时的情况如图 3-11 所示,闸门宽 b 为 4.5 m,计算弧形工作闸门关闭时,单孔弧形闸门受到的静水总压力。

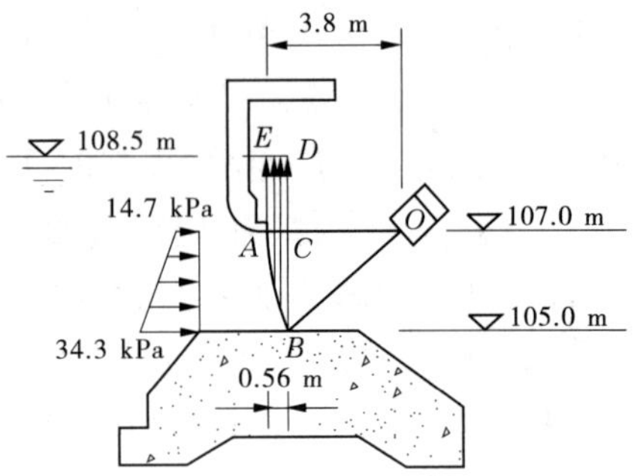

图 3-11

【案例分析与计算】:

水面高程 108.5 m,闸门顶部 A 点高程 107.0 m,A 点在水面下的淹没深度 h_1 为 1.5 m,闸门底部 B 点高程 105.0 m,B 点在水面下的淹没深度 h_2 为 3.5 m,弧形闸门圆弧半径为 3.8 m,AB 两点的水平距离为 0.56 m。

(1)求弧形工作闸门上静水总压力的水平分力 P_x。

弧形工作闸门关闭时,其垂直投影面为矩形,投影面的静水压强分布图如图 3-11 所示,压强分布图为梯形,计算可得:

A 点处压强 $\gamma h_1 = 9.8 \times 1.5 = 14.7(\text{kPa})$

B 点处压强 $\gamma h_2 = 9.8 \times 3.5 = 34.3(\text{kPa})$

投影面的静水压强分布图面积

$$\Omega = \frac{1}{2}(\gamma h_1 + \gamma h_2) \times (h_2 - h_1) = \frac{1}{2} \times (14.7 + 34.3) \times (3.5 - 1.5) = 49.0(\text{kN/m})$$

$P_x = \Omega b = 49.0 \times 4.5 = 220.5(\text{kN})$

(2)弧形闸门上静水总压力的铅直分力 P_z。

由式(3-22)可知,求 P_z 应先绘制受压面 AB 的压力体剖面图,如图 3-11 中 $ABDE$,则

$P_z = \gamma A_{剖} b = \gamma A_{ABDE} b$

A_{ABDE} = 扇形 AOB 的面积 − 三角形 BOC 的面积 + 矩形 $ACDE$ 的面积

扇形 AOB 的圆心角 $\angle AOB$ 为

$$\angle AOB = \arccos \frac{3.8 - 0.56}{3.8} = 31.5°$$

$$A_{ABDE} = \frac{31.5°}{360°}\pi R^2 - \frac{1}{2}\overline{BC} \times \overline{OC} + \overline{AC} \times \overline{DC} = 3.967 - 3.24 + 0.84 = 1.57(\text{m}^2)$$

$P_z = 9.8 \times 1.57 \times 4.5 = 69.24(\text{kN})$

(3)弧形闸门上的静水总压力。

$$P = \sqrt{P_x^2 + P_z^2} = \sqrt{220.5^2 + 69.24^2} = 231.12(\text{kN})$$

$$\theta=\arctan\frac{P_z}{P_x}=\arctan\frac{69.24}{220.5}=17.43°$$

【案例 3-7】　一弧形闸门如图 3-12 所示。门宽 $b=6$ m，圆弧半径 $R=4$ m，闸前水深 $h=2$ m，试求水面与门轴同高时弧形闸门所受的静水总压力。

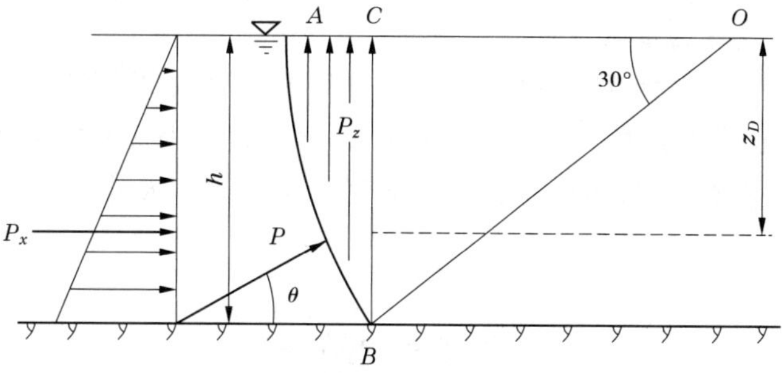

图 3-12

【案例分析与计算】：

本案例为求曲面上的静水总压力，先求静水总压力的水平分力 P_x 和铅直分力 P_z，再求静水总压力 P。

(1) 求静水总压力的水平分力 P_x。

因受压曲面在铅垂方向的投影面为矩形，则

$$P_x=\frac{1}{2}\gamma h^2 b=\frac{9.8\times2^2\times6}{2}=117.6(\text{kN})$$

(2) 求静水总压力的铅直分力 P_z。

$P_z=\gamma A_{剖}\ b$

压力体剖面图见图 3-12 中 ABC。

$$A_{剖}=A_{ABC}=A_{扇形AOB}-A_{三角形BOC}=\frac{30°}{360°}\pi R^2-\frac{1}{2}\overline{BC}\times\overline{OC}$$

$$=\frac{1}{12}\times3.14\times4^2-\frac{1}{2}\times2\times4\times\cos30°=4.19-3.46=0.73(\text{m}^2)$$

$P_z=\gamma A_{剖}\ b=9.8\times0.73\times6=42.9(\text{kN})$（方向向上）

(3) 弧形闸门上的静水总压力。

$$P=\sqrt{P_x^2+P_z^2}=\sqrt{117.6^2+42.9^2}=125.2(\text{kN})$$

$$\theta=\arctan\frac{P_z}{P_x}=\arctan\frac{42.9}{117.6}=20.04°$$

因为弧形闸门曲面是圆柱面的一部分，各点的压强与圆柱面垂直且通过圆心 O 点，所以总压力的作用线也通过 O 点。

治水名人

李　冰

李冰（生卒年不详），约公元前 256 年～公元前 250 年任蜀郡太守，战国时期著名的水利家。

李冰任蜀守期间主持修建了著名的都江堰水利工程。《史记·河渠书》载:“蜀守冰凿离堆,辟沫水之害,穿二江成都之中”,使成都平原变为“水旱从人”“沃野千里”的天府之国。据《华阳国志·蜀志》记载,李冰除兴建都江堰水利工程外,还在今宜宾、乐山境内开凿滩险,疏通航道,又修建文井江、白木江、洛水、绵水等灌溉和航运工程,为四川地区的水利发展做出了开创性的贡献。

李冰修建都江堰充分体现了尊重自然、因势利导、因地制宜的理念,通过工程合理布局,以最小的工程量成功解决了分水、引水、泄洪、排沙等一系列技术难题,体现了人与自然和谐共生的传统治水哲学,都江堰也因此成为世界上最伟大的水利工程和生态水利工程典范。

项目练习

一、项目自测

(一)单选题

1. 压力中心是(   )。

A. 淹没面积的中心　　B. 压力体的中心

C. 总压力的作用点　　D. 受压面的形心

2. 压力中心位置在(   )。

A. 受压面的形心以上　　B. 受压面的形心以下

C. 受压面的形心处或受压面的形心以下　　D. 不能确定

3. 静水总压力的方向(   )。

A. 倾斜指向受压面　　B. 平行于受压面

C. 垂直指向受压面　　D. 背离受压面

4. 图解法计算静水总压力适用于受压面为(   )。

A. 矩形　　B. 圆形　　C. 任意形状　　D. 梯形

5. 解析法计算静水总压力适用于受压面为(   )。

A. 矩形　　B. 圆形　　C. 梯形　　D. 以上都对

(二)绘图题

绘制图3-13中标有字母的受压面上的静水压强分布图。

(三)计算题

1. 渠道上有一平面闸门(见图3-14),宽 $b=4$ m,闸门在水深 $H=2.5$ m 下工作。求当闸门斜放 $\alpha=60°$ 时受到的静水总压力,当闸门铅直时所受的静水总压力。

2. 如图3-15所示,一平面挡水板 AB,倾角 $\alpha=45°$,$h_1=3$ m,$h_2=2$ m。试求单位宽度平板上所受的静水总压力的大小及压力中心位置。

3. 如图3-16所示,有一弧形闸门 AB 为半径 $R=2$ m 的圆柱面的1/4,闸门宽 $b=4$ m,水深 $h=2$ m,求作用在 AB 面上的静水总压力的大小和压力中心。

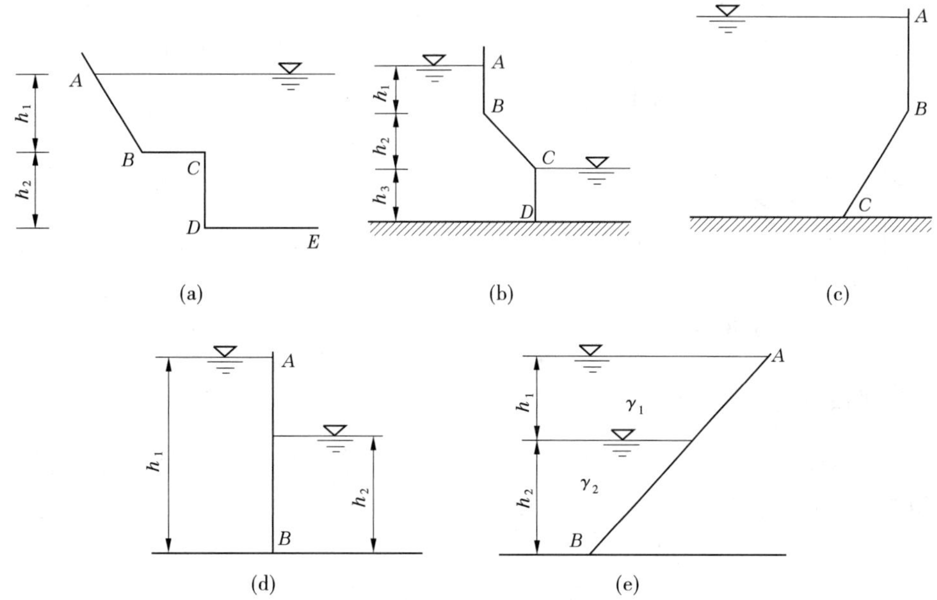

图 3-13

4. 如图 3-17 所示,溢流坝上设置弧形闸门。已知:闸门的支承点 O 与胸墙底缘同高, $R=10$ m,门宽 $b=8$ m, $H=10$ m, $\alpha=30°$,试求作用在弧形闸门上静水总压力的大小和压力中心的位置。

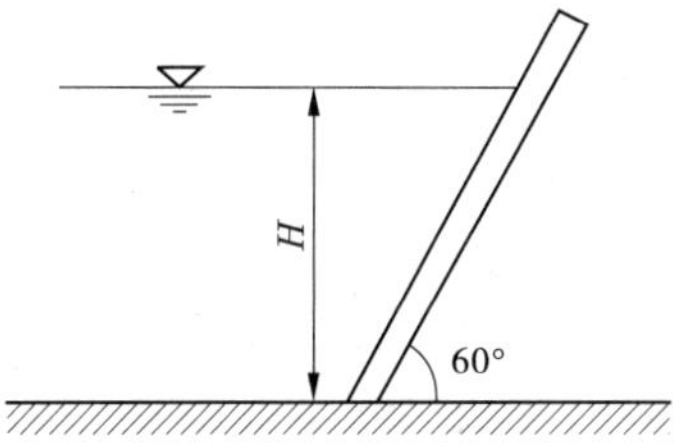

图 3-14

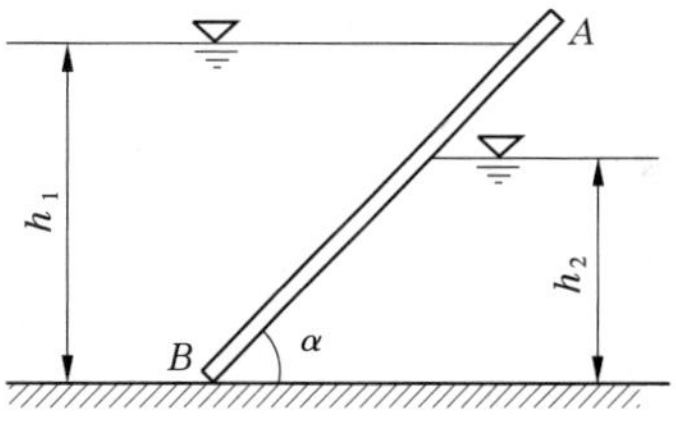

图 3-15

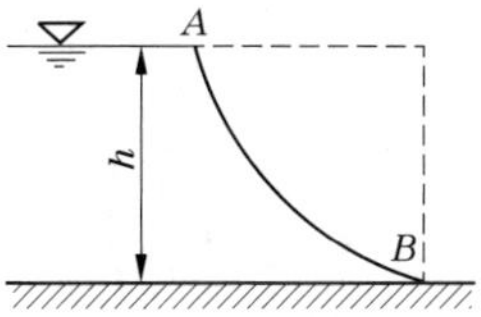

图 3-16

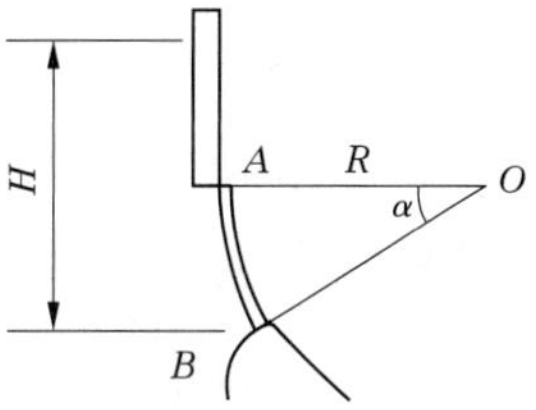

图 3-17

5. 如图 3-18 所示,一矩形平板闸门 AB,宽 $b=3$ m,与水平面夹角 $\alpha=30°$,其自重 $G=19.6$ kN,并铰接于 A 点。水面通过 A 点,水深 $h=2.0$ m,试求打开闸门的最大铅直拉力 T。

6. 一平板闸门如图 3-19 所示,已知闸门 $b=2$ m,当通过流量 $Q=8$ m^3/s 时,闸前水深 $H=4$ m,闸后收缩断面水深 $h_c=0.5$ m,不考虑摩擦力的作用,求运动水流对闸门的作用力。求水流为静止时闸门所受的静水作用力,并与按动水总压力的计算结果比较。

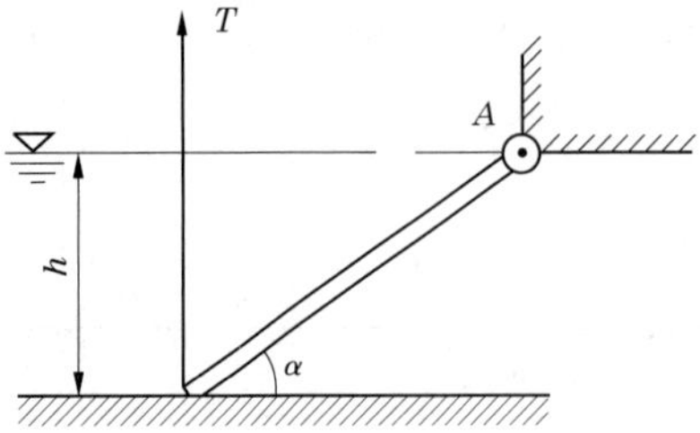

图 3-18

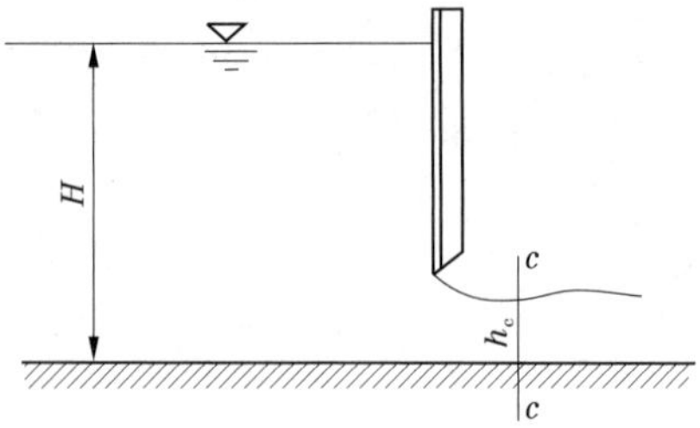

图 3-19

二、项目实训

计算段村水利枢纽平板闸门和弧形闸门上的静水总压力,基本资料、任务及要求见附录1项目3实训。

项目 4　恒定管流水力分析与计算

管道输水是水利水电工程最常用的措施之一，常用来泄洪、引水发电和灌溉等，管道输水还广泛应用于城市给水排水、石油化工、矿业开采等行业。

恒定管流水力分析与计算项目的主要任务是掌握有压管道的概念、分类，简单短管和简单长管的计算方法，虹吸管、倒虹吸管、水泵装置、有压隧洞等主要计算内容；会进行简单有压管道的分析计算，会正确分析绘制管道总水头线和测压管水头线。

任务 1　简单有压管道水力分析与计算

1　有压管道分类

在水利工程和日常生活中，为满足生产、生活的需要，常需将水从一处输送到另一处，最常用的方法就是敷设管道。管道的整个横断面均被水体所充满，管内水流没有自由水面，过水断面上各点的压强一般不等于大气压强，管道的边壁处处受到水流压力的作用，是有压管道。有压管道中的水流有恒定流及非恒定流两种，本项目主要分析和计算有压管道中的恒定流。

根据有压管道中水流的沿程水头损失、局部水头损失及流速水头所占比重的不同，有压管道可分为长管和短管。

(1)长管是指管道中水流的水头损失以沿程水头损失为主，而局部水头损失和流速水头较小，两项之和小于沿程水头损失的 5%，计算时局部水头损失和流速水头可以忽略不计的管道。

(2)短管是管道中局部水头损失与流速水头两项之和在总水头损失中占有相当比重，其两项之和大于沿程水头损失的 5%，计算时局部水头损失和流速水头不能忽略不计的管道。

长管和短管不能简单地用管道的绝对长度判别，当管道中的局部水头损失较大时，即使管道很长，也要考虑局部水头损失，必须按短管计算。一般水利工程中的有压输水管道以及常见的虹吸管、倒虹吸管、水泵吸水管、有压隧洞多按短管计算，生活和生产中的给水管道一般按长管计算。

根据管道的布设情况，有压管道又可分为简单管道和复杂管道。简单管道是指管径、流量、粗糙系数沿程均不变，且没有分支的管道；复杂管道是指管径不同或有分岔的管道，主要有串联管道、并联管道、分汊管道和环状管网等，如图 4-1 所示。

根据管道出口情况，可分为淹没出流和自由出流。管道出口水流流入大气的称为自由出流。出口水流淹没在水下的称为淹没出流。

无论是长管、短管、简单管道、复杂管道，还是自由出流、淹没出流，它们都是利用能量

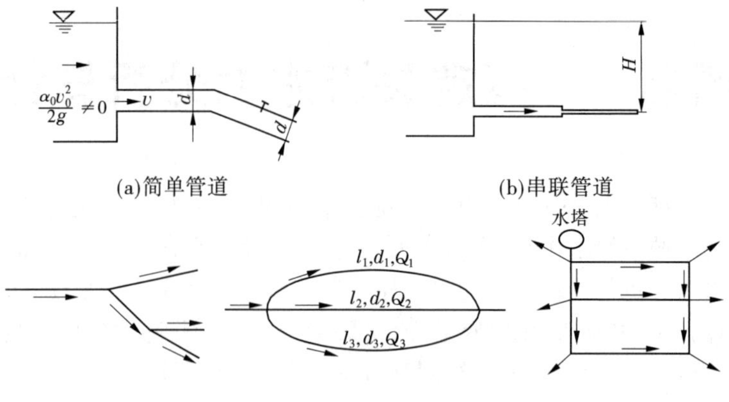

(a)简单管道　(b)串联管道

(c)分汊管道　(d)并联管道　(e)环状管网

图 4-1

方程进行水力分析与计算的,计算内容主要有确定有压管道泄流量、管径、作用水头及分析压强沿程变化。一般可先利用能量方程推导出相应公式,使用公式进行水力分析与计算,也可直接利用能量方程进行水力分析与计算。

2　有压简单短管水力分析与计算

2.1　有压简单短管水力分析与计算公式

根据管道出口的情况,短管的水力计算又可分为自由出流和淹没出流两种。

2.1.1　自由出流

如图 4-2 所示,管道出口的水流直接流入大气,是自由出流。

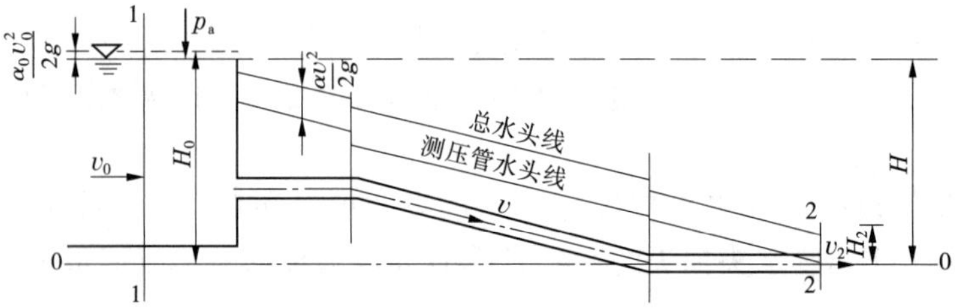

图 4-2

若以管道出口断面中心点 0—0 所在的水平面为基准面,取距管道进口有一定距离,水流满足渐变流条件的 1—1 断面和出口 2—2 断面为计算断面,以 1—1 断面水面上的点和出口断面中心点为代表点,对 1—1 断面和 2—2 断面列能量方程式

$$z_1 + \frac{p_1}{\gamma} + \frac{\alpha_0 v_0^2}{2g} = z_2 + \frac{p_2}{\gamma} + \frac{\alpha_2 v_2^2}{2g} + h_{w1-2} \tag{4-1}$$

因为 $z_1 = H, p_1 = p_2 = 0, z_2 = 0$,式(4-1)可写为

$$H + 0 + \frac{\alpha_0 v_0^2}{2g} = 0 + 0 + \frac{\alpha_2 v_2^2}{2g} + h_{w1-2} \tag{4-2}$$

令 $H_0=H+\frac{\alpha_0 v_0^2}{2g}$, $h_{w1-2}=h_f+\sum h_j=\lambda\frac{L}{d}\frac{v^2}{2g}+\sum\zeta\frac{v^2}{2g}$（$v$ 为管中水流流速），则

$$H_0=(\alpha_2+\lambda\frac{L}{d}+\sum\zeta)\frac{v^2}{2g} \tag{4-3}$$

取 $\alpha_2=1.0$，代入式(4-3)得

$$v=\frac{1}{\sqrt{1+\lambda\frac{L}{d}+\sum\zeta}}\sqrt{2gH_0} \tag{4-4}$$

令 $\mu_c=\frac{1}{\sqrt{1+\lambda\frac{L}{d}+\sum\zeta}}$，$\sum\zeta$ 为有压管道局部水头损失系数之和，则有

$$Q=vA=\mu_c A\sqrt{2gH_0} \tag{4-5}$$

式(4-5)即为简单管道自由出流的泄流量公式，当进口前断面 1—1 的平均流速 v_0 很小时，设 $v_0\approx0$，则

$$Q=\mu_c A\sqrt{2gH} \tag{4-6}$$

式中　A——管道过水断面面积；

H——上游水面到管道出口中心点的距离，称为作用水头；

H_0——包括行近流速水头在内的作用总水头；

μ_c——管道流量系数。

2.1.2　淹没出流

图 4-3 为淹没出流，管道出口淹没在下游水面以下，管道过流量受下游水位的影响。

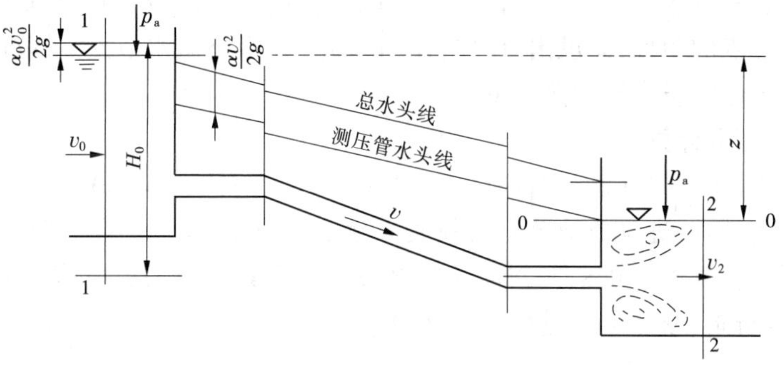

图 4-3

设下游过水断面面积远大于管道过水面积，今以管道出口下游水面为基准面，取距管道进出口有一定距离、水流满足渐变流条件的 1—1 断面和 2—2 断面为计算断面，分别取两断面水面点为代表点，得

$$z_1+\frac{p_1}{\gamma}+\frac{\alpha_0 v_0^2}{2g}=z_2+\frac{p_2}{\gamma}+\frac{\alpha_2 v_2^2}{2g}+h_{w1-2} \tag{4-7}$$

因为 $z_1=z$, $p_1=p_2=0$, $z_2=0$，式(4-7)可写为

$$z+0+\frac{\alpha_0 v_0^2}{2g}=0+0+\frac{\alpha_2 v_2^2}{2g}+h_{w1-2} \tag{4-8}$$

令 $z_0=z+\frac{\alpha_0 v_0^2}{2g}$，$h_{w1-2}=h_f+h_j=\lambda\frac{L}{d}\frac{v^2}{2g}+\sum\zeta\frac{v^2}{2g}$($v$ 为管中水流流速)，v_2 很小可忽略不计，得

$$z_0=(\lambda\frac{L}{d}+\sum\zeta)\frac{v^2}{2g} \tag{4-9}$$

$$v=\frac{1}{\sqrt{\lambda\frac{L}{d}+\sum\zeta}}\sqrt{2gz_0} \tag{4-10}$$

令 $\mu_c=\frac{1}{\sqrt{\lambda\frac{L}{d}+\sum\zeta}}$，$\sum\zeta$ 为有压管道局部水头损失系数之和，$\sum\zeta$ 包括出口处局部水头损失系数，则

$$Q=vA=\mu_c A\sqrt{2gz_0} \tag{4-11}$$

式中 z——上下游水位差，叫作用水头；

z_0——包括行近流速水头在内的上下游水位差，叫作用总水头；

μ_c——管道流量系数。

式(4-11)即为简单管道淹没出流的泄流量公式，当进口前断面1—1的断面平均流速 v_0 很小时，$v_0\approx 0$，则

$$Q=\mu_c A\sqrt{2gz} \tag{4-12}$$

由上面分析可知，对于管道布设相同，仅出流情况不同的管道，自由出流与淹没出流的泄流量公式唯一的区别就在于作用水头不同。自由出流时的作用水头 H 为上游水面到管道出口中心点的距离，淹没出流时的作用水头 z 为上下游水位差。同样条件下，自由出流的泄流量大于淹没出流的泄流量。

2.2 有压简单短管计算

【案例4-1】 如图4-4所示为一输水铸铁管路，已知管长 $L=250$ m，管径 $d=100$ mm，管路进口为直角进口，进口的局部水头损失系数 $\zeta_{进}=0.5$，有一个弯头和一个闸阀，弯头的局部水头损失系数 $\zeta_{弯}=0.8$，闸阀的局部水头损失系数 $\zeta_{阀}=1.2$。水塔的水面高度 $H=14$ m，当闸门全开时，求输水管道的泄流量 Q。

图4-4

【案例分析与计算】：

本案例为已知管道尺寸、布置、材料及作用水头，计算过流能力 Q。

首先判断出流情况为自由出流或淹没出流，再代入相应公式求解或利用能量方程求解流量。

本案例为简单短管的自由出流，过流能力的计算可直接列能量方程或利用式(4-6)直接求流量 Q。取粗糙系数 $n=0.0125$，管道进口前水塔内流速忽略不计。

计算流量首先要计算沿程水头损失系数 λ。

$$C=\frac{1}{n}R^{1/6}=\frac{1}{0.0125}\times\left(\frac{0.1}{4}\right)^{1/6}=43.3$$

据式(2-65)得

$$\lambda=\frac{8g}{C^2}=0.042$$

$$\sum\zeta=\zeta_{进}+\zeta_{弯}+\zeta_{阀}=0.5+0.8+1.2=2.5$$

$$\mu_c=\frac{1}{\sqrt{1+\lambda\frac{L}{d}+\sum\zeta}}=\frac{1}{\sqrt{1+0.042\times\frac{250}{0.1}+2.5}}=0.096$$

$$A=\frac{1}{4}\pi d^2=\frac{1}{4}\times3.14\times0.1^2=0.0079(\text{m}^2)$$

则 $Q=\mu_c A\sqrt{2gH}=0.096\times0.0079\times\sqrt{2\times9.8\times14}=0.0125(\text{m}^3/\text{s})$

【案例 4-2】 一路堤下设有钢筋混凝土泄水管，如图 4-5 所示。管长 $L=50$ m，路堤上游面与水平面的夹角为 30°，进出口局部阻力系数分别为 $\zeta_{进}=0.91$、$\zeta_{出}=1.0$，上、下游水位差 $z=20.0$ m。若要求管内泄流量 $Q=15$ m³/s，水管粗糙系数 $n=0.013$，上、下游流速相等，试确定所需要的管道直径。

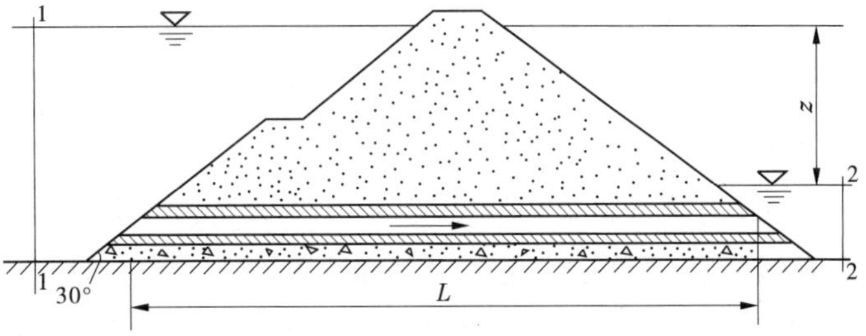

图 4-5

【案例分析与计算】：

此案例为已知管道长度 L、流量 Q、作用水头，求所需要的管道直径 d。

钢筋混凝土泄水管出口淹没在下游水面以下，为淹没出流。

由于管道进口前 1—1 断面较大，不考虑行近流速。根据式(4-12)得

$$Q=Av=\mu_c A\sqrt{2gz}=\frac{1}{\sqrt{\lambda\frac{L}{d}+\sum\zeta}}\times\frac{\pi}{4}d^2\times\sqrt{2gz}$$

因上式为关于管径 d 的一元多次方程,不易直接解方程求解,常用试算法求解管径 d。

(1)试算法确定管径。

试算步骤为:已知作用水头近似等于上、下游水位差 $z=20.0$ m,粗糙系数 $n=0.013$,可求沿程水头损失系数 λ,设管径为 d_1,求过水面积 A_1,利用式(4-12)求流量 Q_1 是否等于 15 m^3/s,不相等再调整直径为 d_2,计算 Q_2,直到所求流量等于已知流量,管径为所求。具体试算步骤如下

$$\text{设 } d_1 = 1.0\ \text{m}, A_1 = \frac{1}{4}\pi d^2 = \frac{1}{4} \times 3.14 \times 1.0^2 = 0.785(\text{m}^2)$$

$$C_1 = \frac{1}{n}R^{1/6} = \frac{1}{0.013} \times (\frac{1.0}{4})^{1/6} = 61.054$$

$$\lambda_1 = \frac{8g}{C_1^2} = \frac{8 \times 9.8}{61.054^2} = 0.021$$

$$\mu_{c1} = \frac{1}{\sqrt{\lambda_1 \frac{L}{d_1} + \sum\zeta}} = \frac{1}{\sqrt{0.021 \times \frac{50}{1.0} + 0.91 + 1.0}} = 0.581$$

$$Q_1 = \mu_{c1}A_1\sqrt{2gz} = 0.581 \times 0.785 \times \sqrt{2 \times 9.8 \times 20.0} = 9.03(\text{m}^3/\text{s})$$

与设计流量不符,设的管径偏小,重新试算。

设 $d_2=1.25$ m,按上述步骤可求得:相应的 $A_2=1.23$ m^2,$C_2=63.37$,$\lambda_2=0.020$,$\mu_{c2}=0.61$,$Q_2=14.9$ m^3/s,与设计流量十分接近,所以 $d=1.25$ m 为所求。

(2)表格一般试算确定管径的步骤。

为减少上述一般试算法带来的麻烦,水力计算中引入精确快捷的表格水力试算,具体步骤如下:

①填写 Q、n、z、L 等已知条件(见表 4-1 中的第 1、2 行);

②按一般试算步骤填写试算表头(见表 4-1 中的第 3 行);

③在 A4 单元格(A4 是单元格地址,A 表示列、4 表示行,A4 即是指向 A 列第 4 行的单元格)中设管径 d(假定 $d=1.0$ m),在 B4:G4 单元格中依次输入过水断面面积 A、谢才系数 C、沿程水头损失系数 λ、局部水头损失系数总和 $\sum\zeta$、流量系数 μ_c 等水力要素对应的表格公式进行计算,计算结果见表 4-1 的第 4 行。

各单元格水力计算公式及相应的表格计算公式见表 4-2,注意表中如$ F $ 1、$ D $ 2 单元格叫绝对单元格引用,单元格中的绝对引用(如$ F $ 1)是指固定地址的单元格。如果公式所在单元格的地址改变,绝对引用的单元格地址始终保持不变。绝对单元格引用只有在拖动计算填充时才有意义,拖动计算时绝对引用的单元格地址保持固定,也就是该单元格引用的数据不变。

表 4-1 管径 d 试算表

	A	B	C	D	E	F	G
1	$Q(m^3/s)=$	15	$L(m)=$	50	$n=$	0.013	
2	$z(m)=$	20	$\zeta_{进}=$	0.91	$\zeta_{出}=$	1.0	
3	d/m	A/m^2	C	λ	$\sum\zeta$	μ_c	$Q/(m^3/s)$
4	1.0	0.785	61.054	0.021	1.910	0.581	9.03

注:输入表格计算公式时,必须使用半角符号,全书同。

表 4-2 管径 d 试算表格计算主要公式

序号	计算参数	单元格	表格公式	水力计算公式
1	A	B4	=PI()/4 * A4^2	$\pi/4\times d^2$
2	C	C4	=1/$ F $ 1 * (A4/4)^(1/6)	$1/n\times(d/4)^{1/6}$
3	λ	D4	=8 * 9.8/(C4^2)	$8g/C^2$
4	$\sum\zeta$	E4	=$ D $ 2+$ F $ 2	$\zeta_{进}+\zeta_{出}$
5	μ_c	F4	=1/SQRT(D4 * $ D $ 1/A4+E4)	$\dfrac{1}{\sqrt{\lambda\dfrac{L}{d}+\sum\zeta}}$
6	Q	G4	=F4 * B4 * SQRT(2 * 9.8 * $ B $ 2)	$\mu_c A\sqrt{2gz}$

在表 4-1 所示的表中,试算是十分方便的,只需改变引用单元格的数据,表格会自动完成新计算和填充工作。例如将表 4-1 中的 d 改为其他数值,所有引用该单元格的数据均自动更新。

(3)表格单变量求解管径步骤。

因为在 n、z、L 等已知条件下,管径 d 与流量 Q 有一一对应关系,除试算外也可通过表格单变量求解功能求管径 d。下面介绍表格单变量计算管径 d。

在表 4-1 第 4 行中设管径 $d=1.0$ m,求出的流量不等于已知流量,需调整 A4 单元格中的管径数值,调整管径最终实现的目标就是使 G4 单元格中计算的流量等于已知流量,因此把计算出流量的 G4 单元格称目标单元格,调整管径可变的 A4 单元格称可变单元格。

表格单变量求解步骤是:

①选中目标单元格 G4;

②选中工具菜单中"单变量求解",弹出一对话框;

③在弹出的对话框中的目标值中输入已知流量"15",可变单元格中输入管径所在的可变单元格"A4"(见图 4-6),然后按"确定"键;

④在弹出的单变量求解状态对话框中,当看到所求的解为目标值时,按"确定"键,单变量求解完成,管径 $d=1.25$ m。

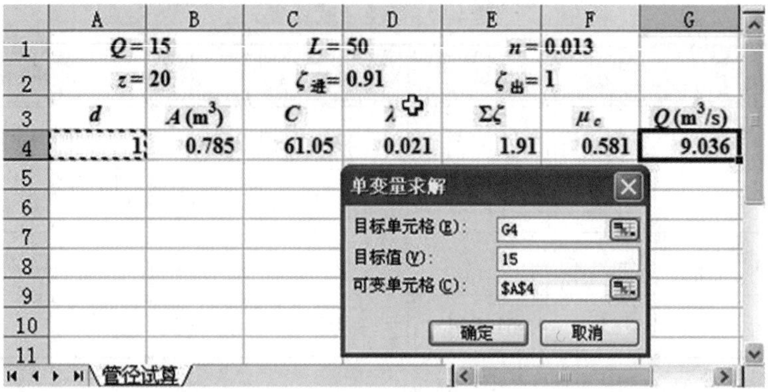

图 4-6

管道设计中,在给定输水量 Q 和管道长度 L 的情况下,设计管道的断面尺寸及相应的作用水头,在这种情况下,一般要从技术方面和经济方面综合考虑确定管道的断面尺寸和作用水头。

从技术方面考虑,在流量一定的条件下,流速的大小与管道的断面尺寸有关,管道的断面尺寸小,则流速大,反之则流速小。流速过大容易产生较大的水击压强,引起管道的破坏;流速过小又容易使水流挟带的泥沙在管道中淤积。一般情况下,水电站引水管中的流速不应超过 5~6 m/s;给水管道中的流速不应大于 2.5~3 m/s,不应小于 0.25 m/s。

从经济方面考虑,管道的断面尺寸小,造价低,便于施工,但流速大,运行中的水头损失大,对于抽水装置会增加运行中的电能消耗,运行费用高;管道的断面尺寸大,则管道的造价高,安装困难,但流速小,运行中的水头损失小,运行费用低。重要的管道,应选择几个方案进行经济比较,使管道投资与运转费用的总和最小,这样的流速称为经济流速,其相应的管径称为经济管径。一般的给水管道,当 $d=100\sim200$ mm 时,经济流速为 0.6~1.0 m/s;当 $d=200\sim400$ mm 时,经济流速为 1.0~1.4 m/s。水电站压力隧洞的经济流速一般为 2.5~3.5 m/s,压力钢管一般为 3~4 m/s。经济流速选取比较复杂,应用时应根据不同情况具体确定。

实际工作中输水管道断面尺寸的确定通常是在进行技术及经济比较的基础上,选定管道的流速,再确定管道的断面尺寸。对于圆管,求管径的公式如下

$$d = \sqrt{\frac{4Q}{\pi v}} \tag{4-13}$$

利用简单短管水力计算公式,在已知管道尺寸、布置、材料及过流能力的条件下,可计算作用水头,这里不再举例。

3 简单有压长管水力分析与计算

3.1 简单有压长管水力分析与计算公式

对于图 4-2、图 4-3 所示的管道,当按长管进行计算时,流速水头和局部水头损失可忽略不计,能量方程可写为

$$H' = h_f \tag{4-14}$$

水利工程中有压输水管道中的水流一般属于紊流阻力平方区,可采用谢才公式计算沿程水头损失,由谢才公式可得

$$Q = Av = AC\sqrt{RJ} = AC\sqrt{R\frac{h_f}{L}} \tag{4-15}$$

令 $K=AC\sqrt{R}$,则

$$H' = h_f = \frac{Q^2}{K^2}L \tag{4-16}$$

对于自由出流 $H'=H$,对淹没出流 $H'=z$。

式(4-16)中 K 为流量模数,它综合反映管道的断面形式、尺寸及边壁粗糙对过水能力的影响,其单位和流量单位相同,其数值等于水力坡度 $J=1$ 时的流量。当管道水流为阻力平方区时,可由曼宁公式计算出不同直径、不同粗糙系数的流量模数 K,见表 4-3。当管中流速比较小($v<1.2$ m/s)时,一般位于紊流过渡区,严格来讲,不能用曼宁公式求流量模数,所以不能直接由式(4-16)计算水头损失。工程实际中一般采用对式(4-16)进行修正,即在式(4-16)中乘以修正系数 k,得

$$H' = h_f = k\frac{Q^2}{K^2}L \tag{4-17}$$

对于钢管和铸铁管,修正系数 k 可由表 4-4 查得。

表 4-3　给水管道的流量模数 $K = AC\sqrt{R}$ 数值

直径 d/mm	K/(L/s)			直径 d/mm	K/(L/s)		
	清洁管 1/n=90 (n=0.011)	正常管 1/n=80 (n=0.012 5)	污秽管 1/n=70 (n=0.014 3)		清洁管 1/n=90 (n=0.011)	正常管 1/n=80 (n=0.012 5)	污秽管 1/n=70 (n=0.014 3)
50	9.624	8.460	7.403	500	4.467×10^3	3.927×10^3	3.436×10^3
75	28.37	24.94	21.83	600	7.264×10^3	6.368×10^3	5.587×10^3
100	61.11	53.72	47.01	700	10.96×10^3	9.632×10^3	8.428×10^3
125	110.80	97.40	85.23	750	13.17×10^3	11.58×10^3	10.13×10^3
150	180.20	158.40	138.60	800	15.64×10^3	13.57×10^3	12.03×10^3
175	271.80	238.90	209.00	900	21.42×10^3	18.83×10^3	16.47×10^3
200	388.00	341.10	298.50	1 000	28.36×10^3	24.93×10^3	21.82×10^3
225	531.20	467.00	408.60	1 200	46.12×10^3	40.55×10^3	35.48×10^3
250	703.50	618.50	541.20	1 400	69.57×10^3	61.16×10^3	53.52×10^3
300	1.144×10^3	1.006×10^3	880.00	1 600	99.33×10^3	87.32×10^3	76.41×10^3
350	1.726×10^3	1.517×10^3	1.327×10^3	1 800	136.00×10^3	119.50×10^3	104.60×10^3
400	2.464×10^3	2.166×10^3	1.895×10^3	2 000	180.10×10^3	158.30×10^3	138.50×10^3
450	3.373×10^3	2.965×10^3	2.594×10^3				

注:按 $C = \frac{1}{n}R^y, y = \frac{1}{6}$ 计算。

表 4-4 钢管及铸铁管修正系数 k 值

v/(m/s)	k	v/(m/s)	k	v/(m/s)	k	v/(m/s)	k
0.20	1.410	0.45	1.175	0.70	1.085	1.00	1.030
0.25	1.330	0.50	1.150	0.75	1.070	1.10	1.015
0.30	1.280	0.55	1.130	0.80	1.060	1.20	1.000
0.35	1.240	0.60	1.115	0.85	1.050		
0.40	1.200	0.65	1.100	0.90	1.040		

注:表中 v 与 k 的关系可以拟合为 $k=-0.4\lg v+1.03$。

3.2 简单有压长管计算

【案例 4-3】 由水塔引一简单长管向工厂供水,管长 L 为 3 500 m,直径 d 为 350 mm,拟采用正常铸铁管,管道布设如图 4-7 所示。工厂所需水头 H_c 为 20 m,若需保证向工厂供水量 Q 为 0.085 m³/s,试确定所需水塔高度 H。

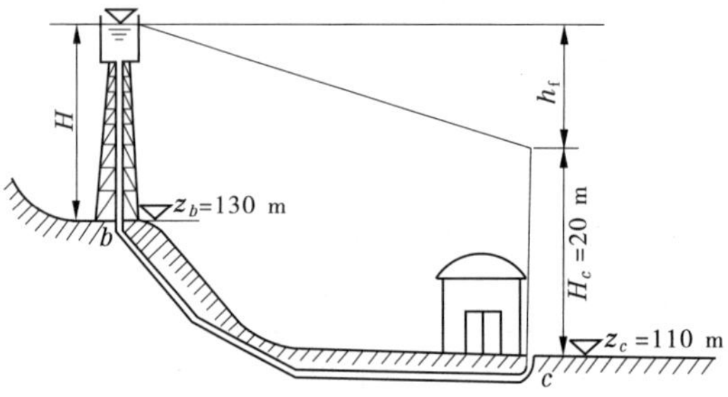

图 4-7

【案例分析与计算】:

供水管道按长管计算,水塔高度与作用水头有关。本案例为已知管道尺寸、布置、材料及过流能力,计算作用水头。

(1)确定修正系数 k。

根据简单有压长管水力计算公式(4-17)和表 4-1 知应先求流速,确定修正系数 k。

管道内流速为

$$v=\frac{Q}{A}=\frac{0.085}{\frac{1}{4}\times 3.14\times 0.35^2}$$

$$=0.88(\text{m/s})<1.2\ \text{m/s}$$

由表 4-4 内插得修正系数 $k=1.044$,由表 4-3 查得 $d=350$ mm 的正常铸铁管 $K=1.517\ \text{m}^3/\text{s}$。

(2)计算作用水头。

由式(4-17)计算沿程水头损失

$$h_f=k\frac{Q^2}{K^2}L=1.044\times\frac{0.085^2}{1.517^2}\times 3\,500=11.47(\text{m})$$

所需水塔高度为

$$H = H_c + h_f - (z_b - z_c) = 20 + 11.47 - (130 - 110) = 11.47(\text{m})$$

【案例 4-4】 有一输水管路，由山上引泉水作为生活用水，水管采用铸铁管，水源至用户距离 $L=280$ m，作用水头 $H=30$ m，流量 $Q=200$ L/s。为了完全利用这一水头，问水管直径应为多大？

【案例分析与计算】：

生活用水管道按长管计算，本案例为已知管道长度 L、流量 Q、作用水头 H，求长管的管道直径 d。

(1)求流量模数 K。

对于长管，可先假设修正系数 $k=1.0$，按下式先求出流量模数

$$K = \frac{Q}{\sqrt{\frac{H}{L}}} = \frac{200}{\sqrt{\frac{30}{280}}} = 611.01(\text{L/s})$$

(2)确定管径 d。

管道采用圆管，则可根据求得的 K 值，查表 4-3 得 $d=250$ mm，由管径反求管内流速 $v=4.08$ m/s>1.2 m/s，假设修正系数 $k=1.0$ 成立，则管径 $d=250$ mm 为所求。

4 总水头线与测压管水头线绘制

有压管道在输水过程中，应避免出现过大的真空值，以免危及管道的安全，因此在设计管道时应分析管流压强沿程变化，了解并控制各断面上压强的大小。要分析管流压强沿程变化则需要绘制总水头线，然后绘制测压管水头线，通过测压管水头线分析确定管道各断面压强的大小。

如图 4-8 所示为一泄水简单短管自由出流，以通过出口断面中心的水平面为基准面，管道入口前渐变流 1—1 断面的总水头为 H_1，当管道的流量和管径已知时，可求管道中各断面的平均流速，并由能量方程求出 1—1 断面至任一 i—i 断面之间的水头损失 h_{w1-i}。任一断面的总水头为

$$z_i + \frac{p_i}{\gamma} + \frac{\alpha_i v_i^2}{2g} = H_1 - h_{w1-i} \tag{4-18}$$

任一断面的总水头减去该断面的流速水头即为该断面的测压管水头，该断面的测压管水头减去该断面的位置水头为该断面的压强水头。因此，当管道的管线布置一定时，如果能绘制出总水头线和测压管水头线，就可确定沿管道各断面的压强大小及其变化。对于管径相同、材料相同，只有沿程水头损失的管段，沿程水头损失与管道长度成正比，所以只要求出该管段两端断面的总水头，用直线连接，便可得到该管段的总水头线。在任一断面，比总水头低一个流速水头处，作总水头线的平行线，就可得到测压管水头线。因此，分析压强沿程变化时，并不需要将各个断面的总水头和测压管水头都计算出来，由测压管水头线就可确定管道各断面的压强，计算绘制总水头线和测压管水头线的步骤如下：

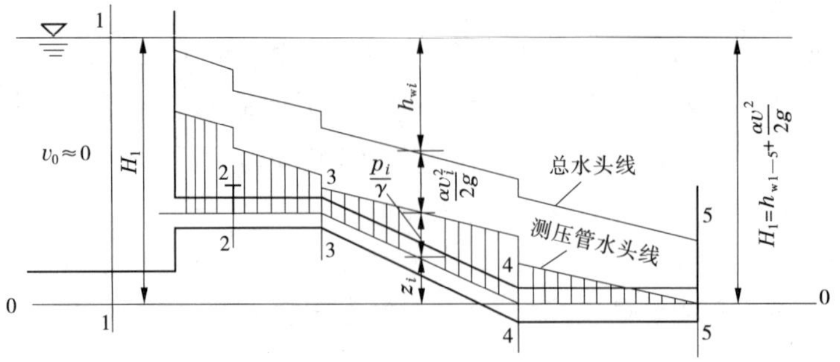

图 4-8

(1)选定基准面,计算管道进口前1—1断面的总水头 H_1。

(2)以产生局部水头损失的断面为分界断面将管道分段,计算出各管段的流速水头、沿程水头损失和各个局部水头损失。

(3)按式(4-18)计算出分界断面的总水头及测压管水头。例如,图4-8中3—3断面转弯前的总水头 $H_3=H_1-h_{w1-3}$(3—3断面转弯前的总水头也可用 H_2-h_{w2-3} 求得),3—3断面转弯后的总水头 $H'_3=H_3-h_{j弯}$,依此类推,各分界断面的总水头减去该断面的流速水头即为该断面的测压管水头。

(4)以基准面为横坐标,计算的总水头(测压管水头)为纵坐标,确定管道各分界断面处总水头(测压管水头)位置,即可绘制出总水头线(测压管水头线)。一般先从上游到下游绘制总水头线,再从下游到上游绘制测压管水头线。

有时,只需定性绘制总水头线和测压管水头线,在这种条件下,先绘制总水头线再绘制测压管水头线,绘制总水头线一般从上游进口断面开始,向下游绘制,绘制测压管水头线一般从出口断面开始,向上游绘制,测压管水头线低于总水头线一个流速水头值;对于管径不变的管道,二者为倾斜下降相互平行的直线;有局部水头损失的断面假设局部水头损失集中在一个断面上,总水头线画成竖直下降的直线。

在绘制水头线时,应注意管道进、出口的边界条件。当管道出口为自由出流时,测压管水头线末端与出口断面中心重合,如图4-8所示。当管道出口为淹没出流,下游流速 $v_2\approx0$ 时,测压管水头线末端与下游水面齐平,如图4-3所示;当下游流速 $v_2\neq0$ 时,测压管水头线末端一般情况下稍低于下游水面,如图4-9所示。

需要说明的是,对于管径不同的管段总水头线与测压管水头线垂向间距不同,管径越大的管段流速越小,总水头线越缓,两线的间距越小;管径越小的管段流速越大,总水头线越陡,两线的间距越大。

根据绘制的总水头线和测压管水头线,很容易得出管道各断面的压强水头(见图4-8中测压管水头线与管轴线间竖线)。如果测压管水头线在断面中心点的上方,该断面中心点压强为正值;如果测压管水头线在断面中心点的下方,该断面中心点的压强为负值。当管道内存在较大负压时,水流常处于不稳定状态,且有可能产生气蚀现象,使管道遭到

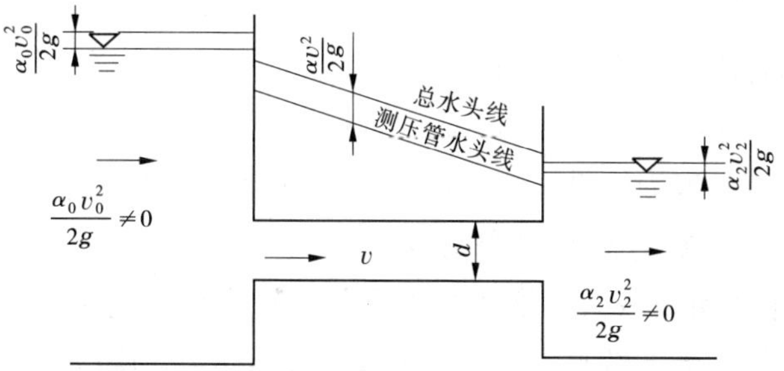

图 4-9

破坏，应采取措施调整管道内的压强分布。

从式(4-18)可以看出，如果水头 H_1、流速 v_i 和总水头损失 h_{wi} 一定，则位置水头 z_i 值越大，即管道位置越高，压强越小；相反，位置水头 z_i 值越小，压强越大。因此，改变管线布置，可以调整管道内水流压强的大小。

任务 2　虹吸管及水泵装置水力分析与计算

1　虹吸管水力分析与计算

1.1　虹吸管水力分析

虹吸管是一种跨越河堤、土坝或高地，向低处输水的简单管道，一般按短管计算，其布置如图 4-10 所示。虹吸管工作时先将管内空气排出，使管内形成一定的真空，而虹吸管进口处的压强大于大气压强，因此在管内外形成压强差，这样水流就会由压强大的地方流向压强小的地方。只要保持在虹吸管中有一定的真空值以及上、下游有一定的水位差，水流就会不断地由上游通过虹吸管流向下游。虹吸管中最大真空一般发生在管道最高位置，如不考虑水头损失，理论上最大真空高度为 10 m，为了保证虹吸管能正常工作，虹吸管内的真空值不能太大，允许最大真空高度一般限制在 7~8 m 以下。

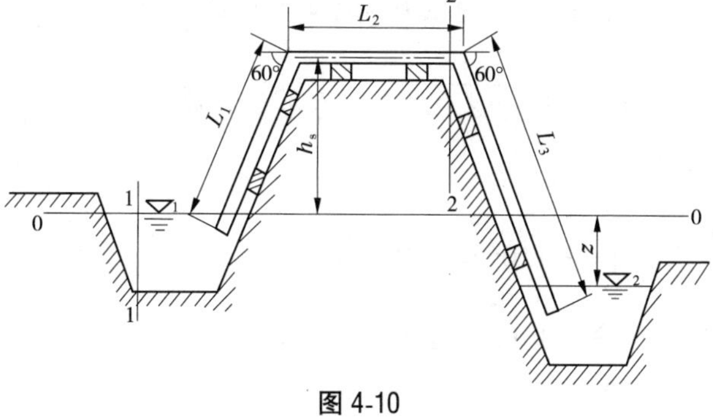

图 4-10

1.2 虹吸管水力计算

虹吸管的水力计算主要有以下两项:

(1)计算虹吸管的泄流量。

虹吸管输水出流一般为淹没出流,当已知管道布设、尺寸、材料、作用水头,计算泄流量时可代入式(4-11)直接计算,也可利用能量方程求解。

(2)确定虹吸管的允许安装高度或校核其真空度是否满足要求。

虹吸管顶部管轴线到上游水面的距离为虹吸管的安装高度(h_s)。选虹吸管进口上游水池过水断面与虹吸管中最大真空位置所在过水断面列能量方程,可已知最大允许真空值确定虹吸管的允许安装高度,也可已知虹吸管的安装高度校核真空度是否满足要求。

【案例4-5】 有一渠道用直径 $d=1.0$ m 的混凝土虹吸管跨过山丘输水,如图4-10所示。渠道上、下游水位差 $z=1$ m,虹吸管长度 $L_1=8$ m,$L_2=12$ m,$L_3=15$ m,中间有两个60°弯头,每个弯头的局部水头损失系数 $\zeta_{弯}=0.365$,若已知进口局部水头损失系数为 $\zeta_{进}=0.5$,下游水池流速忽略不计,试确定:

(1)虹吸管的泄流量;

(2)当虹吸管允许安装高度为6.24 m时,问虹吸管顶部2—2断面的压强水头是多少?

【案例分析与计算】:

(1)计算虹吸管的泄流量。

虹吸管可以按简单短管淹没出流进行计算,上、下游水池流速近似为零。虹吸管的作用水头 $z=1$ m,混凝土管 $n=0.014$,采用曼宁公式计算谢才系数

$$C=\frac{1}{n}R^{1/6}=\frac{1}{0.014}\times\left(\frac{1}{4}\right)^{1/6}=56.7$$

沿程水头损失系数为

$$\lambda=\frac{8g}{C^2}=\frac{8\times 9.8}{56.7^2}=0.024$$

$$\sum\zeta=\zeta_{进}+2\zeta_{弯}+\zeta_{出}=0.5+2\times 0.365+1.0=2.23$$

$$v=\frac{1}{\sqrt{0.024\times\frac{35}{1}+2.23}}\times\sqrt{19.6\times 1}=2.53(\mathrm{m/s})$$

$$A=\frac{1}{4}\pi d^2=\frac{1}{4}\times 3.14\times 1.0^2=0.785(\mathrm{m}^2)$$

$$Q=Av=0.785\times 2.53=1.986(\mathrm{m}^3/\mathrm{s})$$

(2)计算虹吸管顶部2—2断面的压强水头。

计算2—2断面的压强水头可用能量方程。以上游渠道自由水面为基准面,对上游1—1断面及2—2断面列能量方程

$$0 + 0 + \frac{\alpha_1 v_1^2}{2g} = h_s + \frac{p_2}{\gamma} + \frac{\alpha_2 v_2^2}{2g} + h_f + \sum h_j$$

取 $\alpha_1 = \alpha_2 = 1.0, \frac{\alpha_1 v_1^2}{2g} \approx 0, v_2 = v = 2.53\ \text{m/s}$，则

$$-\frac{p_2}{\gamma} = h_s + \left(1 + \lambda\frac{L_1 + L_2}{d} + \zeta_{进} + \zeta_{弯}\right)\frac{v_2^2}{2g}$$

$$= 6.24 + (1 + 0.024 \times \frac{20}{1} + 0.5 + 0.365) \times \frac{2.53^2}{2 \times 9.8} = 7(\text{m})$$

则 $\frac{p_2}{\gamma} = -7\ \text{m}$

虹吸管顶部 2—2 断面的压强水头小于零，相对压强为负压，此处产生了真空。由能量方程分析，2—2 断面为虹吸管中最大真空发生断面，虹吸管内的最大真空值在 7~8 m 水柱高以下，虹吸管能正常工作。

2 水泵装置水力分析与计算

2.1 水泵装置水力分析

如图 4-11 所示为水泵装置图，水泵抽水系统由吸水管、压水管、水泵及其配套的动力机械和一些管道附件组成。由水源到水泵进口前的一段管道为吸水管，一般按短管计算，从水泵出口到水池的一段管道为压水管，根据不同情况按短管或长管计算，水泵是在其配套的动力机械带动下工作的。水泵工作前先将吸水管及水泵内充满水，水泵工作时通过水泵叶轮转动的作用，在水泵进口端形成真空，使水流在池面大气压作用下不断沿水管上升，水流流经水泵时从水泵获得新的能量，从而输入压水管，再流入水池。

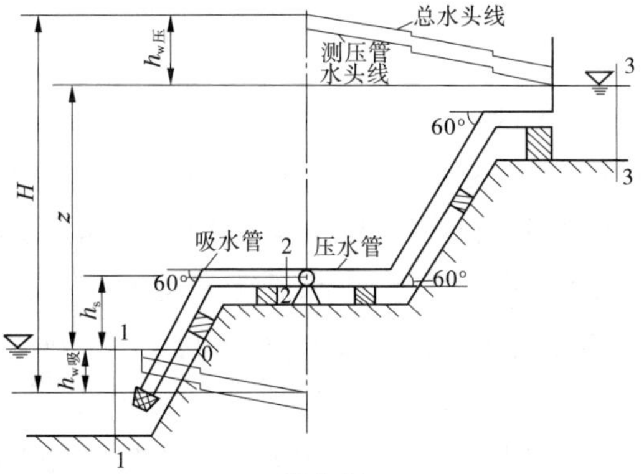

图 4-11

水泵叶轮轴线到上游水面的垂直距离为水泵的安装高度 h_s。在水泵的作用下水流经过吸水管和压水管，水由低处流向高处，增加了能量，水流在流动过程中克服阻力损失能量，这两部分能量均由水泵提供，水泵向单位重量水体所提供的能量即水泵的扬程（或叫水泵的总水头）。水流经过水泵时，从水泵的动力装置获得了外加的机械能，才能使池

中水流经压水管进入水泵,即水泵对水流做了一定的功,而水泵是在动力机械的带动下转动的,单位时间内动力机械做的功为动力机械的功率。

2.2 水泵装置水力计算

水泵装置水力计算主要有以下几方面:

(1)确定吸水管、压水管管径。

当仅知道流量、材料、管道布设确定吸水管、压水管管径时,根据吸水管、压水管的允许流速及流量计算管径,再根据计算管径选大于或等于计算管径的标准管径确定吸水管、压水管的管径。

吸水管、压水管的直径 d 一般计算公式为

$$d = \sqrt{\frac{4Q}{\pi v_{允}}} \tag{4-19}$$

其中,吸水管允许流速为 0.7~1.5 m/s,压水管允许流速为 0.8~2.5 m/s。

(2)计算水泵安装高度。

水泵安装高度的确定方法与虹吸管安装高度的确定方法相同,对图 4-11 中 1—1 断面和 2—2 断面列能量方程求水泵安装高度。

(3)确定水泵扬程及动力机械功率。

设水泵的提水高度为 z,吸水管水头损失为 $h_{w吸}$,压水管水头损失为 $h_{w压}$,水泵的扬程为 H,对图 4-11 中上游水池 1—1 断面和下游水池 3—3 断面列能量方程,上下游水池中流速忽略不计,根据能量方程可得扬程 H

$$H = z + h_{w吸} + h_{w压} \tag{4-20}$$

动力机械的功率计算式为

$$N_p = \frac{\gamma QH}{\eta_p} \tag{4-21}$$

式中 H——水泵的扬程,m;

η_p——水泵和动力机械的总效率。

【案例 4-6】 某临近黄河的区域,计划在黄河岸边修建电力提灌站一座,水泵 2 台。为保证当地灌溉及人畜用水问题,计划从黄河提水流量为 0.4 m³/s。每年冬季枯水期,流量小、水位低,水位为 1 423 m,每年夏天,洪水下泄,流量大,水位升至 1 425 m,泵房修筑成防洪泵房,泵站附近的地形情况如图 4-12 所示。问:

(1)确定水泵扬程;

(2)选择水泵型号、相应的配套电机功率(η_p 为水泵和动力机械的总效率,取 84%);

(3)确定水泵最大安装高度。

【案例分析与计算】:

管道布置根据提水路线的地形确定,吸水管长度考虑吸水管进口在最低水位下水深不小于 0.5~1.0 m,距河底距离不小于 0.8D,D=(1.3~1.5)$d_{吸}$,上游水位变化、泵的安装高度及泵房尺寸等因素确定;压水管长度与提水路程、地形及其布置有关。本案例吸水管

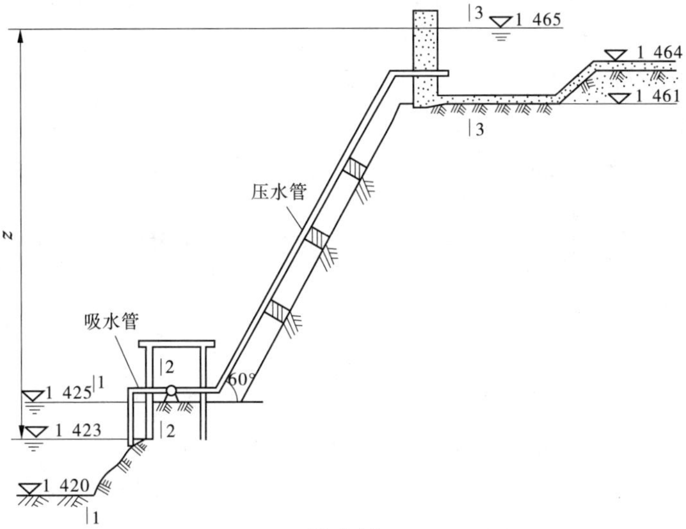

图 4-12

长度拟定为 7~8 m,取 7.5 m,压水管长度拟定为 48 m。管道材料取铸铁管,粗糙系数 $n=0.0125$。

(1)确定管径。

选取吸水管允许流速 $v_{允}=1.5$ m/s,则

$$d_{吸}=\sqrt{\frac{4Q}{\pi v_{允}}}=\sqrt{\frac{4\times0.2}{3.14\times1.5}}=0.412(\mathrm{m})$$

选择标准管径:$d_{吸}=450$ mm。

相应的面积为 $A=\frac{1}{4}\pi d^2=\frac{1}{4}\times3.14\times0.45^2=0.159(\mathrm{m}^2)$

相应流速为 $v_{吸}=Q/A=0.2/0.159=1.26(\mathrm{m/s})$

压水管允许流速一般取 1.5~2.5 m/s。压水管的直径可按压水管的允许流速确定。取压水管允许流速 $v_{允}=2.5$ m/s,则

$$d_{压}=\sqrt{\frac{4Q}{\pi v_{允}}}=\sqrt{\frac{4\times0.2}{3.14\times2.5}}=0.319(\mathrm{m})$$

选定标准管径 $d_{压}=400$ mm

相应的面积 $A=\frac{1}{4}\pi d^2=\frac{1}{4}\times3.14\times0.4^2=0.126(\mathrm{m}^2)$

相应的流速 $v_{压}=Q/A=0.2/0.126=1.59(\mathrm{m/s})$

(2)确定扬程。

由式(4-20)知,计算扬程时应先计算吸水管、压水管的水头损失。查局部水头损失系数表 2-3 取吸水管进口局部水头损失系数 $\zeta_{进}=2.5$,直角转弯处局部水头损失系数 $\zeta_{弯1}=1.1$,两个 60°转弯处局部水头损失系数 $\zeta_{弯2}=0.55$,出口处局部水头损失系数 $\zeta_{出}=1.0$。

沿程水头损失系数 $\lambda=\dfrac{8g}{C^2}$,谢才系数 $C=\dfrac{1}{n}R^{1/6}$,计算得吸水管沿程水头损失系数 $\lambda_{吸}=0.0254$,压水管沿程水头损失系数 $\lambda_{压}=0.0264$。

$$h_{w吸}=\left(\lambda\frac{L_{吸}}{d_{吸}}+\sum\zeta\right)\frac{v_{吸}^2}{2g}=\left(0.0254\times\frac{7.5}{0.45}+2.5+1.1\right)\times\frac{1.26^2}{2\times9.8}=0.326(\mathrm{m})$$

$$h_{w压}=\left(\lambda\frac{L_{压}}{d_{压}}+\sum\zeta\right)\frac{v_{压}^2}{2g}=\left(0.0264\times\frac{48}{0.4}+0.55+0.55+1.0\right)\times\frac{1.59^2}{2\times9.8}$$
$$=0.679(\mathrm{m})$$

按枯水位确定水泵扬程 H。

提水高度 $z=1\,465-1\,423=42(\mathrm{m})$

$$H=z+h_{w吸}+h_{w压}=42+0.326+0.679=43.01(\mathrm{m})$$

由水泵流量、扬程查水泵性能表拟定水泵型号,根据水泵性能表(查有关计算手册)可得,水泵允许真空高度为4.5 m。

(3)计算水泵的动力机械功率。

动力机械的功率可由式(4-21)计算

$$N_p=\frac{\gamma QH}{\eta_p}=\frac{9.8\times0.2\times43.01}{0.84}=100.4(\mathrm{kW})$$

(4)确定水泵最大安装高度。

以上游水池水面为基准面,对进口1—1断面和水泵入口2—2断面列能量方程,忽略河道流速水头,得

$$0+0+0=h_s+(-4.5)+\frac{\alpha v_{吸}^2}{2g}+h_{f1-2}+\sum h_{j1-2}$$

取 $\alpha=1.0$,则

$$h_s=4.5-\left(\alpha+\lambda\frac{L_{吸}}{d_{吸}}+\sum\zeta\right)\frac{v_{吸}^2}{2g}$$
$$=4.5-(1+0.0254\times\frac{7.5}{0.4}+2.5+1.1)\times\frac{1.26^2}{2\times9.8}=4.09(\mathrm{m})$$

故水泵最大安装高度为4.09 m。水泵叶轮轴线高程为 $\nabla=1\,423+4.09=1\,427.09$ (m)。

任务3 倒虹吸管水力分析与计算

1 倒虹吸管水力分析

倒虹吸管为跨越河渠的交叉输水建筑物,倒虹吸管输水系统由进口、管身、出口组成,其布置形式如图4-13所示。

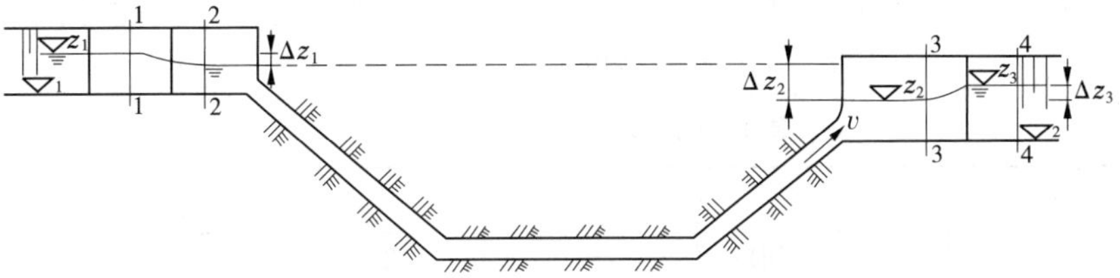

图 4-13

倒虹吸管进口段包括进水口、拦污栅、闸门、沉沙池、渐变段。倒虹吸管进口前常设置闸门,因此计算时均应计入闸槽局部水头损失。倒虹吸管进口渐变段的作用在于使进口段与渠道平顺连接。倒虹吸管管身段均采用圆形断面,其布置有斜管式与竖井式两种,一般采用斜管式的多,只有小型的穿越道路的倒虹吸管采用竖井式。倒虹吸管管身断面直径主要以通过设计流量时要求的控制流速确定,一般 $v=1.5\sim2.5$ m/s,最大值不宜超过 3.5 m/s,对于含沙量较大的水流,其流速要大于不淤流速。为平稳倒虹吸管出口流态,在出口处设置渐变段。为避免通过小流量时在进口处产生非淹没入流的情况,可在出口处设置节制闸,抬高水位,使进口形成淹没流态。

2　倒虹吸管水力计算

倒虹吸管水力计算主要有以下几方面:

(1)选择适宜的流速,确定管道内径;

(2)计算倒虹吸管的实际水头损失,确定下游渠道水面和渠底高程;

(3)已知管径、管道布设,验算过流能力。

由设计流量 Q 和式(4-19)初步拟定管径 d。倒虹吸管的水头损失包括进、出口水头损失及管身段水头损失,其水头损失计算及与下游渠道渠底高程确定、上下游水位变化水面衔接有关。倒虹吸管过流能力计算通过能量方程确定。

2.1　计算水面衔接

(1)进口段水面降落值 Δz_1。

由图 4-13 对进口渐变段首端 1—1 断面、末端 2—2 断面列能量方程得

$$\Delta z_1=\frac{\alpha_2 v_2^2-\alpha_1 v_1^2}{2g}+h_{j1}+\bar{J}_1 l_1 \tag{4-22}$$

$$h_{j1}=\zeta_1\frac{v_2^2-v_1^2}{2g};\ \bar{J}_1=\frac{Q^2}{\bar{A}^2\bar{C}^2\bar{R}};\ \bar{A}=\frac{A_1+A_2}{2};\ \bar{C}=\frac{C_1+C_2}{2};\ \bar{R}=\frac{R_1+R_2}{2} \tag{4-23}$$

式中　A_1、A_2——进口渐变段首、末端过水断面面积;

v_1、v_2——进口渐变段首、末端断面平均流速;

h_{j1}——进口渐变段局部水头损失;

ζ_1——进口渐变段局部水头损失系数,查表 4-5 确定;

$\overline{A}$、$\overline{C}$、$\overline{R}$、$\overline{J}_1$——进口渐变段首、末端断面平均过水断面面积、平均谢才系数、平均水力半径、平均水力坡度。

表 4-5　渐变段局部水头损失系数

序号	渐变段形式	ζ_1	ζ_2
(1)	反弯扭曲面形	0.1	0.2
(2)	1/4 圆弧	0.15	0.2
(3)	方头形	0.3	0.7
(4)	直线扭曲面形	0.05~0.3	0.3~0.5

注:ζ_1、ζ_2 值的大小分别与进口渐变段形式及其水面收敛角 θ_1、出口渐变段形式与水面扩散角 θ_2 有关,如图 4-14 所示。表中(1)~(3)项的 ζ_1、ζ_2 值,适用 $\theta<12.5°$;(4)项直线扭曲面形,当 $\theta_1=15°\sim37°$时,$\zeta_1=0.05\sim0.30$,当 $\theta_2=10°\sim17°$时,$\zeta_2=0.3\sim0.50$。

当忽略进口渐变段沿程水头损失时,令 $\alpha_1=\alpha_2\approx1$,式(4-22)可写为

$$\Delta z_1=(1+\zeta_1)\frac{v_2^2-v_1^2}{2g} \tag{4-24}$$

(2)出口段水面回升值 Δz_3。

由图 4-13 对出口渐变段首、末端 3—3、4—4 两断面列能量方程得

$$\Delta z_3=\frac{\alpha_3 v_3^2-\alpha_4 v_4^2}{2g}-h_{j2}-\overline{J}_2 l_2 \tag{4-25}$$

$$h_{j2}=\zeta_2\frac{v_3^2-v_4^2}{2g} \tag{4-26}$$

式中　v_3、v_4——出口渐变段首、末端断面平均流速;

h_{j2}——出口渐变段局部水头损失;

ζ_2——出口渐变段局部水头损失系数,取决于渐变段的形式,查表 4-5 确定;

$\overline{J}_2$——出口渐变段首、末端断面平均水力坡度。

当忽略出口渐变段沿程水头损失时,令 $\alpha_3=\alpha_4\approx1.0$,式(4-25)可写为

$$\Delta z_3=(1-\zeta_2)\frac{v_3^2-v_4^2}{2g} \tag{4-27}$$

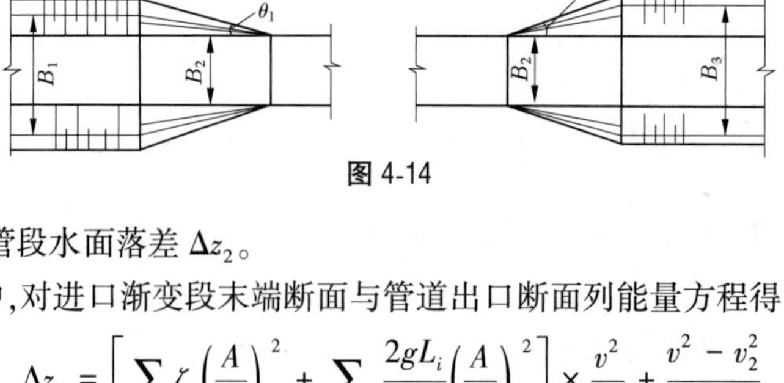

图 4-14

(3)倒虹吸管段水面落差 Δz_2。

在图 4-13 中,对进口渐变段末端断面与管道出口断面列能量方程得

$$\Delta z_2=\left[\sum\zeta_i\left(\frac{A}{A_i}\right)^2+\sum\frac{2gL_i}{C_i^2R_i}\left(\frac{A}{A_i}\right)^2\right]\times\frac{v^2}{2g}+\frac{v^2-v_2^2}{2g} \tag{4-28}$$

若倒虹吸管为简单管道,则式(4-28)可简化为

$$\Delta z_2 = \left[\sum \zeta_i + \sum \frac{2gL_i}{C_i^2 R_i}\right] \times \frac{v^2}{2g} + \frac{v^2 - v_2^2}{2g} \tag{4-29}$$

(4)倒虹吸管的水面总落差 Δz。

由图 4-13 可以看出,经倒虹吸管的水面总落差 Δz 为

$$\Delta z = \Delta z_1 + \Delta z_2 - \Delta z_3 \tag{4-30}$$

2.2　倒虹吸管流量计算

倒虹吸管可以按简单短管淹没出流进行计算。由 Δz_2 及 $Q=Av$ 得

$$Q = \mu A \sqrt{2g\Delta z_2} \tag{4-31}$$

$$\mu = \frac{1}{\sqrt{\sum \zeta_i \frac{A^2}{A_i^2} + \sum \frac{2gL_i}{C_i^2 R_i}\frac{A^2}{A_i^2} + 1 - \frac{A^2}{A_2^2}}} \tag{4-32}$$

式中　v_1、v_2、v、v_3——上游渠道、进口渐变段末端、管道出口、下游渠道断面平均流速;

A_1、A_2、A、A_3——上述流速对应的断面面积;

ζ_1、ζ_2——进、出口渐变段的局部水头损失系数;

ζ_i——管道局部能量损失系数,不包括 ζ_1、ζ_2 及管道出口处但包括管道进口处;

A_i——相应 ζ_i 的计算断面面积;

C_i、R_i、L_i——管身计算段水流的谢才系数、水力半径和管长。

若倒虹吸管为简单管道,$A/A_i=1$,流量系数可写为

$$\mu = \frac{1}{\sqrt{\sum \zeta_i + \frac{2gL}{C^2 R} + 1 - \frac{A^2}{A_2^2}}} \tag{4-33}$$

式中　$\sum \zeta_i$——虹吸管各处局部水头损失系数之和,包括管道进口处,不包括 ζ_1、ζ_2 及管道出口处。

【案例 4-7】　某水库干渠工程在桩号 3+662~3+875 处与河流相交。由于洪水位过高,兴建渡槽不合适,拟建倒虹吸管如图 4-13 所示。其设计基本数据如下:

(1)设计流量 $Q=7.17\ m^3/s$;

(2)倒虹吸管段有两弯段转角为 30°;

(3)上下游渠道断面相同,底宽 $b=2.4$ m,边坡系数 $m=1.5$,粗糙系数 $n=0.025$,通过设计流量 $Q=7.17\ m^3/s$ 时,水深 $h_0=2.1$ m,相应断面平均流速 $v_0=0.62$ m/s,进口渐变段末端底宽为 4.5 m;

(4)上游渠道进口处高程 $\nabla_1=13.97$ m。

试计算:

(1)确定管径;

(2)核算当设计流量 $Q=7.17\ m^3/s$ 时的上下游水位;

(3)倒虹吸管出口及下游渠底高程。

【案例分析与计算】:

(1)确定管径。

倒虹吸管断面的大小取决于管内流速的选择。管径大则工程投资大,水头损失小,可控制自流灌溉面积大;反之管径小,投资小,水头损失大,可控自流灌溉面积小。因此,管内流速 v 的确定应由经济比较决定,一般采用 $v=1.5\sim2.5$ m/s,为了便于运用控制,本例拟用双管布置,单管过流量为 3.59 m^3/s。

在流速范围内,初拟管内流速 $v=1.6$ m/s,则

$$d=\sqrt{\frac{4Q}{\pi v_{允}}}=\sqrt{\frac{4\times3.59}{3.14\times1.6}}=1.69(\mathrm{m})$$

取整数 $d=1.7$ m,则 $A=\frac{1}{4}\pi d^2=\frac{1}{4}\times3.14\times1.7^2=2.27(\mathrm{m}^2)$

$$v=Q/A=3.59/2.27=1.58(\mathrm{m/s})$$

故 1.5 m/s$<v<$2.5 m/s,符合要求。

(2)计算各部分断面的平均流速。

各部分的过水断面面积及平均流速见表4-6。

表4-6 各部分的过水断面面积及平均流速

断面部位	上游渠道	进口渐变段末端	管身	下游渠道
过水断面面积 A_i/m^2	11.6	9.5	4.54	11.6
平均流速 $v_i/(\mathrm{m/s})$	0.62	0.75	1.58	0.62

(3)确定局部及沿程水头损失系数。

①进口渐变段为反弯扭曲面,$\zeta_1=0.1$。

②出口渐变段为直线扭曲面,$\zeta_2=0.3$。

③进口拦污栅损失系数,由项目2表2-3得

$$\zeta_3=\beta(s/b)^{4/3}\sin\alpha$$

式中:s 为栅条宽度,为 1.6 cm;b 为栅条间距,为 18 cm;β 为栅条形状系数,为 1.83;α 为拦污栅水平倾角,为 80°。

$$\zeta_3=1.83\times(1.6/18)^{4/3}\sin80°=0.071$$

$$\zeta_3\frac{A^2}{A_3^2}=0.071\times\frac{(2\times2.27)^2}{(4.5\times2.10)^2}=0.071\times\frac{4.54^2}{9.5^2}=0.071\times0.23=0.016$$

④进闸损失,水流由渐变段末端经拦污栅进入闸孔,闸槽损失系数取 $\zeta_4=0.05$,$A_4=A$,$v_4=v$,$\frac{A^2}{A_4^2}\zeta_4=0.05$。

⑤进口损失,水流由明渠进入管道,进口形状稍微修圆,其局部水头损失系数取 $\zeta_5=$

$0.25, A_5=A, v_5=v, \frac{A^2}{A_5^2}\zeta_5=0.25$。

⑥第一、第二两弯头局部阻力系数为 ζ_6，由转角 $\alpha=30°$，查项目 2 表 2-3 得

$$\zeta_6=0.2+0.2=0.4$$

$$\zeta_6\frac{A^2}{A_6^2}=\zeta_6\times 1.0=0.4$$

⑦沿程损失，管长 $L=196.5$ m，管径沿程不变，故有

$$\sum\frac{2gL}{C_i^2R_i}\left(\frac{A}{A_i}\right)^2=\frac{2gL}{C^2R}\left(\frac{A}{A}\right)^2=\frac{2gL}{C^2R}$$

$$R=\frac{D}{4}=\frac{1.7}{4}=0.425(\mathrm{m}), n=0.014$$

$$C=\frac{1}{n}R^{1/6}=\frac{1}{0.014}\times 0.425^{1/6}=61.94$$

$$\frac{2gL}{C^2R}=\frac{2\times 9.8\times 196.5}{(61.94)^2\times 0.425}=2.36$$

(4)计算总水头损失 Δz，校算流量 Q。

①计算总水头损失 Δz，按式(4-30)计算。

倒虹吸进口水面降落值 Δz_1 为

$$\Delta z_1=(1+\zeta_1)\frac{v_2^2-v_1^2}{2g}=(1+0.1)\times\frac{0.75^2-0.62^2}{19.60}=0.010(\mathrm{m})$$

倒虹吸管身段水头损失 Δz_2 为

$$\Delta z_2=\left[\sum\zeta_i\left(\frac{A}{A_i}\right)^2+\sum\frac{2gL_i}{C_i^2R_i}\left(\frac{A}{A_i}\right)^2+1-\frac{A^2}{A_2^2}\right]\times\frac{v^2}{2g}$$

其中 $\sum\zeta_i\frac{A^2}{A_i^2}=0.016+0.05+0.25+0.4=0.716$

$$\sum\frac{2gL}{C_i^2R_i}\left(\frac{A}{A_i}\right)^2=\frac{2gL}{C^2R}=2.36$$

$$1-\frac{A^2}{A_2^2}=1-\frac{(2\times 2.27)^2}{9.5^2}=0.78$$

$$\Delta z_2=(0.716+2.36+0.78)\times\frac{1.58^2}{19.6}=0.491(\mathrm{m})$$

倒虹吸出口水面上升值 Δz_3 为

$$\Delta z_3=(1-\zeta_2)\frac{v_3^2-v_4^2}{2g}=(1-0.30)\times\frac{1.58^2-0.62^2}{19.60}=0.075(\mathrm{m})$$

$$\Delta z=\Delta z_1+\Delta z_2-\Delta z_3=0.010+0.491-0.075=0.426(\mathrm{m})$$

②核算流量，倒虹吸为简单管道，按式(4-33)求流量系数，再按式(4-31)计算流量

$$\mu = \frac{1}{\sqrt{\sum \zeta_i + \frac{2gL}{C^2R} + 1 - \frac{A^2}{A_2^2}}} = \frac{1}{\sqrt{0.456 + 2.36 + 0.78}} = 0.53$$

$$Q = \mu A\sqrt{2g\Delta z_2} = 0.53 \times 2 \times 2.27 \times \sqrt{19.6 \times 0.491} = 7.46(\mathrm{m^3/s})$$

故取管径 d=1.7 m 符合流量要求。

(5)上下游水位及渠底高程的确定。

①上游水位 z_1(渠道水位)为

$$z_1 = \nabla_1 + h_0 = 13.97 + 2.10 = 16.07(\mathrm{m})$$

②出口处水位 z_2 为

$$z_2 = z_1 - \Delta z_1 - \Delta z_2 = 16.07 - 0.010 - 0.491 = 15.569(\mathrm{m})$$

③出口渠道水位 z_3 及渠底高程 ∇_2 为

$$z_3 = z_2 + \Delta z_3 = 15.569 + 0.075 = 15.644(\mathrm{m})$$

$$\nabla_2 = z_3 - h_0 = 15.644 - 2.10 = 13.544(\mathrm{m})$$

任务4　有压隧洞水力分析与计算

1　隧洞水流流态分析

隧洞水流的流态主要有两种,即有压流与无压流。另外,由于上下游水头的变化还会存在一种介于这两种之间的半有压流,一般在低水头时出现这种流态,所以隧洞的流态取决于上下游水位的高低。

当下游水位较高,淹没出口洞顶时,全洞都是有压流动,如图4-15(a)所示。当下游水位较低,隧洞为自由出流时,洞内的水流流态主要取决于上游水位。随着上游水位的变化,可能出现有压流、半有压流和无压流三种情况。

当上游水位较高时,水流在流动过程中,有较大的能量,虽然下游水位低于洞顶,但在出口断面附近,洞内仍具有一定的压能,使水流充满全管,为有压流,如图4-15(b)所示。

当隧洞较长时,无论进口形状怎样,将会出现前一段为有压流而后一段为无压流的半有压流状态,如图4-15(c)所示。

当隧洞底坡较缓时($i<i_k$,i 为底坡,i_k 为临界坡),且隧洞出口为自由出流。当上游水位下降至某一数值时,洞内水流的能量减小,不足以维持全洞为有压流,首先出口断面的水流在重力作用下开始脱离洞顶,随着上游水位的继续下降,脱离点逐渐上移,在脱离点以上为有压流,以下为明流,所以称为半有压流,如图4-15(d)所示。

当脱离点达到洞的进口上缘时,若上游水位进一步降低,进洞水流将会脱离洞口,全洞成为明流,如图4-15(f)所示。

一般情况下,当底坡较缓时,上述隧洞内的流态才会随上游水位的变化平稳地由有压流→半有压流→明流转换。当底坡较陡时,洞内的流态发生转换很不稳定,会产生不稳定

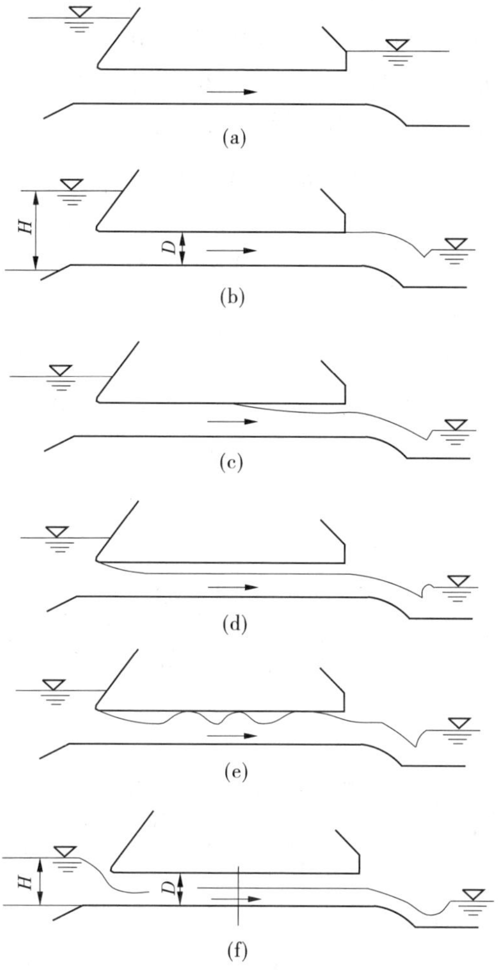

图 4-15

气囊，出现时而有压、时而无压的周期性变化，如图 4-15(e)所示。工程运行中，应尽可能避免这种流态发生。

隧洞流态的转换，一般与隧洞进口两侧边墙的形式与尺寸、隧洞断面的形状与尺寸、隧洞的底坡以及泄流量有关。试验证明，一般曲线形的隧洞进口，当 $H/D<1.2$ 时为无压流，其中 H 为从进口底板算起的上游水深，D 为洞高；当 $H/D>1.5$ 时为有压流；当 $1.2<H/D<1.5$ 时为半有压流或不稳定流(应尽量避免)。

2　有压隧洞水力计算

2.1　有压隧洞水力计算公式

在工程中，有压隧洞常按短管计算，有压隧洞进出口均有渐变段，其过水断面尺寸沿程变化，常为复杂管道。

不论是简单管道水力计算还是复杂管道水力计算，其基本计算公式均按能量方程求得。有压隧洞一般采用圆形断面,如图4-16所示,以过隧洞出口处洞底的水平面为基准面,通过上游1—1断面和隧洞出口处2—2断面[自由出流,见图4-16(a)]或上游1—1断面和隧洞出口3—3断面[淹没出流,见图4-16(b)]列能量方程,并由连续性方程把隧洞各管段及渠道的流速转化为隧洞出口断面流速,可得

$$Q=\mu A\sqrt{2g(T_0-h_p)} \tag{4-34}$$

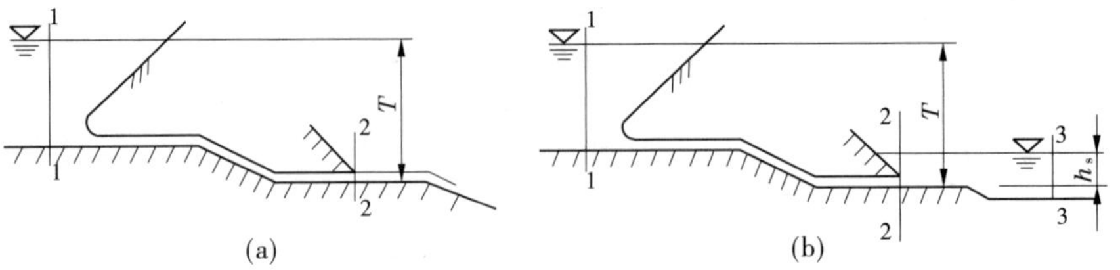

图 4-16

自由出流时

$$\mu=\frac{1}{\sqrt{1+\sum\zeta_i\left(\frac{A}{A_i}\right)^2+\sum\frac{2gL_i}{C_i^2R_i}\left(\frac{A}{A_i}\right)^2}} \tag{4-35}$$

淹没出流时

$$\mu=\frac{1}{\sqrt{\left(\frac{A}{A_3}\right)^2+\sum\zeta_i\left(\frac{A}{A_i}\right)^2+\sum\frac{2gL_i}{C_i^2R_i}\left(\frac{A}{A_i}\right)^2}} \tag{4-36}$$

式中 μ——流量系数;

A——隧洞出口断面过水面积;

A_i——隧洞第 i 段的过水面积;

A_3——下游渠道过水面积,当隧洞下游渠道水流速度很小可忽略时,A/A_3 可忽略不计;

T_0——上游水面与隧洞出口底板高程差 T 及上游1—1断面行近流速水头(与过水建筑物最近的上游渐变流断面流速水头称为行近流速水头)$v_0^2/(2g)$ 之和,一般行近流速较小,其流速水头可忽略不计,可认为 $T_0\approx T$;

h_p——隧洞出口断面水流的平均单位势能,$h_p=0.5a+\frac{\bar{p}}{\gamma}$,$a$ 为出口断面洞高,$\frac{\bar{p}}{\gamma}$ 为出口断面平均单位压能;

ζ_i——隧洞局部水头损失系数;

L_i、R_i、C_i——隧洞第 i 段上与之相应的长度、水力半径、谢才系数。

需要说明的是:

(1)当隧洞出口为自由出流时,$\frac{\bar{p}}{\gamma}$ 反映了出口断面压力分布不符合静水压力规律和

出口段顶部存在负压的情况，其值大小取决于出口断面下游边界的衔接情况，一般常小于0.5a，当出口断面为逐渐收缩且与下游边界衔接较好，出口顶部不出现负压时，可取$\frac{\bar{p}}{\gamma}=$0.5a计算；$\sum\zeta_i$包括由隧洞进口上游的渐变流1—1断面开始至隧洞出口2—2断面之间的全部局部水头损失系数（不包括出口处局部水头损失系数）。

（2）当隧洞出口为淹没出流时，$h_p=h_s$，h_s的意义见图4-16（b），$\sum\zeta_i$包括由隧洞进口上游的渐变流1—1断面开始至下游渠道3—3断面之间的全部局部水头损失系数。

当有压隧洞为简单有压管道时，$A/A_i=1$，则式（4-35）、式（4-36）流量系数可写为：

自由出流时

$$\mu=\frac{1}{\sqrt{1+\sum\zeta_i+\frac{2gL}{C^2R}}}\tag{4-37}$$

淹没出流时

$$\mu=\frac{1}{\sqrt{\left(\frac{A}{A_3}\right)^2+\sum\zeta_i+\frac{2gL}{C^2R}}}\tag{4-38}$$

2.2 水力计算内容和方法

（1）已知隧洞形式、尺寸和上游水位，求泄流量。

先假定隧洞为自由出流，由式（4-34）求出流量，再查流量与下游水位的关系曲线，查出下游水位，或由流量根据下游断面形式、尺寸按均匀流公式近似计算下游水深，确定下游水位，看是否为自由出流（下游水位低于出口洞顶为自由出流），若为自由出流，则流量即为所求。当下游水位高于洞顶为淹没出流时，此时可按以上得出的下游水位求出h_s，重新用式（4-34）计算流量，再由流量得出相应的下游水位，然后校核是否为淹没出流。如此反复试算，直到前后两次出流情况一致及计算泄流量基本相等。

（2）已知隧洞形式、尺寸和泄流量，求上游的水位。

根据已知流量，查流量与下游水位的关系曲线，查出下游水位，或由流量根据下游断面形式、尺寸按均匀流公式近似计算下游水深，确定下游水位，然后判断是自由出流还是淹没出流，继而由式（4-34）计算T_0，从而求出上游水位。

（3）已知上游水位及泄流量，求洞径。

因为洞径未知，所以流量系数也未知，因此需要试算。先设一个洞径，然后按上述（2）的步骤求上游水位，看是否满足已知的水位，如此经过几次试算，当设的洞径算出的上游水位与已知的上游水位相等或相差很小时，此设的洞径即为所求。也可先设一个洞径，然后按上述（1）的步骤求泄流量，看是否满足已知的流量，如此经过几次试算，当设的洞径算出的流量与已知的流量相等或相差很小时，此设的洞径即为所求。

（4）计算绘制压坡线（测压管水头线）。

有压隧洞的测压管水头线又叫压坡线。为了保证洞顶沿线有一定的正压力（一般来说,相对压强水头不宜小于2 m水柱高)以避免产生空蚀,并为隧洞的衬砌结构设计提供根据,在计算泄流量之后,还必须绘制沿洞的压坡线。当绘制压坡线后,如果发现不能满足设计对压力的要求,则要改变设计,重新作水力计算。

定量绘制压坡线的方法如下:先求出边界条件突然变化断面(分界断面)处的局部水头损失,并逐段算出沿程水头损失,然后以出口断面底板高程为基准面,从进口断面水流具有的总水头 T_0 开始,由上游至下游逐项逐段将各种损失水头累减,便得到各分界断面上的总水头,用直线将各分界断面上的总水头线相连,便得到总水头线;继而用各分界断面的总水头减去该分界断面的流速水头,可得出各分界断面的测压管水头($z+p/\gamma$),用直线将各分界断面的测压管水头连起来即得压坡线,如图4-17所示。具体定量绘制压坡线的方法见案例4-8的分析计算。

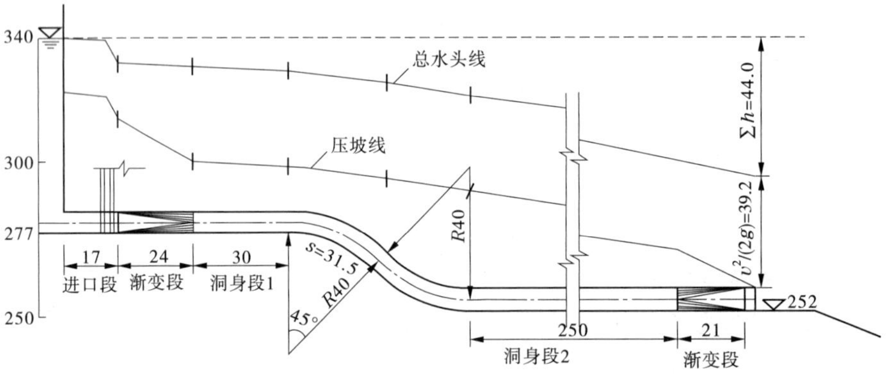

图4-17

若洞身处于压坡线之上,则此洞段承受负压,为避免隧洞进出口的洞身出现负压,常将隧洞出口做成渐缩段,以减小或改善负压,案例4-8就要在流量计算的基础上,进行压坡线的定量绘制,为减小隧洞洞身负压,隧洞进出口做成渐缩段。

【案例4-8】 某水库泄洪隧道如图4-18所示。洞身断面为圆形,内径为6.0 m。水库最高水位340.00 m。隧洞进口底板高程277.00 m,出口底板高程252.00 m,隧洞进口段长17 m(包括喇叭形进口和闸室),闸室为6 m×6 m的方形断面,中有两道闸门槽,接着为一由方形变圆形的渐变段,长24 m,后为圆形洞身,中有两段弯道,转弯半径 R 均为40 m,转弯角均为45°,弯道中心线长均为31.5 m。出口前设一段由圆形变方形的收缩渐变段,长24 m,后设5 m×5 m的弧形闸门。出口断面与下游边界衔接平顺,无回流的死角,全洞长408 m,各段长度见图4-18。洞内为混凝土衬砌,粗糙系数 n=0.014。下游水位较低,不影响泄流。试计算:

(1)求下泄流量与库水位的关系。

(2)计算并绘制库水位为340 m时的总水头线及压坡线。

【案例分析与计算】:

本案例上游水位较高,上游水深远大于洞径,为有压流,隧洞为有压隧洞;隧洞下游水位与隧洞实际过流能力有关,下游水位未知,但因出口接一斜坡,下游水位较低不影响泄

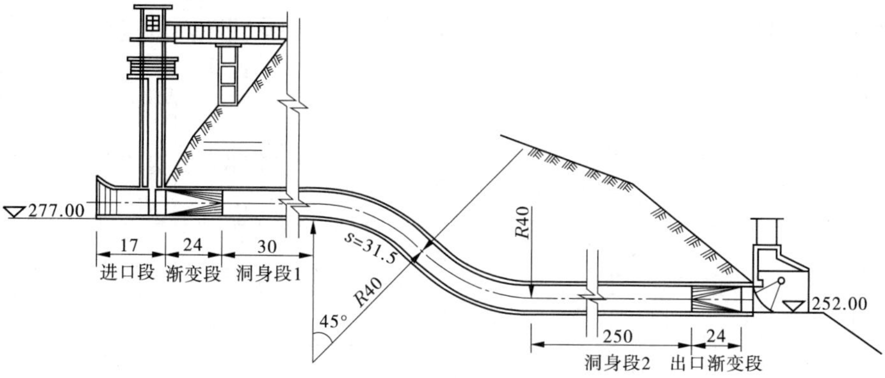

图4-18 （单位：m）

流，为隧洞的自由出流。本案例为已知隧洞形式、尺寸、上游水位、出流情况计算泄流量，并计算绘制总水头线和测压管水头线（压坡线）。

（1）求库水位与流量关系。

出口断面面积 $A=5\times5=25(\text{m}^2)$，隧洞出口底部高程为252 m。在计算表4-7中，计算出口断面面积与各管段过水面积比值 A/A_i，并计算各管段水力要素，列出隧洞各段的局部水头损失系数，计算各段沿程水头损失系数，然后代入式（4-35）计算流量系数

$$\mu=\frac{1}{\sqrt{1+\sum\zeta_i\left(\frac{A}{A_i}\right)^2+\sum\frac{2gL_i}{C_i^2R_i}\left(\frac{A}{A_i}\right)^2}}=\frac{1}{\sqrt{1+0.408+0.701}}=0.689$$

以出口断面底部高程为基准面，根据出口段为逐渐收缩及出口断面与下游边界的平顺衔接条件，可取出口断面的 $p/\gamma=0.5a$，故 $h_p=a=5$ m。由式（4-34）得库水位与流量关系为

$$Q=0.689\times25\times\sqrt{2g(z-252-5.0)}$$
$$=76.26\times\sqrt{z-257}\quad(\text{m}^3/\text{s})$$

将库水位340 m、330 m、320 m、310 m、300 m分别代入，得相应的流量 Q 分别为694.4 m^3/s、651.2 m^3/s、605.0 m^3/s、554.9 m^3/s、499.8 m^3/s。

（2）计算并绘制当库水位为340 m时的总水头线及压坡线。

在表4-7中计算各管段沿程水头损失、局部水头损失，然后计算出各管段的总水头和测压管水头，根据计算结果绘制总水头线、测压管水头线。出口断面测压管水头的计算结果近似为5 m，可知计算是正确的。

表 4-7　有压隧洞水力计算

	A	B	C	D	E	F	G	H	I	J	K	L
1	出口断面面积 $A=$	25	$n=$	0.014	$\nabla_{出口高程}=$	252	$\nabla_{库水位}=$	340				
2	管段	$d_i/$ m	$A_i/$ m^2	A/A_i	ζ_i	$\zeta_i \times (A/A_i)^2$	$L_i/$ m	$\chi/$ m	$R_i/$ m	C_i	λ_i	$\frac{2gL_i}{C_i^2R_i}\left(\frac{A}{A_i}\right)^2$
3	进口段	6	36.00	0.694	0.30	0.14	17.0	24.00	1.5	76.42	0.013	0.018 3
4	渐变段	6	32.13	0.778	0.05	0.03	24.0	21.42	1.5	76.42	0.013	0.032 5
5	洞身 1	6	28.26	0.885		0.00	30.0	18.84	1.5	76.42	0.013	0.052 5
6	弯段 1	6	28.26	0.885	0.09	0.07	31.5	18.84	1.5	76.42	0.013	0.055 2
7	弯段 2	6	28.26	0.885	0.09	0.07	31.5	18.84	1.5	76.42	0.013	0.055 2
8	洞身 2	6	28.26	0.885		0.00	250	18.84	1.5	76.42	0.013	0.437 7
9	渐变段	5	26.63	0.939	0.10	0.09	24.0	19.42	1.4	75.29	0.014	0.053 3
10	出口	5	25.00	1.000				20.00	1.3			
11	求和					0.408						0.701
12	管段	$v_i^2/(2g)/\text{m}$	h_{fi}/m	h_{ji}/m	$\sum h_{wi}/\text{m}$	H_i/m	$z+p_i/\gamma/\text{m}$		μ	z/m	T_0-h_p /m	$Q/(\text{m}^3/\text{s})$
13	进口段	18.98	0.722	5.694 5	6.42	81.58	62.60		0.689	340	83	694.4
14	渐变段	23.83	1.280	1.191 5	8.89	79.11	55.28			330	73	651.2
15	洞身 1	30.80	2.067	0.000 0	10.95	77.05	46.24			320	63	605.0
16	弯段 1	30.80	2.171	2.772 3	15.90	72.10	41.30			310	53	554.9
17	弯段 2	30.80	2.171	2.772 3	20.84	67.16	36.36			300	43	499.8
18	洞身 2	30.80	17.229	0.000 0	38.07	49.93	19.13					
19	渐变段	34.69	2.099	3.468 9	43.64	44.36	9.67					
20	出口	39.36			43.64	44.36	5.00					

注:表中 d_i、L_i 为管径、边长。

上面在计算流量系数、各断面测压管水头和总水头时，计算过程烦琐且易出错，而且管段越多计算工作量就越大，利用表格拖动填充功能可减小计算工作量，表格隧洞水力计算方法步骤如下。

(1)求库水位与流量关系。

①输入已知条件：已知条件为出口断面面积及粗糙系数 n，隧洞出口底部高程，见表 4-7 中的第 1 行。

②填写计算步骤：根据有压隧洞泄流量公式，计算流量时需先计算出 $\zeta_i\left(\frac{A}{A_i}\right)^2$、$\frac{2gL_i}{C_i^2R_i}\left(\frac{A}{A_i}\right)^2$ 及流量系数，根据计算步骤把此计算表头填入表 4-7 中的第 2 行。

③输入各管段名称、管径(或边长)、局部损失系数及各段长度：在第 3 行至第 10 行的 A 列、B 列、E 列、G 列分别输入各管段名称、管径(或边长)、局部损失系数及各段长度。

④计算各管段的过水面积：进口段、出口段及进出口两个渐变段的过水面积分别计算，在 C5:C8 单元格利用表格拖动填充功能进行过水面积计算，对应表格主要计算公式见表 4-7。

⑤计算不同管段的水力要素：在单元格 D3、F3、H3、I3、J3、K3、L3 分别输入对应的表格计算公式计算，然后利用表格拖动填充功能拖动上述单元格至第 10 行，即可计算不同管段的水力要素，见表 4-7 中第 3 行至第 10 行计算结果。

⑥求流量系数：分别在单元格 F11、L11 输入对应表格计算公式对此列求和，根据自由出流流量系数公式在 I13 单元格输入对应表格计算公式求流量系数。

⑦已知库水位求流量：在单元格 J13 输入上游水库水位，在单元格 K13、L13 输入对应表格计算公式计算 T_0-h_p 及流量 Q，并利用表格拖动填充功能可计算不同水库水位时的流量，见表 4-7 中 L13:L17。

(2)根据已算出的库水位为 340 m 的流量，计算并绘制总水头线及压坡线(测压管水头线)。

①确定计算压坡线的步骤。

计算压坡线的步骤为计算各管段的流速水头、沿程水头损失、局部水头损失、总的水头损失，然后计算出各管段的总水头和测压管水头，根据计算步骤把计算表头填入表 4-7 中的 B12:G12 单元格。

②计算不同管段的水力要素。在单元格 B13:G13 分别输入对应的表格计算公式，并分别拖动填充至第 20 行，即可计算不同管段的水力要素，见表 4-7 中 A 列到 G 列的第 13 行至第 20 行计算结果。

③绘制总水头线和测压管水头线(压坡线)。分别根据 F 列、G 列第 13 行至第 20 行计算结果可绘制总水头线和测压管水头线(压坡线)，如图 4-17 所示，由压坡线可分析有压隧洞压强沿程变化。

本案例进行有压隧洞水力计算的表格计算公式及对应的水力计算公式见表 4-8。

注意：单元格计算结果与前面结果的误差是由于有效数字引起的，计算结果以单元格计算结果为准，全书同。

表 4-8　有压隧洞水力计算表格主要公式

序号	水力参数	单元格	单元格计算公式	水力计算公式
1	进口过水面积 A_1	C3	=B3 * B3	$d\times d$(方形断面)
2	进口渐变段过水面积 A_2	C4	= (C3+C5)/2	$(A_1+A_2)/2$
3	洞段过水面积 A_3	C5	=PI()/4 * B5^2	$\frac{\pi}{4}\times d^2$
4	进口湿周 χ_1	H3	=B3 * 4	$d\times 4$
5	进口渐变段湿周 χ_2	H4	= (H3+H5)/2	$(\chi_1+\chi_3)/2$
6	洞段湿周 χ_3	H5	=PI() * B5	πd
7	谢才系数 C	J3	=1/$ D $ 1 * I3^(1/6)	$\frac{1}{n}\times R^{1/6}$
8	沿程损失计算参数 $\frac{2gL_i}{C_i^2R_i}\left(\frac{A}{A_i}\right)^2$	L3	=2 * 9.8 * G3/(J3^2 * I3) * D3^2	$\frac{2gL_i}{C_i^2R_i}\left(\frac{A}{A_i}\right)^2$
9	流速水头 $v_i^2/(2g)$	B13	=($ K $ 13/C3)^2/(2 * 9.8)	$v_i^2/(2g)$
10	沿程水头损失 h_{fi}	C13	=K3 * G3/(4 * I3) * B13	$\lambda\frac{L}{4R}\frac{v^2}{2g}$
11	局部水头损失 h_{ji}	D13	=E3 * B13	$\zeta\frac{v^2}{2g}$
12	进口水头损失 h_w	E13	=C13+D13	$\lambda\frac{L}{d}\frac{v^2}{2g}+\zeta\frac{v^2}{2g}$
13	水头损失 h_w	E14	=C14+D14+E13	$\sum h_{fi}+\sum h_{ji}$
14	总水头 H	F13	=$ H $ 1-$ F $ 1-E13	$\nabla_{库水位}-\nabla_{出口高程}-\sum h_{wi}$
15	测压管水头 $z+p/\gamma$	G13	=F13-B13	$\nabla_{库水位}-\nabla_{出口高程}-\sum h_{wi}-\frac{\alpha v^2}{2g}$
16	局部损失计算参数和 $\sum\zeta_i\times\left(\frac{A}{A_i}\right)^2$	F11	=SUM(F3:F9)	$\sum\zeta_i\times\left(\frac{A}{A_i}\right)^2$
17	沿程损失计算参数和 $\sum\frac{2gL_i}{C_i^2R_i}\left(\frac{A}{A_i}\right)^2$	L11	=SUM(L3:L9)	$\sum\frac{2gL_i}{C_i^2R_i}\left(\frac{A}{A_i}\right)^2$
18	流量系数 μ	I13	=1/SQRT(1+F11+L11)	$\frac{1}{\sqrt{1+\sum\zeta_i\left(\frac{A}{A_i}\right)^2+\sum\frac{2gL_i}{C_i^2R_i}\left(\frac{A}{A_i}\right)^2}}$

治水名人

王　景

王景（约公元 30~85 年），字仲通，山东即墨县人，东汉时期著名的水利专家，历任河堤谒者、徐州刺史、庐江太守等。

自公元 11 年黄河第二次大改道后，黄河泛流数十年。公元 69 年，汉明帝同意了王景提出的方案，发兵卒数十万，由王景主持治河。王景系统修建了荥阳至千乘入海口长达千余里的黄河两岸大堤，并将汴渠和黄河分离。王景治河之后，黄河相对安澜近八百年。后任庐江太守期间，王景还修复芍陂、发展农业，不多时境内富饶、五谷丰足。

王景忠于热爱的水利事业，科学规划，详细调查，实事求是，制定出了一套完备而可行的治河方案并取得较好的实施效果。王景治河的历史贡献，长期以来得到很高的评价，有“王景治河、千载无恙”之说。

项目练习

一、项目自测

（一）单选题

1. 如图 4-19 所示，用相同材料做成的四根管子泄水，四根管子的管径和长度均相等，沿程水头损失系数相同，则四根管子的泄流量（　　）。

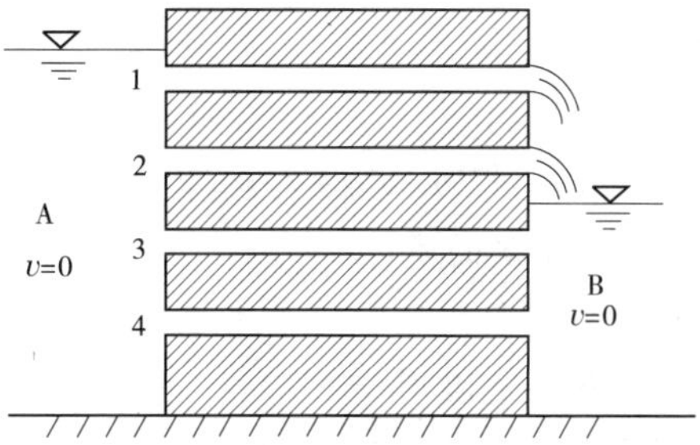

图 4-19

A. $Q_1=Q_2$　　B. $Q_2>Q_3$

C. $Q_2=Q_3$　　D. $Q_3=Q_4$

2. 有 A、B 两种不同截面的有压管道，A 管是边长为 D 的正方形，B 管是直径为 D 的圆形。已知管长度相同，沿程水头损失系数和沿程水头损失相同，则通过均匀流的流量为（　　）。

A. $Q_A>Q_B$　　B. $Q_A=Q_B$

C. $Q_A<Q_B$　　D. 不能确定其大小

3. 如图 4-20 所示的抽水机吸水管内断面 A—A 的相对压强 p 为（　　）。

A. $p>0$　　B. $p<0$　　C. $p=0$　　D. 不定

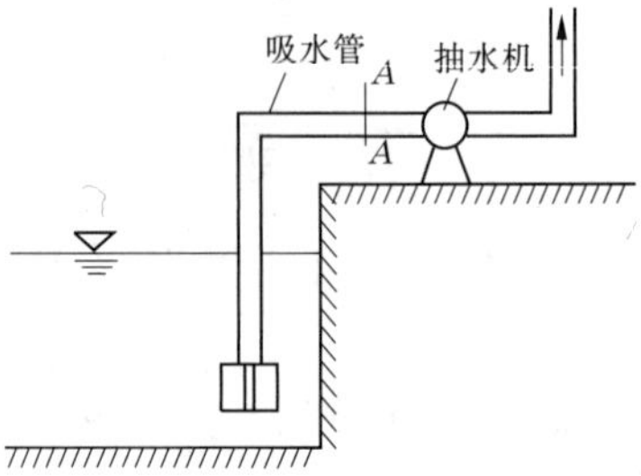

图 4-20

4. 以下关于恒定管流测压管水头线和总水头线的叙述不正确的是(　　)。

A. 总水头线一定高于测压管水头线

B. 总水头线一定沿流程下降

C. 总水头线和测压管水头线都一定沿程下降

D. 均匀流时测压管水头线和总水头线一定是直线

5. 长管的总水头线与测压管水头线(　　)。

A. 相重合　　B. 相平行,呈直线

C. 相平行,呈阶梯状　　D. 以上答案都不对

6. 水泵的扬程是指(　　)。

A. 水泵提水高度

B. 水泵提水高度+吸水管的水头损失

C. 水泵提水高度 + 吸水管与压水管的水头损失

D. 以上答案都不对

7. 长管水力计算中不计入(　　)。

A. h_j　　B. h_f　　C. $h_j + v^2/(2g)$　　D. $h_f + v^2/(2g)$

8. 下面关于有压管道的叙述错误的是(　　)。

A. 有压管道内水流无自由水面

B. 有压管道横断面的周界就是湿周

C. 有压管道水流主要靠压力流动

D. 有压管道可根据管道的长短分为长管和短管

9. 某有压管道的直径是 4 m,该管道的水力半径为(　　)m。

A. 1　　B. 0.5　　C. 2　　D. 3

(二) 绘图题

定性绘出图 4-21 中各管道总水头线和测压管水头线。

(三) 计算题

1. 某水库泄洪压力隧洞如图 4-22 所示。洞身断面为圆形,内径 $d=5.00$ m,洞长 $L=160.00$ m,进口有渐变段及闸门槽,其局部水头损失系数 $\zeta_1=0.2$,中间有一弯段,局部水头损失系数 $\zeta_2=0.15$,洞壁粗糙系数 $n=0.012\,5$,隧洞出口底部高程 200.00 m。水库水位 237.50 m。试计算隧洞为自由出流时的泄流量。

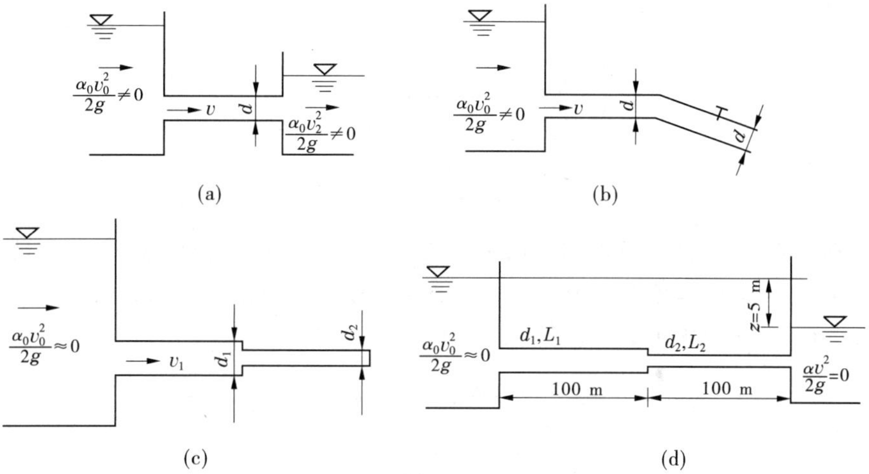

图 4-21

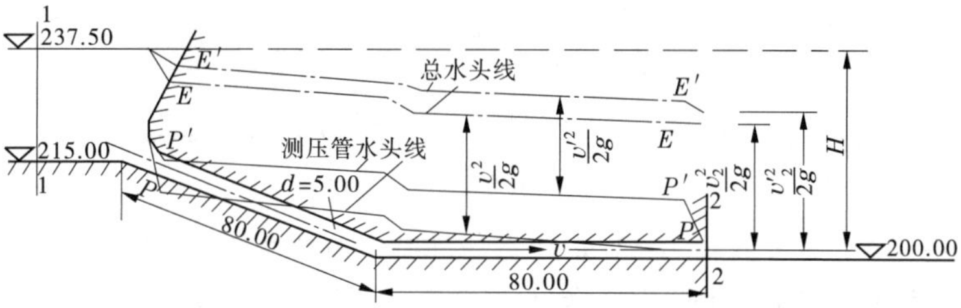

图 4-22　（单位：m）

2. 如图 4-23 为一输水管路，已知铸铁管的管长 $L=250$ m，管径 $d=100$ mm，管路进口为直角进口，有一个弯头和一个闸阀，弯头的局部损失系数 $\zeta_{弯}=0.8$。当闸门全开时，管路出口流速 $v=1.6$ m/s，求水塔的水面高度 H。

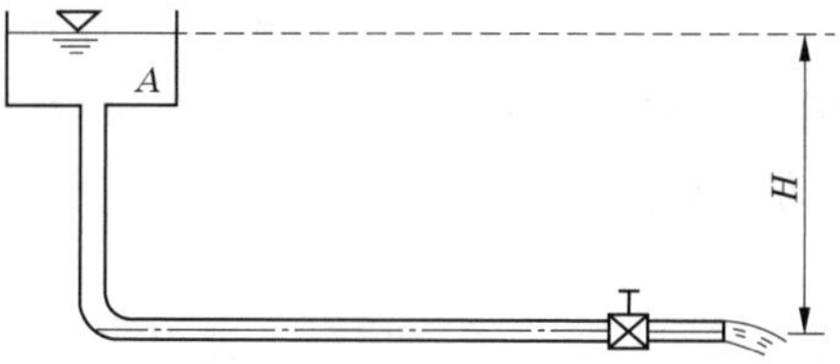

图 4-23

3. 有一输水管路，由山上引泉水作生活用水，水管采用铸铁管，水源至用户距离 $L=280$ m，作用水头 $H=30$ m，流量 $Q=200$ L/s。为了完全利用这一水头，问水管直径应为多大？

4. 从水箱引出一直径不同的管道，如图 4-24 所示。已知 $d_1=150$ mm，$L_1=30$ m，$\lambda_1=0.036$，$d_2=125$ mm，$L_2=20$ m，$\lambda_2=0.038$，第二段管子上有一平板闸阀，其开度为 $a/d=0.5$。当输送流量 $Q=25$ L/s 时，求水箱的水头 H。

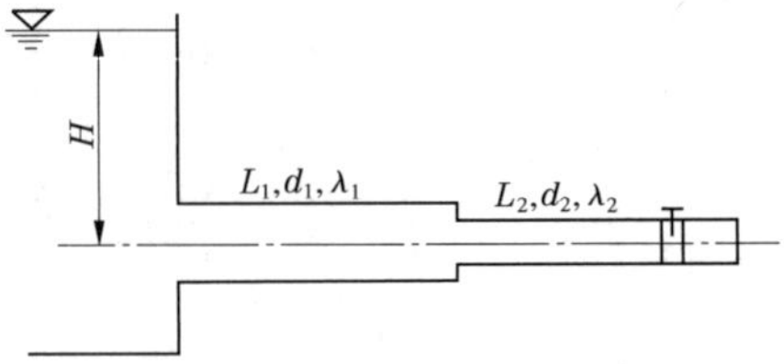

图 4-24

5. 某水库的泄洪洞(见图 4-25),已知洞长 $L=300$ m,泄洪量 $Q=2\ m^3/s$,泄洪洞的沿程阻力系数 $\lambda=0.03$,水库水位为 32.5 m,泄洪洞出口中心高程为 15.0 m,下游水位为 12.0 m,$v_0=0$。求泄洪洞的洞径(已知 $\zeta_{进}=0.5$、$\zeta_{折}=0.2$)。

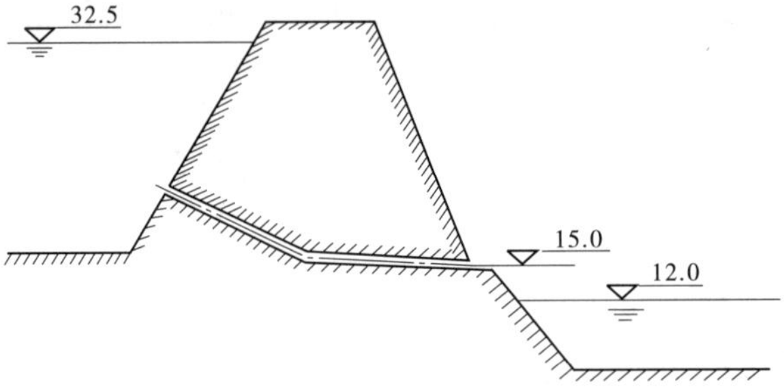

图 4-25

6. 有一灌溉渠道,利用直径 $D=1$ m 的钢筋混凝土虹吸管自水源引水(见图 4-26),虹吸管上、下游水位差 $z=2$ m,虹吸管全长 $L=25$ m,虹吸管弯段的局部水头损失系数 $\zeta=0.6$。求:①计算虹吸管的流量;②当虹吸管第二弯管前断面的最大允许真空值为 7 m 水柱,由进口至该断面的管长为 13 m 时,虹吸管的最高点可以高出上游水面多少?

7. 水泵自吸水井抽水,吸水井与蓄水池用自流管相接,其水位均不变,如图 4-27 所示。水泵安装高度为 $h_s=4.5$ m;自流管长 $L=20$ m,直径 $d=150$ mm,水泵吸水管长 $L_1=12$ m,直径 $d_1=150$ mm;自流管与吸水管的沿程水头损失系数 $\lambda=0.03$;自流管滤网的局部阻力水头损失系数 $\zeta=2.0$;水泵底阀的局部阻力系数 $\zeta=6.0$。90°弯头的局部阻力系数 $\zeta=0.3$。若水泵进口真空值不超过 6 m 水柱,求通过水泵的最大流量是多少?在此流量时,水池与水井的水位差 z 为多少?

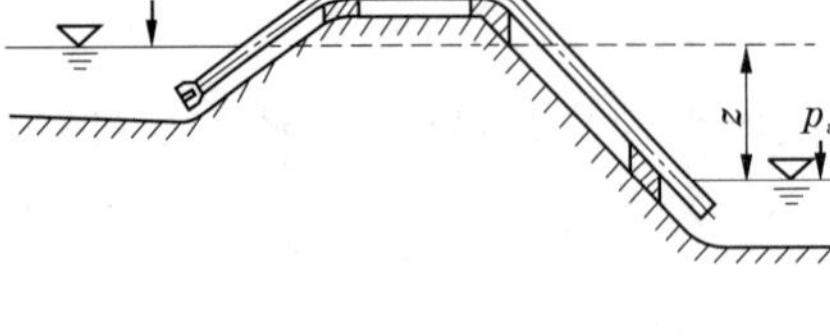

图 4-26

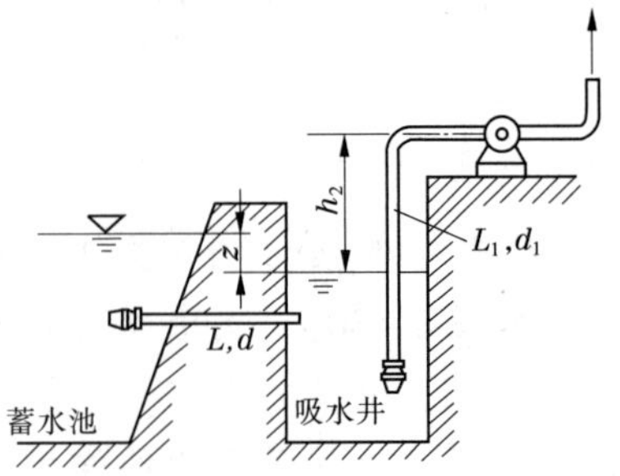

图 4-27

8. 有一水泵将水抽至水塔，如图4-28所示。已知动力机的功率为100 kW，抽水流量$Q=100$ L/s，吸水管长$L_1=30$ m，压水管长$L_2=500$ m，管径$d=300$ mm，管的沿程水头损失系数$\lambda=0.03$，水泵允许真空值为6 m水柱高，动力机及水泵的总效率为0.75，局部阻力系数：$\zeta_{进}=6$，$\zeta_{弯}=0.4$，求：①水泵的提水高度z；②水泵的最大安装高度h_s。

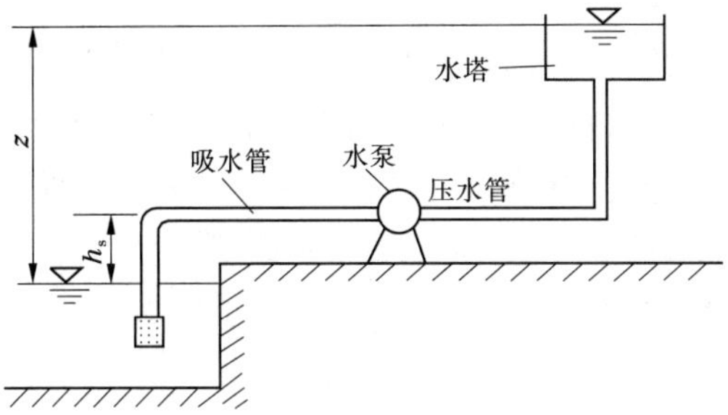

图4-28

9. 如图4-29所示，一跨河倒虹吸管，正方形过水断面，边长$b=0.8$ m，倒虹吸管长$L=50$ m，两个30°转角、进口和出口的局部水头损失系数分别为$\zeta_1=0.2$，$\zeta_2=0.5$，$\zeta_3=1.0$，沿程水头损失系数$\lambda=0.024$，已知通过流量$Q=2.7$ m³/s。若上、下游的行近流速水头忽略不计，求上、下游水位差H。

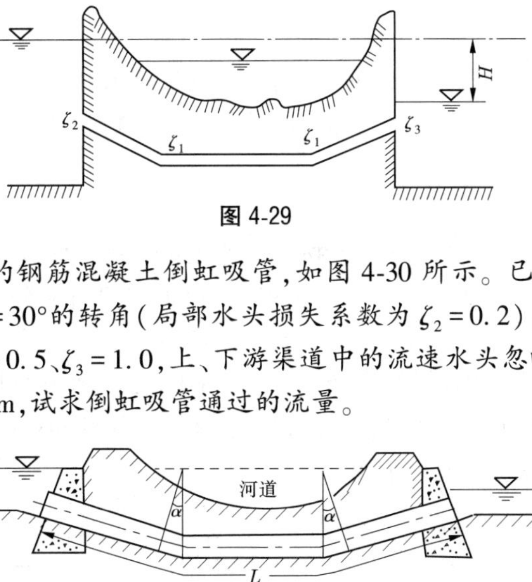

图4-29

10. 有一横穿河道的钢筋混凝土倒虹吸管，如图4-30所示。已知管道总长度$L=60$ m，$n=0.017$，有两个$\alpha=30°$的转角（局部水头损失系数为$\zeta_2=0.2$），进口、出口的局部水头损失系数分别为$\zeta_1=0.5$、$\zeta_3=1.0$，上、下游渠道中的流速水头忽略不计，上、下游水位差为3 m，管径$d=1.5$ m，试求倒虹吸管通过的流量。

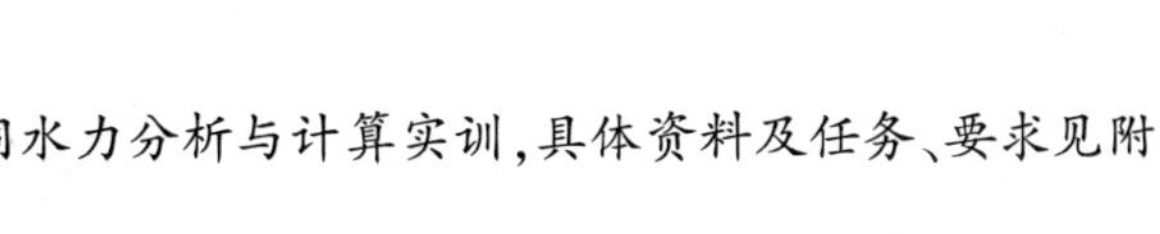

图4-30

二、项目实训

段村有压泄洪洞水力分析与计算实训，具体资料及任务、要求见附录1项目4实训。

项目 5　明渠恒定均匀流水力分析与计算

渠道或河道是人工修筑或自然形成的输水通道，是人类最早开发利用的水利工程之一，在水利水电工程、城市给水排水、交通运输等行业有广泛应用。

明渠恒定均匀流水力分析与计算项目的主要任务是：掌握明渠均匀流的特点、形成条件和特性，明渠均匀流水力计算方法，水力最佳断面、渠道允许流速等概念；会进行渠道的输水能力计算，能进行渠道断面尺寸设计，能进行渠道底坡、糙率的水力计算，会计算渡槽过流能力。

任务 1　明渠水流水力分析

明渠水流是指具有自由水面的水流，相应的过水渠道称为明渠。明渠可以是自然形成的，也可以是人工修筑的。明渠水流的特点是具有自由表面，自由表面上各点压强均等于大气压强(相对压强为零)，在重力作用下流动，故明渠水流又称为无压流。天然河道、人工渠道、渡槽、无压隧洞及无压涵洞中的水流，均属于明渠水流。水利工程中明渠主要用于输水、排水、泄洪、导流等。

明渠水流按其运动要素是否随时间变化，分为恒定流和非恒定流；根据运动要素是否沿流程变化，可分为均匀流和非均匀流。本项目主要分析和计算明渠恒定均匀流。

1　明渠横断面及水力要素

明渠一般比较长，不同的明渠一般按形成原因或断面形状区别。

渠道按形成原因可分为人工渠道或天然河道，天然河道又分为山区河道和平原河道等。天然山区河道往往没有固定的断面形状，一般可大致描述成 V 形河谷、U 形河谷等，一般比较窄深。天然平原河道相对天然山区河道来说，一般形状规则一些，比较宽浅，往往有明显的滩地、主槽和岸坡，一般比较小的水流从主槽流过，只有当来水量比较大(如洪水)时，滩地才过流，如图 5-1 所示。

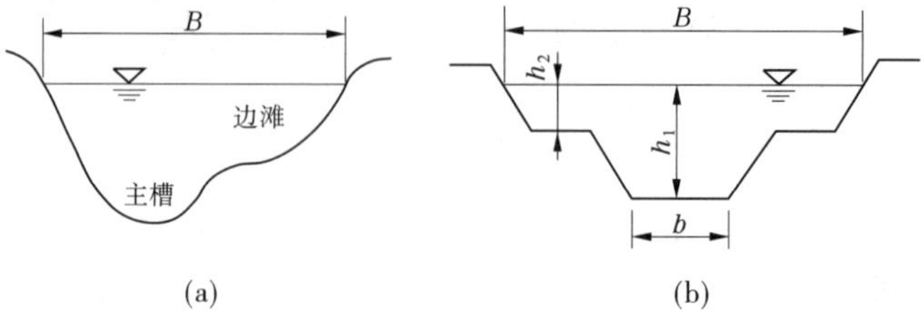

图 5-1

人工渠道顾名思义是人为设计修建完成输水功能的建筑物，根据不同的建筑材料和地质情况，往往做成规则的对称断面形状，常见的渠道断面形状有矩形、梯形、U 形、圆形、抛物线形等，也有用两种或更多形状组合的复式断面等，如图 5-1(b)所示，常见过水断面水力要素见表 5-1。

表 5-1　常见过水断面水力要素

断面形式	过水断面面积 A	湿周 χ	水面宽度 B	说明
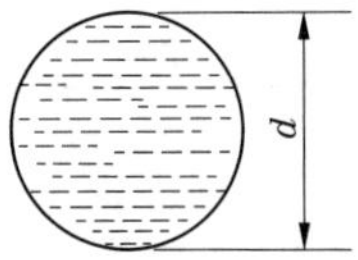	$\frac{1}{4}\pi d^2$	πd		
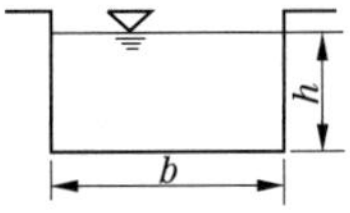	bh	$b+2h$	b	
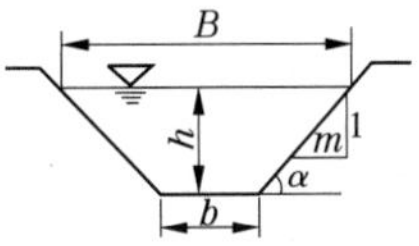	$(b+mh)h$	$b+2h\sqrt{1+m^2}$	$b+2mh$	
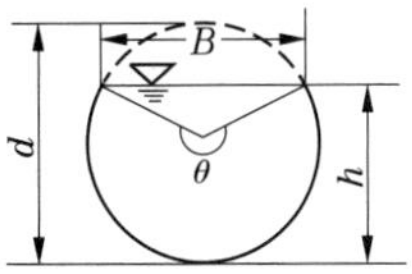	$\frac{d^2}{8}(\theta-\sin\theta)$	$\frac{d}{2}\theta$	$2\sqrt{h(d-h)}$	$\cos\frac{\theta}{2}=1-\frac{2h}{d}$ 其中 θ 为弧度
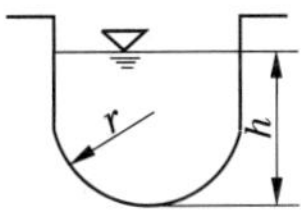	$\frac{1}{2}\pi r^2+2r(h-r)$	$\pi r+2(h-r)$	$2r$	当 $h<r$ 时，按圆形断面计算

水利工程中土质渠道一般采用梯形断面，比较有利于渠道边坡稳定。渠道底宽用 b 表示，水深用 h 表示，边坡倾斜程度用边坡系数 m 表示，α 是边坡线与水平线的夹角，则 $m=\cot\alpha$。m 值的大小取决于土壤种类和护坡情况，具体选用时可参照表 5-2 或有关技术资料。

利用混凝土、条石、木材修建或直接在岩石中开凿的渠道，渠道断面往往做成矩形；无压隧洞通常为圆形、城门洞形或马蹄形断面。

根据渠道断面形状、尺寸、底坡沿流程是否变化，可将渠道分为棱柱体渠道和非棱柱体渠道。渠道断面形状、尺寸和底坡沿程不变的顺直渠道称为棱柱体渠道，棱柱体渠道的过水断面面积仅随水深而变化。受地形、地质条件限制或水流运动条件的要求，断面形状、尺寸等沿流程变化的渠道称为非棱柱体渠道。

表 5-2 梯形渠道边坡系数 m 值

土壤种类	边坡系数 m	土壤种类	边坡系数 m
细砂土	3.0~3.5	一般黏土	1.0~1.5
砂壤土和松散壤土	2.0~2.5	密实的重黏土	1.0
密实壤土和轻黏壤土	1.5~2.0	半岩性抗水土壤	0.5~1.0
砾石和砂砾石土	1.5	风化的岩石	0.25~0.5
重黏壤土和密实的黄土	1.0~1.5	未风化的岩石	0~0.25

2 渠道的底坡

沿水流运动方向,明渠渠底单位流程下降的高度称为底坡,用 i 表示,如图 5-2 所示。

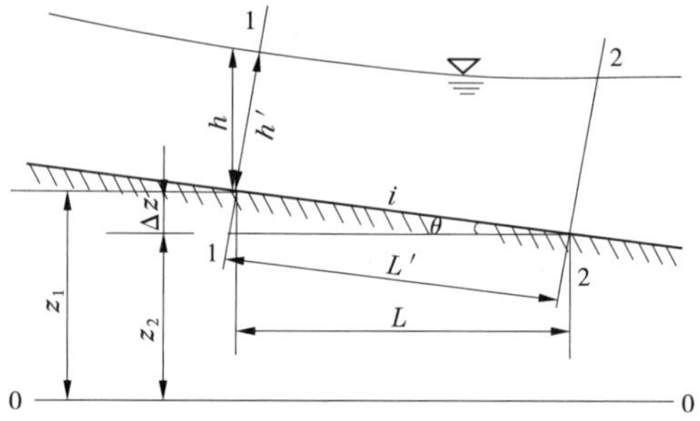

图 5-2

$$i = \sin\theta = \frac{z_1 - z_2}{L'} \tag{5-1}$$

式中 θ——渠底线与水平面的夹角;

z_1、z_2——1—1 断面和 2—2 断面渠底的位置高度;

L'——1—1 断面和 2—2 断面间的流程长度。

当渠道的底坡很小($\theta \leqslant 6°$)时,$\sin\theta = \tan\theta$,可用 1—1 断面和 2—2 断面间的水平距离 L 代替 L',垂直水深 h' 也可以用铅直水深 h 代替,这给量测和计算提供了方便。

根据底坡定义,渠道底坡分为三种:

(1)$i>0$,渠底高程沿流程降低的称为正坡,又称顺坡。

(2)$i=0$,渠底高程沿流程不变的称为平坡。

(3)$i<0$,渠底高程沿流程升高的称为逆坡,又称倒坡、负坡或反坡。

各种底坡如图 5-3 所示。对于天然河道,河底起伏不平,底坡是变化的,无法测定,进行河道水力计算时,可用计算的河段河道水面比降代替底坡。

另外,天然河道中若河道底宽 b 远远大于水深 h(一般 $b>10h$),这种断面为宽浅式断面,该种断面的水力半径

$$R = \frac{A}{\chi} = \frac{bh}{b + 2h} = \frac{h}{1 + 2\dfrac{h}{b}} \approx h \tag{5-2}$$

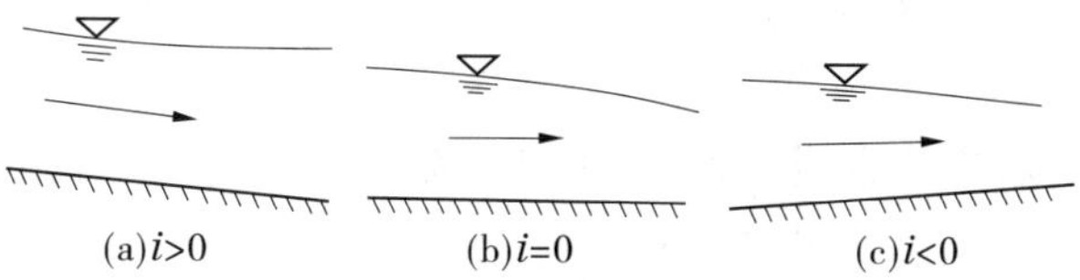

图 5-3

即宽浅式断面的水力半径近似等于水深,计算时可直接用过水断面的水深代替水力半径,从而可大大简化计算。

3 明渠均匀流的特性及形成条件

在渠道设计过程中,往往由于地形、地质、土质等因素不同,需要采用不同的渠道底坡和渠道断面形式,这样就出现了两种状况:一种是在底坡、断面形状、渠道材料或衬砌相同的长直棱柱体渠道内流动的水流,沿流程各断面平均流速、水深等水力要素都不变,这种水流称为明渠恒定均匀流,类似于匀速直线运动;否则就称为明渠恒定非均匀流,类似于变速运动。

图 5-4 输水渠道中示意性地表示出了长距离输水渠道中均匀流与非均匀流的范围、均匀流与非均匀流的特点和计算方法的不同。下面主要介绍明渠均匀流的特点及计算方法。

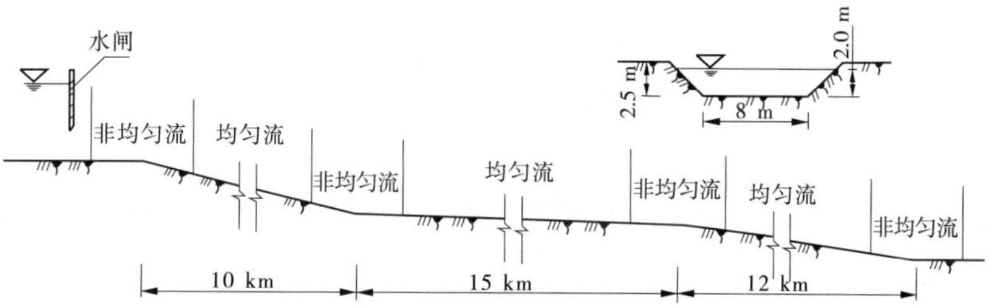

图 5-4

3.1 明渠均匀流的特性

明渠均匀流的运动要素沿流程不变,其流线是平行直线,如图 5-5 所示。明渠均匀流具有下列特性:

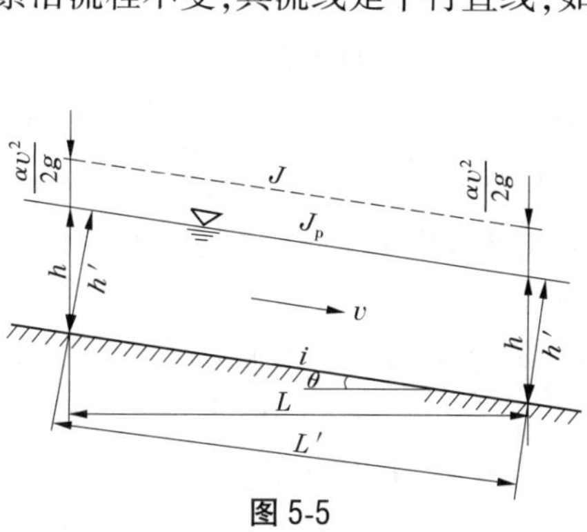

图 5-5

(1)过水断面的形状和尺寸沿程保持不变;

(2)过水断面的流速分布沿程保持不变,故断面平均流速和流速水头沿程保持不变;

(3)总水头线、水面线和渠底线相互平行,水力坡度 J、水面坡度 J_p 和底坡 i 三者相等,即 $J=J_p=i$。

明渠均匀流是一种等速直线流动,故作用在流动水体上的外力保持平衡,即重力沿流程方向的分力与边界对水流的阻力为平衡力。

3.2 明渠均匀流的形成条件

(1)水流必须是恒定流,沿程没有流量流出和汇入。

(2)渠道必须为底坡不变的正坡渠道。只有正坡明渠,才有可能使重力沿水流方向的分量与边界对水流的阻力相平衡,在平坡和逆坡明渠中均不可能形成均匀流。

(3)明渠的粗糙程度沿程不变,这样才能保证水流周界阻力 F 沿程不变。

(4)渠道必须为长直棱柱体,渠道中不存在任何阻碍水流运动的建筑物。非棱柱体渠道内不可能形成均匀流,如果在棱柱体渠道中修建有闸、坝等水工建筑物,改变了渠道过水断面的大小和渠道的阻力,水工建筑物上下附近不能形成均匀流。

严格来说,完全满足上述条件才能形成明渠均匀流,但实际水利工程中,很难完全满足上述条件,一般对于人工渠道,渠线较顺直,过水断面形状、尺寸及底坡在较长流程保持不变,且边界条件无显著变化,基本上能满足均匀流的产生条件,则可按均匀流进行水力计算,计算误差在允许范围之内。对于天然河道的某些顺直且断面变化不大的河段,可按均匀流近似估算。

4 明渠均匀流的计算公式

明渠均匀流水力计算采用谢才公式

$$v = C\sqrt{RJ} \tag{5-3}$$

因明渠均匀流的水力坡度 J 等于底坡 i,则明渠均匀流的流量公式也可写为

$$Q = AC\sqrt{Ri} \tag{5-4}$$

令

$$K_0 = AC\sqrt{R} \tag{5-5}$$

则

$$Q = K_0\sqrt{i} \tag{5-6}$$

式中 K_0——流量模数,与流量的单位相同,它综合反映了明渠断面形状、尺寸和粗糙程度对渠道过流能力的影响。

通常将明渠均匀流的水深称为正常水深,以 h_0 表示。

正常水深 h_0 大小与流量 Q、过水断面形状尺寸、粗糙系数 n 及底坡 i 有关。

实际工程中,明渠水流的流态多属于紊流阻力平方区,通常采用式(2-64)确定谢才系数 C。

根据式(5-4)结合曼宁公式(2-64)可得

$$Q = \frac{A}{n}R^{2/3}i^{1/2} \tag{5-7}$$

在进行渠道水力计算时,需要注意粗糙系数 n 值的选择,它对计算结果影响很大。无

论选择的 n 值偏大或偏小,都会带来不良的后果,直接影响工程造价和运行安全。在设计流量等水力要素一定的情况下,选择的 n 值小于实际值,则计算出的渠道断面面积小于实际需要的过水断面面积,会导致渠道过水能力不足,流速偏小,不能满足工程需求,如果水中含沙还可能导致泥沙淤积。如果选择的 n 值大于实际值,使渠道断面偏大,导致工程量增大,造价升高,流速过高,可能引起渠道冲刷破坏。因此,在渠道水力计算中,选择 n 值应十分慎重。对人工渠道的 n 值,长期生产实践已积累了丰富资料,初步计算时可参照表 5-3 或有关水力计算手册选取。对于十分重要的工程,往往还需要通过修建试验渠道来测定粗糙系数等参数。

表 5-3　各种材料人工渠道的粗糙系数 n 值

明渠壁面材料情况及描述	表面粗糙情况		
	较好	中等	较差
1. 土渠			
清洁、形状正常	0.020	0.022 5	0.025
不通畅,并有杂草	0.027	0.030	0.035
渠线略有弯曲、有杂草	0.025	0.030	0.033
挖掘机挖成的土渠	0.027 5	0.030	0.033
砂砾渠道	0.025	0.027	0.030
细砂砾渠道	0.027	0.030	0.033
土底、石砌坡岸渠	0.030	0.033	0.035
不光滑的石底、有杂草的土坡渠	0.030	0.035	0.040
2. 石渠			
清洁的、形状正常的凿石渠	0.030	0.033	0.035
粗糙的、断面不规则的凿石渠	0.040	0.045	
光滑面均匀的石渠	0.025	0.035	0.040
精细开凿的石渠		0.02~0.025	
3. 各种材料护面的渠道			
三合土(石灰、砂、煤灰)护面	0.014	0.016	
浆砌砖护面	0.012	0.015	0.017
条石砌面	0.013	0.015	0.017
浆砌块石护面	0.017	0.025	0.030
干砌块石护面	0.023	0.032	0.035
4. 混凝土渠道			
抹灰的混凝土或钢筋混凝土护面	0.011	0.012	0.013
无抹灰的混凝土或钢筋混凝土护面	0.013	0.014~0.015	0.017
喷浆护面	0.016	0.018	0.021
5. 木质渠道			
刨光木板	0.012	0.013	0.014
未刨光木板	0.013	0.014	0.015

河道的粗糙系数比较复杂,往往与河道的组成、植被情况、农田、庄稼等因素有关,一般应根据实测资料确定。在无实测资料的情况下,可参照表 5-4 或有关资料选取。

表 5-4 天然河道的粗糙系数 n 值

河槽类型及情况	最小值	正常值	最大值
一、小河流(洪水位的水面宽度小于 30 m)			
1. 平原河流			
(1)清洁、顺直、无浅滩和深潭	0. 025	0. 030	0. 033
(2)同上,但块石多、杂草多	0. 030	0. 035	0. 040
(3)清洁、弯曲、有浅滩和深潭	0. 033	0. 040	0. 045
(4)同上,但有块石杂草	0. 035	0. 045	0. 050
(5)同上,水深较浅、河底坡度多变,平面上回流区较多	0. 040	0. 048	0. 055
(6)同(4),但块石多	0. 045	0. 050	0. 060
(7)多杂草、有深潭、流动缓慢的河段	0. 050	0. 070	0. 080
(8)多杂草的河段、深潭多或林木滩地上的过洪	0. 075	0. 100	0. 150
2. 山区河流(河槽无草木、河岸较陡,岸坡树丛过洪时淹没)			
(1)河底为砾石、卵石、间有孤石	0. 030	0. 040	0. 050
(2)河底为卵石和大孤石	0. 040	0. 050	0. 070
二、大河(洪水位的水面宽度大于 30 m)			
相应于上述小河的各种情况,因河岸阻力相对较小,n 值略小			
1. 断面比较规则、整齐,无孤石或丛木	0. 025		0. 060
2. 断面不规则、整齐,床面粗糙	0. 035		0. 100
三、洪水时期滩地漫流			
1. 草地、无树丛			
(1)长草	0. 025	0. 030	0. 035
(2)短草	0. 035	0. 035	0. 050
2. 耕地			
(1)未熟庄稼	0. 020	0. 030	0. 040
(2)已熟成行庄稼	0. 025	0. 035	0. 045
(3)已熟密植庄稼	0. 030	0. 040	0. 050
3. 矮树丛			
(1)稀疏、多杂草	0. 035	0. 050	0. 070
(2)不密,夏季情况	0. 040	0. 060	0. 080
(3)茂密,夏季情况	0. 070	0. 100	0. 160
4. 树木			
(1)平整田地,干树无枝	0. 030	0. 040	0. 050
(2)同上,干树多新枝	0. 050	0. 060	0. 080
(3)密林、树下植物少、洪水位在枝下	0. 080	0. 100	0. 120
(4)同上,洪水位淹没树枝	0. 100	0. 120	0. 160

5 渠道的设计流速与允许流速

设计流速为在渠道设计时所选取的设计流量下的渠道断面平均流速，土渠的设计流速宜控制在 0.6~0.9 m/s，最小不宜小于 0.3 m/s，最大不宜超过 1.0 m/s。寒冷地区冬、春季灌溉渠道，设计流速不宜小于 1.5 m/s。

合理选择渠道的设计方案，除考虑技术经济因素外，还应根据渠道担负的生产任务（灌溉、水电站供水、航运等）、渠槽表面的建筑材料、水流的含沙量及运行管理等技术方面的要求，对渠道中的流速进行限制，使渠道满足不冲不淤及其他技术要求。

5.1 不冲允许流速 $v_{不冲}$

不冲允许流速是指渠道免遭冲刷破坏的最大限制流速。它的大小除与建渠的材料或渠道的衬砌材料（如土渠中土壤的种类、级配及密实程度）有关外，还与渠道中流量、水深及水流的挟沙情况有关。具体计算可参考表 5-5~表 5-8 或有关水力手册选用。

表 5-5 黏性土渠道的不冲允许流速 单位：m/s

土质	不冲允许流速	土 质	不冲允许流速
轻壤土	0.60~0.80	重壤土	0.70~0.95
中壤土	0.65~0.85	黏土	0.75~1.00

注：表中所列不冲允许流速值为水力半径 $R=1.0$ m 的情况。当 $R\neq1.0$ m 时，表中所列值应乘以 R^{α}，指数 α 值可按下列情况采用：①疏松的壤土、黏土，$\alpha=1/3\sim1/4$；②中等密实的壤土和密实的壤土、黏土，$\alpha=1/4\sim1/5$。

表 5-6 非黏性土渠道的不冲允许流速 单位：m/s

土质	粒径/mm	水深/m			
		0.4	1.0	2.0	≥3.0
淤泥	0.005~0.050	0.12~0.17	0.15~0.21	0.17~0.24	0.19~0.26
细砂	0.050~0.250	0.17~0.27	0.21~0.32	0.24~0.37	0.26~0.40
中砂	0.250~1.000	0.27~0.47	0.32~0.57	0.37~0.65	0.40~0.70
粗砂	1.000~2.500	0.47~0.53	0.57~0.65	0.65~0.75	0.70~0.80
细砾石	2.500~5.000	0.53~0.65	0.65~0.80	0.75~0.90	0.80~0.95
中砾石	5.000~10.00	0.65~0.80	0.80~1.00	0.90~1.10	0.95~1.20
大砾石	10.00~15.00	0.80~0.95	1.00~1.20	1.10~1.30	1.20~1.40
小卵石	15.00~25.00	0.95~1.20	1.20~1.40	1.30~1.60	1.40~1.80
中卵石	25.00~40.00	1.20~1.50	1.40~1.80	1.60~2.10	1.80~2.20
大卵石	40.00~75.00	1.50~2.00	1.80~2.40	2.10~2.80	2.20~3.00
小漂石	75.00~100.0	2.00~2.30	2.40~2.80	2.80~3.20	3.00~3.40
中漂石	100.0~150.0	2.30~2.80	2.80~3.40	3.20~3.90	3.40~4.20
大漂石	150.0~200.0	2.80~3.20	3.40~3.90	3.90~4.50	4.20~4.90
顽石	>200.0	>3.20	>3.90	>4.50	>4.90

注：表中所列不冲允许流速为水力半径 $R=1.0$ m 的情况。当 $R\neq1.0$ m 时，表中所列值应乘以 R^{α}，指数 α 值可采用 $\alpha=1/3\sim1/5$。

表 5-7　石渠的不冲允许流速　　单位：m/s

岩性	水深/m			
	0.4	1.0	2.0	3.0
砾石、泥石灰、页岩	2.0	2.5	3.0	3.5
石灰岩、致密的砾石、砂岩、白云石灰岩	3.0	3.5	4.0	4.5
白云砂岩、致密的石灰岩、硅质石灰岩、大理石	4.0	5.0	5.5	6.0
花岗岩、辉绿岩、玄武岩、安山岩、石英岩、斑岩	15.0	18.0	20.0	22.0

表 5-8　防渗衬砌渠道的不冲允许流速　　单位：m/s

防渗衬砌结构类型			不冲允许流速	防渗衬砌结构类型		不冲允许流速
土料	黏土、黏砂混合土		0.75~1.00	膜料（土料保护层）	砂壤土、轻壤土	<0.45
	灰土、三合土、四合土		<1.00		中壤土	<0.60
水泥土	现场填筑		<2.50		重壤土	<0.65
	预制铺砌		<2.00		黏土	<0.70
砌石	干砌卵石（挂淤）		2.50~4.00		砂砾料	<0.90
	浆砌卵石		3.00~5.00	沥青混凝土	现场浇筑	<3.00
	浆砌块石	单层	2.50~4.00		预制铺砌	<2.00
		双层	3.50~5.00	混凝土	现场浇筑	<8.00
	浆砌料石		4.00~6.00		预制铺砌	<5.00
	浆砌石板		<2.50		喷射法施工	<10.0

注：表中土料类和膜料类（土料保护层）防渗衬砌结构的不冲允许流速值为水力半径 $R=1.0$ m 的情况。当 $R\neq1.0$ m 时，表中所列值应乘以 R^{α}，指数 α 值可按下列情况采用：①疏松的土料或土料保护层，$\alpha=1/3\sim1/4$；②中等密实的和密实的土料或土料保护层，$\alpha=1/4\sim1/5$。

5.2　不淤允许流速 $v_{不淤}$

不淤允许流速是指保证渠中水流所挟的泥沙不淤积的最小流速，它的大小与水流条件及挟沙特性等多方面因素有关，可参考有关水力计算手册确定。

5.3　其他要求

当有冬季灌溉、航运、电站引水和防止杂草滋生等方面的要求时，应根据相应的安全运行和应用管理方面的要求参考有关计算手册确定允许流速的大小。

任务 2　渠道过流能力计算及断面尺寸设计

1　渠道过流能力计算

在实践中往往需要校核已建成渠道的过流能力，如对长期使用或需要进行改建的渠道进行复核计算，需要计算绘制渠道的水深与流量关系曲线，供管理调度使用。这类计算都是根据实测渠道过水断面的尺寸、粗糙系数、底坡，求渠道通过的流量。

【案例 5-1】　一矩形断面的渠道，底宽 $b=8$ m，底坡 $i=1.25\times10^{-4}$，粗糙系数 $n=0.028$。当正常水深 $h_0=3.95$ m 时，问能否通过设计流量 $Q_{设}=20$ m³/s。

【案例分析与计算】：

(1) 计算过水断面水力要素。

由已知条件知，当正常水深 $h_0=3.95$ m 时相应过水断面水力要素为：

过水断面面积 $A=bh_0=8\times3.95=31.60(m^2)$

湿周 $\chi=b+2h_0=8+2\times3.95=15.90(m)$

水力半径 $R=A/\chi=31.60/15.90=1.99(m)$

谢才系数 $C=\dfrac{1}{n}R^{1/6}=\dfrac{1}{0.028}\times1.99^{1/6}=40.05$

(2) 计算流量。

由式(5-4)得

$$Q=AC\sqrt{Ri}=31.60\times40.05\times\sqrt{1.99\times1.25\times10^{-4}}=20.0(m^3/s)$$

经过计算渠道能通过 $Q_{设}=20$ m³/s 的流量。

2　渠道断面尺寸设计

规划设计渠道时，设计流量 Q 由渠道所承担的输水任务确定，边坡系数 m 和粗糙系数 n 根据渠道经过地段的地质条件、地形、建渠材料及施工工艺选定，渠道底坡 i 根据渠道所经地段的地形、流量以及水流泥沙含量等情况综合考虑确定。渠道断面尺寸设计就是在已知流量 Q、边坡系数 m、粗糙系数 n、底坡 i 的条件下，主要确定渠道底宽 b 和渠道的高度。对于灌溉排水渠道，其高度一般按渠道的水深再加上岸顶超高确定，对于有条件发生均匀流的渠道，渠道的水深按正常水深 h_0 计算，岸顶超高是为保证输水安全，渠道顶部应超出水面的高度，其取值与渠道的种类、级别及流量等因素有关，其具体取值可参考水力计算手册，这里不再介绍。在已知流量 Q、比降 i、粗糙系数 n 及边坡系数 m 的条件下，渠道断面尺寸设计就是确定渠道底宽 b 和正常水深 h_0，式(5-4)有两个未知量，一个方程式只能确定一个未知量，因此可以有多组解，进行渠道断面设计就是对计算出的多组底宽 b、正常水深 h_0 值进行技术、经济比较，从中选出一组技术上可行、经济上合理的 b、h_0 值作为渠道的设计断面。

计算底宽 b、水深 h_0 有两种情况：一种情况是根据实际情况给定 h_0 求 b，或给定 b 求 h_0；另一种情况是给定宽深比 $\beta=b/h_0$，求 b、h 值。

2.1　已知水深 h_0 求底宽 b，或已知底宽 b 求水深 h_0

渠道正常水深 h_0 是渠道设计和渠道水流分析中的重要参数。当已知流量 Q、底坡 i、粗糙系数 n、底宽 b 及边坡系数 m 求 h_0 时，由式(5-7)可以看出计算 h_0 必须解复杂方程，所以常采用试算、迭代等方法进行。

【案例 5-2】　一梯形断面的灌溉渠道，已知底宽 $b=7$ m，底坡 $i=0.0003$，边坡系数 $m=1.5$，因通过砂壤土地段，采用浆砌石护面，以提高渠道的抗冲能力和减少渗漏损失。

求通过流量 $Q=9.68\ m^3/s$,并保证超高 $\Delta h=0.4\ m$ 时渠堤的高度。

【案例分析与计算】:

求得水深 h_0,加上超高即得堤的高度。查表5-3得 $n=0.025$。利用式(5-4)直接求解 h_0 有困难。本案例介绍两种计算正常水深 h_0 的方法。

(1)试算法。

假设不同 h_0 值,运用均匀流公式求出相应的流量,当用某一 h_0 值算出的流量与已知的流量相等时,此 h_0 值即为所求。一般情况下,很难一次得到满意的结果,需要假设多个 h_0 值(最好不少于4个),并且使试算出的流量既有大于已知流量的,也有小于已知流量的,然后点绘出 $h_0\sim Q$ 曲线,在曲线上由已知流量 Q 查出相应的 h_0,此 h_0 值即为所求。下面介绍具体的求解过程。

①初设 $h_0=1.0\ m$,则

$$A=(b+mh_0)h_0=(7+1.5\times 1.0)\times 1.0=8.50(m^2)$$

$$\chi=b+2h_0\sqrt{1+m^2}=7+2\times 1.0\times\sqrt{1+1.5^2}=10.61(m)$$

$$R=\frac{A}{\chi}=\frac{8.50}{10.61}=0.80(m)$$

$$C=\frac{1}{n}R^{1/6}=\frac{1}{0.025}\times 0.80^{1/6}=38.54$$

故 $Q=AC\sqrt{Ri}=8.50\times 38.54\times\sqrt{0.80\times 0.0003}=5.08(m^3/s)<9.68\ m^3/s$

②计算流量与已知流量不相符,再假设水深进行计算,分别设 $h_0=1.5\ m$、$2.0\ m$、$2.5\ m$,将计算结果列入表5-9。

表5-9　正常水深计算

	A	B	C	D	E	F
1	$Q=$	9.68	$b=$	7	$i=$	0.000 3
2	$m=$	1.5	$n=$	0.025		
3	h/m	A/m^2	χ/m	R/m	C	$Q/(m^3/s)$
4	1	8.50	10.61	0.80	38.54	5.08
5	1.5	13.88	12.41	1.12	40.75	10.36
6	2.0	20.00	14.21	1.41	42.34	17.40
7	2.5	26.88	16.01	1.68	43.60	26.29

③利用表5-9中的数据,以流量为横坐标、水深为纵坐标,点绘出 $h_0\sim Q$ 曲线,如图5-6所示。从横坐标为 $Q=9.68\ m^3/s$ 的点作铅直线与 $h_0\sim Q$ 曲线相交,该交点对应的横坐标 $h_0=1.44\ m$ 即为所求。

渠堤高度为

$$h_0+\Delta h=1.44+0.4=1.84(m)$$

从以上计算步骤可以看出,试算法计算正常水深 h_0 工作量较大,可以使用表格的单

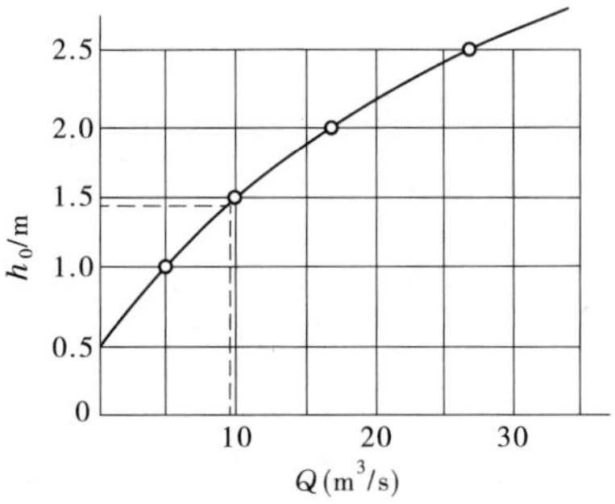

图 5-6

变量求解功能来计算正常水深 h_0。把基本水力要素 Q、b、i 等填充到单元格 A1:F2 中；假设初始水深为 h，分别计算相应的 A、χ、R、C，并填充计算到单元格 B4:E4；根据假设水深计算相应的流量 Q，填充计算到单元格 F4；以 F4 单元格为目标单元格，设计流量 9.68 m^3/s 为目标值，\$A\$4 为可变单元格，单变量求解，可以得出当 $h_0=1.44$ m 时，相应流量 $Q=9.68\ m^3/s$。主要表格计算公式见表 5-10。

表 5-10 正常水深表格计算主要公式

序号	水力参数	单元格	单元格计算公式	水力计算公式
1	A/m^2	B4	=(D1+B2 * A4) * A4	$(b+mh)h$
2	χ/m	C4	=D1+2 * A4 * SQRT(1+B2 * B2)	$b+2h\sqrt{1+m^2}$
3	R/m	D4	=B4/C4	$\dfrac{A}{\chi}$
4	C	E4	=1/D2 * D4^(1/6)	$\dfrac{1}{n}R^{1/6}$
5	$Q/(m^3/s)$	F4	=B4 * E4 * SQRT(D4 * F1)	$AC\sqrt{Ri}$

(2)迭代法。

对于梯形过水断面，根据过水断面面积、湿周的关系可得如下 h_0 的迭代关系式

$$h_{0(n+1)}=\sqrt{\alpha_2^2+\alpha_1(b+2h_{0n}\sqrt{1+m^2})^{0.4}}-\alpha_2$$

式中：$\alpha_1=\dfrac{1}{m}\left(\dfrac{nQ}{\sqrt{i}}\right)^{0.6}$，$\alpha_2=\dfrac{b}{2m}$。

该式为正常水深 h_0 的迭代计算公式，具体步骤如下：

①由已知 Q、b、m、n、i 值计算 α_1、α_2 值。

②假设一个水深 h_{01} 代入上式右端可计算一个水深 h_{02}，判断 h_{01} 与 h_{02} 是否相等，通常第一次迭代 $h_{01}\neq h_{02}$。

③以 h_{02} 代入上式右端计算一个水深 h_{03}，再以 h_{03} 代入上式右端计算出 h_{04}，直到所设水深与计算水深相等，此时水深即为所求正常水深 h_0。计算的整个过程是一个逐步逼近

的过程,故又称逼近法。

下面为具体的计算过程。

$$\alpha_1=\frac{1}{m}\left(\frac{nQ}{\sqrt{i}}\right)^{0.6}=\frac{1}{1.5}\times\left(\frac{0.025\times9.68}{\sqrt{0.0003}}\right)^{0.6}=3.244,\alpha_2=\frac{b}{2m}=\frac{7}{2\times1.5}=2.333$$

将 α_1、α_2 值代入得 h_0 的计算简式

$$h_{0(n+1)}=\sqrt{2.333^2+3.244\times(7+3.606h_{0n})^{0.4}}-2.333$$

设 $h_{01}=2.0$ m 代入上式,得 $h_{02}=1.52$ m。

重复上述过程分别得到:$h_{03}=1.454$ m,$h_{04}=1.445$ m,$h_{05}=1.444$ m。

由于 h_{03}、h_{04} 已十分接近,故所求正常水深 h_0 为 1.44 m。

迭代法计算过程可以使用表格的“拖动填充”功能进行迭代计算,这里不再赘述。

如果已知渠道流量 Q、正常水深 h_0、粗糙系数 n、底坡 i、边坡系数 m,要求计算渠道底宽,这也是一个复杂方程求解,同样可以使用试算法和迭代法进行。

梯形过水断面底宽 b 相应的迭代公式为

$$b_{n+1}=\frac{A}{h}-mh_0=\frac{m}{h_0}\alpha_1(b_n+2h_0\sqrt{1+m^2})^{0.4}-mh_0 \tag{5-8}$$

2.2 已知宽深比 $\beta(\beta=b/h)$,求 b、h

当已知宽深比 β 进行断面尺寸设计时,对于复杂断面用试算法,假设水深 h,计算底宽 b、断面面积 A、湿周 χ、水力半径 R、谢才系数 C、流量 Q,看计算流量是否与已知流量相等,如果不相等,重新假设,计算过程与案例5-2方法(1)相同,对于简单的梯形、矩形过水断面,可直接求解。

【案例5-3】 一建在重壤土地段梯形断面的排水渠道,已知:底坡 $i=0.0002$,边坡系数 $m=1.25$,粗糙系数 $n=0.025$,需要通过的设计流量 $Q=2\ \mathrm{m^3/s}$,渠道宽深比 $\beta=b/h=0.702$。求:

(1)渠道底宽 b、水深 h 值;

(2)校核渠中流速(已知渠道的不淤允许流速 $v_{不淤}=0.4$ m/s)。

【案例分析与计算】:

(1)计算渠道底宽 b、水深 h。

$$\beta=\frac{b}{h}=0.702$$

则 $b=0.702h$

又 $A=(b+mh)h=(0.702h+1.25h)h=1.95h^2$

$$\chi=b+2h\sqrt{1+m^2}=0.702h+2h\sqrt{1+1.25^2}=3.90h$$

$$R=\frac{A}{\chi}=\frac{1.95h^2}{3.90h}=\frac{h}{2}=0.50h$$

$$C=\frac{1}{n}R^{1/6}=\frac{1}{0.025}\times(0.50h)^{1/6}=35.64h^{1/6}$$

$$Q=AC\sqrt{Ri}=1.95h^2\times35.64h^{1/6}\times\sqrt{0.50h\times0.0002}=0.69h^{8/3}$$

将 $Q=2\ \mathrm{m^3/s}$ 代入上式可得

$$h=\left(\frac{Q}{0.69}\right)^{3/8}=\left(\frac{2}{0.69}\right)^{3/8}=1.49(\mathrm{m})$$

则　$b=0.702h=0.702\times1.49=1.05(\mathrm{m})$

(2)校核渠中流速。

渠中断面平均流速

$$v=\frac{Q}{A}=\frac{Q}{(b+mh)h}=\frac{2}{(1.05+1.25\times1.49)\times1.49}=0.46(\mathrm{m/s})$$

查表 5-5 得 $R=1.0$ m 时的不冲允许流速 $v'_{不冲}=0.70\sim0.95$ m/s,其水力半径 $R=h/2=1.49/2=0.745(\mathrm{m})$,取 $\alpha=1/4$,则

$v_{不冲}=v'_{不冲}R^{\alpha}=(0.70\sim0.95)\times0.745^{1/4}=0.65\sim0.88(\mathrm{m/s})$,又已知渠道的不淤允许流速 $v_{不淤}=0.4$ m/s。

所以,$v_{不淤}<v<v_{不冲}$,即所设计断面满足渠道不冲刷不淤积的条件。

3　明渠均匀流其他计算

3.1　渠道的底坡确定

确定明渠均匀流渠段渠底的高程差或水面落差都可归纳为确定渠道的底坡 i 的问题,即已知渠道的粗糙系数、设计流量、断面形状和尺寸,求所需的底坡。

确定底坡 i 时,先由式(5-6)计算出水流为均匀流时的流量模数 K,然后直接利用式(5-6)求出渠道的底坡,即

$$i=\frac{Q^2}{K^2} \tag{5-9}$$

【案例 5-4】　一 U 形断面钢丝网水泥薄壳渡槽,长度 $L=200$ m,底部半圆的直径 $d=2.5$ m,上部侧墙高 $h+\Delta h=0.8$ m(其中 $\Delta h=0.3$ m 为安全超高),如图 5-7 所示。采用水泥灰浆抹面,粗糙系数 $n=0.013$,设计流量 $Q=5.5\ \mathrm{m^3/s}$,试计算渡槽两端渠底高程差 Δz。

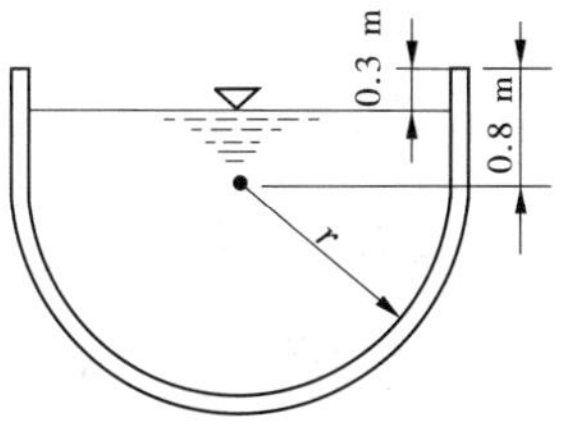

图 5-7

【案例分析与计算】:

(1)计算过水断面水力要素。

$$A=dh+\frac{1}{2}\pi\left(\frac{d}{2}\right)^2=2.5\times(0.8-0.3)+\frac{1}{2}\times3.14\times\left(\frac{2.5}{2}\right)^2=3.70(\mathrm{m^2})$$

$$\chi=2h+\pi r=2\times(0.8-0.3)+3.14\times\frac{2.5}{2}=4.93(\mathrm{m})$$

$$R=\frac{A}{\chi}=\frac{3.70}{4.93}=0.751(\mathrm{m})$$

$$C=\frac{1}{n}R^{1/6}=\frac{1}{0.013}\times(0.751)^{1/6}=73.34$$

则 $K=AC\sqrt{R}=3.70\times73.34\times\sqrt{0.751}=235.16(\mathrm{m}^3/\mathrm{s})$

(2)计算底坡 i。

$$i=\frac{Q^2}{K^2}=\frac{5.5^2}{235.16^2}=0.000\ 547$$

渠底高程差 $\Delta z=iL=0.000\ 547\times200=0.109(\mathrm{m})\approx11\ \mathrm{cm}$

3.2 河渠粗糙系数的计算

这类问题是根据已知断面的尺寸、底坡及实测渠道通过的流量求解粗糙系数 n,由式(5-7)可得

$$n=\frac{A}{Q}R^{2/3}i^{1/2} \tag{5-10}$$

具体计算时可根据此式直接求解。

4 明渠均匀流水力计算其他问题

4.1 水力最佳断面

水力最佳断面是指在已知渠道底坡和粗糙系数的条件下,选定过水断面面积,让通过的流量最大的断面,或者通过一定的流量,要求过水断面面积最小的断面。由式(5-7)可以知道,当渠道底坡 i、粗糙系数 n 和过水断面面积 A 一定时,湿周采用 χ 愈小(水力半径 R 愈大),通过的流量 Q 愈大。

对于梯形断面:$A=(b+mh)h$,$\chi=b+2h\sqrt{1+m^2}$,根据水力最佳断面的定义和数学分析,对过水断面面积、湿周采用求极值的方法,梯形断面满足水力最佳断面的条件为

$$\frac{\mathrm{d}A}{\mathrm{d}h}=(b+mh)+h(\frac{\mathrm{d}b}{\mathrm{d}h}+m)=0 \tag{5-11}$$

$$\frac{\mathrm{d}\chi}{\mathrm{d}h}=\frac{\mathrm{d}b}{\mathrm{d}h}+2\sqrt{1+m^2}=0 \tag{5-12}$$

由式(5-11)、式(5-12)解得梯形水力最佳断面的宽深比 $\beta_{佳}$ 值为

$$\beta_{佳}=\frac{b}{h}=(2\sqrt{1+m^2}-m)=f(m) \tag{5-13}$$

式(5-13)表明:梯形水力最佳断面的宽深比 $\beta_{佳}$ 仅是边坡系数 m 的函数。由式(5-13)可以得出梯形水力最佳断面的水力半径与水深关系为 $R=\frac{h}{2}$。

对于矩形渠道,显然 $\beta_{佳}=2$ 或 $b_{佳}=2h_{佳}$。

由几何学知,矩形或梯形水力最佳断面实际上是半圆的外切多边形断面,见图5-8。

一般土质渠道的边坡系数大于1,水力最佳断面宽深比小于1。这样的梯形水力最佳断面都是窄深式的,虽然工程量小,但需深挖高填,提高了单位土方的造价,对于大型渠道,这样断面形状既不经济,技术上也不合理,又不便于施工和养护。一般,工程上采取在水力最佳断面的基础上宽浅一些,使底宽和水深有一个较宽的选择范围,但又使其断面面

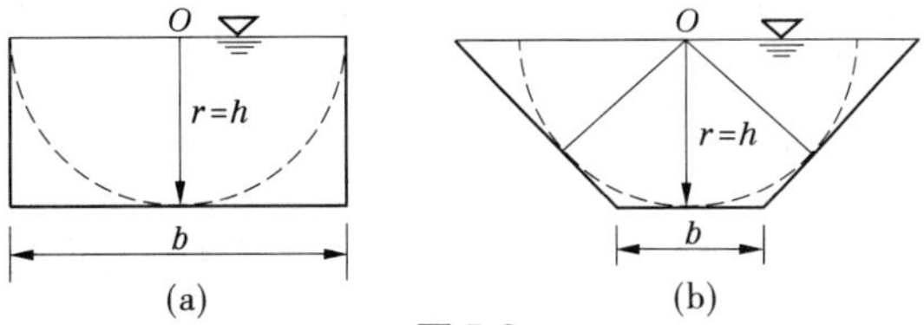

图 5-8

积略大于水力最佳断面的面积，这种断面称为实用经济断面，渠道断面尺寸设计时宽深比的选择既要考虑水力最佳断面，也要考虑实用经济断面，要二者兼顾。

4.2　综合粗糙系数水力计算

由于不同材料具有不同的粗糙系数，因此当渠道底部、边壁采用不同材料时，粗糙系数将沿湿周发生变化。当明渠过水断面上的粗糙系数沿湿周发生变化时，这种渠道称为非均质渠道，如图 5-9 所示。对非均质渠道进行水力计算时，可采用综合粗糙系数等效代替沿湿周不同的粗糙系数。综合粗糙系数计算式为

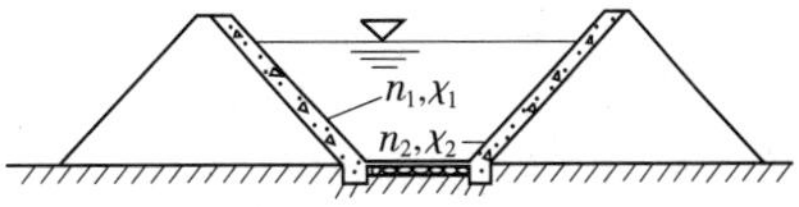

图 5-9

$$n_{综} = \sqrt{\frac{\sum n_i^2 \chi_i}{\sum \chi_i}} \tag{5-14}$$

除采用式(5-14)计算 $n_{综}$ 外，还可参考有关水力书籍采用其他计算公式。

4.3　复式断面明渠均匀流计算

当渠道流量变化范围较大时，渠道的断面形状常采用如图 5-10 所示的复式断面。平原地区的天然河道常为不规则的复式断面。流量变幅较大的大型人工开挖明渠，也常采用复式断面。复式断面明渠均匀流常用的计算方法为：先将断面划分为水深不等的几个部分(见图 5-10)，分别运用明渠均匀流公式计算出各自的流量 Q_i，再进行叠加得到渠道的总流量 Q，即

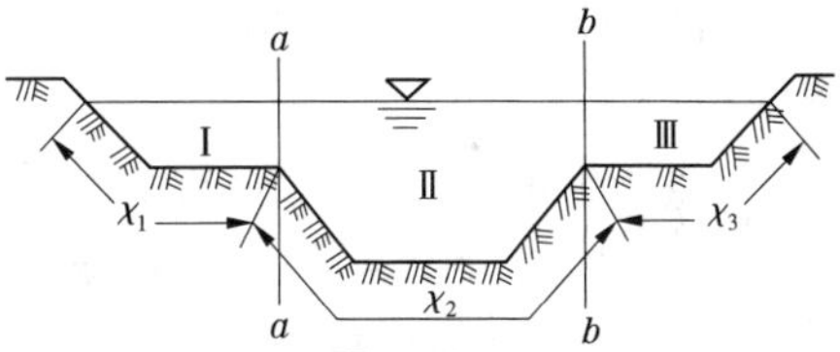

图 5-10

$$Q = \sum Q_i = \sum K_i \sqrt{i} \tag{5-15}$$

式(5-15)表明，通过复式断面渠道的流量，应为通过各部分流量的总和。运用式(5-15)时还应注意：一是计算湿周时不能计入划分断面的分界线，二是保证同一过水断面上各部分的水力坡降相同。

任务 3　渡槽水力分析与计算

1　渡槽水力分析

渡槽包括进口渐变段、槽身段及出口渐变段。水流经过渡槽进口渐变段时，随着过水断面的减小，进口渐变段将产生水面降落 Δz_1，水流进入槽身后，基本保持均匀流，沿程水

头损失 Δz_2,水流经过出口渐变段,随着过水断面的增大,出口水面回升 Δz_3,从而与下游渠道水位相衔接,如图 5-11 所示。

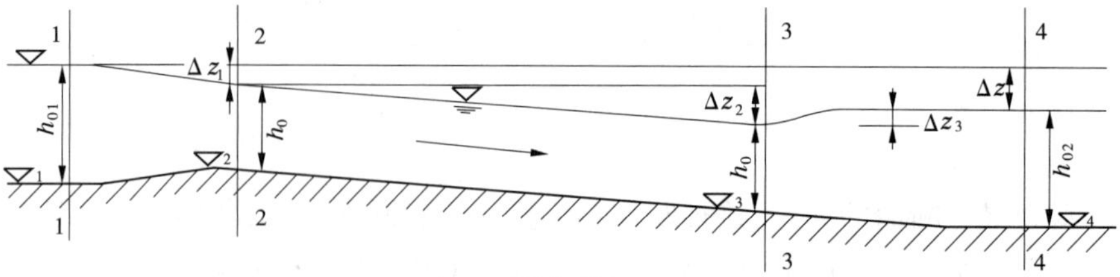

图 5-11

2 渡槽水力计算

渡槽水力计算的主要任务是槽身底坡确定、槽身断面设计,并根据渡槽进出口的水面降落和回升确定其进出口的渠底高程。

2.1 槽身底坡确定

在相同流量下,槽身底坡越大,流速越大,过水断面减少,施工方便、造价低,但下游自流灌溉面积减小,易冲刷,因此底坡确定既要考虑灌区规划要求,又要节约造价、施工方便。渡槽槽身常采用 $i=1/1\ 500\sim1/500$ 的底坡,流速 $v=1\sim2$ m/s,有通航要求的渡槽,流速在 1.5 m/s 以内,底坡小于 1/2 000。

2.2 槽身断面设计

槽身断面用明渠均匀流公式 $Q=AC\sqrt{Ri}$ 进行计算。常用的槽身断面形式有矩形和 U 形两种。

(1)矩形断面。确定底坡后,初步拟出断面尺寸,应用明渠均匀流公式计算通过的流量,若该流量与设计流量相同,且流速为 1~2 m/s,则可初定此尺寸,然后校核加大流量下能否满足超高及流速要求,若不能满足,修改断面尺寸或底坡重新试算,直到满足。设计流量的断面超高 $\Delta h=h_0/12+5$,h_0 为明渠均匀流水深,单位为 cm。建议断面尺寸拟定时宽深比 $b/h=1.25\sim1.67$。

(2)U 形断面。U 形断面(见图 5-12)尺寸拟定与矩形断面相同,宽深比一般取 $b/h=1.25\sim1.4$。

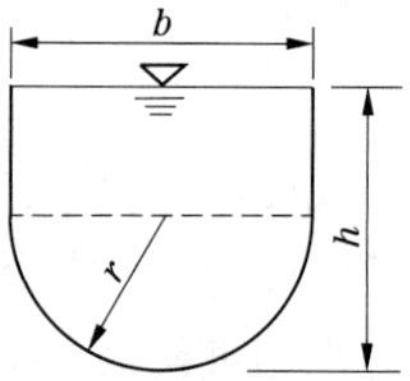

图 5-12

2.3 渡槽水面总降落值计算

由图 5-11 可以看出渡槽水面总降落值 $\Delta z=\Delta z_1+\Delta z_2-\Delta z_3$。

(1)进口段水面降落值 Δz_1 可用式(4-22)计算

$$\Delta z_1=\frac{\alpha_2 v_2^2-\alpha_1 v_1^2}{2g}+h_{j1}+\bar{J}_1 l_1$$

上式各项意义及求法同式(4-22)。

当忽略进口渐变段沿程水头损失时,上式可写为式(5-16)

$$\Delta z_1=(1+\zeta_1)\frac{v_2^2-v_1^2}{2g} \tag{5-16}$$

(2)槽身段水面降落值 $\Delta z_2=il$,其中,i 为渡槽槽身底坡,l 为渡槽槽身段长度。

(3)出口段水面回升值 Δz_3 计算式为

$$\Delta z_3 = \frac{\alpha_2 v_2^2 - \alpha_3 v_3^2}{2g} - h_{j2} - \bar{J}_2 l_2 \tag{5-17}$$

$$h_{j2} = \zeta_2 \frac{v_2^2 - v_3^2}{2g} \tag{5-18}$$

式中 v_2、v_3——出口渐变段首、末断面平均流速；

h_{j2}——出口渐变段局部水头损失；

ζ_2——出口渐变段局部水头损失系数，取决于渐变段的形式，由表 4-5 查用；

$\bar{J}_2$——出口渐变段首、末断面平均水力坡度，计算方法同进口段 $\bar{J}_1$。

出口扩散渐变段的水面回升值 Δz_3，当上下游渠道断面相等时，也采用式(5-19)计算

$$\Delta z_3 = \frac{1 - \zeta_2}{1 + \zeta_1} \Delta z_1 \tag{5-19}$$

2.4 进出口底板高程的确定

(1)槽身进口底部高程 ∇_2。

如图 5-11 所示，槽身进口底部高程计算式为

$$\nabla_2 = \nabla_1 + h_{01} - h_0 - \Delta z_1 \tag{5-20}$$

(2)出口渐变段末端渠底高程 ∇_4。

如图 5-11 所示，槽身出口底部高程 $\nabla_3 = \nabla_2 - \Delta z_2$，渐变段末端渠底高程 ∇_4 计算式为

$$\nabla_4 = \nabla_3 - h_{02} + h_0 + \Delta z_3 \tag{5-21}$$

式(5-20)、式(5-21)各符号意义如图 5-11 所示。

【案例 5-5】 某渡槽(见图 5-13)进口前渠内水深 0.4 m，$Q_{设} = 0.19\ m^3/s$，加大流量 $Q_{加} = 0.26\ m^3/s$。采用施工方便、抗冻、耐久性好的矩形筒支渡槽，每跨 2 m，共 4 跨。支承形式宜选用梁式渡槽，槽上无交通要求，槽净宽 0.55 m，混凝土边墩的基础墩采用浆砌石重力墩，槽下河流两岸采用 C10 混凝土护坡。进口段设 3 m 长的浆砌石扭曲面渐变段，将梯形混凝土断面变为矩形。出口段设 3 m 长的浆砌石扭曲面渐变段，由矩形断面变为梯形。渡槽上下游渠中流速均为 0.31 m/s，渡槽进口底部高程 $\nabla_1 = 72.30$ m。求：

(1)确定渡槽横断面尺寸、底坡；

(2)计算渡槽进出口水面落降及进出口底板高程。

【案例分析与计算】：

(1)渡槽底坡及断面尺寸拟定。

槽底纵坡初拟采用 $i = 1/500$，矩形断面，底宽 $B = 0.55$ m，取粗糙系数 $n = 0.012$。超高初拟 $\Delta h = h_0/12 + 5 = 40/12 + 5 = 8.3$(cm)，取 $\Delta h = 9$ cm。

初设 $h_{设} = 0.34$ m，$B = 0.55$ m，其他不变。

则过水面积 $A = h_{设} B = 0.34 \times 0.55 = 0.187(m^2)$

湿周 $\chi = 2h_{设} + B = 2 \times 0.34 + 0.55 = 1.23$(m)

水力半径 $R = \dfrac{A}{\chi} = \dfrac{0.187}{1.23} = 0.152$(m)

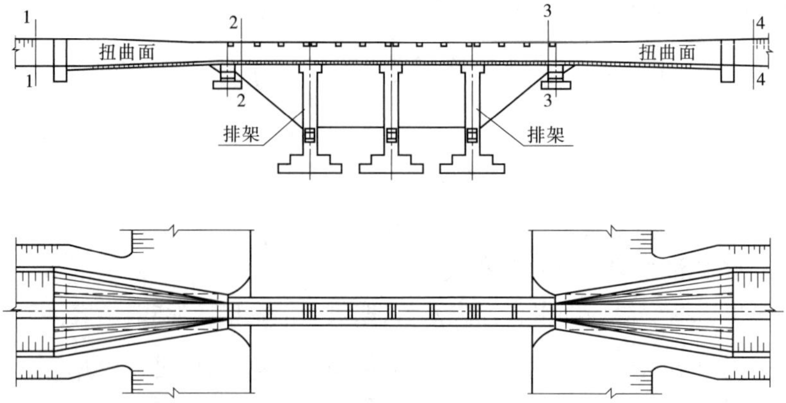

图 5-13

流量 $Q=\frac{1}{n}A\sqrt{i}R^{2/3}=\frac{1}{0.012}\times0.187\times\frac{1}{\sqrt{500}}\times0.152^{2/3}=0.198(m^3/s)$

流速 $v=\frac{Q}{A}=\frac{0.198}{0.187}=1.059(m/s)$

满槽时

$A_{加}=h_{加}B=(0.34+0.09)\times0.55=0.237(m^2)$

$\chi_{加}=2h_{加}+B=2\times(0.34+0.09)+0.55=1.410(m)$

$R_{加}=\frac{A_{加}}{\chi_{加}}=\frac{0.237}{1.410}=0.168(m)$

$Q_{加大}=\frac{A_{加}}{n}R_{加}^{2/3}\sqrt{i}=0.269(m^3/s)$

$v_{加大}=Q_{加大}/A_{加}=\frac{0.269}{0.237}=1.135(m/s)$

通过上面的计算可以看出,$h_{设}=0.34$ m 和 $h_{加}=0.43$ m 时 b/h 分别是 1.618 和 1.279,在 1.25~1.67,符合要求;$h_{设}=0.34$ m 和 $h_{加}=0.43$ m 时的流速 v 分别是 1.059 m/s 和 1.135 m/s,在 1~2 m/s,符合要求。$h_{设}=0.34$ m 和 $h_{加}=0.43$ m 时设计流量、加大流量满足要求。

由以上计算可以看出,槽底纵坡采用 $i=1/500$,渡槽超高取 0.09 m,渡槽槽身高 0.43 m,拟定的断面尺寸满足要求。

(2)计算进出口水面落降。

进口渐变段局部水头损失系数查表 4-5 可知 $\zeta_1=0.1$。

忽略进口渐变段沿程水头损失,进口水面落降按式(5-16)计算。

$v_1=0.31$ m/s

$v_2=\frac{Q}{A_2}=\frac{0.198}{0.187}=1.059(m/s)$,$v_2$ 为渡槽内流速。

$\Delta z_1=\frac{1+\zeta_1}{2g}(v_2^2-v_1^2)=\frac{1+0.1}{2\times9.8}\times(1.062^2-0.31^2)=0.058(m)$

沿程水面落降为

$$\Delta z_2 = iL = \frac{1}{500} \times 8 = 0.016(\text{m})$$

出口水面回升按式(5-17)计算,不计沿程水头损失,出口渐变段局部水头损失系数查表4-5得 $\zeta_2=0.2$。

v_3 为出口渐变段下游渠道流速,等于进口渐变段上游渠道流速。

$$\Delta z_3 = \frac{1-\zeta_2}{2g}(v_2^2 - v_3^2) = \frac{1-0.2}{2\times 9.8}\times(1.062^2 - 0.31^2) = 0.042(\text{m})$$

总水头损失 Δz 为

$$\Delta z = \Delta z_1 + \Delta z_2 - \Delta z_3 = 0.058 + 0.016 - 0.042 = 0.032(\text{m})$$

(3)进出口底部高程的确定。

渡槽进口底部高程按式(5-20)计算

$$\begin{aligned}\nabla_2 &= \nabla_1 + h_{01} - h_0 - \Delta z_1 = \nabla_1 + 0.4 - 0.34 - \Delta z_1 \\ &= 72.30 + 0.4 - 0.34 - 0.058 = 72.302(\text{m})\end{aligned}$$

渡槽出口底部高程 $\nabla_3 = \nabla_2 - \Delta z_2 = 72.302 - 0.016 = 72.286(\text{m})$

出口渐变段末端底部高程按式(5-21)计算

$$\nabla_4 = \nabla_3 - h_{02} + h_0 + \Delta z_3 = 72.286 - 0.4 + 0.34 + 0.042 = 72.268(\text{m})$$

治水名人

马　臻

马臻(公元88~141年),字叔荐,陕西兴平人,东汉时期著名水利专家。

马臻任会稽(今浙江省绍兴市)太守期间,详考农田水利,科学谋划,于公元140年主持兴建了鉴湖工程,由西起浦阳江,东至曹娥江长达127里(1里约415 m)的湖堤拦蓄南侧会稽山麓发源的众多河溪之水,形成周围约310里的鉴湖水库,又辅以斗门、闸、涵、堰等工程设施,使鉴湖水利工程具有防洪、灌溉、航运和城市供水等综合效益。鉴湖的修建是绍兴平原水利发展史上的里程碑。《越中杂识》一书曾如此评价道:“(绍兴)向为潮汐往来之区,马太守筑坝筑塘之后,始成乐土。”但因创湖之始,多淹豪宅,为豪强所诬,马臻被刑。

马臻在浙东平原上首次兴建了具有全局意义的水利工程。鉴湖建成,全面改造了山会平原,效益巨大,流泽后世。

项目练习

一、项目自测

(一)选择题

1.明渠均匀流是指(　　)。

A. 速度方向不变,大小可以沿流向改变的流动

B. 运动要素不随时间变化的流动

C. 断面流速均匀分布的流动

D. 运动要素沿流程不变的流动

2. 明渠均匀流的特征(　　)。

A. $J=J_p=i$　　B. $J\neq J_p\neq i$

C. $J<J_p<i$　　D. 上述都不是

3. 明渠均匀流可形成于(　　)。

A. 底坡大于零的长直渠道　　B. 棱柱形平坡渠道

C. 非棱柱形顺坡渠道　　D. 流量不变的逆坡渠道

4. 在正常水深表格计算表中(见表5-11),如果使用"单变量求解",则目标单元格是(　　)。

A. A3　　B. A4　　C. F3　　D. F4

表5-11　正常水深表格计算表

	A	B	C	D	E	F
1	$Q=$	25	$b=$	8	$m=$	2
2	$n=$	0.025	$i=$	0.000 5		
3	h	A	χ	R	C	Q
4	1.916	22.676	16.570	1.368	42.147	25.000

5. 在表5-11正常水深表格计算表中,下列哪个是C4单元格的计算公式?(　　)

A. $D$1+2*A4*SQRT(1+$F$1*$F$1)

B. ($D$1+$F$1*A4)*A4

C. B4*E4*SQRT(D4*$D$2)

D. 1/$B$2*D4^(1/6)

6. 明渠均匀流过水断面(水深H)上流速最大点为(　　)。

A. 水面　　B. 水面下0.4H处　　C. 水面下0.6H处　　D. 渠底

(二)计算题

1. 一梯形混凝土渠道,按均匀流设计。现已知通过的流量$Q=35\ m^3/s$,底宽$b=8$ m,边坡系数$m=1.5$,粗糙系数$n=0.012\ 5$,底坡$i=0.001\ 2$。试求保证超高$\Delta h=0.3$ m时渠堤的高度。

2. 一梯形土质灌溉渠道,按均匀流设计,根据渠道等级、土质情况确定渠道的底坡$i=0.001$,边坡系数$m=1.5$,粗糙系数$n=0.025$,渠道设计流量$Q=4.2\ m^3/s$,并选定水深$h=1$ m。试设计渠道的底宽b。

3. 在坚固的黄土中开挖梯形断面的渠道,已知渠中通过的流量为4 m^3/s,粗糙系数$n=0.022\ 5$,边坡系数$m=1$,底坡$i=0.000\ 4$,选定渠道的宽深比$\beta=b/h_0=2.5$。试求渠道的底宽b和水深h_0。

4. 灌区中一矩形断面渡槽，底宽为 $b=5$ m，钢筋混凝土槽身，粗糙系数 $n=0.014$，通过的设计量 $Q=26\ m^3/s$，水深 $h=3.08$ m。试求渡槽的底坡为多少？并校核此时槽内流速是否满足通航要求（渡槽内允许通航流速 $v<1.8$ m/s）。

二、项目实训

计算段村水利枢纽泄洪洞下游尾水渠的水深，具体资料、计算任务等见附录1项目5实训。

项目6　渠道水面曲线分析与计算

为了适应不同地质地貌条件,水利工程渠道长距离水流输送功能可能是由多种形式的渠道共同作用完成的,这就需要分析计算不同渠道交界处的水面线,为工程设计施工提供依据。

渠道水面曲线分析与计算项目主要学习明渠非均匀流流态判别、水跌与水跃计算判别、明渠水面线分析等知识;能运用多种方法判别明渠水流流态,能定性分析绘制明渠非均匀流水面线;会正确计算临界水深、矩形断面水跃共轭水深、棱柱体与非棱柱体渠道水面线等。

任务1　明渠水流流态分析与判别

明渠水流有缓流、临界流和急流三种流动状态,可以通过水流速度与干扰波的速度对比关系,判断水流处于哪种流动状态,正确判断流动状态,对于确定水流经过建筑物后,上下游水位的变化至关重要。

1　明渠恒定非均匀流基本概念

1.1　明渠恒定非均匀流基本特点

(1)明渠过水断面形状、尺寸、底坡、粗糙程度等沿程变化,都会导致明渠恒定非均匀流中运动要素沿程发生改变。

(2)流线不再是相互平行的直线。

(3)明渠水流的底坡线、水面线、总水头线不再平行,即底坡、水面坡度、水力坡度不相等。

1.2　明渠恒定非均匀流分类

(1)明渠恒定非均匀渐变流。明渠非均匀流运动要素沿流程变化比较缓慢,水深沿流程可能增加,也可能减小。当水深沿流程增加时,水面线为壅水曲线;当水深沿流程减小时,水面线为降水曲线。

(2)明渠恒定非均匀急变流。明渠水流运动要素沿程变化比较大,主要是由于河渠过水边界突变而形成的,常发生在建筑物上下游附近较短河渠内。

2　明渠急流、缓流与临界流

在生活中大家会观察到一种现象,在平静的湖面上投一颗石子,水面将会产生一个干扰波,而且这个波动是以石子的着水点为中心,以一定的速度向四周传播的。平面上一个干扰波的波形是半径不断增大的同心圆,其传播的速度为干扰波的波速,用 v_w 表示,如图6-1(a)所示。

如果水流的断面平均流速为 v，那么水面波的传播速度应是水流的速度与波速的矢量和。根据 v 和 v_w 的大小，一个水面波的传播图形如图 6-1(b)、(c)、(d)所示。当 $v<v_w$ 时，水面波将以 $v'=v_w-v$ 的速度向上游传播，以 $v'=v_w+v$ 的速度向下游传播；当 $v\geqslant v_w$ 时，水面波不能向上游传播，只能向下游传播，向下游传播的速度为 $v'=v_w+v$；当 $v=v_w$ 时，$v+v_w=2v_w$。在水力分析中，根据干扰微波能否向上游传播，将水流分为缓流、急流和临界流。

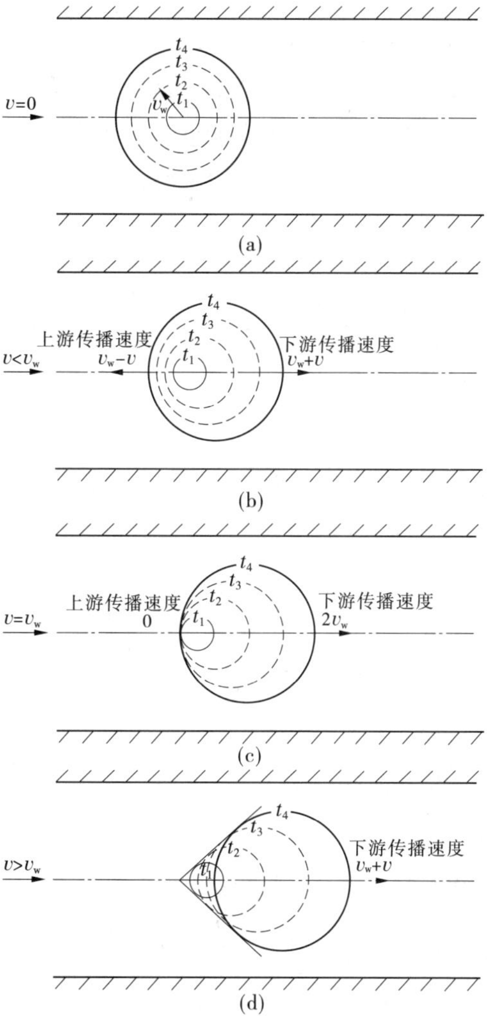

图 6-1

当 $v<v_w$ 时，干扰波能向上游传播，也能向下游传播，称为缓流；

当 $v>v_w$ 时，干扰波不能向上游传播，只能向下游传播，称为急流；

当 $v=v_w$ 时，处于临界状态，干扰波开始只能向下游传播，不能向上游传播，称为临界流。

如果河渠过水断面面积为 A，水面宽度为 B，则平均水深 $\bar{h}=A/B$，由能量方程得干扰波的传播速度为

$$v_w = \sqrt{g\frac{A}{B}} = \sqrt{g\bar{h}} \tag{6-1}$$

河道或渠道上修建建筑物以后,就会对原河道产生干扰,导致河道(渠)上游或下游流动状态发生改变,正确判别水流的流态,对分析研究明渠非均匀流的水面曲线变化有着重要作用。

3 流态的判别数——弗劳德数 Fr

当求出明渠中的断面平均流速和干扰波的波速之后,将二者比较,就可以判别水流的流态。但在水力分析与计算中,通常是以水流的流速和波速的比值作为流态的判别数,称为弗劳德数,用符号 Fr 表示,它实际表示了水流惯性力与重力的对比关系,又反映了过水断面上单位重量水体所具有的平均动能与平均势能之比。

$$Fr = \frac{v}{v_w} = \frac{v}{\sqrt{g\frac{A}{B}}} = \frac{v}{\sqrt{g\bar{h}}} \tag{6-2}$$

若 $Fr<1$,则 $v<v_w$,水流为缓流;

若 $Fr>1$,则 $v>v_w$,水流为急流;

若 $Fr=1$,则 $v=v_w$,水流为临界流。

【案例 6-1】 一矩形渠道,渠中水深 $h=0.8$ m,渠道底宽 $b=2.0$ m,通过的流量 $Q=2.0\ m^3/s$。试判别渠中水流流态,用波速 v_w 和弗劳德数 Fr 判别。

【案例分析与计算】:

断面平均流速为

$$v = \frac{Q}{A} = \frac{2.0}{2.0\times 0.8} = 1.25(m/s)$$

波速为

$$v_w = \sqrt{gh} = \sqrt{9.8\times 0.8} = 2.80(m/s)$$

弗劳德数为

$$Fr = \frac{v}{v_w} = \frac{1.25}{2.80} = 0.45$$

因为 $Fr<1$、$v<v_w$,所以水流为缓流。

4 断面单位能量 E_s

为了从能量的角度进一步分析明渠水流的三种流态,需要引入断面单位能量和临界水深的概念。

4.1 断面单位能量及表达式

如图 6-2 所示,明渠的底坡与水平面的夹角为 θ,水流为非均匀渐变流。任取一过水断面,设水深为 h,流速为 v,若以过断面最低点的水平面为基准面,以水面为代表点,则断面上单位重量的液体所具有的机械能,称为断面单位能量,简称断面比能,以 E_s 表示。

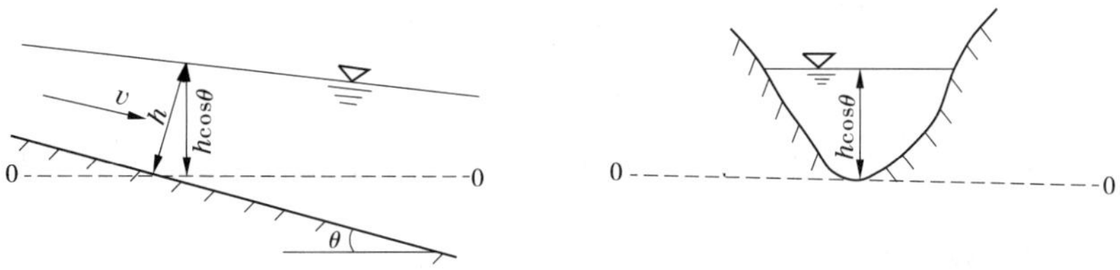

图 6-2

$$E_s = h\cos\theta + \frac{\alpha v^2}{2g} \tag{6-3}$$

当底坡较小(工程中一般当底坡 $i<10\%$)时,$\cos\theta\approx 1$,常采用

$$E_s = h + \frac{\alpha v^2}{2g} \tag{6-4}$$

式(6-4)可改写为

$$E_s = h + \frac{\alpha Q^2}{2gA^2} \tag{6-5}$$

4.2 断面单位能量曲线

由式(6-5)可以看出,当流量 Q 和渠道过水断面的形状和尺寸一定时,断面比能仅仅是水深的函数,即 $E_s=f(h)$。在非均匀流中,由于边界条件的影响,同一流量可能会以不同的水深通过某一过水断面,水深不同,过水断面面积 A 和流速 v 也不同,可以计算出不同的断面比能 E_s 值。以水深 h 为纵坐标、以 E_s 为横坐标,可以绘制出 $h\sim E_s$ 关系曲线(见图 6-3)。$h\sim E_s$ 关系曲线称为比能曲线。比能曲线以 45°线和水平线为渐近线。因为断面比能是水深的连续函数,并且水深 h 从 0 增加到∞,断面单位能量 E_s 从∞先减小,而后再增加到∞,故比能曲线中间必有一拐点,拐点所对应的断面比能为最小值。

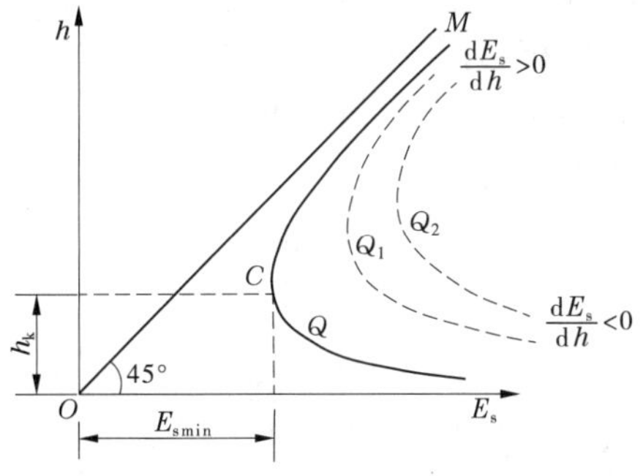

图 6-3

5 临界水深 h_k

5.1 临界水深及表达式

为了解断面比能最小值所对应的水深的意义,可以将式(6-5)对 h 求一阶导数,并令其等于零,即

$$\frac{\mathrm{d}E_s}{\mathrm{d}h} = \frac{\mathrm{d}}{\mathrm{d}h}\left(h + \frac{\alpha Q^2}{2gA^2}\right) = 1 - \frac{\alpha Q^2}{gA^3}\frac{\mathrm{d}A}{\mathrm{d}h} = 0 \tag{6-6}$$

式(6-6)中,dA是水深变化 dh 而引起的过水断面面积的变化,故$\frac{\mathrm{d}A}{\mathrm{d}h}=B$,$B$ 为过水断面的水面宽度,代入式(6-6)得

$$\frac{\mathrm{d}E_s}{\mathrm{d}h} = 1 - \frac{\alpha Q^2}{gA^3}\frac{\mathrm{d}A}{\mathrm{d}h} = 1 - \frac{\alpha v^2}{g\frac{A}{B}} \tag{6-7}$$

取 $\alpha=1$,则式(6-7)可写为

$$\frac{\mathrm{d}E_s}{\mathrm{d}h} = 1 - Fr^2 \tag{6-8}$$

式(6-8)表明,断面比能最小时,$Fr=1$,就是临界流。因此,把断面比能最小值所对应的水深称为临界水深,用 h_k 表示。在图 6-3 中,临界水深在比能曲线上所对应的点 C,将比能曲线分成上下两支,曲线上半支随水深 h 的增大,断面比能 E_s 增大,即$\frac{\mathrm{d}E_s}{\mathrm{d}h}>0$,$Fr<1$,为缓流;曲线下半支随水深 h 的增大,断面比能 E_s 减小,即$\frac{\mathrm{d}E_s}{\mathrm{d}h}<0$,$Fr>1$,表示流动属于急流。断面比能曲线是对某一固定断面而言的,且与流量有关。对于同一断面,不同流量可以得出不同的比能曲线及相应的临界水深,如图 6-3 中虚线所示。

当渠道中通过某一固定流量时,水深由小逐渐增大,当实际水深 h 在临界水深 h_k 以下时,处于比能曲线下支,水流处于急流状态;当实际水深 h 正好等于 h_k 时,为临界流;实际水深继续增大,实际水深 h 高于 h_k 时,处于比能曲线上支,水流处于缓流状态。因此,可以使用实际水深与临界水深对比,判别水流的流态。

若以 A_k、B_k 分别表示临界水深 h_k 所对应的过水断面面积和水面宽度,由式(6-7)可以得到临界水深的计算公式为

$$1 - \frac{\alpha Q^2}{gA^3}\frac{\mathrm{d}A}{\mathrm{d}h} = 0$$

即

$$\frac{\alpha Q^2}{g} = \frac{A_k^3}{B_k} \tag{6-9}$$

当流量 Q、断面形状和尺寸一定时,可以用式(6-9)求解临界水深。对于任意形状的断面,式(6-9)是临界水深的隐函数形式,求解临界水深需要试算。为了方便计算,对于水利工程中常见的梯形断面、圆形断面可以利用逼近法计算临界水深。

由式(6-9)还可以看出,临界水深只与渠道的断面形状、流量有关,与渠道的底坡、粗糙系数无关。

5.2 矩形断面临界水深计算

对于矩形断面渠道,渠道底宽和水面宽度相等,$A_k=B_kh_k$,总流量 $Q=B_kq$,代入式(6-9)可以得到临界水深的计算公式为

$$h_k = \sqrt[3]{\frac{\alpha q^2}{g}} \tag{6-10}$$

式中 q——单宽流量,$m^3/(s \cdot m)$。

5.3 梯形断面临界水深的计算

对于梯形断面渠道,由于式(6-9)是临界水深的复杂方程,直接求解比较麻烦,可以采用试算、迭代等方法求解。

将 $A_k = h_k(b+mh_k)$ 和 $B_k = b+2mh_k$ 代入式(6-9)整理后可以得到

$$h_k = \sqrt{\frac{1}{m}\left(\frac{\alpha Q^2}{g}\right)^{1/3}(b + 2mh_k)^{1/3} + \left(\frac{b}{2m}\right)^2} - \frac{b}{2m}$$

令

$$\beta_1 = \frac{1}{m}\left(\frac{\alpha Q^2}{g}\right)^{1/3}, \beta_2 = \frac{b}{2m}$$

则临界水深迭代法计算式为

$$h_{k\,n+1} = \sqrt{\beta_1(b + 2mh_{k\,n})^{1/3} + \beta_2^2} - \beta_2 \tag{6-11}$$

6 临界底坡、缓坡与陡坡

对于断面形状、尺寸和粗糙系数一定的棱柱体明渠,通过流量一定时,若发生均匀流动,渠道中的正常水深 h_0 仅仅与底坡 i 有关。底坡 i 越大,h_0 越小;底坡 i 越小,h_0 越大。如果某一底坡正好使渠道中的正常水深 h_0 等于相应流量的临界水深 h_k,该底坡称为临界底坡,用 i_k 表示。临界底坡的计算式为

$$i_k = \frac{g\chi_k}{\alpha C_k^2 B_k} \tag{6-12}$$

式中 B_k、C_k、χ_k——临界水深所对应的水面宽度、谢才系数和湿周。

由式(6-12)可知,临界底坡 i_k 与流量、断面形状及尺寸、粗糙系数有关,与渠道的实际底坡 i 无关。对于一定的流量,如果渠中形成均匀流动,渠道的底坡与临界底坡比较,存在三种情况:

(1) $i<i_k$,$h_0>h_k$,为缓流,渠道的底坡称为缓坡;

(2) $i>i_k$,$h_0<h_k$,为急流,渠道的底坡称为陡坡;

(3) $i=i_k$,$h_0=h_k$,为临界流,渠道的底坡称为临界坡。

因此,在均匀流的情况下,根据临界底坡即可判别水流的流态。但是,对于非均匀流,由于边界条件的控制,渠中的水深不等于正常水深 h_0,所以在缓坡上可能会出现急流,陡坡上也可能出现缓流,不能用临界坡判别急流和缓流。还需要注意的是,临界坡与流量有关,对于同一渠道,流量不同,临界坡也不同,所以要判别渠道底坡的类型,必须求出相应流量下的临界底坡。

【案例 6-2】 一梯形断面渠道,$Q=45\ m^3/s$,底宽 $b=8\ m$,边坡系数 $m=2.0$,粗糙系数 $n=0.020$,底坡 $i=0.000\,4$,渠中水流为明渠均匀流。

(1) 计算临界底坡 i_k;

(2) 判别渠道底坡的类型;

(3)判别水流流态。

【案例分析与计算】:

(1)计算临界水深 h_k。

$Q^2/g=45^2/9.8=206.63$

设临界水深 $h_k=1.00$ m,则

$A_k=h_k(b+mh_k)=1.00\times(8+2.0\times1.00)=10.00(m^2)$

$B_k=b+2mh_k=8+2\times2.0\times1.00=12.00(m)$

$A_k^3/B_k=10.00^3/12.00=83.33$ 与 Q^2/g 相差甚远。

再设临界水深 $h_k=1.32$ m,相应 $A_k=14.04$ m^2,$B_k=13.28$ m,$A_k{}^3/B_k=208.62$,与 Q^2/g 的值接近,所以临界水深 $h_k=1.32$ m。

(2)计算临界底坡 i_k。

$\chi_k=13.90$ m

$$R_k=\frac{A_k}{\chi_k}=\frac{14.04}{13.90}=1.01(m)$$

$$C_k=\frac{1}{n}R^{1/6}=\frac{1}{n}R_k^{1/6}=\frac{1}{0.020}\times1.01^{1/6}=50.08$$

$$i_k=\frac{g\chi_k}{\alpha C_k^2B_k}=\frac{9.8\times13.90}{1\times50.08^2\times13.28}=0.004\ 1>0.000\ 4$$

故属缓坡渠道。渠中为均匀流,所以为缓流。临界水深计算成果见表 6-1。

表 6-1 临界水深计算成果

	A	B	C	D
1	$Q/(m^3/s)$	45	b/m	8
2	m	2	$Q^2/g=$	206.63
3	h_k/m	A_k/m^2	B_k/m	$A_k^3/B_k/m^2$
4	1.32	14.04	13.28	208.62
5	迭代法			
6	$\beta_1=$	2.956	$\beta_2=$	2.000
7	h_{k1}/m	h_{k2}/m	h_{k3}/m	h_{k4}/m
8	1	1.281	1.313	1.316

试算临界水深工作量比较大,可以利用计算表使用单变量,单求解或迭代法计算。

使用计算表单变量求解计算临界水深的步骤是:

(1)首先将 Q、b 等基本水力要素填充到单元格 A1:D2。

(2)假设临界水深 h_k 并填充到单元格 A4。

(3)分别计算 A_k、B_k、$A_k{}^3/B_k$,计算填充到单元格 B4:D4。

(4)以 D4 为目标单元格,以 Q^2/g 的值 206.63 为目标值,A4 为可变单元格变量,单

求解临界水深。单变量求解结果 $h_k=1.32$ m。

使用计算表迭代求解计算临界水深的步骤是：

(1)填充基本水力要素，计算 β_1、β_2 填充到单元格 B6、D6。

(2)初设 h_{k1} 并填充到单元格 A8，利用式(6-11)计算 h_{k2}，填充到单元格 B8。

(3)选中单元格 B8，拖动填充 C8:D8，直到迭代精度满足要求。

迭代计算时，初始临界水深 1 m 是假设的，假设值越接近真值，迭代速度越快，否则迭代次数要增加，上例中迭代 3 次就达到了要求，取 $h_k=1.32$ m。

单变量求解、迭代法计算见表 6-1，表格计算主要公式见表 6-2。

表 6-2　临界水深表格计算主要公式

序号	计算参数	单元格	单元格计算公式	水力计算公式
1	A_k/m^2	B4	=A4 * (D1+B2 * A4)	$h_k(b+mh_k)$
2	B_k/m	C4	=D1+2 * B2 * A4	$b+2mh_k$
3	$A_k^3/B_k/\text{m}^2$	D4	=B4^3/C4	A_k^3/B_k
4	β_1	B6	=1/B2 * (B1 * B1/9.8)^(1/3)	$\frac{1}{m}(\frac{\alpha Q^2}{g})^{1/3}$
5	β_2	D6	=D1/(2 * B2)	$\frac{b}{2m}$
6	h_{k2}/m	B8	=SQRT($B$6 * ($D$1+2 * $B$2 * A8)^(1/3)+ $D$6 * $D$6)-$D$6	$\sqrt{\beta_1(b+2mh_k)^{1/3}+\beta_2^2}-\beta_2$

任务 2　水跌与水跃的水力分析与计算

缓流和急流是明渠水流两种不同的流态。当水流由一种流态转换为另一种流态时，会产生局部水力现象——水跌和水跃。下面分别讨论这两种水力现象的特点及有关问题。

1　水跌

水跌是明渠水流由缓流状态过渡到急流状态产生的水面连续跌落现象。如图 6-4 所示，在缓坡上处于缓流状态的明渠水流，因渠底变为陡坡或末端有跌坎，水流在底坡改变的 $c—c$ 断面的上下游一段距离内，由于重力作用增大，水流的势能转变为动能，因此水面会发生急剧降落，并以临界状态通过 $c—c$ 断面，转变为急流，这就是水跌现象。

以图 6-4(a)为例，在上游渠道较远处，水流为均匀流，缓坡渠道上的均匀流为缓流，其水深大于临界水深。在下游渠道较远处，水流为均匀流，陡坡渠道上的均匀流为急流，其水深小于临界水深。上游渠道末端过渡到下游渠道时，上游渠道中的水流在重力作用下做加速运动，水深沿流程减小，水面沿流程下降，则跌坎上水流以临界流状态在近坎处

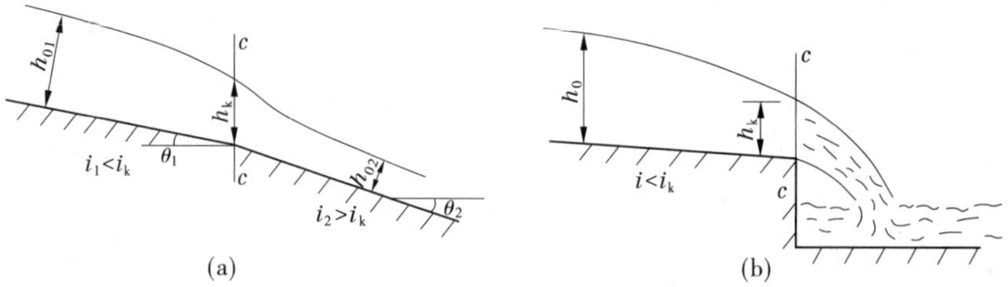

图 6-4

通过,在跌坎附近产生一平顺而急剧的水面降落。

从上面的分析可知,c—c 断面之前明渠水流是缓流,c—c 断面下游是急流,c—c 断面的水深是临界水深 h_k。水流由缓流过渡到急流时,一定要经过临界流断面。由于临界水深是由渐变流条件导出的,而实际水流在临界水深处属于急变流,因此理论上导出的临界流断面并不发生在渠底突变处,实际上根据试验观测,c—c 断面的水深并不等于 h_k,h_k 出现在 c—c 断面的上游,距 c—c 断面的距离为$(3\sim4)h_k$ 处。但在实际计算水面曲线时,常将渠底突变处断面近似当作发生临界流的断面。由于渠道长度一般很长,这样简化处理,并不影响水面线计算的精度。

2 水跃

2.1 水跃现象

水跃是明渠水流从急流状态过渡到缓流状态时,水面突然跃起的局部水力现象。例如,水闸、溢流堰下泄的水流位能转化为动能,所以建筑物下游多为急流状态,如果下游河(渠)道中为缓流,就会产生水跃现象。图 6-5 所示为水闸下游产生的水跃。水跃区的水流可分为两部分:一部分是急流冲入缓流所激起的表面旋滚,翻腾滚动,饱掺空气,叫作表面水滚;另一部分是表面水滚下面的主流,流速由快变慢,水深由小变大。但主流与表面水滚并不是截然分开的,因为两者的交界面上流速梯度很大,紊动混掺非常强烈,两者之间不断地进行着动量交换,造成大量的能量损失。由于水跃的消能效果好,所以泄水建筑物下游常用水跃消除动能,减小渠道的冲刷。

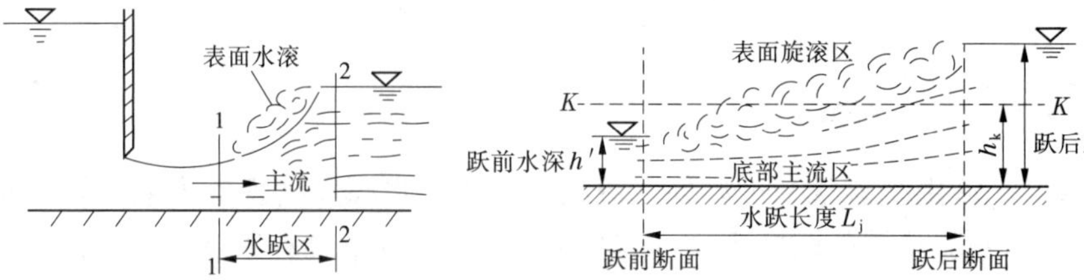

图 6-5

图 6-5 中,水跃以前水流为急流,水深 $h<h_k$,闸后下游渠道水流往往是缓流,水深 $h>h_k$。水流在从急流过渡到缓流过程中,水流克服渠道阻力,断面比能减小,水深增大,这符合能量的变化规律。

如果水深继续加大,平缓地通过临界水深和下游缓流连接,成为缓流,显然是不可能的,因为从比能曲线可以看出,下游渠道缓流使断面比能也会随水深增大而增大,即水流的单位机械能增大。水流边克服阻力流动,能量边增大,这是不符合能量变化规律的。因此,水流必然会急剧通过临界水深,向下游跃起,在跃后水压力顶托的作用下,垂直跃起的水流向前倾倒,形成水跃现象。

水跃的跃前断面1—1和跃后断面2—2的水深分别称为跃前水深和跃后水深,它们决定了水跃发生的位置,二者必须满足一定的关系才能发生水跃,这一对水深称为共轭水深。跃后水深与跃前水深之差叫水跃高度。跃前与跃后两断面间的水平距离叫水跃长度。水跃的主要计算任务是求解共轭水深和计算水跃长度。

2.2 棱柱体水平明渠的水跃方程

共轭水深的关系式即为水跃方程式。图6-6为一棱柱体水平明渠中的水跃,这种没有工程措施限制的水跃称为自由水跃。设渠道中通过的流量为 Q,跃前断面1—1的水深为 h',断面平均流速为 v_1;跃后断面2—2的水深为 h'',断面平均流速为 v_2;水跃长度为 L_j。取跃前断面1—1、跃后断面2—2和固体边界之间的水体为脱离体,并假定:

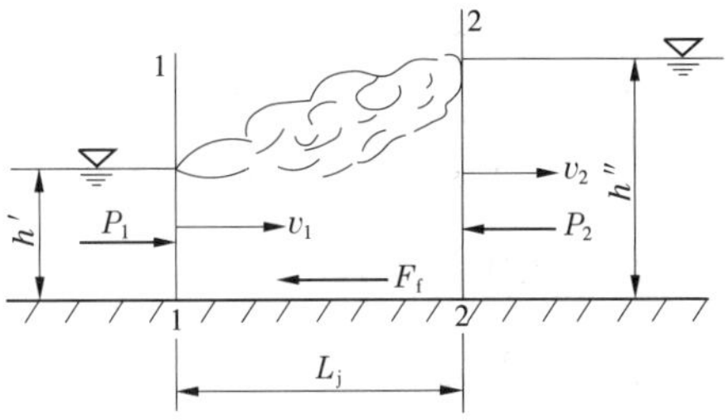

图6-6

(1)因水跃长度不大,水流与槽身之间的摩擦力与水跃两端的水压力相比甚小,可以忽略不计。

(2)跃前、跃后两断面上的水流满足均匀流或渐变流条件,动水压强分布可以按静水压强的分布规律计算,作用于跃前和跃后两断面上的动水总压力分别为:$P_1=\gamma h_{c1}A_1$,$P_2=\gamma h_{c2}A_2$。式中:A_1、A_2 分别表示跃前、跃后断面的面积;h_{c1}、h_{c2} 分别表示跃前、跃后断面形心处的水深。

(3)跃前、跃后断面的动量修正系数 $\beta_1=\beta_2=1.0$。

对1—1断面和2—2断面写动量方程,得

$$\gamma h_{c1}A_1-\gamma h_{c2}A_2=\frac{\gamma Q}{g}(v_2-v_1) \tag{6-13}$$

根据连续方程 $v_1=\dfrac{Q}{A_1}$,$v_2=\dfrac{Q}{A_2}$,代入式(6-13),整理可得

$$\frac{Q^2}{gA_1}+A_1h_{c1}=\frac{Q^2}{gA_2}+A_2h_{c2} \tag{6-14}$$

式(6-14)就是棱柱体水平明渠的水跃方程式。

当渠道的断面形状、尺寸一定时,式(6-14)中的断面面积 A 和形心在水面以下的深度 h_c 都是断面水深 h 的函数。因此,当流量 Q 一定时,水跃方程的左右两边分别是跃前水深 h' 和跃后水深 h'' 的函数,此函数称为水跃函数,并以 $J(h)$ 表示,即

$$J(h)=\frac{Q^2}{gA}+Ah_c \tag{6-15}$$

水跃方程可以写为

$$J(h')=J(h'') \tag{6-16}$$

式(6-16)表明,对于平底棱柱体明槽,跃前水深与跃后水深的水跃函数值相等,如图6-7所示。

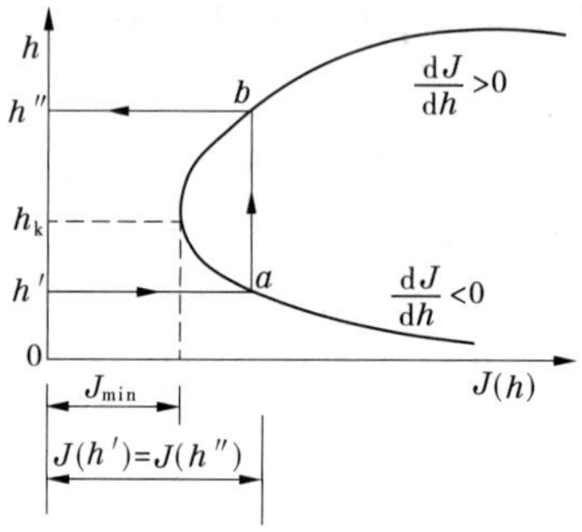

图 6-7

2.3 棱柱体矩形断面水平明渠共轭水深公式

设矩形断面明槽的底宽为 b,则单宽流量 $q=\frac{Q}{b}$。

将 $Q=bq,A=bh,h_c=\frac{h}{2}$代入式(6-14),得

$$\frac{b^2q^2}{gbh'}+\frac{h'}{2}bh'=\frac{b^2q^2}{gbh''}+\frac{h''}{2}bh'' \tag{6-17}$$

两端消去 b,经整理得

$$h'h''(h'+h'')=\frac{2q^2}{g} \tag{6-18}$$

分别以跃后水深 h''和跃前水深 h'为未知数,求解式(6-18)可得

$$h''=\frac{h'}{2}\left(\sqrt{1+\frac{8q^2}{gh'^3}}-1\right) \tag{6-19}$$

$$h'=\frac{h''}{2}\left(\sqrt{1+\frac{8q^2}{gh''^3}}-1\right) \tag{6-20}$$

式(6-19)、式(6-20)即为矩形棱柱体水平明渠的水跃方程。因$\frac{q^2}{gh'^3}=Fr_1^2,\frac{q^2}{gh''^3}=Fr_2^2$,式(6-19)、式(6-20)可改写为

$$h''=\frac{h'}{2}\left(\sqrt{1+8Fr_1^2}-1\right) \tag{6-21}$$

$$h'=\frac{h''}{2}\left(\sqrt{1+8Fr_2^2}-1\right) \tag{6-22}$$

式中　Fr_1、Fr_2——跃前、跃后断面的弗劳德数。

利用式(6-21)、式(6-22)可直接计算棱柱体矩形平底明槽中的水跃共轭水深。

泄水建筑物下游明槽的断面多为矩形，讨论求解矩形断面明槽中的水跃共轭水深更具有实际意义。

2.4　棱柱体矩形断面水平明渠中的水跃长度

由于水跃现象非常复杂，水跃区水流紊动强烈，跃前断面水深、跃后断面水深及位置等比较难测定，还没有成熟的理论分析结果，所以水跃长度的计算只能依据试验研究和实际工程分析得出的经验公式计算。下面介绍常见的自由水跃长度的计算公式。

欧勒佛托斯基公式为

$$L_j = 6.9(h'' - h') \tag{6-23}$$

切尔托乌索夫公式为

$$L_j = 10.3h'(Fr_1 - 1)^{0.81} \tag{6-24}$$

陈椿庭公式为

$$L_j = 9.4(Fr_1 - 1)h' \tag{6-25}$$

以上各式中　h'、h''——跃前、跃后水深；

Fr_1——跃前断面的弗劳德数。

2.5　棱柱体梯形断面的水跃共轭水深及跃长公式

梯形断面明渠中的水跃，工程中遇到的较少，棱柱体梯形断面的水跃共轭水深可以用式(6-14)或绘制水跃函数曲线推求。对水跃长度的计算至今没有确切解决，一般可按下列经验公式估算：

$$L_j = 5h''\left(1 + 4\sqrt{\frac{B_2 - B_1}{B_1}}\right) \tag{6-26}$$

式中　B_1、B_2——跃前、跃后断面的水面宽度。

2.6　水跃区流速分布

平底棱柱体明渠中的水跃，矩形断面在工程设计中应用比较多。非棱柱体渠道中，如果水流由急流过渡为缓流，也会产生水跃。非棱柱体明渠中水跃共轭水深的关系式与棱柱体明渠的主要区别在于槽身的横断面尺寸沿程变化。

水跃范围内，水流运动要素变化剧烈，图 6-8 描述了水跃段的一些断面流速分布，1～2 断面间水跃段 L_j 表面回流区十分明显，主流区在底部，2～3 断面间跃后段 L_{jj} 水流流速分布和明渠流速分布也有不同，经过长距离调整才能达到明渠均匀流流速分布状态，因此

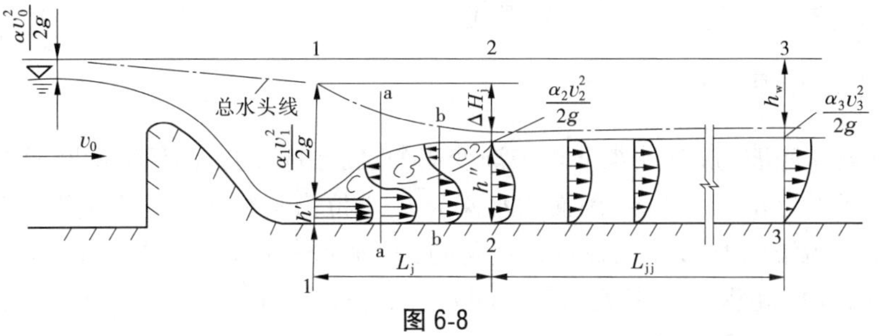

图 6-8

水利工程中常常在水跃部位建有专门建筑物保证水跃区位置稳定,并在水跃后端设置海漫,消除水流的余能,调整流速分布。

【案例 6-3】 某棱柱体渠道断面为矩形,底宽 $b=5.0$ m。渠道上建一水闸,闸门与渠道等宽。当闸门局部开启时,通过的流量 $Q=20.4$ m³/s,闸后产生一自由水跃,跃前水深 $h'=0.62$ m,求:

(1)跃后水深 h'';

(2)水跃长度。

【案例分析与计算】:

(1)跃后水深 h''。

跃前断面流速为

$$v_1=\frac{Q}{bh'}=\frac{20.4}{5.0\times 0.62}=6.581(\mathrm{m/s})$$

跃前弗劳德数为

$$Fr_1=\frac{v_1}{\sqrt{gh'}}=\frac{6.581}{\sqrt{9.8\times 0.62}}=2.67$$

跃后断面水深为

$$h''=\frac{h'}{2}(\sqrt{1+8Fr_1^2}-1)=\frac{0.62}{2}\times(\sqrt{1+8\times 2.67^2}-1)=2.05(\mathrm{m})$$

(2)水跃长度 L_j。

用式(6-23)计算

$$L_j=6.9(h''-h')=6.9\times(2.05-0.62)=9.87(\mathrm{m})$$

用式(6-24)计算

$$L_j=10.3h'(Fr_1-1)^{0.81}=10.3\times 0.62\times(2.67-1)^{0.81}=9.67(\mathrm{m})$$

用式(6-25)计算

$$L_j=9.4(Fr_1-1)h'=9.4\times(2.67-1)\times 0.62=9.73(\mathrm{m})$$

从上面的计算结果看,只要在公式的应用范围内,各公式的计算结果相差不大。

任务 3　渠道水面曲线分析

分析计算明渠非均匀流问题,必须遵循非均匀流的基本方程式。可以利用能量方程式分析非均匀渐变流微分方程的一般形式。

1　基本微分方程

图 6-9 表示底坡为 i 的明渠非均匀渐变流渠段。沿流动方向任取两断面 1—1 断面和 2—2 断面,间距为 ds。设 1—1 断面的水深为 h,水位为 z,断面平均流速为 v,底部高程为 z_0,由于非均匀流的水力要素沿流程是变化的,经过流段 ds 后,2—2 断面的水深、水位、断面平均流速、渠底高程可分别表示为 $h+\mathrm{d}h$、$z+\mathrm{d}z$、$v+\mathrm{d}v$ 和 $z_0+\mathrm{d}z_0$。以 0—0 为基准面,对 1—1 断面和 2—2 断面建立能量方程。

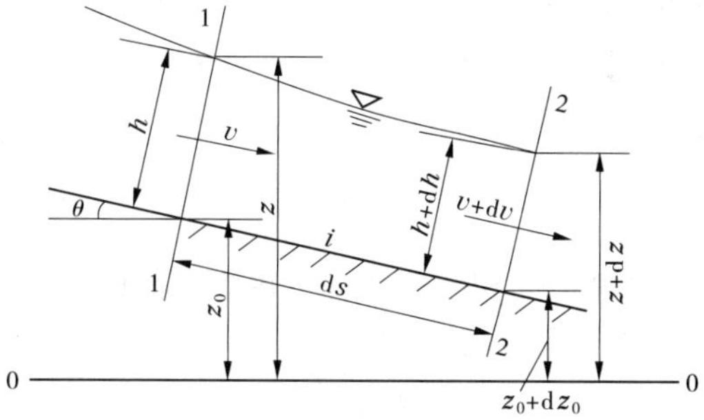

图 6-9

$$z_0+h\cos\theta+\frac{\alpha_1 v^2}{2g}=(z_0+\mathrm{d}z_0)+(h+\mathrm{d}h)\cos\theta+\frac{\alpha_2(v+\mathrm{d}v)^2}{2g}+\mathrm{d}h_{\mathrm{f}}+\mathrm{d}h_{\mathrm{j}} \tag{6-27}$$

式中 $\mathrm{d}h_{\mathrm{f}}$——1—1 断面和 2—2 断面间的沿程水头损失；

$\mathrm{d}h_{\mathrm{j}}$——1—1 断面和 2—2 断面间的局部水头损失。

因为
$$\frac{\alpha_2(v+\mathrm{d}v)^2}{2g}=\frac{\alpha_2}{2g}[v^2+2v\mathrm{d}v+(\mathrm{d}v)^2]$$

略去高阶微量$(\mathrm{d}v)^2$，则

$$\frac{\alpha_2(v+\mathrm{d}v)^2}{2g}\approx\frac{\alpha_2}{2g}(v^2+2v\mathrm{d}v)=\frac{\alpha_2 v^2}{2g}+\mathrm{d}\left(\frac{\alpha_2 v^2}{2g}\right) \tag{6-28}$$

令 $\alpha_1=\alpha_2=1$，并将式(6-28)及 $\mathrm{d}z_0=-i\mathrm{d}s$ 代入式(6-27)简化得

$$i\mathrm{d}s=\mathrm{d}h\cos\theta+\mathrm{d}\left(\frac{\alpha v^2}{2g}\right)+\mathrm{d}h_{\mathrm{f}}+\mathrm{d}h_{\mathrm{j}} \tag{6-29}$$

沿程水头损失 $\mathrm{d}h_{\mathrm{f}}$ 近似用均匀流公式计算，则

$$\mathrm{d}h_{\mathrm{f}}=\frac{Q^2}{K^2}\mathrm{d}s=J_{\mathrm{f}}\mathrm{d}s$$

式中 K——流量模数，K_0 表示明渠均匀流对应的流量模数；

J_{f}——沿程水头损失坡降，称为摩阻坡度，$J_{\mathrm{f}}=\frac{K_{0i}^2}{K^2}$。

局部水头损失可表示为 $\mathrm{d}h_{\mathrm{j}}=\zeta\mathrm{d}\left(\frac{v^2}{2g}\right)$。将 $\mathrm{d}h_{\mathrm{f}}$、$\mathrm{d}h_{\mathrm{j}}$ 代入式(6-29)得

$$i\mathrm{d}s=\mathrm{d}h\cos\theta+(\alpha+\zeta)\mathrm{d}\left(\frac{v^2}{2g}\right)+J_{\mathrm{f}}\mathrm{d}s \tag{6-30}$$

当底坡较小时，$\cos\theta\approx1$，则式(6-30)可写为

$$i\mathrm{d}s=\mathrm{d}h+(\alpha+\zeta)\mathrm{d}\left(\frac{v^2}{2g}\right)+J_{\mathrm{f}}\mathrm{d}s \tag{6-31}$$

式(6-30)、式(6-31)就是明渠恒定非均匀流的基本微分方程。

2 棱柱体明渠水深沿程变化的微分方程

对于人工渠道，水深沿流程的变化能够反映出水面线的变化。为了便于分析棱柱体

渠道的水面线,可将明渠非均匀流的基本微分方程式(6-30)、式(6-31)转换为水深沿流程变化的形式。人工渠道的底坡一般都较小,可取 $\cos\theta=1$。将式(6-31)两端同除以 ds,经整理有

$$i-J_f=\frac{dh}{ds}+(\alpha+\zeta)\frac{d}{ds}\left(\frac{v^2}{2g}\right) \tag{6-32}$$

因为棱柱体渠道的过水断面面积 A 是水深的函数,即 $A=f(h)$,而非均匀流水深 h 又是流程 s 的函数,故 A 是 s 的复合函数,则

$$\frac{dA}{ds}=\frac{\partial A}{\partial h}\frac{dh}{ds}=B\frac{dh}{ds} \tag{6-33}$$

式中 B——明渠的水面宽度。

$$\frac{d}{ds}\left(\frac{v^2}{2g}\right)=\frac{d}{ds}\left(\frac{Q^2}{2gA^2}\right)=-\frac{Q^2}{gA^3}\frac{dA}{ds}=-\frac{Q^2B}{gA^3}\frac{dh}{ds} \tag{6-34}$$

式(6-34)代入式(6-32),整理得

$$i-J_f=\frac{dh}{ds}\left[1-(\alpha+\zeta)\frac{Q^2B}{gA^3}\right] \tag{6-35}$$

对于棱柱体明渠中的渐变流,可忽略局部水头损失,即 $\zeta=0$,于是式(6-35)可简化为

$$i-J_f=\frac{dh}{ds}\left(1-\frac{\alpha v^2}{g\frac{A}{B}}\right)=\frac{dh}{ds}(1-Fr^2)$$

即

$$\frac{dh}{ds}=\frac{i-J_f}{1-Fr^2}=i\frac{1-\left(\frac{K_0}{K}\right)^2}{1-Fr^2} \tag{6-36}$$

式(6-36)就是棱柱体明渠水深沿程变化的微分方程,主要用于分析棱柱体明渠非均匀渐变流水面线的变化规律。

3 棱柱体渠道恒定非均匀渐变流水面线分析

明渠非均匀渐变流的水面线比较复杂,在进行定量计算之前,必须对水面线的性质、形状做定性分析。

利用式(6-36)可定性分析棱柱体渠道水面线的沿程变化。

当 $\frac{dh}{ds}>0$ 时,表明水深沿程增加,水流做减速流动,称为壅水曲线;

当 $\frac{dh}{ds}<0$ 时,表明水深沿程减小,水流做加速流动,称为降水曲线;

当 $\frac{dh}{ds}\to 0$ 时,表明水深沿程不变,水流趋于均匀流动;

当 $\frac{dh}{ds}\to\pm\infty$ 时,由式(6-36)可知 $Fr\to 1$,则水深趋于临界水深;

当 $\frac{dh}{ds}\to+\infty$ 时,表明水深沿流程由 $h<h_k$ 趋近 h_k,必然产生水跃;

当$\frac{dh}{ds} \to -\infty$，表明水深沿流程由 $h>h_k$ 趋近 h_k，产生水跌。

3.1　水面线的分类及表示

由式(6-36)可以看出，水深沿流程的变化率$\frac{dh}{ds}$与渠道的底坡 i 有关，明渠的底坡不同，可以产生不同形式的水面线。为了便于分析，需要根据底坡对水面线进行分类。明渠的底坡分为：正坡($i>0$)、平坡($i=0$)和逆坡($i<0$)。

为了便于分析，做以下规定和标识：

(1)一般用 $N—N$ 线表示渠道的正常水深线，用 $K—K$ 线表示渠道的临界水深线。$N—N$ 线和 $K—K$ 线分别是水深等于正常水深 h_0 和临界水深 h_k，且与渠底线平行的直线，用 $N—N$ 线可以判别水流是均匀流还是非均匀流，用 $K—K$ 线可以判别水流是急流还是缓流。

(2)正坡渠道又分为缓坡($i<i_k$)、陡坡($i>i_k$)和临界坡($i=i_k$)，加上平坡($i=0$)和逆坡($i<0$)，共有五种渠道底坡，为了区分不同底坡上的水面线，一般加角标以示区分。缓坡上加“1”，陡坡上加“2”，临界坡上加“3”，平坡上和逆坡上分别加“0”和“′”。

(3)五种底坡情况的 $N—N$ 线和 $K—K$ 线的相对位置不同，缓坡 $h_0>h_k$，$N—N$ 线位于 $K—K$ 线之上；陡坡 $h_0<h_k$，$N—N$ 线位于 $K—K$ 线之下。临界坡 $h_0=h_k$，$N—N$ 线与 $K—K$ 线重合，如图 6-10 所示。

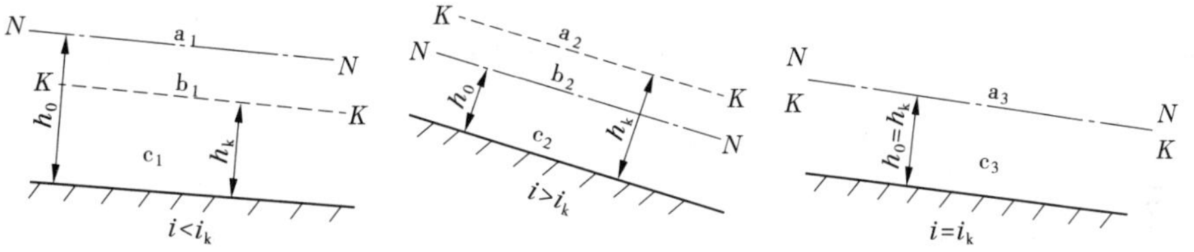

图 6-10

在平坡和逆坡棱柱体明渠中，存在临界水深，所以有 $K—K$ 线。平坡和逆坡棱柱体明渠不可能形成均匀流，不存在正常水深 h_0，也就没有实际的正常水深线，但可以设想 $N—N$ 线在无限高处。

(4)根据渠道中的实际水面线相对于 $N—N$ 线和 $K—K$ 线的位置，可以将水面线分为三个区。位于 $N—N$ 线和 $K—K$ 线之上，为 a 区；位于 $N—N$ 线和 $K—K$ 线之间，为 b 区；位于 $N—N$ 线和 $K—K$ 线之下，为 c 区；在临界底坡上 $N—N$ 线和 $K—K$ 线重合，没有 b 区，只有 a 区和 c 区(见图 6-10)；对于平坡和逆坡棱柱体明渠，设想 $N—N$ 线在无限高处，所以只有 b 区和 c 区，如图 6-11 所示。

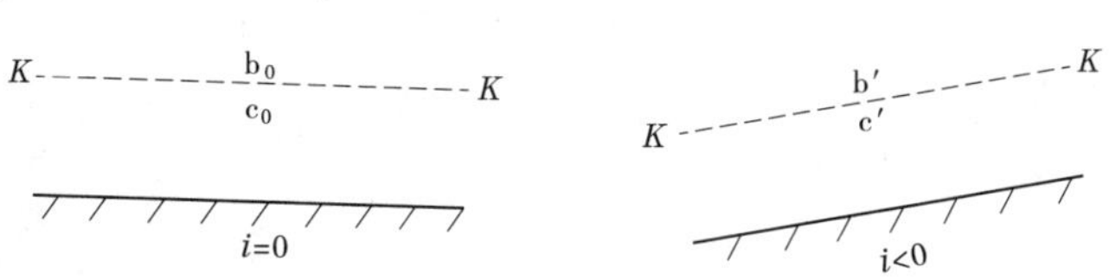

图 6-11

(5)渠道水面位于 $N—N$ 线以上，此时水流流量模数 K 大于均匀流流量模数 K_0，即

$K>K_0$,渠道水面与 $N—N$ 线重合时,$K=K_0$,否则 $K<K_0$;渠道水面位于 $K—K$ 线以上,此时水流弗劳德数 $Fr>1$,否则 $Fr<1$。

通过以上分析可知,五种底坡可能的水面线有:

(1)缓坡上可能有 a_1、b_1、c_1 三种水面线;

(2)陡坡上可能有 a_2、b_2、c_2 三种水面线;

(3)临界坡上可能有 a_3、c_3 两种水面线;

(4)平坡上可能有 b_0、c_0 两种水面线;

(5)逆坡上可能有 b′、c′两种水面线。

各种底坡明渠上 a 区可能有 a_1、a_2、a_3 三种水面线,b 区可能有 b_1、b_2、b_0、b′四种水面线,c 区可能有 c_1、c_2、c_3、c_0、c′五种水面线,共可能有 12 种水面线。

3.2 水面线定性分析

对于缓坡渠道上的 a_1 区,$i>0$;水面线位于 $N—N$ 线以上,此时 $K>K_0$,$K_0/K<1$;水面位于 $K—K$ 线以上,$Fr<1$。据式(6-36)有:$\frac{dh}{ds}=(+)\frac{(+)}{(+)}>0$,水面线为壅水曲线。上游水面接近 $N—N$ 线,K 接近 K_0,dh/ds 趋近于 0,水面接近正常水深;下游水深越来越大 $K\gg K_0$,K_0/K 趋近于 0,同时 Fr 也趋近于 0,dh/ds 趋近于 i,下游水面越来越接近水平面。

棱柱体明渠中的各种水面线的定性分析可以从式(6-36)得出。表 6-3 以缓坡渠道为例,分析各区水面线的形式。

表 6-3 缓坡渠道水面线分析

水面线	水深 h	摩阻坡度 J_f	弗劳德数 Fr	$\frac{dh}{ds}$	水面线性质	上游	下游
a_1	$h>h_0>h_k$	$J_f<i$ $i-J_f>0$	$Fr<1$ $1-Fr^2>0$	>0	壅水	当 $h\to h_0$ 时,$J_f\to i$,$\frac{dh}{ds}\to 0$,水深沿程不变,趋于均匀流动。所以,a_1 型水面线的上游端以正常水深线 $N—N$ 为渐近线	当 $h\to\infty$ 时,$J_f\to 0$,$Fr\to 0$,$\frac{dh}{ds}\to i$,水面线趋近水平线。a_1 型水面线的下游以水平线为渐近线,见图 6-12
b_1	$h_0>h>h_k$	$J_f>i$ $i-J_f<0$	$Fr<1$ $1-Fr^2>0$	<0	降水	向上游水深增大,当 $h\to h_0$ 时,$J_f\to i$,$i-J_f\to 0$,$\frac{dh}{ds}\to 0$,水深沿程不变,趋于均匀流动,水面线上游以 $N—N$ 为渐近线	当 $h\to h_k$ 时,$Fr\to 1$,$1-Fr^2\to 0$,$\frac{dh}{ds}\to -\infty$,下游水面线与 $K—K$ 线有呈正交的趋势,将出现从缓流向急流转换的水跃现象,见图 6-12

续表 6-3

水面线	水深 h	摩阻坡度 J_f	弗劳德数 Fr	$\frac{dh}{ds}$	水面线性质	上游	下游
c_1	$h_0>h_k>h$	$J_f>i$ $i-J_f<0$	$Fr>1$ $1-Fr^2<0$	>0	壅水	上游水深不可能为 0,其最小水深通常由建筑物控制,如水闸等	当 $h\to h_k$ 时,$Fr\to 1$, $1-Fr^2\to 0$, $\frac{dh}{ds}\to +\infty$,下游水面线有与 K—K 线呈正交的趋势,将产生水跃现象,见图 6-12

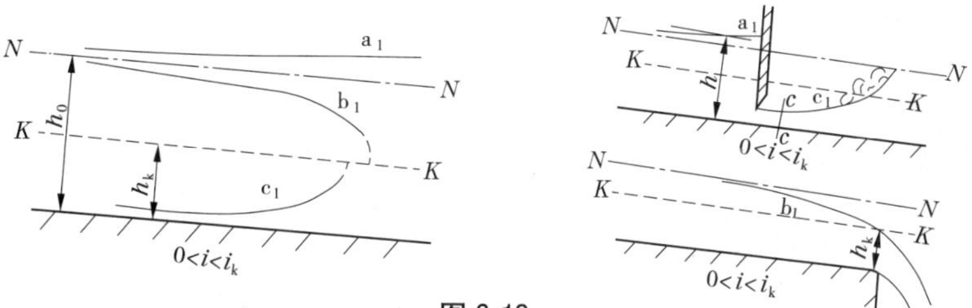

图 6-12

用同样的方法,可以分析陡坡、临界坡、平坡和逆坡棱柱体渠道上的水面线,这里不再一一进行讨论。图 6-13 给出了陡坡、临界坡、平坡和逆坡上各类水面线的形式及实例供参考。需要注意的是,a_3 型和 c_3 型水面线,当水深 $h\to h_k$ 时,水面线以水平线为渐近线,不会发生水跌或水跃,这两种水面线实际上很少出现。

3.3 水面线分析应注意的问题

棱柱体明渠可能出现的 12 种水面线,它们既有共同的规律,又有各自的特点,进行水面线分析时应注意以下几个问题:

(1)所有 a 区和 c 区只能产生壅水曲线,b 区只能产生降水曲线。

(2)无论何种底坡,每一个流区只可能有一种确定的水面曲线形式,如缓坡上的 b 区,只能是 b_1 型降水曲线,不可能有其他形式的水面线。

(3)对于正坡渠道,当渠道很长时,在非均匀流影响不到的地方,水深 $h\to h_0$,水面线与 N—N 线相切,水流趋近均匀流动。

(4)水流由缓流过渡为急流产生水跌,在底坡渠底突变处的转折断面上,水深近似等于临界水深 h_k。水流由急流过渡到缓流发生水跃,水跃的位置应根据跃前与跃后水深的共轭关系确定。

(5)分析、计算水面线必须从已知水深的断面开始,这种断面称为控制断面,相应的水深为控制水深。例如,在跌坎上或其他缓流过渡为急流的地方必须通过临界水深,则 h_k 即为控制水深。

(6)因为急流中的干扰波不能向上游传播,缓流中的干扰波能向上游传播,所以急流的控制水深在上游,应自上而下分析、推算水面线;缓流的控制水深在下游,应自下而上分析、推算水面线。

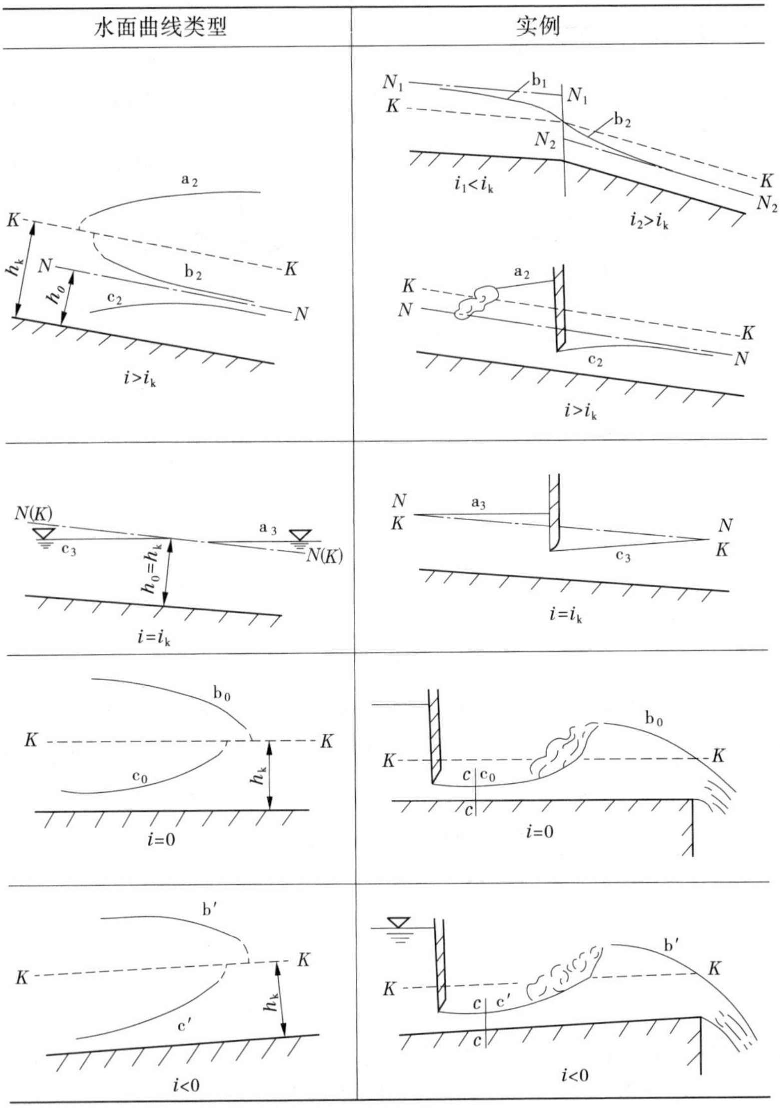

图 6-13

4 渠道水面线定性分析绘制

水面线定性分析绘制时，首先正确标出各渠段 $N—N$ 线和 $K—K$ 线位置；确定控制断面；从控制断面或断面变化影响不到的正常水深开始试着分析；凡是符合水面线变化规律的分析都是可能的水面线；但实际水面线只有一种可能，只能在分析的基础上通过计算确定。

【案例 6-4】 陡坡到陡坡水面线分析绘制。

【案例分析】：

如图 6-14 所示的渠道，水流从上游流向下游，上下游因底坡变化影响不到的区域为明渠均匀流。假设影响区域在上游 1—1 断面到下游 2—2 断面之间，那么从 1—1 断面开始水面线无非有三种变化：

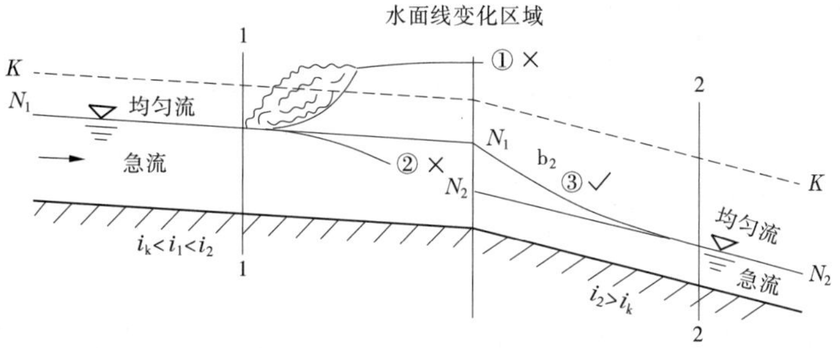

图 6-14

①水面线通过水跃超过 *K—K* 线产生 a_2 型水面线。

发生这种水面线是不可能的。因为上游水流到下游水流都在 *K—K* 线以下，都是急流，不可能发生水跃或水跌，并且当 a_2 型水面线到第 2 段渠道后，水面线在第 2 段渠道的 a 区，而 a 区是壅水曲线，不可能降低到影响区域之外的明渠均匀流的水位。

②水面线在 1—1 断面开始降低。

发生这种水面线是不可能的。因为如果水面线从 1—1 断面开始降低，水面线发生在 c 区，这与 c 区水面线都是壅水曲线相矛盾。

③水流仍然是明渠均匀流，水面沿 *N—N* 线变化。

只有这种水面线才符合实际情况。第 1 渠段水流是明渠均匀流，一直到底坡变化交界断面，这时水面线正好进入第 2 渠段 b 区，水面线按 b_2 型降水曲线变化，在 2—2 断面处底坡变化影响消除，水面线为 2—2 断面的正常水深，以后第 2 渠段水流就是明渠均匀流了。

【案例 6-5】 缓坡到缓坡的水面线分析绘制。

【案例分析】：

如图 6-15 所示，由于水流是从缓流到缓流过渡，不可能产生水跃或水跌。

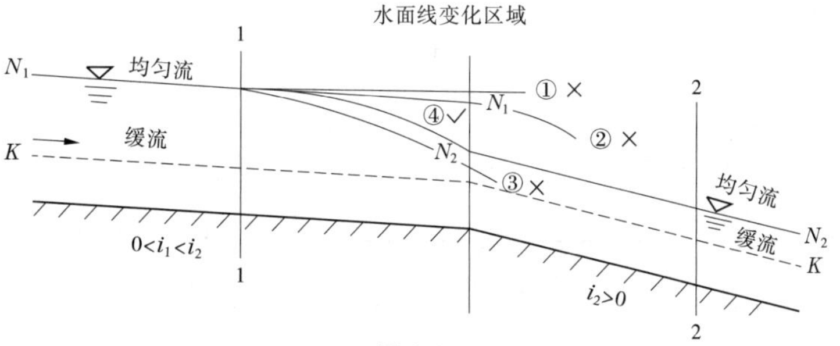

图 6-15

①从上游均匀流通过 a_1 型水面线进入下游 a_2 区。

发生这种水面线是不可能的。a_2 区是壅水曲线，不可能与下游明渠均匀流相连接。

②从上游均匀流在渠道交界处进入下游 a_2 区。

发生这种水面线是不可能的。a_2 区是壅水曲线，不可能与下游明渠均匀流相连接。

③从 1—1 断面开始产生 b_1 型水面线，下降到第 2 渠段 *N—N* 线以下。

发生这种情况也是不可能的。如果水面降低到第2渠段b区,而b_2型水面线是降水曲线,不可能与下游明渠均匀流连接。

④从1—1断面,形成b_2型降水曲线,在渠道底坡变化处与下游明渠均匀流相连接。

只有这种水面线才符合实际情况。第1渠段上游水流是明渠均匀流,在1—1断面开始降水,在渠段交界处与下游正常水深线连接,以后是明渠均匀流,与所有要求都不矛盾。

【案例6-6】 闸后水面线分析绘制。

【案例分析】:

(1)平坡段比较长。

如图6-16所示,闸后平坡段比较长时,闸孔出流可能出现平坡段下游泄水不畅导致水位升高,甚至超过$K—K$线,这样从闸后的急流状态通过水跃过渡到平坡段下游的缓流状态,在平坡段下游产生b_0型降水曲线,再经过水跌产生b_2型水面线与第2渠段下游的明渠均匀流衔接。

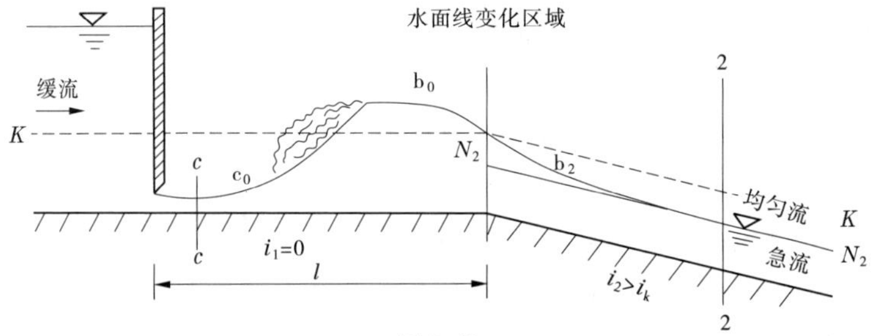

图6-16

(2)平坡段比较短。

如图6-17所示,当闸后平坡段比较短时,c_0型水面线距$K—K$线还有一定差距,就到达两渠段交界处,这时水深正处在第2渠段b区,第2渠段形成b_2型降水曲线与下游均匀流衔接。

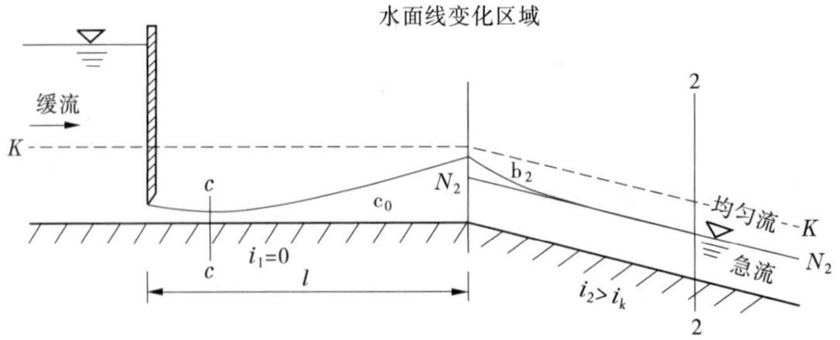

图6-17

(3)闸后平坡段很长。

如图6-18所示,当平坡段很长时,平坡段下游水位上升很高,导致水跃不断前移,在闸后形成淹没水跃,平坡段形成b_0型降水曲线,在1~2渠段交界处形成水跌,第2渠段通过b_2型降水曲线与下游均匀流连接。

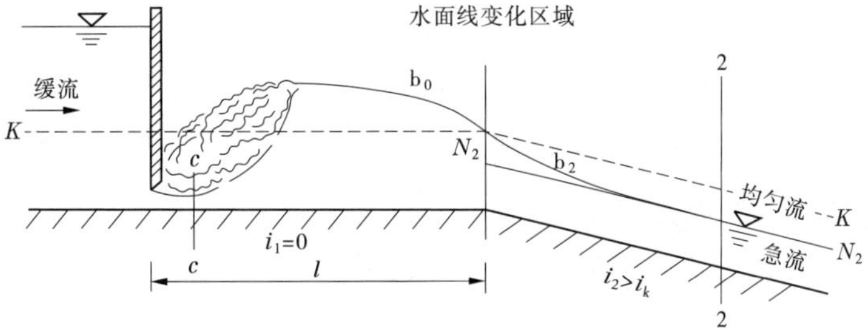

图 6-18

(4)闸后平坡段很短。

如图 6-19 所示,当闸后平坡段很短,c_0 没有升高到第 2 渠段 N—N 线时,就到两渠段交界处,此时在第 2 渠段通过 c_2 型壅水曲线与下游均匀流衔接。

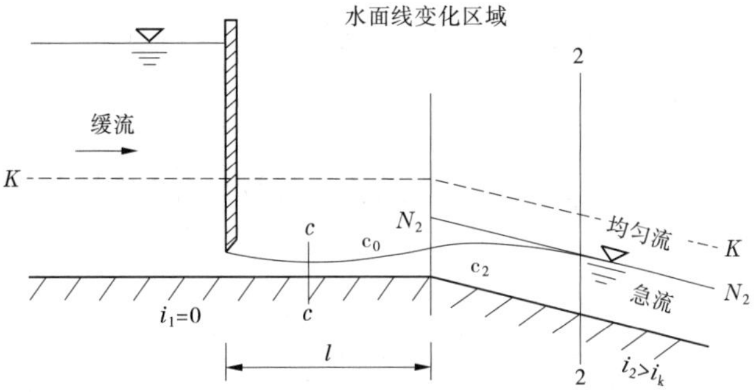

图 6-19

任务 4 渠道水面线计算

明渠水面线的计算目的在于确定渠道各断面位置的水深,为工程设计、施工提供依据,一般在计算之前,先进行水面线的定性分析,确定水面线线型、水跌位置、水跃位置,找出控制断面,然后从已知位置和水深的控制断面处开始进行计算。

1 水面线计算方法

明渠水面线有分段求和、数值积分等方法,这里只介绍工程中常用的分段求和法。分段求和法就是将整个过流渠道分为若干流段,并以有限差分代替基本方程中的微分,分段计算各断面的位置和水深,所有断面水面连接后形成整个过流渠道水面线。

将式(6-8)$\dfrac{dE_s}{dh}=1-Fr^2$ 代入式(6-36)$\dfrac{dh}{ds}=\dfrac{i-J_f}{1-Fr^2}$,微分方程简化为差分方程,整理后有

$$\Delta s = \frac{\Delta E_s}{i - \overline{J_f}} \tag{6-37}$$

$$\Delta E_s = E_{sd} - E_{su} \tag{6-38}$$

式中 E_{sd}、E_{su}——流段上、下游断面的断面单位能量;

$\overline{J_f}$——流段的平均水力坡度。

近似采用均匀流沿程水头损失的计算公式,则

$$\overline{J_f} = \frac{\overline{v}^2}{\overline{C}^2 \overline{R}} \tag{6-39}$$

$$\overline{v} = \frac{v_u + v_d}{2};\overline{C} = \frac{C_u + C_d}{2};\overline{R} = \frac{R_u + R_d}{2}$$

式中 $\overline{v}$——流段上、下游断面流速的平均值;

$\overline{C}$——流段上、下游断面谢才系数的平均值;

$\overline{R}$——流段上、下游断面水力半径的平均值。

2 棱柱体水面线计算

判断计算渠段水流是急流或缓流,从控制断面开始,急流应从上游断面向下游断面分段计算,缓流应从下游向上游分段计算。

棱柱体水面线分段求和的方法步骤是:

(1)计算已知1—1断面的水力参数 A_1、v_1、E_{s1}、h_1、R_1 等。

(2)根据分析得到的水面线性质,假设下一断面2—2的水深为 $h_2 = h_1 \pm \Delta h$,计算相应的 A_2、v_2、E_{s2}、h_2、R_2 等。

(3)计算1—1断面和2—2断面间的平均流速、水力半径、谢才系数等水力要素的平均值。

(4)利用式(6-37)求出1—1断面和2—2断面间的流程长 Δs_1。

(5)再用求出的2—2断面的参数为已知量,假设下一断面3—3的水深为 $h_3 = h_2 \pm \Delta h$,计算相应的 A_3、v_3、E_{s3}、h_3、R_3 等,从而求出2—2断面和3—3断面间的流程长 Δs_2。

(6)重复上述步骤,可以得到一系列的 h_i 和 Δs_{i-1},在图纸上标出相应断面后,用光滑的曲线将各断面水面点连接起来就可以得到所分析的水面线定量数值。

【案例6-7】 某排水渠如图6-20所示,断面为梯形,底宽 $b=8$ m,边坡系数 $m=2$,粗糙系数 $n=0.025$,渠道纵坡 $i=0.000\,5$,渠道长 $s=3\,335$ m,退水流量 $Q=25$ m³/s,退入下游河道。退水时由于下游河道排洪,水位上涨,使排水渠末端出口断面水深达3.5 m,试计算排水渠入口断面的水深。

【案例分析计算】:

(1)判断线型。

经计算该渠道正常水深 $h_0=1.92$ m,临界水深 $h_k=0.921$ m。因 $h_0>h_k$,故渠道底坡为缓坡。又因排水渠末端水深 $h=3.5$ m $>h_0$,控制水深位于a区,所以为 a_1 型水面曲线。

(2)水面线计算。

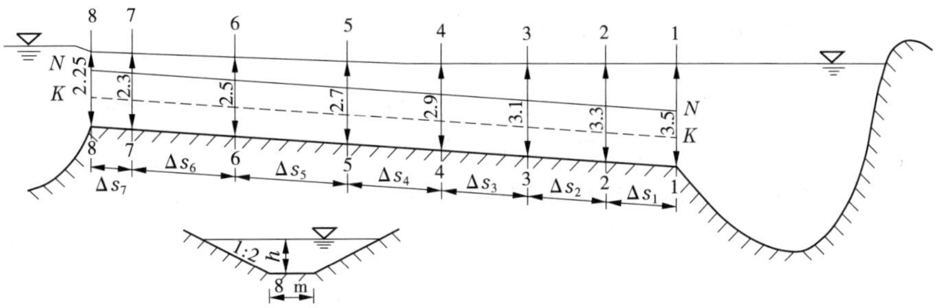

图6-20 （单位：m）

因为水流为缓流，水面线应从排水渠末端控制水深 $h=3.5$ m 开始，从下游向上游按水深分段推算。假设水深变化量 $\Delta h=0.2$ m。则上游各断面的水深分别为 3.3 m，3.1 m，2.9 m，…，求出各相应流段的距离 Δs_1，Δs_2，…，Δs_7，然后根据已知渠道的总长度 $s=3\ 335$ m，用试算法求出排水渠进口处的水深。

1—1 断面水力要素（$h_1=3.5$ m）如下：

$A_1=h_1(b+mh_1)=3.5\times(8+2\times3.5)=52.50(\mathrm{m}^2)$

$v_1=Q/A_1=25/52.50=0.476(\mathrm{m/s})$

${v_1}^2/(2g)=0.476^2/(2\times9.8)=0.012(\mathrm{m})$

$E_{s1}=h_1+{v_1}^2/(2g)=3.5+0.012=3.512(\mathrm{m})$

$\chi_1=b+2h_1\sqrt{1+m^2}=8+2\times3.5\times\sqrt{1+2^2}=23.652(\mathrm{m})$

$R_1=A_1/\chi_1=52.50/23.652=2.220(\mathrm{m})$

$C_1=\dfrac{1}{n}R_1^{1/6}=\dfrac{1}{0.025}\times2.220^{1/6}=45.686\approx45.69$

同理，2—2 断面水力要素（设 $h_2=3.3$ m）如下：

$A_2=48.18\ \mathrm{m}^2$，$v_2=0.519$ m/s，${v_2}^2/(2g)=0.014$ m，$E_{s2}=3.314$ m，$\chi_2=22.758$ m，$R_2=2.117$ m，$C_2=45.33$。

$\Delta E_s=E_{s1}-E_{s2}=3.512-3.314=0.198(\mathrm{m})$

注意两断面间的断面比能差 ΔE_s 一定是下游减去上游。

1—1 断面和 2—2 断面间平均水力要素如下：

$\bar{v}=(v_1+v_2)/2=(0.476+0.519)/2=0.498(\mathrm{m/s})$

$\bar{\chi}=(\chi_1+\chi_2)/2=(23.652+22.758)/2=23.21(\mathrm{m})$

$\bar{R}=(R_1+R_2)/2=(2.220+2.117)/2=2.169(\mathrm{m})$

$\bar{C}=(C_1+C_2)/2=(45.69+45.33)/2=45.51$

$\bar{J}_f=\dfrac{\bar{v}^2}{\bar{C}^2\bar{R}}=0.498^2/(45.51^2\times2.169)=0.552\times10^{-4}$

1—1 断面和 2—2 断面间流程为

$$\Delta s_{1-2}=\frac{\Delta E_s}{i-\overline{J}_f}=0.198/(5\times10^{-4}-0.552\times10^{-4})=445.1(\mathrm{m})$$

由于流程长没有超过要求,所以把 2—2 断面作为已知断面,假设水深重复上述过程,得到 Δs_{2-3},$s=\Delta s_{1-2}+\Delta s_{2-3}+\cdots$,计算过程见表 6-4。当 $h=2.1$ m 时,s 长度已超过渠道长度 3 335 m,渠道末端水深可以通过内插近似求得。

渠道末端水深为

$$h=h_7+\frac{(h_8-h_7)(s-s_7)}{s_8-s_7}$$

$$=2.3+\frac{(2.1-2.3)\times(3\ 335-3\ 139.62)}{4\ 085.98-3\ 139.62}=2.259(\mathrm{m})$$

表 6-4 棱柱体渠道水面线计算

	A	B	C	D	E	F	G	H	I	J	K	L	M	N	O	P
1	$Q=$	25	m^3/s	$b=$	8	m	$m=$	2	$i=$	0.000 5		$n=$	0.025			
2	断面	h	A	v	$v^2/(2g)$	E_s	χ	R	C	ΔE_s	$\overline{v}$	$\overline{R}$	$\overline{C}$	$\overline{J}_f$	Δs	s
3		(m)	(m^2)	(m/s)	(m)	(m)	(m)	(m)	$(m^{1/2}/s)$	(m)	(m/s)	(m)	$(m^{1/2}/s)$	$(\times10^{-4})$	(m)	(m)
4	1—1	3.5	52.500	0.476	0.012	3.512	23.652	2.220	45.685							0
5	2—2	3.3	48.180	0.519	0.014	3.314	22.758	2.117	45.326	0.198	0.498	2.168	45.506	0.551 3	444.70	444.70
6	3—3	3.1	44.020	0.568	0.016	3.116	21.864	2.013	44.948	0.197	0.543	2.065	45.137	0.701 8	458.98	903.68
7	4—4	2.9	40.020	0.625	0.020	2.920	20.969	1.909	44.549	0.197	0.596	1.961	44.749	0.905 5	480.03	1 383.71
8	5—5	2.7	36.180	0.691	0.024	2.724	20.075	1.802	44.126	0.196	0.658	1.855	44.338	1.186	512.78	1 896.49
9	6—6	2.5	32.500	0.769	0.030	2.530	19.180	1.694	43.675	0.194	0.730	1.748	43.901	1.582	568.08	2 464.57
10	7—7	2.3	28.980	0.863	0.038	2.338	18.286	1.585	43.191	0.192	0.816	1.640	43.433	2.152	675.05	3 139.62
11	8—8	2.1	25.620	0.976	0.049	2.149	17.391	1.473	42.668	0.189	0.919	1.529	42.929	2.999	946.35	4 085.98

可以在表 6-4 中使用表格拖动填充快速计算水面线。计算步骤如下:

(1)首先计算 1—1 断面水力要素 $A,v,\cdots$,分别填充在单元格 C4:I4。

(2)分析假设 2—2 断面水深,选中单元格 C5:I5,拖动填充单元格 C5:I5,得到 2—2 断面相应 1—1 断面水力要素。

(3)然后计算两断面间的水力要素平均值$\overline{v}$、$\overline{R}$、$\overline{C}$、$\overline{J}_f$,分别填充到单元格 J5:N5。

(4)计算两断面间的流程 Δs 及流程和 s,填充到单元格 O5:P5。

(5)分析假设填充其他各断面水深,填充到 B 列。

(6)选中第 5 行的 C 列到 P 列,向下拖动填充其他 C 列到 P 列,就可快速计算出各断面间流程长和总流程长。

棱柱体渠道水面线表格计算主要公式见表 6-5。

渠道末端水深用单变量求解得到,单变量求解的目标单元格为 P10,目标值为 3 335,可变单元格为 B10,单变量求解得末端水深 $h=2.25$ m。

表 6-5　棱柱体渠道水面线表格计算主要公式

序号	计算参数	单元格	单元格计算公式	水力计算公式
1	ΔE_s/m	J5	=F4-F5	$E_{s1}-E_{s2}$
2	$\overline{J}_f$	O5	=K5 * K5/(M5 * M5 * L5)	$\frac{\overline{v}^2}{\overline{C}^2\overline{R}}$
3	Δs/m	P5	=J5/($ J $ 1-N5)	$\frac{\Delta E_s}{i-\overline{J}_f}$
4	$\sum s$/m	Q5	=O5+P4	

3　非棱柱体水面线计算

非棱柱体渠道没有临界水深、临界底坡等，断面形状随流程会发生变化。显然，如果仍然采用棱柱体的方法进行计算，就会出现流程、断面形状都不确定的情况，无从解决，所以必须首先确定计算断面位置，然后想办法求出断面水深。下面通过案例分析如何进行非棱柱体水面线的计算。

【案例 6-8】　如图 6-21 所示某水库溢洪道，由两段组成，断面为矩形。上游为直线收缩段，底坡 $i_1=0.03$，收缩段以下等宽，$i_2=0.05$。已知收缩段进口断面 1—1 宽 60 m，出口断面 3—3 宽 40 m，收缩段长 50 m。溢洪道用混凝土衬砌，粗糙系数 $n=0.014$。当通过设计流量 $Q=580\ m^3/s$ 时，进口断面 1—1 的水深 $h_1=2.12$ m，求设计流量下收缩段的水面线。

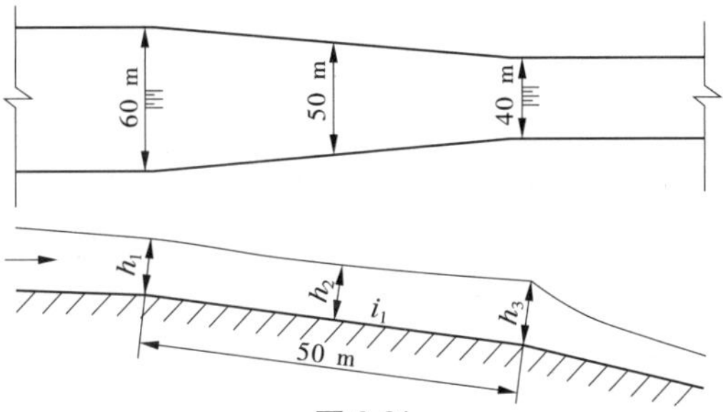

图 6-21

【案例分析与计算】：

收缩段为非棱柱体明渠，需要先将渠道按流程分段，计算出断面尺寸。由于收缩段较短，可以分为两段，$\Delta s_1=25$ m，$\Delta s_2=25$ m。

根据几何关系，计算出中间断面 2—2 的底宽 $b_2=50$ m，利用式(6-37)进行试算，便可求出中间断面 2—2 的水深 h_2 和出口断面 3—3 的水深 h_3。

因溢洪道泄流为急流，水面线总趋势为降水曲线，2—2 断面水深小于 1—1 断面水深，设 2—2 断面水深 $h_2=1.84$ m，同样可计算出 2—2 断面的各水力要素，然后计算出 E_{s2} 和 $\overline{J}_f$。

试算 2—2 断面水深，当 $E_{s2}+\overline{J}_f\Delta s=E_{s1}+i\Delta s=3.931$ m 时的水深即为所求。重复上述步骤可以得到 3—3 断面水深，具体计算见表 6-6。

在表 6-6 中使用表格可以快速计算水面线，计算步骤如下：

表 6-6　非棱柱体渠道水面线计算表

	A	B	C	D	E	F	G	H	I
1	$Q=$	580	m^3/s			$i=$	0.03		$n=$
2	断面	h	Δs	m	b	A	v	$v^2/(2g)$	E_s
3		(m)	(m)		(m)	(m^2)	(m/s)	(m)	(m)
4	1	2.12		0	60	127.20	4.56	1.06	3.18
5	2	1.841	25	0	50	92.05	6.30	2.03	3.87
6	3	2.109	25	0	40	84.36	6.87	2.41	4.52

	J	K	L	M	N	O	P	Q	R
1	0.014								
2	χ	R	C	$\bar{v}$	$\bar{R}$	$\bar{C}$	$\bar{J}_f$	$E_{s1}+i\Delta s$	$E_{s2}+\bar{J}_f\Delta s$
3	(m)	(m)		(m/s)	(m)		($\times10^{-3}$)	(m)	(m)
4	64.24	1.98	80.04						
5	53.68	1.71	78.15	5.43	1.85	79.09	2.552	3.931	3.930
6	44.22	1.91	79.55	6.59	1.81	78.85	3.854	4.617	4.617

(1)计算填充 1—1 断面水力要素 $m_1,b_1,A_1,\cdots$,填充到单元格 D4:L6。

(2)分析假设 2—2 断面水深,选中 F4:L4 向下拖动填充 F5:L5,可以得到 2—2 断面相应水力要素。

(3)计算两断面间的平均水力要素$\bar{v}$、$\bar{R}$、$\bar{C}$、$\bar{J}_f$ 和 $E_{s1}+i\Delta s$、$E_{s2}+\bar{J}_f\Delta s$,填充到单元格 M5:R5。

(4)以 R5 为目标单元格,Q5 的数据 3.931 为目标值,B5 为可变单元格,单变量求解,可得到 2—2 断面水深。

(5)重复上述步骤可得到其他断面水深。

非棱柱体渠道水面线表格计算主要公式见表 6-7。

表 6-7　非棱柱体渠道水面线表格计算主要公式

序号	计算参数	单元格	单元格计算公式
1	$E_{s1}+i\Delta s$	Q5	= I4+$ G $ 1 * C5
2	$E_{s2}+\bar{J}_f\Delta s$	R5	=I5+P5 * C5

综上所述,水面线计算工作量较大,特别是分段越细,计算精度越高,但工作量增加更多,一般情况对于水面线变化较快的降水曲线和急流壅水曲线,分段宜短些,对于水面线变化缓的缓流壅水曲线,分段可长些。使用分段求和法计算水面线是递推计算,一旦其中任何一个数据计算错误,就不能得到正确结果。

对于一些计算水面线末端接近临界水深或正常水深时,要注意观察计算数据规律性,一旦规律性出现问题,说明计算已经接近极限或出现了错误,要进行认真分析。

通过案例6-7水面线分析与计算可以看出,对于棱柱体渠道水面线计算时一般有两种情况:第一种情况是已知流段两端断面的水深,求流段的距离 Δs,可直接用式(6-37)求出 Δs;第二种情况是已知流段一端的水深和流段长 Δs,求另一端的水深,此时需试算,可先设另一端的水深,用式(6-37)计算出 Δs,若算出的 Δs 和已知流段的长度相等,则设的水深即为所求,否则,重新假定水深再进行计算。当渠道的长度足够长时,水面线计算属于第一种计算情况,水面线计算长度可按末端水深计算到 $h=1.01h_0$(水深从大于 h_0 趋近于 h_0 时)或 $h=0.99h_0$(水深从小于 h_0 趋近于 h_0 时)为止。

通过案例6-8水面线分析与计算可以看出,对于非棱柱体渠道水面线计算时,因按流程分段,计算情况与棱柱体渠道水面线计算中的第二种情况相同,需分段试算完成。

治水名人

姜师度

姜师度(约653~723年),河北魏县人,历任丹陵尉,龙岗令,易州、沧州、同州等地刺史,水利成就显著。

《旧唐书》载:"师度勤于为政,又有巧思,颇知沟洫之利。"公元705年,姜师度在蓟州沿海开平虏渠运粮;公元707年,在贝州经城县开张甲河排水,随后又在沧州清池县引浮水开渠分别注入毛氏河和漳河;公元714年,在华州华阴县开敷水渠排水;公元716年,在郑县修建利俗、罗文两灌渠并筑堤防洪;公元719年,在朝邑、河西二县修渠引洛水和黄河水灌通灵陂,灌田二千顷。

姜师度每到一地都注重兴修水利,为官一地、治水一方,有力推动了当时水利事业的发展。

项目练习

一、项目自测

(一)选择题

1. 发生水跃是水流由(　　)。

A. 缓流过渡到急流　　B. 临界流过渡到急流

C. 急流过渡到急流　　D. 急流过渡到缓流

2. 发生水跌是水流由(　　)。

A. 缓流过渡到急流　　B. 临界流过渡到急流

C. 急流过渡到急流　　D. 急流过渡到缓流

3. 明渠的临界水深取决于(　　)。

A. 流量和底坡　　B. 断面形状、尺寸和底坡

C. 流量和粗糙系数　　D. 流量和断面形状、尺寸

4. 渠道中出现 a_1 型水面曲线，则水流为(　　)。

A. 缓流　　B. 均匀流　　C. 急流　　D. 急变流

5. 下面棱柱体渠道明渠恒定非均匀渐变流水面线中(　　)是降水线型。

A. c_1　　B. a_1　　C. b_2　　D. b_3

6. 两条断面形状和尺寸相同的渠道，通过的流量相等，当 $i_1>i_2$，$n_1=n_2$ 时，则正常水深与临界水深关系为(　　)。

A. $h_{01}>h_{02}$，$h_{k1}>h_{k2}$　　B. $h_{01}<h_{02}$，$h_{k1}=h_{k2}$

C. $h_{01}>h_{02}$，$h_{k1}<h_{k2}$　　D. $h_{01}=h_{02}$，$h_{k1}=h_{k2}$

7. 水跌产生时，跌坎处的水深为(　　)。

A. 正常水深　　B. 临界水深

C. 实际水深　　D. 任意水深

8. 共轭水深是指(　　)。

A. 水跃的跃前水深与跃后水深　　B. 溢流坝下游水流收缩断面水深

C. 均匀流水深　　D. 临界水深

9. 弗劳德数 Fr 是判别(　　)的重要物理量。

A. 急流和缓流　　B. 均匀流和非均匀流

C. 层流和紊流　　D. 恒定流和非恒定流

10. 底宽 $b=1.5$ m 的矩形明渠，通过的流量 $Q=1.5\ \text{m}^3/\text{s}$，已知渠中某处水深 $h=0.4$ m，则该处水流的流态为(　　)。

A. 缓流　　B. 急流　　C. 临界流　　D. 无法判断

(二)绘图题

图 6-22 中棱柱体渠道，渠道通过流量、断面形状、粗糙系数不变，定性分析渠道水面线并注出其类型。

(三)计算题

1. 有一矩形断面明渠 $Q=25\ \text{m}^3/\text{s}$，底宽 $b=6$ m，渠道中实际水深 $h=3.0$ m，试用三种方法判明渠水流为急流或缓流。

2. 某梯形渠道，底宽 $b=5$ m，边坡系数 $m=1.5$，当通过流量 $Q=28\ \text{m}^3/\text{s}$ 时，正常水深 $h_0=2.58$ m。求：①微波的波速；②弗劳德数；③判别水流的流态。

3. 如图 6-23 所示，在溢洪道坡脚处的水平护坦上发生水跃，跃前水深 $h'=2.6$ m，溢洪道断面为矩形，宽 24.38 m，通过的流量 $Q=1\ 588.53\ \text{m}^3/\text{s}$。求：①跃后水深 h''；②水跃长度 L_j。

4. 有一梯形断面的土渠，底宽 $b=7.5$ m，边坡系数 $m=2$，底坡 $i=0.000\ 35$，粗糙系数 $n=0.025$，试作该渠道水深与流量的关系曲线。当流量 $Q=40\ \text{m}^3/\text{s}$ 时，正常水深等于多

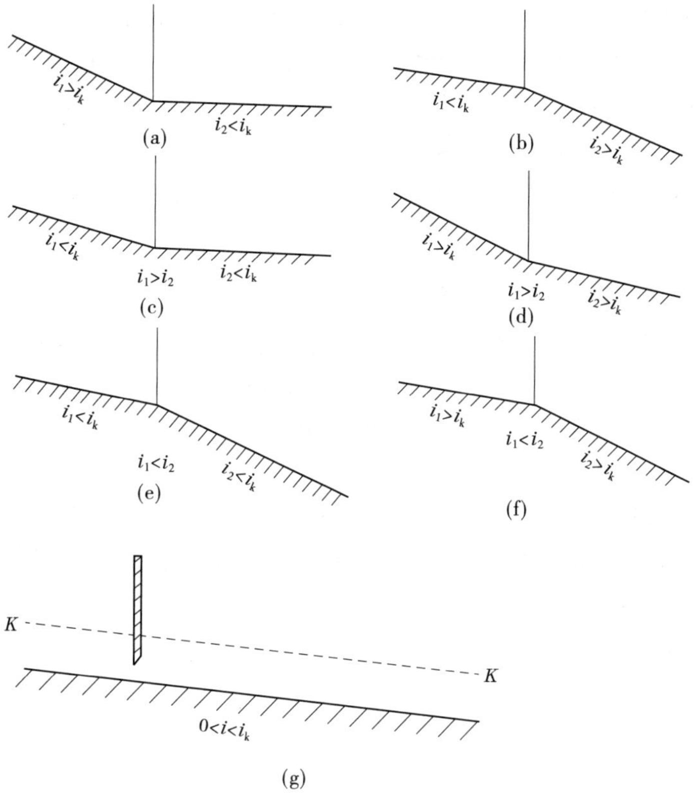

图 6-22

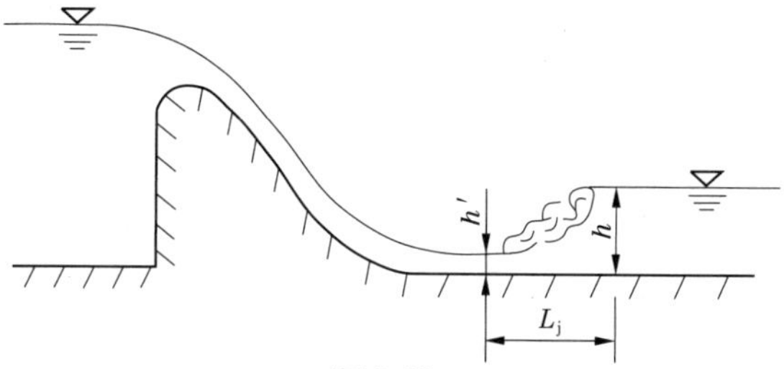

图 6-23

少？今在该渠道上修建一节制闸，已知当水闸通过上述流量时的闸前水深 $h=3.8$ m，试计算节制闸上游水面线的壅水长度，并绘制水面线。（注：当水深从大于 h_0 趋近于 h_0 时，水面线计算长度可计算到 $h=1.01h_0$；当水深从小于 h_0 趋近于 h_0 时，水面线可计算到 $h=0.99h_0$）

5. 如图 6-24 所示，为了减小溢洪道末端的单宽流量，利于消能，在溢洪道的末端建一水平扩散段，断面为矩形。已知 1—1 断面的水深 $h_1=3.0$ m，宽度 $b=40$ m，扩散段按直线扩散至 60 m，扩散角 $\alpha=7.5°$。试计算当通过流量 $Q=1\ 450\ m^3/s$ 时扩散段的水面线。（粗糙系数 $n=0.013$）

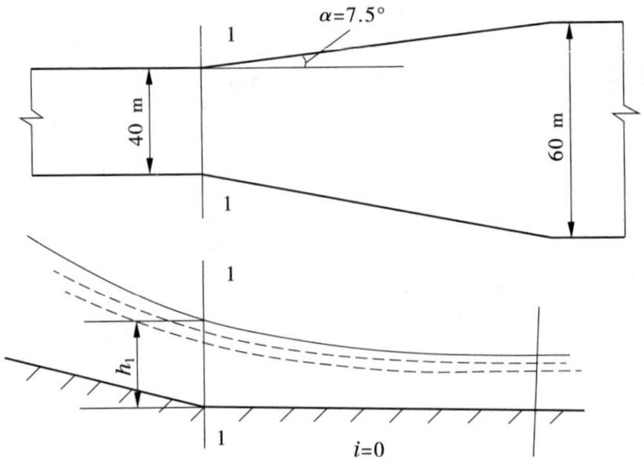

图 6-24

二、项目实训

段村枢纽溢洪道水面线计算,具体资料及任务、要求见附录1项目6实训。

项目 7 堰流水力分析与计算

堰是河渠中修建的既可以挡水而顶部又可以溢流的水工建筑物,是水利工程蓄水调度、防洪发电、灌溉航运的主要工程措施之一。

堰流水力分析与计算项目的主要任务是掌握堰流分类、堰流水力计算公式及影响因素分析,薄壁堰流、实用堰流、宽顶堰流流量系数、侧收缩系数及淹没系数确定方法;会根据实际工程资料进行堰流水流现象分析,能进行薄壁堰、实用堰、宽顶堰过流能力计算。

任务 1 堰流水力分析

1 堰流及其分类

1.1 堰及堰流

堰是河渠中修建的既可以挡水而顶部又可以溢流的水工建筑物,堰的上游水流受其约束,上游水位壅高,水流经堰顶泄流时,堰对水流有局部的侧向收缩或底坎垂向收缩约束,形成堰顶水面不受任何约束呈连续的自由降落的急变流,这种水流现象称为堰流,见图 7-1。

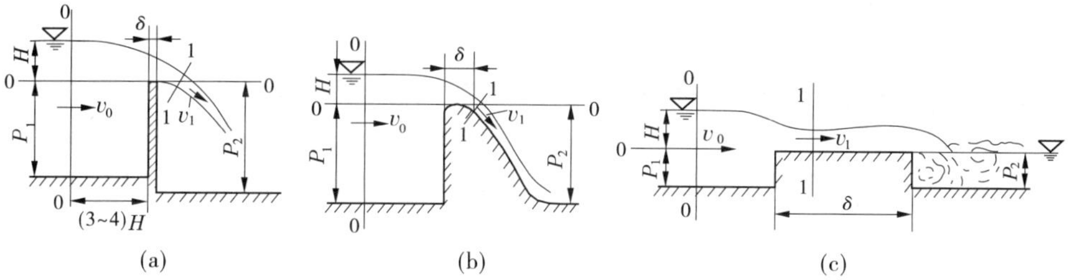

图 7-1

1.2 堰流分类

在水利工程中,常根据不同的建筑条件及使用要求,将堰做成不同的类型。堰的外形不同,其过水能力也不同,对堰流进行水力计算之前应首先对堰流进行分类。

在图 7-1 中,P_1 表示堰顶超出上游河床的高度,称为上游堰高;P_2 表示堰顶超出下游河床的高度,称为下游堰高;H 为堰上水头,它是距堰壁(3~4)H 的 0—0 过水断面处,从堰顶起算的水深。堰前 0—0 过水断面的平均流速 v_0 称为堰前行近流速,堰的上游水位也应在此量测;δ 为沿水流方向水流溢过堰顶的厚度。

根据堰顶厚度 δ 与堰上水头 H 的比值,将堰流分为以下三种:

(1)薄壁堰流。堰顶厚度 $\delta \leq 0.67H$ 时,称为薄壁堰。通过薄壁堰顶下泄的水流,水舌下缘与堰顶只有线的接触,下泄水流几乎不受堰顶厚度 δ 的影响,水面呈单一降落曲线的水流叫薄壁堰流[见图 7-1(a)]。

(2)实用堰流。堰顶厚度 $0.67H<\delta\leq 2.5H$ 时，称为实用堰。通过堰顶下泄的水舌下缘与堰顶呈面接触,水流受到堰顶的约束和顶托,但其泄流主要是重力作用,水流仍是单一降落的曲线,这种水流叫实用堰流[见图 7-1(b)]。

(3)宽顶堰流。堰顶厚度 $2.5H<\delta\leq 10H$ 时,称为宽顶堰。水流受到堰顶的顶托作用已非常明显,在堰顶进口处水面发生明显跌落。当 $4H<\delta\leq 10H$ 时,水面线与堰顶近似平行,水面不再是单一降落的曲线,下游水位较低时,出口水面会产生第二次降落,这种水流叫宽顶堰流[见图 7-1(c)]。

当 $\delta/H>10$ 时,沿程水头损失已不能忽略,水流特性不再属于堰流,而是明渠水流。

2 堰流水力计算公式

堰的形式虽多,但其有共同的运动规律,现用能量方程来推求堰流的基本公式。

如图 7-1 所示,以堰顶为基准面,对堰前行近流速 v_0 所在 0—0 断面和堰顶 1—1 断面建立能量方程。0—0 断面水流为渐变流;1—1 断面水流属急变流,过水断面上测压管水头 $z_1+\frac{p_1}{\gamma}$ 不等于常数,用 $\overline{z_1+\frac{p_1}{\gamma}}$ 表示 1—1 断面上测压管水头的平均值,由此可得

$$H+\frac{\alpha_0 v_0^2}{2g}=\overline{Z+\frac{p_1}{\gamma}}+\frac{\alpha_1 v_1^2}{2g}+\zeta\frac{v_1^2}{2g}=\overline{Z+\frac{p_1}{\gamma}}+(\alpha_1+\zeta)\frac{v_1^2}{2g} \tag{7-1}$$

式中 v_0、v_1—— 0—0 断面、1—1 断面的平均流速;

α_0、α_1——相应断面的动能修正系数;

ζ——局部水头损失系数。

令 $H+\frac{\alpha_0 v_0^2}{2g}=H_0$,$H$ 称为包括流速水头在内的堰上总水头; $\varphi=\frac{1}{\sqrt{\alpha_1+\zeta}}$,$\varphi$ 为流速系数; $\overline{z_1+\frac{p_1}{\gamma}}=\xi H_0$。可得下式

$$v_1=\varphi\sqrt{2g(H_0-\xi H_0)} \tag{7-2}$$

设堰顶过水断面净宽度为 B;1—1 断面的水舌厚度用 kH_0 表示,通过 1—1 断面的流量为

$$Q=Av_1=kH_0Bv_1=k\varphi B\sqrt{1-\xi}\sqrt{2g}H_0^{3/2} \tag{7-3}$$

令 $m=k\varphi\sqrt{1-\xi}$,称为堰的流量系数, 则

$$Q=mB\sqrt{2g}H_0^{3/2} \tag{7-4}$$

可以看出,过堰的流量与堰上总水头的 3/2 次方成正比,即 $Q\propto H_0^{3/2}$。流量系数 m 与 φ、k、ξ 值有关。φ 值主要反映局部水头损失和流速分布的不均匀程度的影响;k 值反映过堰水流垂向收缩程度;ξ 值是 1—1 断面的平均测压管水头与堰顶水头的比例系数。φ、k、ξ 值主要取决于堰的类型、形式、尺寸及堰上水头 H。

式(7-4)对于薄壁堰、实用堰和宽顶堰都是适用的,只是不同类型的堰确定流量系数的方法不同。

在实际应用中,有时下游水位较高或下游堰高较小影响了堰的过流能力,这种堰流称为淹没出流;反之,则称为堰的自由出流。当堰顶的过水宽度小于上游引水渠宽度或者堰顶设有边墩和闸墩,会引起过堰水流的侧向收缩,降低堰的过流能力,这种堰流称为有侧收缩堰流;反之,则称为无侧收缩堰流。若考虑下游水位和侧收缩对过堰水流的影响,堰流公式可写为

$$Q = \sigma_s \varepsilon m B \sqrt{2g} H_0^{3/2} \tag{7-5}$$

式中　B——堰顶过水断面净宽度;

H_0——包括流速水头在内的堰上总水头;

σ_s——考虑下游水位对泄流影响系数,称淹没系数,$\sigma_s \leqslant 1$,当自由出流时,$\sigma_s = 1$;

ε——侧收缩系数,$\varepsilon \leqslant 1$,当无侧收缩影响时,$\varepsilon = 1$。

堰流水力计算的主要内容:一是计算堰流的泄流量 Q,二是确定堰顶过水净宽 B,三是求堰顶作用水头 H 以确定堰顶高程。无论进行哪种水力计算,关键问题是根据不同类型堰的几何边界条件和水流条件,确定相应的流量系数、淹没系数和侧收缩系数,再进行相关水力计算。下面将分别讨论三种堰流的水力计算。

任务 2　薄壁堰流水力计算

薄壁堰流具有稳定的水头与流量关系,常用于实验室和野外的流量量测,因此又叫量水堰。工程中曲线型实用堰的剖面形式常根据薄壁堰流水股的下缘曲线进行设计,所以研究薄壁堰流具有实际意义。

薄壁堰的堰板顶部厚度为 1~2 mm,堰口宜用耐腐蚀的金属制作,或涂上油、蜡之类的保护层,保持平整光滑。小型薄壁堰可用整块钢板加工后现场安装,大型薄壁堰需在现场安装混凝土基座,然后将加工好的堰板镶嵌在混凝土中。

由于薄壁堰常用作量测流量的工具,为了提高测量精度,一般使堰和引水渠同宽并使下游水位低于堰顶,不影响堰的过流能力。这时,堰流公式(7-5)中的淹没系数 $\sigma_s = 1$,侧收缩系数 $\varepsilon = 1$。薄壁堰的开口形状常做成矩形或三角形,分别叫作矩形薄壁堰和三角形薄壁堰。

1　矩形薄壁堰

当矩形薄壁堰流为无侧收缩,自由出流时,水流最为稳定,测量精度也较高。因此,用来量水的矩形薄壁堰应使上游渠宽与堰宽相同,下游水位低于堰顶。根据试验,要形成稳定的薄壁堰流应使堰上水头 $H>2.5$ cm,并使水舌下面通气充分不易形成局部真空。

图 7-2 为实验室中测得的无侧收缩、非淹没矩形薄壁堰自由出流的水舌形状。无侧收缩、自由出流矩形薄壁堰的流量按式(7-4)计算。

应用薄壁堰量测流量时,为了便于根据直接测出的水头计算流量,常把行近流速的影响包括在流量系数中,流量公式为

$$Q = m_0 B\sqrt{2g}H^{3/2} \tag{7-6}$$

$$m_0 = \frac{2}{3}\left(0.605 + \frac{0.001}{H} + 0.08\frac{H}{P_1}\right) \tag{7-7}$$

式中　m_0——包括行近流速水头的流量系数；

H——堰上水头，m；

P_1——上游堰高，m。

式(7-7)在 $H \geqslant 0.025$ m，$P_1/H \leqslant 2$，$P_1 \geqslant 0.3$ m 范围内适用。

这样就可以由直接测出的堰上水头 H，按式(7-6)求得流量。

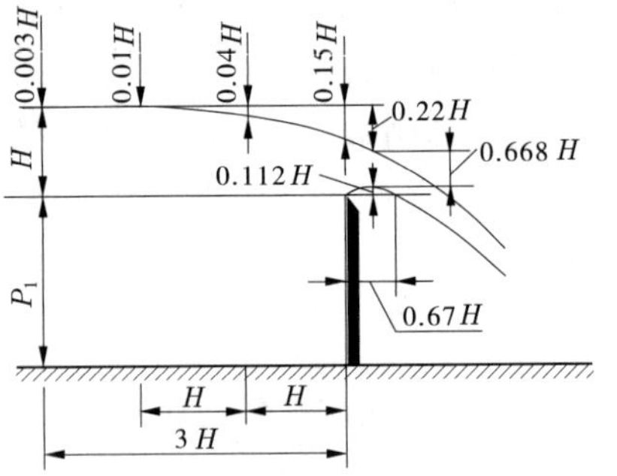

图 7-2

2　三角形薄壁堰

当测量流量较小(一般 $Q<0.1$ m/s)时，若采用矩形薄壁堰，则堰上水头过小，误差将会增大，常采用三角形薄壁堰(见图 7-3)。三角形薄壁堰的计算公式为

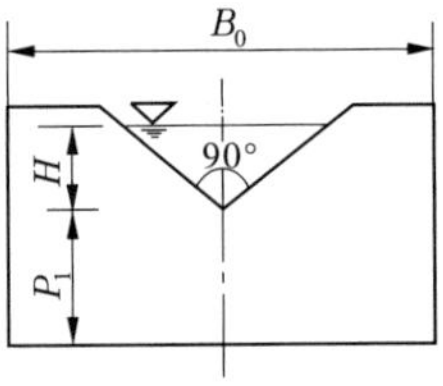

图 7-3

$$Q = C_0 H^{5/2} \tag{7-8}$$

式中　C_0——三角形薄壁堰的流量系数。

三角形薄壁堰的开口一般做成 90°，叫直角三角形薄壁堰。对于直角三角形薄壁堰，流量系数 C_0 可按下式计算

$$C_0 = 1.354 + \frac{0.004}{H} + \left(0.14\frac{0.2}{\sqrt{P_1}}\right)\left(\frac{H}{B_0} - 0.09\right)^2 \tag{7-9}$$

式中　B_0——堰上游引水渠宽，m；

其他符号意义同前。

当 $0.5\ \text{m} \leqslant B_0 \leqslant 1.2\ \text{m}$，$0.1\ \text{m} \leqslant P_1 \leqslant 0.75\ \text{m}$，$0.07\ \text{m} \leqslant H \leqslant 0.26\ \text{m}$，且 $H \leqslant B_0/3$ 时，流量测量误差小于±1.4%。有时近似采用 $C_0 = 1.4$。

【案例 7-1】　某渠道末端设有一矩形无侧收缩薄壁堰，用来量测流量，已知堰上水头 $H=0.25$ m，堰高 $P_1=P_2=0.5$ m，堰顶过水净宽 $B=1.2$ m，下游为自由出流，求通过薄壁堰的流量。

【案例分析与计算】：

因无侧收缩且为自由出流，可先按式(7-7)计算流量系数 m_0，然后用式(7-6)计算流量。

$$m_0 = \frac{2}{3}\left(0.605+\frac{0.001}{H}+0.08\frac{H}{P_1}\right) = \frac{2}{3}\times\left(0.605+\frac{0.001}{0.25}+0.08\times\frac{0.25}{0.5}\right) = 0.433$$

把 m_0 代入式(7-6)计算流量

$$Q = m_0 B\sqrt{2g}H^{3/2} = 0.433\times1.2\times\sqrt{2\times9.8}\times0.25^{3/2} = 0.288(\text{m}^3/\text{s})$$

任务 3　有坎宽顶堰流水力计算

1　有坎宽顶堰流水力现象及计算公式

1.1　有坎宽顶堰流水力现象

当堰顶水平且堰顶厚度与堰上水头满足 $2.5H<\delta\leqslant 10H$ 时，在进口处形成水面跌落，堰顶范围内产生一段流线近似平行堰顶的渐变流动，这种堰流即为宽顶堰流。当河(渠)道上修建的水闸，工程中有拦沙等要求时，闸底板常做成有坎宽顶堰，当闸门全开时，水流不受闸门的控制，属于有坎宽顶堰流，见图 7-4(a)、(b)。

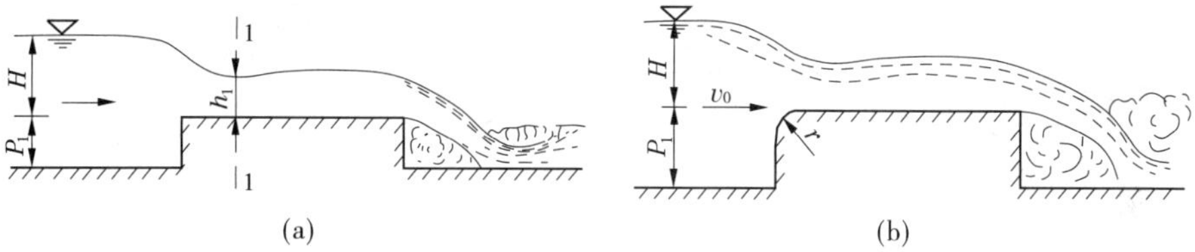

图 7-4

1.2　有坎宽顶堰流计算公式

一般当堰的前沿较宽，堰上设有闸墩和边墩时，将产生侧收缩现象；当下游水位影响堰的过流能力时，则形成宽顶堰的淹没出流，故宽顶堰的水力计算需要考虑淹没和侧收缩的影响，采用堰流的一般公式

$$Q=\sigma_s \varepsilon m B\sqrt{2g}H_0^{3/2} \tag{7-10}$$

有坎宽顶堰的水力计算首先解决的关键问题仍然是确定各种边界条件、水流条件下的流量系数、侧收缩系数和淹没系数，然后才能进行堰流泄流量等有关的水力计算。

2　确定流量系数 m

有坎宽顶堰的流量系数 m 取决于堰的进口形式和堰的相对高度 P_1/H，对于不同的进口形式，可选用不同的经验公式进行计算。

对堰坎进口为直角的宽顶堰，见图 7-4(a)，即

$$m=0.32+0.01\frac{3-\dfrac{P_1}{H}}{0.46+0.75\dfrac{P_1}{H}} \tag{7-11}$$

对堰坎进口为圆角的宽顶堰[见图 7-4(b)]，并且 $r\geqslant 0.2H$，即

$$m=0.36+0.01\frac{3-\dfrac{P_1}{H}}{1.2+1.5\dfrac{P_1}{H}} \tag{7-12}$$

式(7-11)、式(7-12)适用于 $0 \leqslant P_1/H \leqslant 3$ 的情况;当 $P_1/H>3$ 时,由堰高所引起的垂直收缩已达最大限度,流量系数不再受 P_1/H 的影响,按 $P_1/H=3$ 计算。

当 $P_1/H=3$ 时,流量系数 m 为最小值;当 $P_1=0$ 时,$m=0.385$ 为最大值,这和理论推导的结果是一致的。所以,宽顶堰流量系数的变化范围为:直角进口 $m=0.32 \sim 0.385$,圆角进口 $m=0.36 \sim 0.385$。

对于斜坡式,见图 7-5(a);斜角式,见图 7-5(b)。进口宽顶堰其流量系数可由表 7-1 和表 7-2 查出。

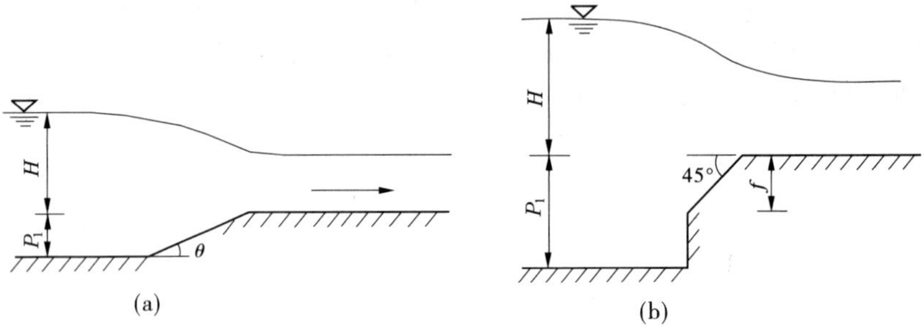

图 7-5

表 7-1 上游斜坡式进口流量系数 m

P_1/H	$\cot\theta$				
	0.5	1.0	1.5	2.0	≥2.5
0	0.385	0.385	0.385	0.385	0.385
0.2	0.372	0.377	0.380	0.382	0.382
0.4	0.365	0.373	0.377	0.380	0.381
0.6	0.361	0.370	0.376	0.379	0.380
0.8	0.357	0.368	0.375	0.378	0.379
1.0	0.355	0.367	0.374	0.377	0.378
2.0	0.349	0.363	0.371	0.375	0.377
4.0	0.345	0.361	0.370	0.374	0.376
6.0	0.344	0.360	0.369	0.374	0.376
8.0	0.343	0.360	0.369	0.374	0.376
∞	0.340	0.358	0.368	0.373	0.375

表 7-2 上游有 45°斜角式进口流量系数 m

P_1/H	f/H			
	0. 025	0. 050	0. 100	≥2. 00
0	0. 385	0. 385	0. 385	0. 385
0. 2	0. 371	0. 374	0. 376	0. 377
0. 4	0. 364	0. 367	0. 370	0. 373
0. 6	0. 359	0. 363	0. 367	0. 370
0. 8	0. 356	0. 360	0. 365	0. 368
1. 0	0. 353	0. 358	0. 363	0. 367
2. 0	0. 347	0. 353	0. 358	0. 363
4. 0	0. 342	0. 349	0. 355	0. 361
6. 0	0. 341	0. 348	0. 354	0. 360
∞	0. 337	0. 345	0. 352	0. 358

3 确定侧收缩系数 ε

宽顶堰的侧收缩系数 ε 主要与闸墩(边墩)头部的形状以及堰的进口形式有关,单孔宽顶堰直接用下面的经验公式计算:

$$\varepsilon = 1 - \frac{\alpha_0}{\sqrt[3]{0.2 + \frac{P_1}{H}}} \times \sqrt[4]{\frac{b}{B_0}}\left(1 - \frac{b}{B_0}\right) \tag{7-13}$$

式中 P_1——上游堰高;

B_0——上游引水渠宽度,对于梯形断面近似用一半水深处的渠道宽,即 $B_0 = b_0 + mh$,b_0 为引水渠的底宽,m 为边坡系数,h 为水深;

b——溢流孔单孔净宽;

α_0——反映墩头形状对侧收缩影响的系数,墩头为矩形,$\alpha_0 = 0.19$,墩头为圆弧形,$\alpha_0 = 0.10$。

式(7-13)的适用条件为:$b/B_0 \geqslant 0.2$ 且 $P_1/H<3$。当 $b/B_0<0.2$ 时,取 $b/B_0 = 0.2$;$P_1/H>3$ 时,取 $P_1/H=3$。

对于多孔宽顶堰,利用式(7-13)分别求出中孔侧收缩系数 ε' 和边孔侧收缩系数 ε'',而后求出侧收缩系数的加权平均值 $\bar{\varepsilon}$,设孔数为 n,则

$$\bar{\varepsilon} = \frac{1}{n}[(n-1)\varepsilon' + \varepsilon''] \tag{7-14}$$

需要注意的是:用式(7-14)计算中孔侧收缩系数 ε' 时,$B_0 = b+d$,d 为闸墩厚度;计算

边孔侧收缩系数 ε'' 时,$B_0=b+2\Delta$,Δ 为边墩边缘与堰上游同侧渠道水边线间的距离。

4 确定淹没系数 σ_s

4.1 宽顶堰淹没条件

当下游水位低于堰顶时,进入堰顶水流,因受堰坎垂直方向的约束,进口处水面发生跌落,并在距进口约 2H 处形成收缩断面,且收缩断面水深 $h_c<h_k$,堰顶水流为急流,并在出口后产生第二次水面跌落,此种情况为自由出流;当下游水位高于堰顶,但仍低于 $K—K$ 线时,收缩断面水深仍小于临界水深,堰顶水流还为急流状态,此种情况也为自由出流,如图 7-6(a)所示;当下游水位继续上升到高于 $K—K$ 线时,堰顶产生波状水跃,如图 7-6(b)所示。随着下游水位不断升高,水跃位置向上游移动。试验证明,当堰顶以上水深 $h_s\geqslant(0.75\sim0.85)H_0$ 时,水跃移动到收缩断面上游,收缩断面水深大于临界水深,堰顶水流为缓流状态,此种情况为淹没出流,如图 7-6(c)所示。试验证明,宽顶堰的淹没条件为:$h_s/H_0\geqslant0.8$(取平均值)。

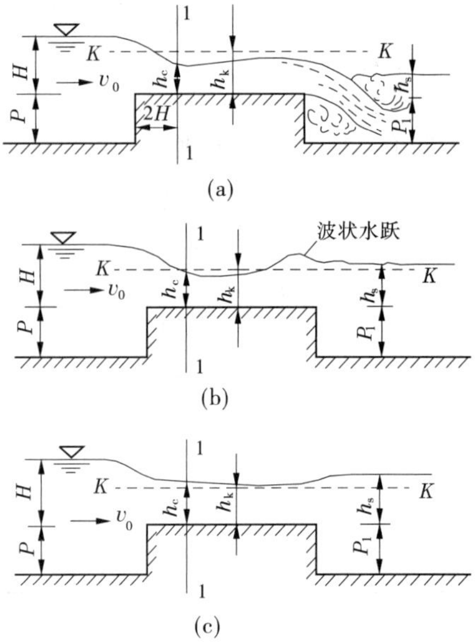

图 7-6

4.2 确定宽顶堰淹没系数 σ_s

宽顶堰的淹没系数 σ_s 反映了下游水位对宽顶堰过流能力的影响,它随淹没度 h_s/H_0 的增大而减小,可查表 7-3。

表 7-3 宽顶堰的淹没系数

h_s/H_0	≤0.80	0.81	0.82	0.83	0.84	0.85	0.86	0.87	0.88	0.89
σ_s	1.00	0.995	0.990	0.98	0.97	0.96	0.95	0.93	0.90	0.87
h_s/H_0	0.90	0.91	0.92	0.93	0.94	0.95	0.96	0.97	0.98	
σ_s	0.84	0.82	0.78	0.74	0.70	0.65	0.59	0.50	0.40	

有资料表明,利用表 7-3 的淹没系数计算流量偏大,参考国内相关研究,可以考虑采用下面的公式计算淹没系数。

$$\begin{cases}\sigma_s=2.28\dfrac{h_s}{H_0}\left(1-\dfrac{h_s}{H_0}\right)^{0.4} & \dfrac{h_s}{H_0}<0.9\\[2ex] \sigma_s=2.42\dfrac{h_s}{H_0}\left(1-\dfrac{h_s}{H_0}\right)^{0.45} & \dfrac{h_s}{H_0}\geqslant0.9\end{cases}\tag{7-15}$$

流量系数、侧向收缩系数及淹没系数确定后，根据宽顶堰流计算公式，可进行流量计算、堰上水头 H 计算及堰顶过水净宽 B 确定。关于堰上水头、堰顶过水净宽确定可参考有关书籍，下面举例讲解宽顶堰流过流能力计算。

【案例 7-2】 有一带底坎的宽顶堰上有三孔进水闸(见图 7-7)，已知当闸门全开时，上游水深 $H_1=3.1$ m，下游水深 $h_t=2.625$ m，上游坎高 $P_1=0.6$ m，下游坎高 $P_2=0.5$ m，闸孔净宽 $b=2$ m，边墩及闸墩头部均为半圆形，墩厚 $d=1.2$ m，上游引水渠为矩形过水断面，渠道宽 $B_0'=9.6$ m，试求过堰流量 Q。

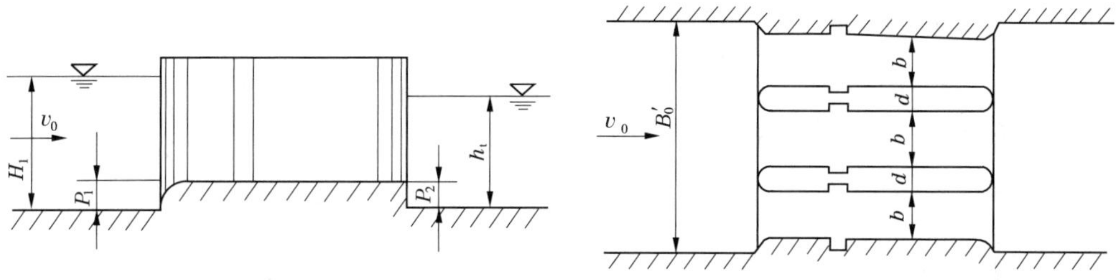

图 7-7

【案例分析与计算】：

闸门全开为宽顶堰流，则计算公式为

$$Q=\sigma_s \varepsilon m B\sqrt{2g}H_0^{3/2}$$

堰上水头为

$$H=H_1-P_1=3.1-0.6=2.5(\text{m})$$

因 Q 未知，行近流速 v_0 暂忽略不计，故 $H_0\approx H=2.5$ m。

(1)确定流量系数。

因进口为圆形，则流量系数 m 为

$$m=0.36+0.01\frac{3-\frac{P_1}{H}}{1.2+1.5\frac{P_1}{H}}$$

$$=0.36+0.01\times\frac{3-\frac{0.6}{2.5}}{1.2+1.5\times\frac{0.6}{2.5}}=0.378$$

(2)确定侧收缩系数。

边墩头部为半圆形，则

$$\Delta=\frac{B'_0-(3b+2d)}{2}=\frac{9.6-(3\times2+2\times1.2)}{2}=0.6(\text{m})$$

$$B_0=b+2\Delta=2+2\times0.6=3.2(\text{m})$$

墩头为圆弧形，$\alpha_0=0.10$，则

$$\varepsilon'' = 1 - \frac{\alpha_0}{\sqrt[3]{0.2 + \frac{P_1}{H}}} \times \sqrt[4]{\frac{b}{B_0}}\left(1 - \frac{b}{B_0}\right)$$

$$= 1 - \frac{0.10}{\sqrt[3]{0.2 + \frac{0.6}{2.5}}} \times \sqrt[4]{\frac{2}{3.2}} \times \left(1 - \frac{2}{3.2}\right) = 0.956$$

闸墩为半圆形,则

$$B_0 = b + d = 2 + 1.2 = 3.2(\text{m})$$

$$\varepsilon' = 1 - \frac{\alpha_0}{\sqrt[3]{0.2 + \frac{P_1}{H}}} \times \sqrt[4]{\frac{b}{B_0}}\left(1 - \frac{b}{B_0}\right)$$

$$= 1 - \frac{0.10}{\sqrt[3]{0.2 + \frac{0.6}{2.5}}} \times \sqrt[4]{\frac{2}{3.2}} \times \left(1 - \frac{2}{3.2}\right) = 0.956$$

$$\bar{\varepsilon} = \frac{1}{n}[(n-1)\varepsilon' + \varepsilon''] = \frac{1}{3} \times [(3-1) \times 0.956 + 1 \times 0.956] = 0.956$$

(3)淹没系数及流量确定。

判别是否淹没:$h_s = h_t - P_2 = 2.625 - 0.5 = 2.125(\text{m})$,$0.8H_{01} = 0.8 \times 2.5 = 2(\text{m})$,因为 $h_s > 0.8H_{01}$ 为淹没宽顶堰出流。$\sigma_{s1} = f(\frac{h_s}{H_{01}}) = f(0.85)$,查表 7-3 得 $\sigma_{s1} = 0.96$,则

$$Q_1 = \sigma_{s1}\varepsilon mB\sqrt{2g}H_{01}^{3/2}$$

$$= 0.96 \times 0.956 \times 0.378 \times 3 \times 2 \times \sqrt{2 \times 9.8} \times 2.5^{3/2}$$

$$= 36.43(\text{m}^3/\text{s})$$

考虑行近流速的影响:

$$v_{01} = \frac{Q_1}{A} = \frac{Q_1}{H_1 \times B_0'} = \frac{36.45}{3.1 \times 9.6} = 1.225(\text{m/s})$$

$$H_{02} = H + \frac{v_{01}^2}{2g} = 2.5 + \frac{1.225^2}{2 \times 9.8} = 2.577(\text{m})$$

由 $\frac{h_s}{H_{02}} = \frac{2.125}{2.577} = 0.825$,查表 7-3 得 $\sigma_{s2} = 0.985$,则

$$Q_2 = \sigma_{s2}\varepsilon mB\sqrt{2g}H_{02}^{3/2} = 0.985 \times 0.956 \times 0.378 \times 3 \times 2 \times \sqrt{2 \times 9.8} \times 2.577^{3/2}$$

$$= 39.02(\text{m}^3/\text{s})$$

由 Q_2 可再求 $v_{02} = 1.311$ m/s,$H_{03} = 2.588$ m,$Q_3 = 39.56$ m^3/s 与 Q_2 很接近,所以 $Q = 39.56$ m^3/s。

任务 4　无坎宽顶堰流水力计算

1　无坎宽顶堰流水力现象及计算公式

1.1　无坎宽顶堰流水力现象

当明渠水流流经桥墩、渡槽、隧洞、涵洞等进口建筑物时，由于进口处水流受平面上的束窄产生侧向收缩，使过水断面减小，流速增大，部分势能转化为动能，会形成水面跌落，这种水流现象为无坎宽顶堰流。

水利工程中，无坎宽顶堰流的现象和形式很多，如图 7-8 所示，水流经隧洞、涵闸及施工围堰、渡槽等进口的水流在平面上受到束缩，水面发生降落，且在 $2.5<\delta/H\leqslant 10$ 范围，均属无坎宽顶堰流。

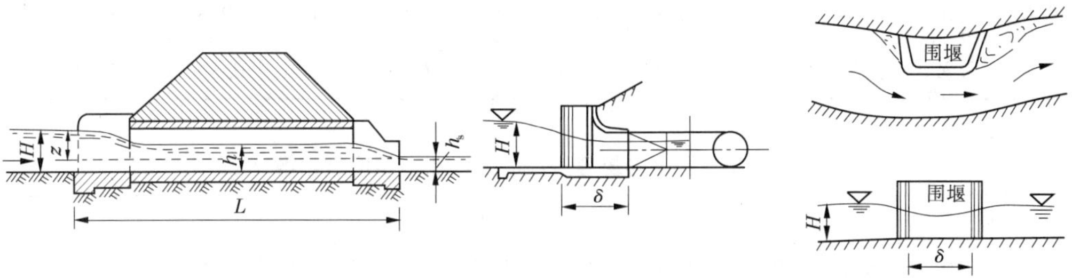

图 7-8

1.2　无坎宽顶堰流计算公式

无坎宽顶堰流的水力计算公式与有坎宽顶堰流计算公式相同，但在计算中习惯上将侧收缩的影响包括在流量系数中，即 $m'=\varepsilon m$，m'随翼墙和进口形式而不同，则流量公式为

$$Q = m'\sigma_s B\sqrt{2g}H_0^{3/2} \tag{7-16}$$

式中　m'——包括侧收缩系数的流量系数。

无坎宽顶堰流在进行过堰泄流量、堰上水头、堰顶过水净宽水力计算之前，主要是确定淹没系数 σ_s 及流量系数 m'，无坎宽顶堰的淹没条件及淹没系数可近似按有坎宽顶堰确定，无坎宽顶堰分单孔和多孔，下面分别介绍无坎宽顶堰流量系数 m'的确定。

2　确定单孔无坎宽顶堰流量系数 m'

流量系数与无坎宽顶堰流进口翼墙形式及平面收缩程度（见图 7-9～图 7-12）有关，表 7-4～表 7-7 分别为直角形翼墙、八字形翼墙、圆弧形翼墙及斜墙形翼墙流量系数表。单孔无坎宽顶堰的流量系数可直接查相应表求得。

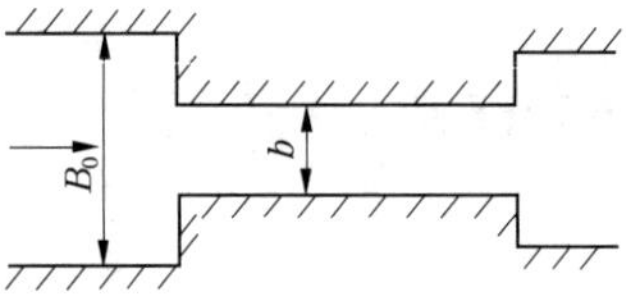

图 7-9

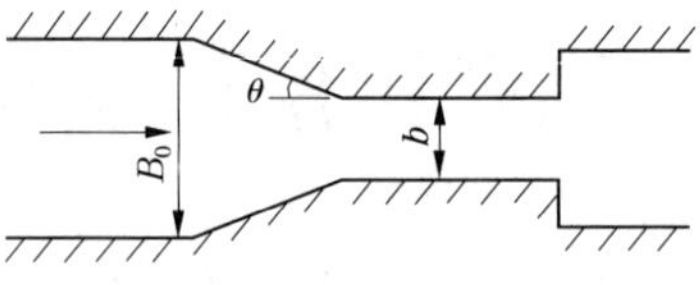

图 7-10

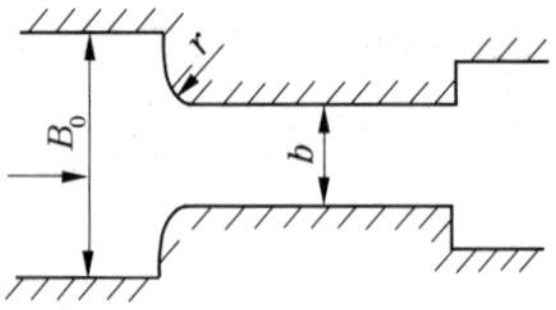

图 7-11

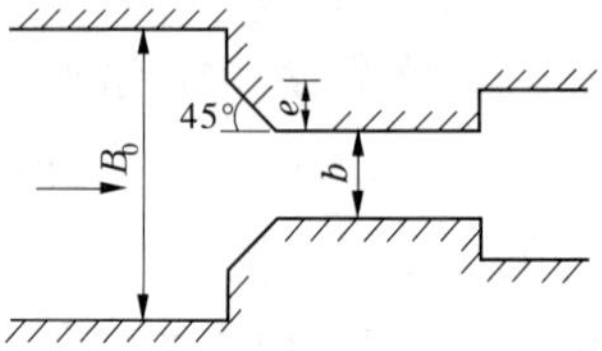

图 7-12

表 7-4　直角形翼墙进口的无坎宽顶堰流量系数

b/B_0	0	0.1	0.2	0.3	0.4	0.5	0.6	0.7	0.8	0.9	1.0
m	0.320	0.322	0.324	0.327	0.330	0.334	0.340	0.346	0.355	0.367	0.385

表 7-5　八字形翼墙进口的无坎宽顶堰流量系数

$\cot\theta$	b/B_0										
	0	0.1	0.2	0.3	0.4	0.5	0.6	0.7	0.8	0.9	1.0
0.5	0.343	0.344	0.346	0.348	0.350	0.352	0.356	0.360	0.365	0.373	0.385
1.0	0.350	0.351	0.352	0.354	0.356	0.358	0.361	0.364	0.369	0.375	0.385
2.0	0.353	0.354	0.355	0.357	0.358	0.360	0.363	0.366	0.370	0.376	0.385
3.0	0.350	0.351	0.352	0.354	0.356	0.358	0.361	0.364	0.369	0.375	0.385

表 7-6　圆弧形翼墙进口的无坎宽顶堰流量系数

r/b	b/B_0										
	0	0.1	0.2	0.3	0.4	0.5	0.6	0.7	0.8	0.9	1.0
0	0.320	0.322	0.324	0.327	0.330	0.334	0.340	0.346	0.355	0.367	0.385
0.05	0.335	0.337	0.338	0.340	0.343	0.346	0.350	0.355	0.362	0.371	0.385
0.10	0.342	0.344	0.345	0.343	0.349	0.352	0.354	0.359	0.365	0.373	0.385
0.20	0.349	0.350	0.351	0.353	0.355	0.357	0.360	0.363	0.368	0.375	0.385
0.30	0.354	0.355	0.356	0.357	0.359	0.361	0.363	0.366	0.371	0.376	0.385
0.40	0.357	0.358	0.359	0.360	0.362	0.363	0.365	0.368	0.372	0.377	0.385
≥0.50	0.360	0.361	0.362	0.363	0.364	0.366	0.368	0.370	0.373	0.378	0.385

表 7-7　斜墙形翼墙进口的无坎宽顶堰流量系数

e/b	b/B0										
	0	0.1	0.2	0.3	0.4	0.5	0.6	0.7	0.8	0.9	1.0
0	0.320	0.322	0.324	0.327	0.330	0.334	0.340	0.346	0.355	0.367	0.385
0.025	0.335	0.337	0.338	0.341	0.343	0.346	0.350	0.355	0.362	0.371	0.385
0.050	0.340	0.341	0.343	0.345	0.347	0.350	0.354	0.358	0.364	0.372	0.385
0.100	0.345	0.346	0.348	0.349	0.351	0.354	0.357	0.361	0.366	0.374	0.385
>0.200	0.350	0.351	0.352	0.354	0.356	0.358	0.361	0.364	0.369	0.375	0.385

3　确定多孔无坎宽顶堰流量系数 m'

对于多孔无坎宽顶堰的流量系数应取边孔和中孔平均值,按下式计算:

$$m' = \frac{m_m(n-1)+m_s}{n} \tag{7-17}$$

式中　n——闸孔数;

m_m——中孔的流量系数,将中墩的一半看成边墩,如图 7-13 所示,根据进口翼墙形式查表 7-4～表 7-7 求 m_m,表中 b/B_0 用 $b/(b+d)$代替,b 为闸孔净宽,d 为墩厚;

m_s——边孔的流量系数,根据进口翼墙形式查表 7-4～表 7-7,表中 b/B_0 用 $b/(b+2\Delta b)$代替,Δb 为边墩边缘与堰上游同侧引水渠水边线间的距离。

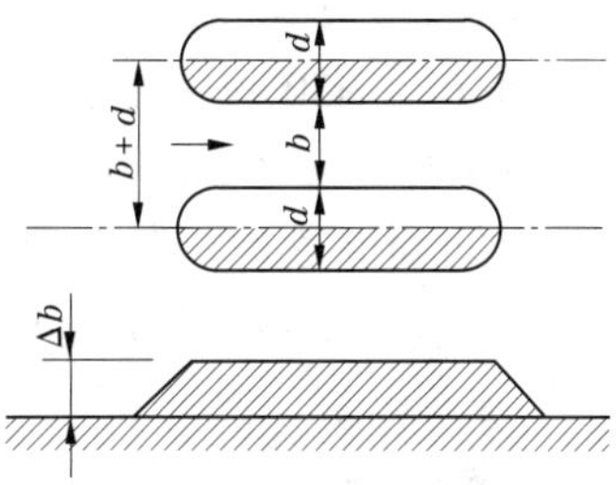

图 7-13

【案例 7-3】　某泄洪排沙闸,共 4 孔,每孔净宽 $b=14$ m,闸墩头部为半圆形,墩厚为 $d=5$ m,上游翼墙为八字形,收缩角 $\theta=30°$,翼墙计算厚度 $\Delta b=4$ m,上游河道近似为矩形断面,河宽 $B_0=79$ m,闸室下游连接一陡坡渠道 $i=2\%$,如图 7-14 所示,闸底板高程为 100.00 m,闸门全开,当上游水位为 111.00 m 时,下泄流量为多少?

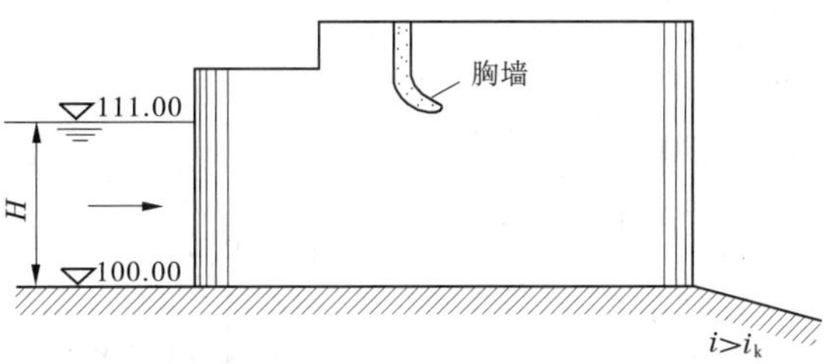

图 7-14

【案例分析与计算】:

由基本资料知,闸室下游连接一陡坡渠道,下游水流为急流。因此,闸门全开时通过的水流应为多孔无坎宽顶堰自由出流。则计算公式为

$$Q = m'B\sqrt{2g}H_0^{3/2}$$

其中,m'为包括侧收缩影响的各孔流量系数的加权平均值。所以,先计算中孔流量系数 m_m 及边孔流量系数 m_s,然后求平均值 m'。

(1)确定中孔流量系数 m_m。

因闸墩为半圆形,中孔流量系数 m_m 可查表 7-6 确定,先计算 r/b、b/B_0 值。

$$\frac{r}{b} = \frac{\frac{d}{2}}{b} = \frac{\frac{5}{2}}{14} = 0.179$$

$$\frac{b}{B_0} = \frac{b}{b+d} = \frac{14}{14+5} = 0.737$$

由 r/b、b/B 查表 7-6 近似得 $m_m = 0.363$。

(2)确定边孔流量系数 m_s。

因上游翼墙为八字形,边孔流量系数 m_s 可查表 7-5 确定,先计算 b/B_0 值。

$$\frac{b}{B_0} = \frac{b}{b+2\Delta b} = \frac{14}{14+8} = 0.637$$

$$\cot\theta = \cot 30° = 1.732$$

由 b/B_0、$\cot 30°$查表 7-5 近似得 $m_s = 0.363$。

(3)确定流量系数加权平均值 m'。

各孔流量系数的加权平均值 m'为

$$m' = \frac{m_m(n-1)+m_s}{n} = \frac{0.363\times 3+0.363}{4} = 0.363$$

(4)求流量。

因堰前过水断面不大,要考虑行近流速的影响,但流量未知,v_0 无法确定,故采用迭代试算法计算流量,即设行近流速 v_0 求堰前总水头 H_0,然后求流量 Q,由流量再求 v_0、H_0、Q,直到前后求出的流量很接近位置。具体计算如下:

假设 $v_{01} = 0$,$H_{01} = H = 111.00-100.00 = 11.00$(m),则

$$Q_1 = m'B\sqrt{2g}H_0^{3/2} = 0.363 \times 4 \times 14 \times \sqrt{2\times 9.8} \times 11.00^{3/2} = 3\ 283.31(\mathrm{m^3/s})$$

由所得流量 Q_1,计算 v_{02}:

$$v_{02} = \frac{Q}{B_0 \times H} = \frac{3\ 283.31}{79 \times 11.00} = 3.778(\mathrm{m/s})$$

$$H_{02} = H_{01} + \frac{\alpha v_{02}^2}{2g} = 11.00 + \frac{1.0 \times 3.778^2}{19.6} = 11.728(\mathrm{m})$$

$$Q_2 = m'B\sqrt{2g}H_0^{3/2} = 0.363 \times 4 \times 14 \times \sqrt{2\times 9.8} \times 11.728^{3/2} = 3\ 614.59(\mathrm{m^3/s})$$

因 Q_1 与 Q_2 相差较大,故需继续迭代试算,迭代计算可以用表格拖动填充计算完成。第一次计算时先在行近流速 v_0 所在单元格 B5 中输入设定的数值 0.000,具体步骤如表 7-8 所示。

表 7-8　迭代试算计算流量

	A	B	C	D	E	F	G
1	输入已知条件						
2	$B_0=$	79	$H=$	11. 00			
3	$m'=$	0. 363	$nb=$	56			
4	迭代试算计算流量						
5	$v_0/(\text{m/s})$	0. 000	3. 778	4. 160	4. 242	4. 261	4. 265
6	H_0/m	11. 000	11. 728	11. 883	11. 918	11. 926	11. 928
7	$Q/(\text{m}^3/\text{s})$	3 283. 31	3 614. 59	3 686. 38	3 702. 84	3 706. 67	3 707. 56

迭代试算过程中表格主要公式如表 7-9 所示。

表 7-9　迭代试算实用堰流量表格计算主要公式

序号	水力参数	单元格	单元格计算公式	水力计算公式
1	H_0/m	B6	=$D$2+B5^2/19.6	$H+\frac{\alpha v_0^2}{2g}$
2	$Q/(\text{m}^3/\text{s})$	B7	=$B$3*$D$3*19.6^0.5*B6^1.5	$m'nb\sqrt{2g}H_0^{3/2}$
3	$v_0/(\text{m/s})$	C5	=B7/($B$2*$D$2)	$\frac{Q}{B_0H}$

由表格计算表 7-8 知，Q_6 与 Q_7 的值非常接近，取 $Q=3\ 707.56\ \text{m}^3/\text{s}$。

任务 5　实用堰流水力计算

1　实用堰流水力现象及计算公式

1.1　实用堰流水力现象

实用堰的堰顶厚度 $0.67H<\delta\leqslant 2.5H$，通过堰顶下泄的水流受堰顶的约束、顶托作用和重力作用，但重力作用占主导地位，堰顶水面线是单一降落的曲线。实用堰是工程中常见的用来挡水同时又能泄水的建筑物。一般用石料砌筑的低溢流堰，常做成折线型实用堰；较高的溢流堰，为了增大泄流能力，堰的剖面往往做成更适合水流运动的曲线型实用堰。

1.2　实用堰流计算公式

水利工程中的实用堰常由闸墩和边墩分为几孔，过堰水流会发生侧向收缩。此外，当下游水位过高时，形成淹没溢流，减小了堰的过流能力，所以实用堰的水力计算采用堰流公式的一般形式：

$$Q=\sigma_s\varepsilon mB\sqrt{2g}H_0^{3/2}$$

实用堰流水力计算的主要内容仍然是计算堰流的泄流量 Q，确定堰顶过水净宽 B 或堰顶高程。水力计算首先解决的问题仍是流量系数、侧向收缩系数、淹没系数的确定。下面主要介绍曲线型实用堰的水力计算,折线型实用堰的水力计算可查看《水力计算手册》。

2 确定曲线型实用堰的流量系数 m

2.1 实用堰剖面形状

曲线型实用堰的剖面形状及其组成如图7-15(a)所示。一般由上游段AB、堰顶曲线段BC、下游坡段CD和反弧段DE组成。上游段AB常做成垂直的,有时根据堰的稳定和强度要求,也可做成倾斜的或折线形的。下游坡段CD的坡度主要依据堰的稳定和强度要求选定,一般采用1∶0.7~1∶0.6;反弧段DE与上游CD段及下游河床平顺衔接,从而使下泄水流能够平稳地改变方向进入下游河道,减小对河床的冲刷,并有利于坝下游的消能。

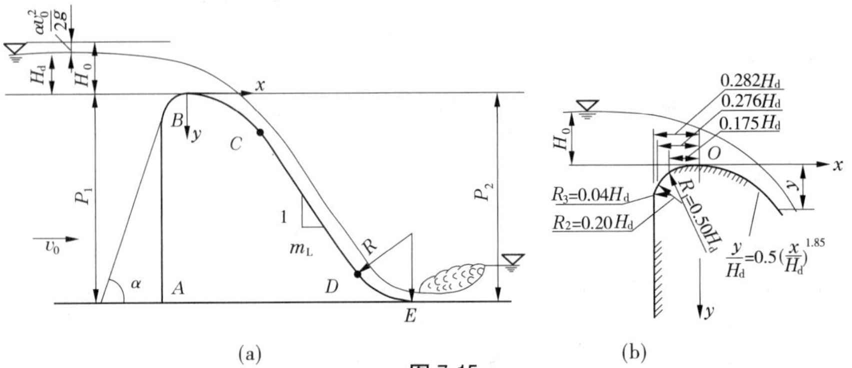

图7-15

堰顶曲线段BC对过流能力的影响最大,是设计曲线型实用堰剖面的关键。国内外对堰的剖面形状有许多设计方法,主要区别在于曲线段BC如何确定。国内外很多学者提出了许多确定曲线段BC的方法,我国比较常用的有克-奥剖面法和美国水道试验站研究的WES标准剖面法,WES剖面见图7-15(b)。

WES标准剖面法与克-奥剖面法相比,具有流量系数大、节省工程量、堰面负压小、较安全稳定等优点。另外,WES剖面直接由曲线方程控制,设计施工比较方便,WES标准剖面法近年来在我国被广泛采用。WES剖面堰的堰顶曲线取决于堰前设计水位对应的设计水头H_d(不包括堰前行近流速水头)的大小。实际工程中,当设计水头H_d取值较小,则溢流堰会经常处于$H>H_d$的条件下运行,堰面容易产生较大的负压危及堰的安全;如果设计水头H_d取值较大,实际堰上水头会经常小于设计水头,使堰面压强增大,堰的流量系数减小。WES剖面堰采用的设计水头一般为$H_d=(0.75\sim0.95)H_{max}$,$H_{max}$为最大堰上水头。

前面讲述的堰的剖面,在设计水头情况下,堰面不出现负压,则堰称为非真空剖面堰;反之,则称为真空剖面堰。真空剖面堰在实际工程中应用得很少。

2.2 确定流量系数 m

根据试验分析,当堰的剖面形状一定时,曲线型实用堰的流量系数主要取决于上游堰高与设计水头之比P_1/H_d、堰上总水头与设计水头之比H_0/H_d及堰的上游面坡度。

当堰上水头$H=H_d$时,流量系数$m_d=0.502$;当$H\neq H_d$时,流量系数可按下式计算:

$$m = 0.502\frac{m}{m_d} \tag{7-18}$$

其中，m/m_d 与 H_0/H_d、P_1/H_d 有关。

对上游面是垂直的 WES 剖面堰，若 $P_1/H_d \geq 1.33$，属于高堰范围。因为高堰堰前行近流速较小，水流充分收缩，流量系数 m 只与 H_0/H_d 有关，与 P_1/H_d 无关，可由图 7-16 的曲线(a)查得。当堰上水头 $H>H_d$ 时，堰面压强减小，流量系数 $m>m_d$，堰的过流能力增大。

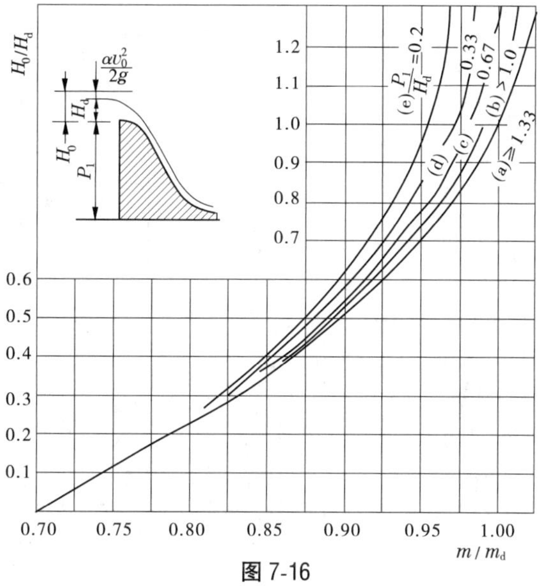

图 7-16

若 $P_1/H_d<1.33$，为低堰。流量系数不仅与 H_0/H 有关，还与 P_1/H_d 有关，即 $m/m_d = f(H_0/H_d, P_1/H_d)$。流量系数仍按式(7-18)计算，$m/m_d$ 可根据 P_1/H_d 的数值，由图 7-16 中曲线(b)、(c)、(d)、(e)查出。

3　确定曲线型实用堰的侧收缩系数 ε

当堰的过水净宽度小于引水渠宽度时，并且溢流堰顶上设置有闸墩和边墩，水流流经闸墩和边墩时发生脱离边界的现象，减小了有效过流宽度，使堰的过流能力降低，水流发生侧收缩现象，计算时要考虑侧收缩的影响。

侧收缩系数 ε 与堰上总水头 H_0、边墩和闸墩头部的形式、堰孔的孔数、尺寸有关。堰的剖面形式不同，确定侧收缩系数的方法有所不同。对于 WES 剖面高堰，可用下面经验公式确定侧收缩系数：

$$\varepsilon = 1 - 2[K_a + (n-1)K_p]\frac{H_0}{nb} \tag{7-19}$$

式中　K_a——边墩形状系数；

K_p——闸墩形状系数；

n——闸孔数目；

b——单孔净宽。

K_a 与边墩头部的形式和来水方向有关。与混凝土非溢流坝段连接的溢流堰(河床式溢洪道)，当边墩的头部采用圆弧形，来水方向与过堰水流方向一致时，建议设计时 K_a 取

0.1。与土石坝坝段连接的溢流堰(河岸式溢洪道),侧收缩系数应包括坝上游圆弧段和行近水流角度的影响,建议设计中 K_a 采用 0.2。

K_p 取决于闸墩的头部形式、H_0/H_d 以及闸墩的头部与上游面的相对位置。对于头部与堰的上游面齐平的高溢流堰,图 7-17 给出了各种墩头形状与 H_0/H_d 的关系曲线。

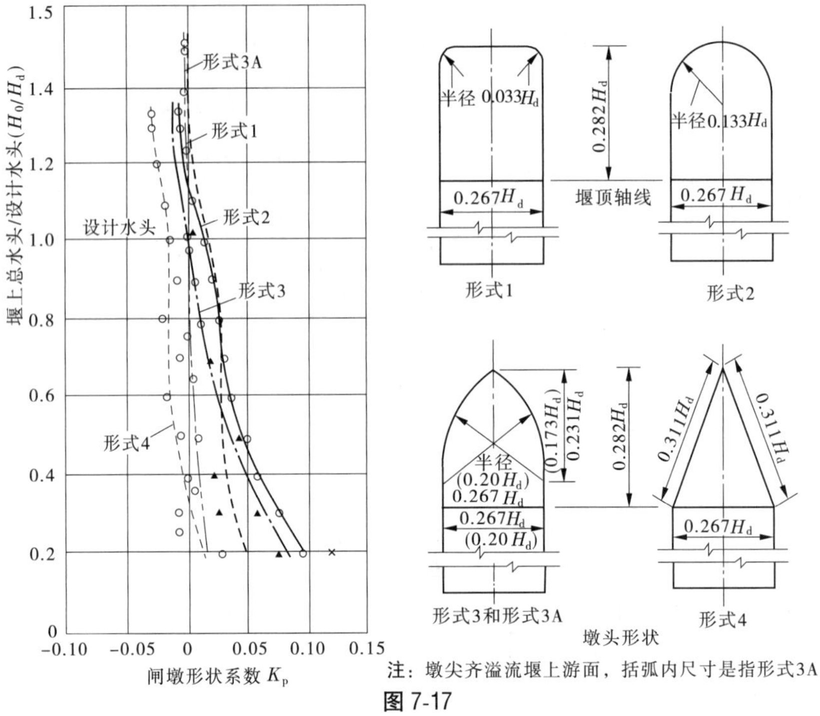

图 7-17

4 确定曲线型实用堰的淹没系数 σ_s

4.1 曲线型实用堰淹没条件

对 WES 剖面堰,若要发生淹没堰流,下游水位必须高于堰顶并在下游形成淹没水跃,如图 7-18 所示。但试验成果表明:当下游堰高较大($P_2/H_0>2$),下游水位低于堰顶时,一定是自由出流,下游水位超过堰顶,但 $h_s/H_0 \leqslant 0.15$ 时为自由出流,而 $h_s/H_0>0.15$ 时,堰下游形成淹没水跃,过水能力减小形成淹没出流;当下游堰高较小($P_2/H_0<2$)时,即使下游水位低于堰顶,过堰水流受下游护坦的影响,堰的过流能力也会降低,形成淹没出流。

4.2 确定曲线型实用堰淹没系数 σ_s

水力计算中,通常用淹没系数 σ_s 综合反映下游水位及护坦对过流能力的影响。淹没系数 σ_s 与 h_s/H_0 和 P_2/H_0 有关,对 WES 剖面,淹没系数 σ_s 可以查图 7-18 得到。由图 7-18 可知:在 $P_2/H_0>2, h_s \leqslant 0.15H_0$ 的范围内,为自由出流,淹没系数 $\sigma_s=1$。

【案例 7-4】 某溢流堰为 WES 剖面的曲线型实用堰,边墩头部为半圆形,闸墩墩头形式采用图 7-17 形式 2,共 3 孔,每孔净宽 $b=14$ m,堰与非溢流的混凝土坝相接,堰高 $P_1=P_2=12$ m,下游水深 $h_t=13$ m,设计水头 $H_d=3.11$ m。试求闸门全开,堰前水头 $H=3.36$ m 时通过溢流堰的流量。

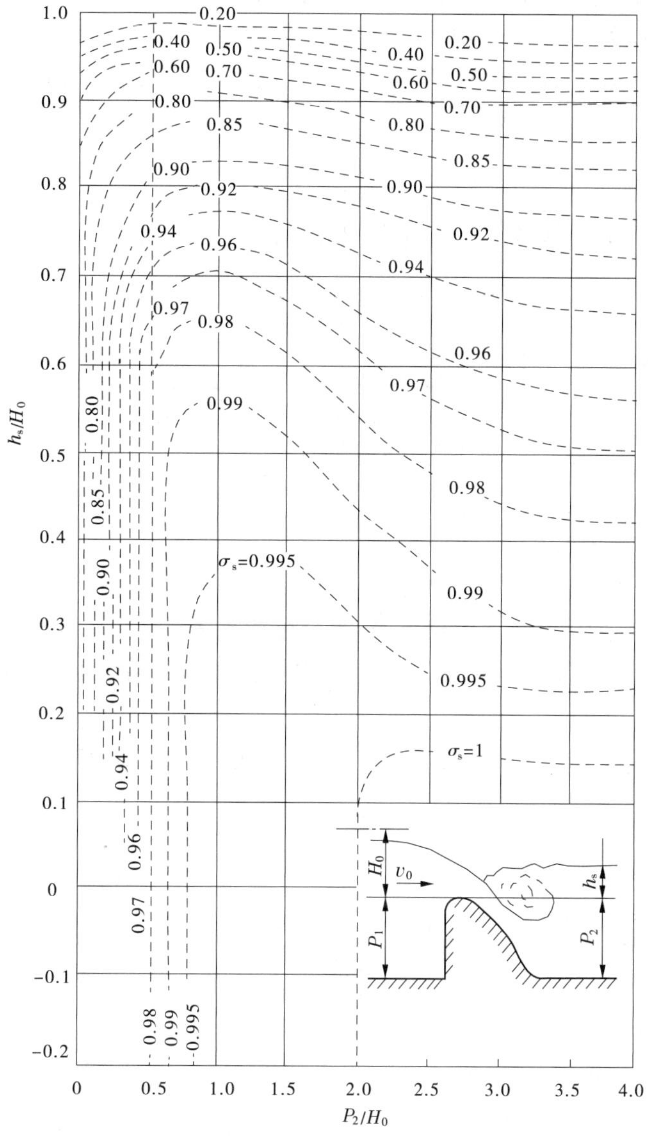

图 7-18

【案例分析与计算】：

计算溢流堰通过的流量首先要确定流量系数、侧向收缩系数和淹没系数，然后代入堰流公式求解。

$\frac{P_1}{H_d}=\frac{12}{3.11}=3.86>1.33$ 为高堰，可不计 v_0 的影响，即 $H_0 \approx H$。

(1) 确定流量系数 m。

因为 $H \neq H_d$，流量系数 m 需根据式(7-18)确定。

$m=0.502\frac{m}{m_d}$

对上游面是垂直的 WES 剖面堰,因 $P_1/H_d>1.33$,属于高堰范围,流量系数 m 只与 H_0/H_d 有关,与 P_1/H_d 无关,可由图 7-16 的曲线(a)查得。

由 $H_0/H_d=3.36/3.11=1.08$,流量系数由图 7-16 查得 $m/m_d=1.013$,则 $m=1.013\times 0.502=0.509$。

(2)确定侧向收缩系数 ε。

对与混凝土非溢流堰相接的圆弧形边墩 $K_a=0.1$;由 $\dfrac{H_0}{H_d}=\dfrac{3.36}{3.11}=1.08$,闸墩形状为图 7-17 形式 2,查图 7-17 得 $K_p=0.01$。所以由式(7-19)计算

$$\begin{aligned}\varepsilon &= 1-2[K_a+(n-1)K_p]\frac{H_0}{nb}\\ &= 1-2\times(0.1+2\times 0.01)\times\frac{3.36}{3\times 14}\\ &= 0.981\end{aligned}$$

(3)确定淹没系数 σ_s。

因为 $P_2/H_0=3.57>2$,$h_s/H_0=0.298>0.15$,所以为淹没出流,在图 7-18 中,根据横坐标 P_2/H_0、纵坐标 h_s/H_0 对应点的位置,可确定淹没系数,当其对应点的位置在图中的曲线上,则曲线上对应的值就为淹没系数 σ_s,当其对应点落在两条曲线之间,则可内插近似确定淹没系数 σ_s。

本案例 P_2/H_0、h_s/H_0 对应点落在 $\sigma_s=0.99$ 曲线与 $\sigma_s=0.995$ 曲线之间,内插近似得 $\sigma_s=0.991$。

(4)计算堰流泄流量 Q。

由堰流计算公式

$$Q=\sigma_s\varepsilon mB\sqrt{2g}H_0^{3/2}$$

将 ε、σ_s、m 代入堰流计算公式即可求得

$$\begin{aligned}Q &= \sigma_s\varepsilon mB\sqrt{2g}H_0^{3/2}\\ &= 0.991\times 0.981\times 0.509\times 3\times 14\times\sqrt{2\times 9.8}\times 3.36^{3/2}\\ &= 566.69(\text{m})\end{aligned}$$

【案例 7-5】 某挡水坝中段为溢洪道,底坎采用 WES 剖面堰。已知设计流量 $Q=1\,400\ \text{m}^3/\text{s}$,上游水位高程为 165.0 m,相应下游水位高程为 110.0 m,筑坝处河床高程为 100.0 m,堰上游为垂直线段,边墩头部为圆弧形,闸墩头部采用图 7-17 形式 3,顶部与上游面齐平;闸孔数 $n=5$,每孔净宽 $b=12$ m,试确定堰顶高程。

【案例分析与计算】:

(1)确定堰顶高程方法分析。

因为上游水位高程减去堰上水头即为堰顶高程,所以堰顶高程的确定实际上是确定堰上设计水头 H_d。

采用 WES 堰,设为高堰,且假定为自由出流 $\sigma_s=1.0$。在设计情况下,则有

$$H_0=H_d,m=m_d=0.502$$

由堰流公式知

$$H_d=H_0=\left(\frac{Q}{\sigma_s\varepsilon m_d B\sqrt{2g}}\right)^{2/3} \tag{1}$$

由题意,边墩形状系数 $K_a=0.2$;形式 3 闸墩在 $\frac{H_0}{H_d}=1$ 时,$K_p=0$,则

$$\varepsilon=1-2[K_a+(n-1)K_p]\frac{H_0}{nb}$$

$$=1-2\times(0.2+4\times0)\times\frac{H_0}{5\times12} \tag{2}$$

把式(2)代入式(1)求 H_d 则是一个关于 H_d 的一元复杂方程,不能直接求解,水力计算常用的方法是试算法。

(2)试算法确定堰顶高程。

在假设为自由出流、高堰情况下,任设 $H_d=3$ m,代入式(7-19)求侧向收缩系数 ε

$$\varepsilon=1-2[K_a+(n-1)K_p]\frac{H_0}{nb}$$

$$=1-2\times(0.2+4\times0)\times\frac{3}{5\times12}=0.98$$

由求出的侧向收缩系数及已知的流量系数 $m_d=0.502$,在自由出流情况下按堰流公式求流量 Q

$$Q=\sigma_s\varepsilon mB\sqrt{2g}H_0^{3/2}$$

$$=1.0\times0.98\times0.502\times5\times12\times\sqrt{2\times9.8}\times3^{3/2}=679.03(\text{m/s})$$

求出的流量 Q 与已知的流量 $Q=1\ 400\ \text{m}^3/\text{s}$ 不相等,重设 H_d 直到求出的流量与已知的流量相等或很接近为止,并且保证所假设的自由出流、高堰情况也成立,此时的堰上设计水头才为所求。

一般试算法很麻烦,利用表格单变量求解可方便快捷地求满足要求的堰上设计水头。具体方法如下:

①根据上面求设计水头的一般试算过程,设计表格计算步骤见表 7-10 第 3 行。

②在侧向收缩系数、流量、$\nabla_{顶}$、h_s/H_0、P_1/H_d 对应的单元格 C4:G4 输入对应的表格公式(见表 7-11)进行计算,由表 7-10 可以看出,当设 $H_d=3$ m 时,$h_s/H_0<0.15$,$P_1/H_d>1.33$,为自由出流,且为高堰,$\sigma_s=1.0$,对应流量 $Q=679.03\ \text{m}^3/\text{s}\neq1\ 400\ \text{m}^3/\text{s}$,所设的水头不满足要求。

③以流量 Q 所在的 D4 单元格为目标单元格,目标值为 1 400,可变单元格为 B4,单变量求解。

单变量求解结果列在表 7-10 中第 5 行:$H_d=4.9$ m,$Q\approx1\ 400\ \text{m}^3/\text{s}$,$\nabla_{顶}=162.0$ m,且 $h_s/H_0<0.15$,$P_1/H_d>1.33$。由计算结果可以看出原假定成立,则堰顶高程 $\nabla_{顶}=162.0$ m 为所求。

表 7-10 确定堰顶高程试算表

	A	B	C	D	E	F	G	H
1	$Q=$	1 400	$nb=$	60	$z_{上}=$	165	$K_a=$	0.2
2	$\nabla_{河床}=$	100	$m=$	0.502	$z_{下}=$	110	$K_p=$	0
3	σ_s	H_d/m	ε	$Q/(m^3/s)$	$\nabla_{顶}/m$	h_s/H_0	P_1/H_d	
4	1.0	3.0	0.980	679.03	162.0	-17.33	20.67	
5	1.0	4.9	0.967	1 400.01	160.1	-10.22	12.26	

表 7-10 计算过程中的表格计算主要公式见表 7-11。

表 7-11 确定堰顶高程表格计算主要公式

序号	水力参数	单元格	单元格计算公式	水力计算公式
1	ε	C4	=1-2*($H$1+2*$H$2)*B4/$D$1	$1-2[K_a+(n-1)K_p]\frac{H_0}{nb}$
2	$Q/(m^3/s)$	D4	=A4*C4*$D$2*$D$1*19.6^0.5*B4^1.5	$\sigma_s \varepsilon mB\sqrt{2g}H_0^{3/2}$
3	$\nabla_{顶}/m$	E4	=$F$1-B4	$z_{上}-H_d$
4	h_s/H_0	F4	=($F$2-E4)/B4	$(z_{下}-\nabla_{顶})/H_0$
5	P_1/H_d	G4	=(E4-$B$2)/B4	$(\nabla_{顶}-\nabla_{河床})/H_d$

根据实用堰流计算公式,不但能进行流量计算,确定堰上水头 H,还可以进行堰顶过水净宽 B 确定。关于堰顶过水净宽确定可参考有关书籍,这里不再介绍。

治水名人

苏 轼

苏轼(1037~1101年),字子瞻,号东坡居士,四川眉山市人,北宋时期著名文学家、政治家。

1077年,黄河决澶州曹村,洪水包围徐州城,时任徐州知州的苏轼领导军民抵御洪水,增筑城墙、修建黄河木岸工程。1089年,苏轼任杭州太守期间主持修缮六井,解决杭州居民用水问题;同时率领军民大力疏浚西湖,并将挖出来的葑根、淤泥,筑成一条贯穿西湖的长堤,后人称之为"苏堤"。苏轼在不同任上主持或参与的水利工程不胜枚举,除积极参与治水实践外,还撰写水利著述《熙宁防河录》《禹之所以通水之法》《钱塘六井记》等。

苏轼把水利事业与国家的兴衰联系在一起。在长期的治水实践中,实事求是、因地制宜,坚持科学治水,为当时水利建设事业做出了重要贡献。

项目练习

一、项目自测

(一)单选题

1. 下述堰的分类哪个正确？(　　)

A. $\delta/H>0.67$ 薄壁堰　　B. $0.67<\delta/H<10.0$ 宽顶堰

C. $0.67<\delta/H\leqslant2.5$ 实用堰　　D. $\delta/H>2.5$ 薄壁堰

2. 有一堰型，堰厚为 3 m，堰上水头为 0.5 m，则该堰流属于(　　)。

A. 薄壁堰流　　B. 实用堰流　　C. 宽顶堰流　　D. 明渠堰流

3. 某闸底坎为宽顶堰，发生堰流的条件是(　　)。

A. $e/H>0.65$　　B. $e/H\leqslant0.65$　　C. $e/H>0.75$　　D. $e/H\leqslant0.75$

4. 堰流的流量与堰上水头的(　　)成正比。

A. 1/2 次　　B. 3/2 次方　　C. 2 次方　　D. 1 次方

5. 对 WES 曲线型实用堰来说，当实际水头小于设计水头时，实用堰的实际过水能力(　　)设计过水能力。

A. 大于　　B. 等于　　C. 小于　　D. 不一定

6. 当实用堰的堰上水头增大时，其流量系数(　　)。

A. 增大　　B. 减小　　C. 不变　　D. 不定

7. 当实用堰水头 H 大于其设计水头 H_d 时，其流量系数 m 与设计流量系数 m_d 的关系是(　　)。

A. $m>m_d$　　B. $m=m_d$　　C. $m<m_d$　　D. 无法确定

8. 宽顶堰流量系数 m 的最大值为(　　)。

A. 0.300　　B. 0.385　　C. 0.502　　D. 0.750

9. 宽顶堰的淹没条件是(　　)。

A. $h_s/H_0\geqslant0.8$　　B. $h_s/H_0<0.8$　　C. $h_s/H_0\geqslant0$　　D. 以上都不对

10. 某 WES 曲线型实用堰，上游面垂直，当实际水头 H 大于设计水头 H_d 时，则实用堰的流量系数 m 可能是(　　)。

A. 0.502　　B. 0.490　　C. 0.500　　D. 0.506

(二)计算题

1. 有一无侧收缩矩形薄壁堰，上游堰高 P_1 为 0.5 m，堰宽 b 为 0.8 m，堰上水头 H 为 0.6 m，下游水位不影响堰顶出流，求通过堰的流量。

2. 某 WES 实用堰，单孔净宽 $b=15$ m，闸孔数 $n=3$，堰与非溢流的混凝土坝相接，边墩头部为半圆形，闸墩头部为圆弧形，堰高 $P_1=P_2=12$ m，下游水深 $h_t=13$ m，设计水头 $H_d=3.11$ m。试求堰上水头 $H=4$ m 时通过溢流堰的流量 Q。

3. 如图 7-19 所示，一灌溉进水闸为 3 孔，每孔净宽 $b=10$ m；闸墩头部为半圆形，闸墩厚度 $d=3$ m；边墩头部为圆弧形，边墩计算厚度 $\Delta=2$ m；闸前行近流速 $v_0=0.5$ m/s；其他数据如图 7-19 所示。试确定下游水位不同时的过流量:①下游水位为 17.75 m;②下游水位为 16.70 m。

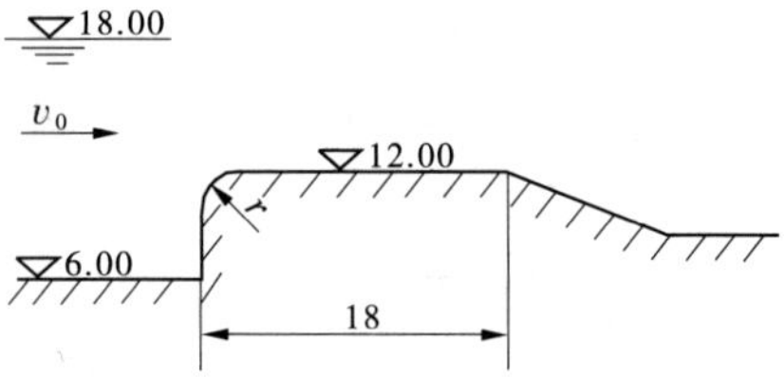

图 7-19 (单位:m)

4. 某水库的溢洪道进口采用无坎单孔宽顶堰,并在水平堰顶后接一陡坡段,下游水位较低,不影响泄流。单孔净宽 $b=10$ m,圆弧形翼墙半径 $r=6$ m,堰顶高程为 24.00 m,闸门全开时水库设计水位为 28.8 m 时,堰前矩形断面渠道过水宽 $B_0=20$ m。求此时泄流量。

二、项目实训

河岸式溢洪道堰流情况下过流能力计算,具体资料及任务、要求见附录 1 项目 7 实训。

项目 8　闸孔出流水力分析与计算

水闸是主要利用闸门挡水和泄水的中低水头水工建筑物，是水利工程中常见的典型建筑物，主要用于拦洪、挡潮、蓄水抬高上游水位，以满足上游取水或通航的需要。

闸孔出流水力分析与计算项目的主要任务是掌握闸孔出流与堰流关系、闸孔出流情况判别、闸孔出流水力计算公式及影响因素分析，平板闸门、弧形闸门流量系数确定方法；会结合工程资料进行闸孔出流水流现象分析，能进行平板闸门、弧形闸门闸孔出流的过流能力计算。

任务 1　闸孔出流水力分析

1　闸孔出流水力现象

在水利工程中为了控制和调节河渠中的水位和流量，常修建水闸水工建筑物。水流由闸门或胸墙底缘和闸底板之间的孔口流出，水面受到闸门或胸墙控制，呈不连续自由水面，这种水流现象称为闸孔出流，见图 8-1。

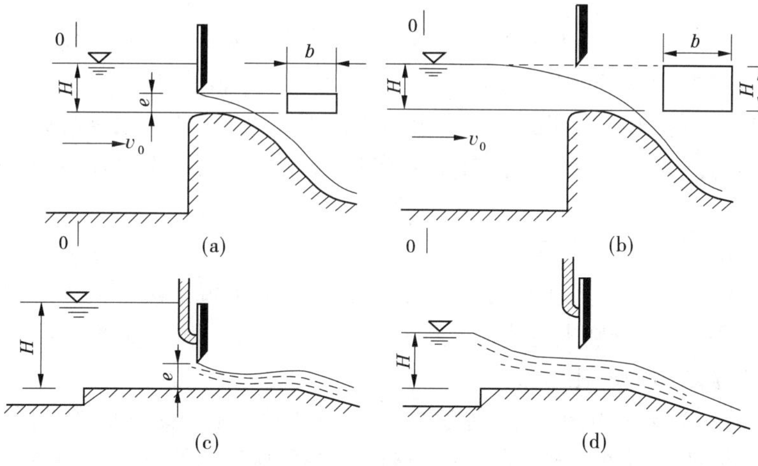

图 8-1

闸孔出流与堰流有密切联系但又是两种不同的水流现象，堰流水面因不受约束，水面线为一光滑降落的曲线；闸孔出流水面因受闸门的控制，闸孔上、下游是不连续、折断的水面线。由于堰流及闸孔出流边界条件的差异，它们的泄流特征及过流能力不相同，但从研究过水能力及其影响因素来说，闸孔出流与堰流有共同点：首先，堰流与闸孔出流都是在一定的水头 H 作用下形成的，其泄流过程都是势能转化为动能的过程；其次，这两种水流都在较短距离内流线发生急剧弯曲，属于明渠急变流动，其流动过程的水头损失主要是局部水头损失。

实际工程中,对同一建筑物而言,如建在实用堰或宽顶堰堰顶上的水闸,在某些条件下为闸孔出流,当条件变化时就可能属于堰流,堰流和闸孔出流在一定条件下是可以互相转化的。当闸孔出流的闸门的开启高度 e 增大到一定值时,闸前水面下降而不受闸门底缘约束,则水流就由闸孔出流转化为堰流;反之,如原为堰流,当闸门的开启高度减小,闸门底缘对水流起控制作用时,水流则转化为闸孔出流(见图 8-1)。堰流与闸孔出流两种流态相互转化的条件,除与闸门的相对开启高度 e/H 有关外,还和闸底坎形式等有关。一般采用下列判别式来区分堰流和闸孔出流:

当闸底坎为宽顶堰时,$\frac{e}{H}\leqslant 0.65$,为闸孔出流;

$$\frac{e}{H} > 0.65\text{,为堰流。}$$

当闸底坎为曲线堰时,$\frac{e}{H}\leqslant 0.75$,为闸孔出流;

$$\frac{e}{H} > 0.75\text{,为堰流。}$$

闸孔出流是水利工程中常见的水流现象,其水力计算的主要任务是闸孔出流过流能力的计算。下面介绍闸孔出流的过流能力计算公式并讨论其影响因素。

2 闸孔出流水力计算公式

实际工程中,水闸的闸底坎一般为宽顶堰(包括无坎宽顶堰)或曲线型实用堰;闸门形式主要有平板闸门和弧形闸门两种类型。闸孔出流时,如果闸前水头 H 和闸门的开启高度 e 不随时间而变,闸孔出流的流速和流量不随时间变化,即为恒定闸孔出流,否则称为非恒定闸孔出流;当下游水位不影响过闸泄流量,称为闸孔自由出流,否则称为闸孔淹没出流。

闸孔出流水力计算的目的是:恒定闸孔出流时,研究分析过闸泄流量与闸门的开启高度、闸孔尺寸、闸门类型、闸底坎形式、上下游水位及闸孔出流情况等的关系,并给出相应的水力计算公式。下面分别进行讨论。

2.1 底坎为宽顶堰型的闸孔出流

如图 8-2 所示为闸孔恒定出流,闸底坎为无坎宽顶堰,闸门为平板闸门,e 为闸门开启高度,H 为闸前水头。水流由闸门底缘流出时,由于受闸门的约束,流线发生急剧弯曲收缩,出闸后由于惯性的作用流线继续收缩,在距闸门$(0.5\sim1)e$ 处为水深最小的收缩断面 $c—c$。收缩断面 $c—c$ 处的水深 h_c 一般小于临界水深 h_k,水流为急流状态。而闸孔下游渠槽中的水深 h_t 一般大于临界水深 h_k,水流呈缓流状态,因此闸后水流从急流到缓流要发生水跃。水跃位置随下游水深 h_t 变化而变化,下游水深增大水跃向上游移动,下游水深减小水跃向下游移动,水跃发生的位置不同对闸孔出流泄流能力的影响不一样,从而使闸孔出流可分为自由出流和淹没出流。设收缩断面水深 h_c 所对应的共轭水深为 h_c'',当 $h_c''>h_t$ 时水跃发生在收缩断面下游,称为远驱水跃[见图 8-2(a)],当 $h_c''=h_t$ 时水跃发生在收缩断面处，称为临界式水跃[见图 8-2(b)]，这两种情况下水跃对应的下游水位都不影响闸孔的过流能力称为闸孔的自由出流；当 $h_c''<h_t$ 时水跃发生在收缩断面上游，称为淹没水跃[见图 8-2(c)]。此时下游水位使闸孔的过流能力减小，称为闸孔淹没出流。

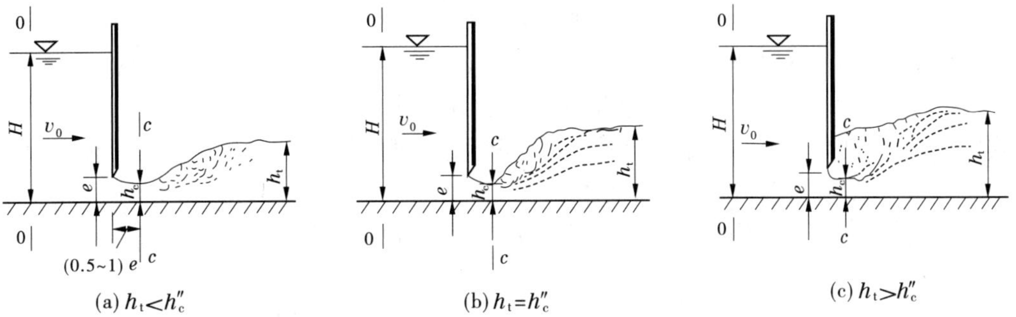

图 8-2

从上面的分析可以看出，判断闸孔自由出流或淹没出流，须先求出收缩断面水深 h_c 和它相应的共轭水深 h_c''，然后将 h_c'' 和下游水深 h_t 比较，即可判别闸孔出流情况。

上述判别条件对不同闸门类型的无底坎或有底坎宽顶堰型闸孔出流都适用。

2.1.1　底坎为宽顶堰型闸孔自由出流的水力计算

如图 8-2(a)所示，收缩断面 $c—c$ 上的流线近似为平行直线，$c—c$ 断面可以认为是渐变流矩形断面。以闸底板为基准面，取闸门上游距闸门(3~4)H 符合渐变流条件的 0—0 断面与下游 $c—c$ 收缩断面列能量方程

$$H+\frac{\alpha v_0^2}{2g}=h_c+\frac{\alpha_c v_c^2}{2g}+h_w \tag{8-1}$$

式中　h_w——水流从 0—0 断面到 $c—c$ 断面的水头损失，由于 0—0 断面到 $c—c$ 断面的距离很短水流为急变流，因而只计局部水头损失，即 $h_w=\zeta\frac{v_c^2}{2g}$。

令 $H_0=H+\frac{\alpha v_0^2}{2g}$，称为包括流速水头在内的闸前总水头，将 $h_w=\zeta\frac{v_c^2}{2g}$ 及 H_0 代入式(8-1)，整理可得

$$v_c=\frac{1}{\sqrt{\alpha+\zeta}}\sqrt{2g(H_0-h_c)}=\varphi\sqrt{2g(H_0-h_c)} \tag{8-2}$$

式中　φ——流速系数，$\varphi=\frac{1}{\sqrt{\alpha+\zeta}}$。

根据连续方程

$$Q=A_c v_c=Bh_c v_c \tag{8-3}$$

式中　B——闸孔过水净宽。

当闸门孔数为 n，每孔净宽为 b 时，$B=nb$，则

$$Q=nbh_c\varphi\sqrt{2g(H_0-h_c)} \tag{8-4}$$

令$\frac{h_c}{e}=\varepsilon'$称为垂向收缩系数,则

$$h_c=\varepsilon' e \tag{8-5}$$

$$Q=\varphi\varepsilon' nbe\sqrt{2g(H_0-h_c)} \tag{8-6}$$

令$\mu=\varphi\varepsilon'$,则式(8-6)可写成

$$Q=\mu nbe\sqrt{2g(H_0-h_c)} \tag{8-7}$$

式中 μ——闸孔出流的基本流量系数,是综合反映闸底坎形式、闸门形式和闸门相对开启度对泄流量的影响系数。

在实际应用中为便于计算,通常将式(8-7)改写成更简单的形式

$$Q=\mu nbe\sqrt{2g(H_0-h_c)}=\mu nbe\sqrt{2g(H_0-\varepsilon' e)}=\mu nbe\sqrt{2gH_0(1-\varepsilon'\frac{e}{H_0})} \tag{8-8}$$

令$\mu_0=\mu\sqrt{1-\varepsilon'\frac{e}{H_0}}$为闸孔出流的流量系数,则

$$Q=\mu_0 nbe\sqrt{2gH_0} \tag{8-9}$$

式(8-7)、式(8-9)为闸孔出流计算公式,虽然它们是以无坎平板闸门为例推出来的,但对于弧形闸门、有底坎的闸孔出流都适用。

由式(8-7)、式(8-9)可以看出,当闸门开启孔数、高度及闸孔尺寸一定时,影响过闸流量的因素是闸前作用水头和流量系数。闸孔出流的过流量与闸前作用水头的平方根成正比,闸前作用水头是影响过闸流量的主要因素;流量系数μ_0影响因素有垂向收缩系数ε'、流速系数φ及闸门相对开启高度e/H。垂向收缩系数ε'反映了流线的收缩程度,它和闸门的相对开启高度和闸孔入口的边界条件有关。流速系数φ反映了闸孔出流局部水头损失和收缩断面流速分布不均匀的影响,其值的大小主要取决于闸孔入口的边界条件,初步设计时对于平板闸门,无底坎的宽顶堰型闸孔出流,可取$\varphi=0.95\sim1.0$,有底坎的宽顶堰型闸孔出流,可取$\varphi=0.85\sim0.95$。流量系数μ_0综合反映了水流能量损失及收缩程度对泄流能力的影响,对于不同的闸门形式,垂向收缩系数ε'及流量系数μ_0的确定方法不一样。

(1)对于平板闸门的闸孔出流。

无坎平板闸门的垂向收缩系数与闸门相对开启高度e/H关系如表8-1所示。

表8-1 无坎平板闸门垂向收缩系数ε'与闸门相对开启高度e/H关系

e/H	0.10	0.15	0.20	0.25	0.30	0.35	0.40	0.45	0.50	0.55	0.60	0.65	0.70	0.75
ε'	0.615	0.618	0.620	0.622	0.625	0.628	0.630	0.638	0.645	0.650	0.660	0.675	0.690	0.705

流量系数μ_0可按南京水利科学研究院的经验公式计算

$$\mu_0=0.60-0.176\frac{e}{H} \tag{8-10}$$

(2)对于弧形闸门的闸孔出流。

无坎弧形闸门的垂向收缩系数和闸门下缘切线与水平方向夹角θ的大小关系,可根据表8-2确定。

表 8-2　弧形闸门垂向收缩系数 ε' 与水平方向夹角 θ 的大小关系

$\theta/(°)$	35	40	45	50	55	60	65	70	75	80	85	90
ε'	0.789	0.766	0.742	0.720	0.698	0.678	0.662	0.646	0.635	0.627	0.622	0.620

θ 值按下式计算(式中符号见图 8-3)

$$\cos\theta = \frac{c - e}{R} \tag{8-11}$$

式中　c——弧形闸门的转轴高度；

R——弧形闸门的半径。

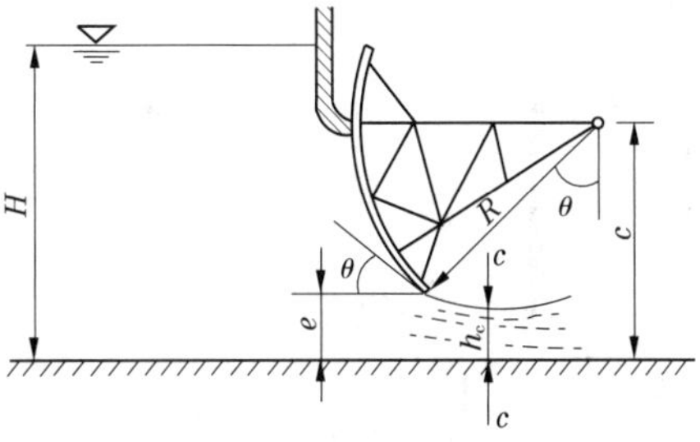

图 8-3

流量系数 μ_0 值可按南京水利科学研究院的经验公式确定：

当 $\cos\theta=0\sim0.3$ 时

$$\mu_0 = 0.6 - 0.176\frac{e}{H} + \left(0.15 - 0.2\frac{e}{H}\right)\cos\theta \tag{8-12}$$

当 $\cos\theta=0.3\sim0.7$ 时

$$\mu_0 = 0.545 - 0.136\frac{e}{H} + 0.334\left(1 - \frac{e}{H}\right)\cos\theta \tag{8-13}$$

需要说明的是,上面垂向收缩系数 ε' 及流量系数 μ_0 确定方法严格来说仅适用于无坎宽顶堰型闸孔出流,但某些试验证明,对于有坎宽顶堰型的闸孔出流(见图 8-4),只要收缩断面位于闸坎上,且闸门装在距宽顶堰进口下游一定距离处,则堰坎对水流的垂向收缩将不显著,仍可按上述方法确定垂向收缩系数 ε' 及流量系数 μ_0。另外,对于有边墩或闸墩存在的闸孔出流,试验证明,边墩和闸墩对流量影响很小,不再单独考虑侧向收缩的影响。

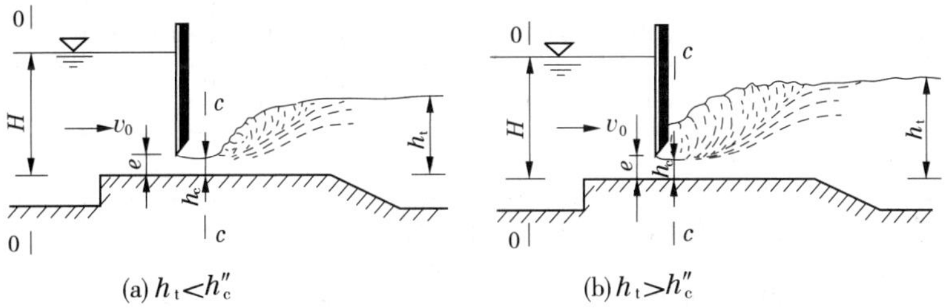

图 8-4

2.1.2　底坎为宽顶堰型闸孔淹没出流的水力计算

当下游水深大于收缩断面水深的共轭水深时,即 $h_t>h_c''$时,闸孔出流为淹没出流(见图 8-5)。通过试验证明:闸孔被淹没后,收缩断面水深增大,当 $h>h_c$ 时,闸孔出流的作用水头由自由出流时的 H_0-h_c 减小为 H_0-h,因而闸孔淹没出流时泄流量小于自由出流时的泄流量,计算时将自由出流的计算公式(8-9)乘上一个淹没系数 σ_s,因而闸孔淹没出流水力计算公式为

$$Q = \sigma_s \mu_0 nbe\sqrt{2gH_0} \tag{8-14}$$

式中 σ_s——淹没系数,反映了下游的水位对过水能力的影响,σ_s 可通过查图 8-6 或表 8-3 确定。

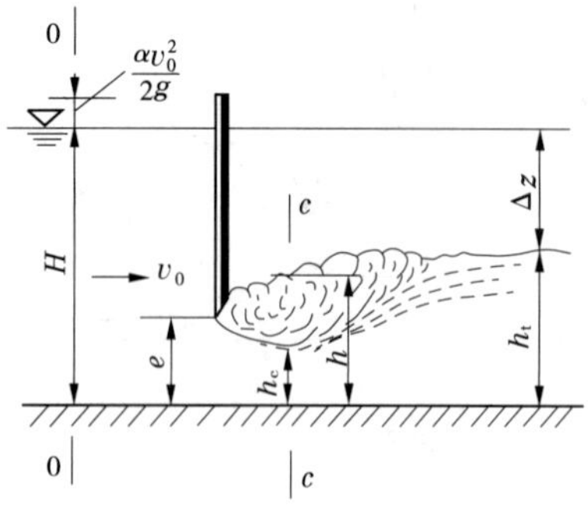

图 8-5

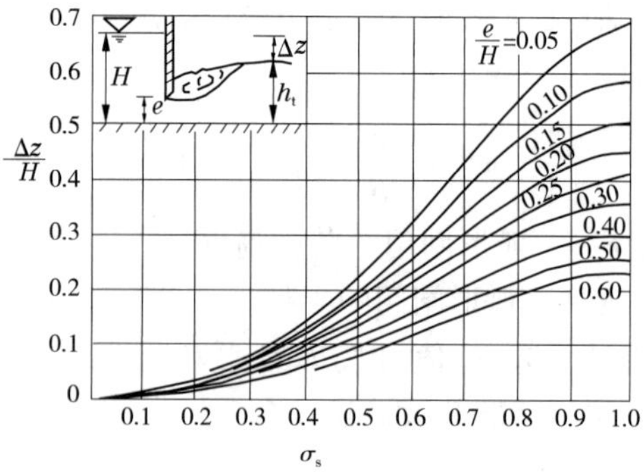

图 8-6

表 8-3 淹没系数 σ_s 与闸门相对开启高度 e/H 及相对落差 $\Delta z/H$ 的关系

$\Delta z/H$	e/h								
	0.05	0.10	0.15	0.20	0.25	0.30	0.40	0.50	0.60
0.05	0.228	0.250	0.263	0.279	0.291	0.307	0.326	0.369	0.415
0.10	0.336	0.350	0.364	0.389	0.403	0.426	0.467	0.516	0.565
0.15	0.413	0.431	0.450	0.479	0.500	0.526	0.579	0.629	0.686
0.20	0.475	0.500	0.520	0.550	0.579	0.612	0.678	0.750	0.830
0.25	0.527	0.557	0.587	0.626	0.655	0.700	0.790	0.900	1
0.30	0.580	0.614	0.650	0.700	0.741	0.800	0.950	1	
0.35	0.625	0.666	0.706	0.765	0.830	0.935	1		
0.40	0.670	0.716	0.770	0.840	0.950	1			
0.45	0.711	0.769	0.843	0.950	1				
0.50	0.750	0.830	0.950	1					
0.55	0.800	0.900	1						
0.60	0.850	1							
0.65	0.917								

2.2 底坎为曲线型实用堰的闸孔出流

图 8-7 为曲线型实用堰上的闸孔出流。当水流由闸前趋近闸孔时,水流的收缩比平底闸孔要充分完善得多。过闸后受重力作用水股紧贴实用堰面下泄,堰上水流为急变流,下泄水流越向下游水深越小,不像平底闸孔那样具有明显的收缩断面,所以曲线型实用堰

上闸孔出流的流量系数不同于平底闸孔的流量系数。

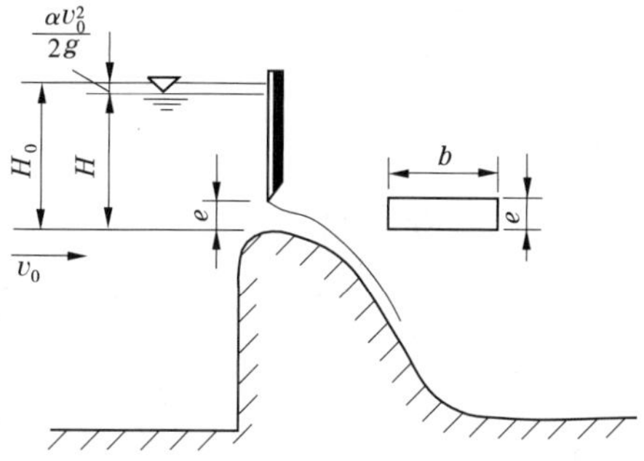

(a)

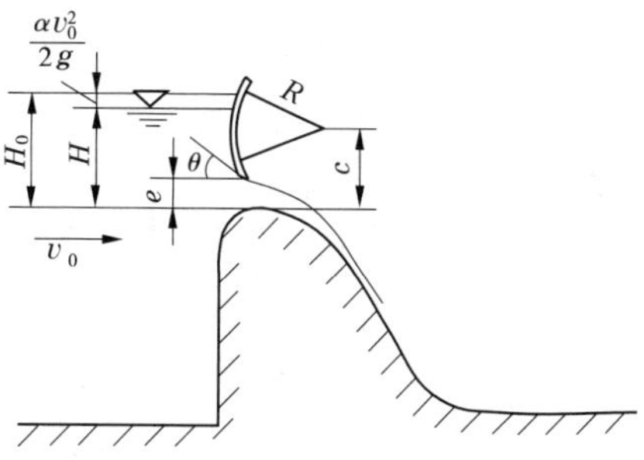

(b)

图 8-7

实际工程中，往往大型水利工程才采用曲线型实用堰，堰比较高，下游水位使堰顶闸孔形成淹没出流的情况十分少见，因此对闸底坎为曲线型实用堰的闸孔出流，只讨论自由出流的情况。

计算曲线型实用堰上闸孔自由出流的流量公式一般用式(8-9)。

其中 μ_0 为堰上闸孔出流流量系数，与闸门相对开启度 e/H、实用堰剖面形状、闸门形式、闸门底缘的外形、闸门在堰顶的位置等因素有关，重要的工程设计需要通过专门的模型试验来确定，其他参数意义同式(8-9)。

对于平板闸孔出流，流量系数公式为

$$\mu_0 = 0.65 - 0.186\frac{e}{H} + \left(0.25 - 0.375\frac{e}{H}\right)\cos\theta \tag{8-15}$$

式中　θ——闸门底缘切线与水平线的夹角，如图 8-8 所示。本式适用于 $e/H = 0.05 \sim 0.75$，$\theta = 0 \sim 90°$。

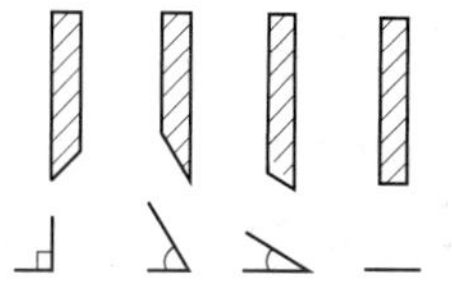

图 8-8

对于弧形闸门出流，如图 8-7(b)所示，初步设计计算时流量系数 μ_0 值可以按 e/H 值查表 8-4 得到。

表 8-4　曲线型实用堰上弧形闸门的流量系数 μ_0 值

e/H	0.05	0.10	0.15	0.20	0.25	0.30	0.35	0.40	0.50	0.60	0.70
μ_0	0.721	0.700	0.683	0.667	0.652	0.638	0.625	0.610	0.584	0.559	0.555

任务 2　平板闸门过流能力水力计算

【案例 8-1】　有一带底坎的宽顶堰上有三孔进水闸(见图 8-9)，已知平板闸门开启度 $e = 0.5$ m，上游水深 $h = 3.1$ m，下游水深 $h_t = 1.2$ m，上游坎高 $P_1 = 0.6$ m，下游坎高 $P_2 = 0.5$ m，闸孔净宽 $b = 2$ m，边墩及闸墩头部均为半圆形，墩厚 $d = 1.2$ m，上游引水渠为矩形过水断面,渠道宽 $B_0=9.6$ m,流速系数 $\varphi=0.90$。试求泄流量 Q。

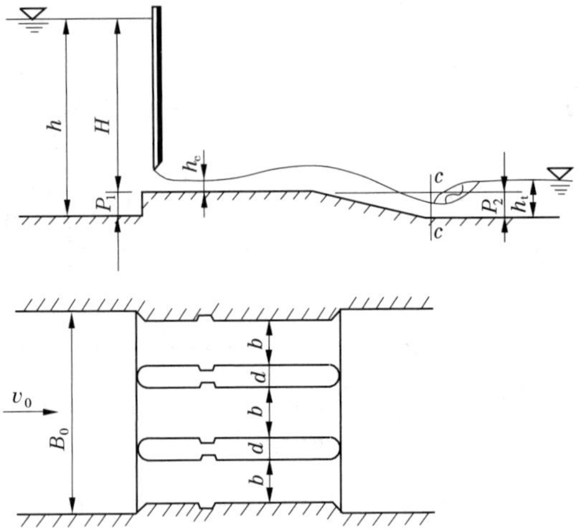

图 8-9

【案例分析与计算】:

(1)判断出流情况为堰流或闸孔出流。

$\frac{e}{H}=\frac{e}{h-P_1}=\frac{0.5}{3.1-0.6}=0.20<0.65$,为闸孔出流。

本案例是按闸底坎为宽顶堰的闸孔出流进行泄流量计算。由于堰前水深较大、闸门的开启度小,闸前行近流速水头忽略不计,则 $H_0\approx H=3.1-0.6=2.5$(m)。

(2)判断闸孔出流情况。

由 $e/H=0.20$ 查表 8-1 得垂向收缩系数 $\varepsilon'=0.620$,则收缩断面水深

$h_c=\varepsilon' e=0.620\times 0.5=0.31(\text{m})$

$v_c=\varphi\sqrt{2g(H_0-h_c)}=0.90\times\sqrt{2\times 9.8\times(2.5-0.31)}=5.90(\text{m/s})$

$h''_c=\frac{h_c}{2}\left(\sqrt{1+8\frac{v_c^2}{gh_c}}-1\right)=\frac{0.31}{2}\times\left(\sqrt{1+8\times\frac{5.90^2}{9.8\times 0.31}}-1\right)=1.34(\text{m})$

则 $h''_c>h_t=1.2$ m,为自由出流。

(3)计算泄流量。

对于有坎宽顶堰型的闸孔出流,因收缩断面位于闸坎上,又根据出流情况为自由出流,按式(8-9)计算流量。

因底坎为直角进口,且为平板闸门,则流量系数

$$\mu_0=0.60-0.176\frac{e}{H}=0.60-0.176\times 0.20=0.565$$

$$Q=\mu_0 nbe\sqrt{2gH_0}=0.565\times 3\times 2\times 0.5\times\sqrt{2\times 9.8\times 2.5}=11.87(\text{m}^3/\text{s})$$

通过案例 8-1 与案例 7-2 比较可以看出,同样作用水头下堰流泄流量远大于闸孔出流的泄流量。

【案例 8-2】 某水闸为平板闸门,无底坎,闸前水头 $H=3.5$ m,单孔过水净宽 $b=$

3.0 m,闸门开启度 e=0.7 m,下游水深较小,为自由出流,不计闸前行近流速 v_0,流速系数 φ 取 0.97,求闸的泄流量;若考虑闸前行近流速,闸前渠道为矩形断面,且渠道宽 B_0=4.0 m,其他条件不变,求闸的泄流量。

【案例分析与计算】:

(1)不计行近流速。

首先判别流态。根据$\frac{e}{H}=\frac{0.7}{3.5}=0.2<0.65$,为闸孔出流。

用式(8-9)计算 Q,应先用式(8-10)求 μ_0

$$\mu_0 = 0.60 - 0.176\frac{e}{H} = 0.60 - 0.176 \times 0.2 = 0.565$$

再用式(8-9)直接可求流量

$$Q = \mu_0 nbe\sqrt{2gH_0} = 0.565 \times 1 \times 3 \times 0.7 \times \sqrt{2 \times 9.8 \times 3.5} = 9.83(\text{m}^3/\text{s})$$

(2)考虑行近流速。

先设行近流速 $v_0\approx0$,$H_0\approx H$,由上面计算可求出 Q=9.83 m^3/s。根据求出的流量可计算闸前行近流速

$$v_0 = \frac{Q}{B_0H} = \frac{9.83}{4.0 \times 3.5} = 0.7(\text{m/s})$$

$$H_0=H+\frac{\alpha v_0^2}{2g}=3.53\ \text{m}$$

代入式(8-9)再求流量

$$Q = \mu_0 be\sqrt{2gH_0} = 0.565 \times 3 \times 0.7 \times \sqrt{2 \times 9.8 \times 3.53} = 9.86(\text{m}^3/\text{s})$$

求出的流量与上一个流量很接近,故 Q=9.86 m^3/s 为所求。

任务 3　弧形闸门水力计算

【案例 8-3】　某水闸底坎与渠底齐平,如图 8-10 所示。闸底板高程为 104.00 m,共 3 孔,每孔宽 b=5 m,闸前水位 109.00 m,弧形闸门半径 R=7.0 m,转轴高程 107.00 m。当闸门开启度 e=1.0 m,不计闸前行近流速,若下游水位为 108.30 m,求此时闸孔泄流量。

【案例分析与计算】:

(1)判断堰流或闸孔出流。

$\frac{e}{H}=\frac{1.0}{109.00-104.00}=0.2<0.65$,为闸孔出流。

(2)判断闸孔出流情况。

$$c = 107.00 - 104.00 = 3.00(\text{m})$$

$$\cos\theta = \frac{c - e}{R} = \frac{3 - 1.0}{7} = 0.286$$

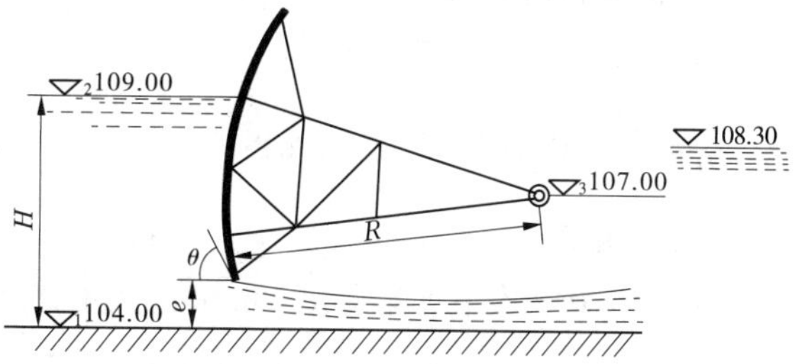

图 8-10

$\theta = 73.4°$

根据θ值查表8-2可得:$\varepsilon' = 0.639$

$h_c = \varepsilon' e = 0.639 \times 1.0 = 0.639(m)$,取$\varphi = 0.97$,不计行近流速,则$H_0 \approx H$

$$v_c = \varphi\sqrt{2g(H_0 - h_c)} = 0.97 \times \sqrt{2 \times 9.8 \times (5 - 0.639)} = 8.97(m/s)$$

$$Fr_c = \frac{v_c}{\sqrt{gh_c}} = \frac{8.97}{\sqrt{9.8 \times 0.639}} = 3.58$$

$$h''_c = \frac{h_c}{2}(\sqrt{1 + 8Fr_c^2} - 1) = \frac{0.639}{2} \times (\sqrt{1 + 8 \times 3.58^2} - 1) = 2.93(m)$$

$h_t = 108.30 - 104.00 = 4.30(m)$,$h_t > h''_c$,所以为淹没出流。

$$\Delta z = 109.00 - 108.30 = 0.70(m)$$

$$\frac{\Delta z}{H} = \frac{0.70}{109.00 - 104.00} = 0.14$$

查图8-6或表8-3得淹没系数$\sigma_s = 0.461$。

$$\cos\theta = \frac{c - e}{R} = \frac{3.00 - 1.0}{7} = 0.286$$

(3)计算流量。

由式(8-12)计算流量系数

$$\mu_0 = 0.6 - 0.176\frac{e}{H} + (0.15 - 0.2\frac{e}{H})\cos\theta$$

$$= 0.6 - 0.176 \times \frac{1.0}{5.00} + \left(0.15 - 0.2 \times \frac{1.0}{5.00}\right) \times 0.286 = 0.596$$

则流量为

$$Q = \sigma_s \mu_0 nbe\sqrt{2gH_0} = 0.461 \times 0.596 \times 3 \times 5 \times 1.0 \times \sqrt{2 \times 9.8 \times 5} = 40.80(m^3/s)$$

【案例8-4】 某水库溢流坝共5孔,每孔净宽$b=7$ m,坝顶设弧形闸门。试求闸前水头$H=5$ m,各孔均匀开启,开启度$e=1.0$ m时,通过的闸孔流量(不计行近流速,下游自由出流)。

【案例分析与计算】:

(1)判断堰流或闸孔出流。

$\frac{e}{H} = \frac{1.0}{5} = 0.2 < 0.75$,为闸孔出流。

(2)求流量。

由$e/H = 0.2$查表8-4得$\mu_0 = 0.667$,又不计行近流速,则

$$Q = \mu_0 nbe\sqrt{2gH_0} = 0.667 \times 5 \times 7 \times 1.0 \times \sqrt{2 \times 9.8 \times 5} = 231(m^3/s)$$

治水名人

郭守敬

郭守敬(1231~1316 年),字若思,河北邢台人,元代杰出的科学家,尤擅长水利和天文历算。

郭守敬一生治理河渠沟堰几百所,尤其以修复宁夏引黄灌区和规划沟通京杭大运河最为人著称。公元 1264 年,郭守敬赴宁夏,修复了黄河灌区唐徕、汉延及其他 10 条干渠、68 条支渠,溉田 9 万余顷,使宁夏平原成为“塞外江南”。公元 1271 年,郭守敬升任都水监,掌管全国水利建设。为实现京杭运河贯通,他进行系统勘测、科学规划,先后主持建成会通河、通惠河,南自宁波、北至大都的元明清大运河至此基本成形。

郭守敬尊重科学、因法而治,勇于担当奉献,注重实地勘察,在原有水利基础上不断创新,一生在水利事业上成就斐然。

项目练习

一、项目自测

(一)单选题

1. 如图 8-11 所示为闸孔出流。若通过的流量 Q 不变,则图示各断面中可以互相列出能量方程的有(　　)。

A. 1—1 与 2—2　　B. 1—1 与 3—3　　C. 1—1 与 4—4　　D. 2—2 与 5—5

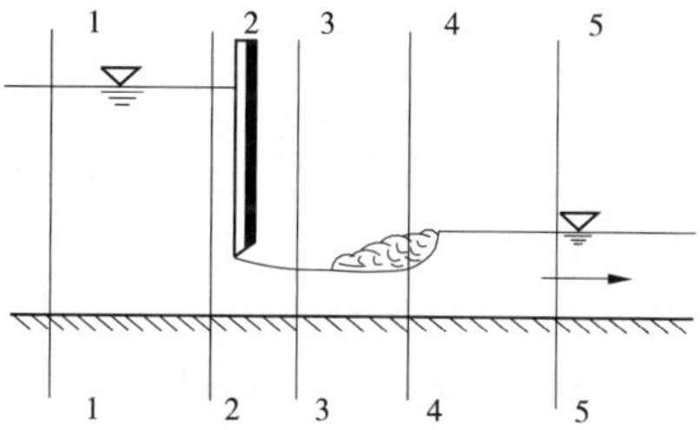

图 8-11

2. 对于底坎为宽顶堰的闸孔出流,闸门开启度 $e/H>$(　　)时的水流运动为堰流。

A. 0.65　　B. 0.67　　C. 0.75　　D. 2.5

3. 对于宽顶堰上的闸孔出流,发生闸孔出流的条件是(　　)。

A. $e/H>0.65$　　B. $e/H\leqslant 0.65$　　C. $e/H>0.75$　　D. $e/H\leqslant 0.75$

4. 平顶坎上的闸孔淹没出流的判别标准是:下游水深 h_t(　　)收缩水深 h_c 的共轭水深 h''_c。

A. 大于　　B. 等于　　C. 小于　　D. 都不对

5. 闸孔出流的流量与闸前水头(　　)成正比。

A. 1 次方　　B. 2 次方　　C. 0.5 次方　　D. 都不对

6. 闸孔自由出流的流量公式为(　　)。

A. $Q=\mu ne\sqrt{2gH_0}$　　B. $Q=\mu nbe\sqrt{2g}H_0^{\frac{3}{2}}$

C. $Q=\mu nbe\sqrt{2gH_0}$　　D. $Q=\mu nb\sqrt{2gH_0}$

7. 闸孔出流属于(　　)。

A. 急变流　　B. 缓流　　C. 渐变流　　D. 均匀流

(二)计算题

1. 某矩形断面渠道上建一引水闸，共两孔，每孔净宽 $b=5$ m。采用平板闸门(见图 8-12)。闸前水头 $H=8$ m，若两孔闸门同时开启，开启度 $e=2$ m。求下列两种情况的闸孔泄流量：①闸下游水深 $h_t=3.5$ m(不计闸前行近流速)；② $h_t=5.5$ m(不计闸前行近流速)。

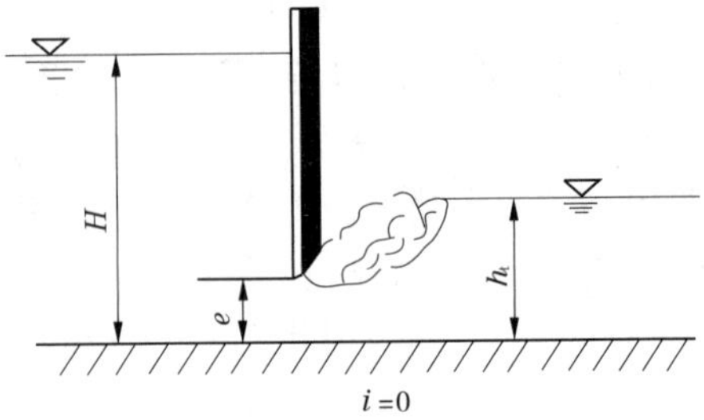

图 8-12

2. 有一 3 孔平底弧形闸门，每孔净宽 $b=10$ m。闸门圆弧半径 $R=7.5$ m，门轴高程为 38.0 m。闸底高程为 33.0 m。当闸门开启高度为 2 m 时，上游水位为 38.0 m，下游水位为 37.0 m，求通过闸孔的流量(不计闸前行近流速)。

3. 如图 8-13 所示，某一水闸单孔，净宽为 5 m，闸底坎为宽顶堰，流速系数 $\varphi=0.90$，堰高 $P_1=P_2=2$，采用平板闸门，闸前水深 $H=5$ m，闸址处渠道为矩形断面，宽度 $B_0=5$ m，下游水深为 1.5 m。试求开启度 $e=1.0$ m 时，通过该闸的泄流量 Q。

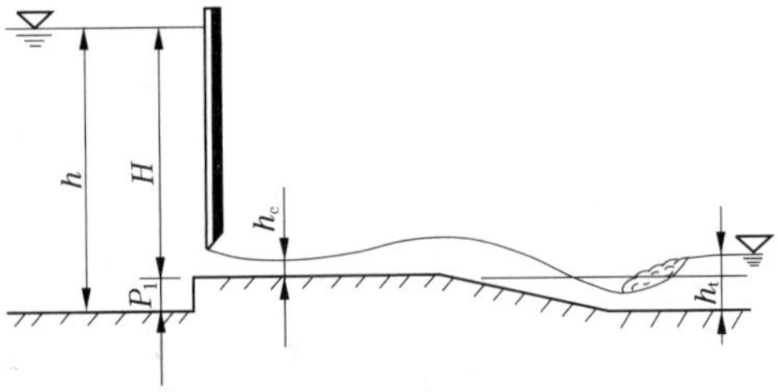

图 8-13

4. 一带有胸墙的平底 5 孔进水闸，闸门为平板闸门，如图 8-14 所示。每孔宽度 $b=5$ m，闸下游接一陡坡，闸前水位为 45 m。试求：①当闸门开度 $e=1.3$ m 时的过闸流量 Q_1(不计行近流速 v_0)；②当闸门全开时，闸前水位保持不变，从胸墙下过流的泄流量 Q_2(此时流量系数 $\mu=0.80$，行近流速 $v_0=1.5$ m/s)。

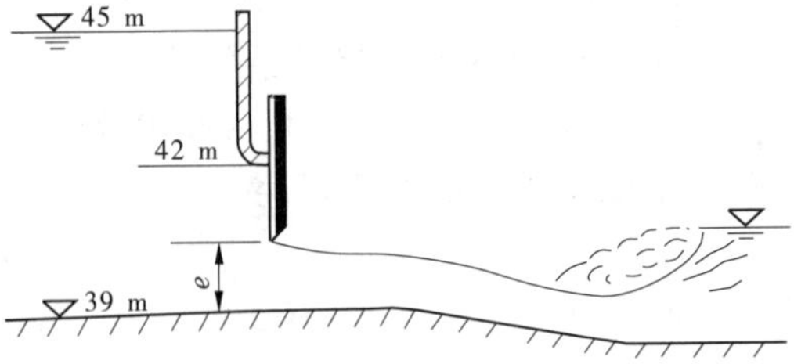

图 8-14

二、项目实训

河岸式溢洪道闸孔出流情况下过流能力计算,具体资料及任务、要求见附录 1 项目 8 实训。

项目9 泄水建筑物下游消能水力分析与计算

在河道上修建堰、水闸、隧洞等水工建筑物后，抬高了上游水位，建筑物泄出的水流具有流速较高、动能很大、单宽流量大、能量集中的特点，多属于急流。而建筑物下游河道中自然流动状态的流速一般较低，多属于缓流，能量沿河宽分布较均匀分散。如果不能很好地处理经建筑物泄出的高速水流与下游正常水流的过渡衔接并消除余能，泄流时形成的高速集中水流对下游河床具有较大的破坏力，在自然衔接的过程中必然会严重冲刷河床、河岸，危及建筑物的安全。

泄水建筑物下游消能水力分析与计算项目主要任务是掌握常见消能形式与原理和底流消能、挑流消能的主要影响因素及主要参数选择，会分析建筑物下游水流衔接形式，能进行挖深式、消力坎式消力池的池深和池长水力分析与计算，能进行挑流消能射程计算与冲刷坑深度估算。

任务1 泄水建筑物下游消能基本形式

1 泄水建筑物下游水流特征

为了达到防洪、发电、灌溉等兴利目标，需要控制河渠中的水位和流量，往往要在河渠上建造水闸、挡水坝等水工建筑物。但这些水工建筑物的兴建，必然会改变天然河流原有的水流状态，主要表现在以下两个方面：

(1)修建挡水建筑物之后，必然壅高上游水位，使挡水建筑物上游积聚了较大的水流能量(主要是势能)，而挡水建筑物又不可能将上游源源不断的来水全部拦蓄在水库以内，必然要从溢洪道、泄洪洞、坝身泄水孔等泄水建筑物泄出一部分弃水或洪流，在泄水工程中，上游水流积聚的势能必将转化为动能，使下泄水流具有较高的流速。

(2)天然河渠经过长时期的过流和调整，形成了河床的断面形状、尺寸、底坡、粗糙系数及其他地形地质条件相适应的正常流动情况。一般来讲，这种正常流动情况下，水流分布比较均匀，流速较小。河渠上修建建筑物后，根据水利工程枢纽布置的要求，并为了节省工程造价，建筑物泄水宽度总是小于原有河床宽度，这就使得下泄流量相对集中，单宽流量较大，超过天然河床的原有流速，改变了原河床的流速分布，如此一来，就产生了从泄水建筑物泄出的高速集中水流如何顺利地衔接过渡到下游正常流动情况这一问题，即泄水建筑物下泄水流的衔接过渡问题。

如图9-1中所示的溢流堰，单位重量的水体自堰前0—0断面下泄到下游收缩断面1—1的能量为E_1(主要是动能)，到下游恢复正常流动的2—2断面处能量为E_2，两者的差值ΔE叫作余能。若溢流堰泄流时上下游落差为50 m，忽略0—0断面和2—2断面的

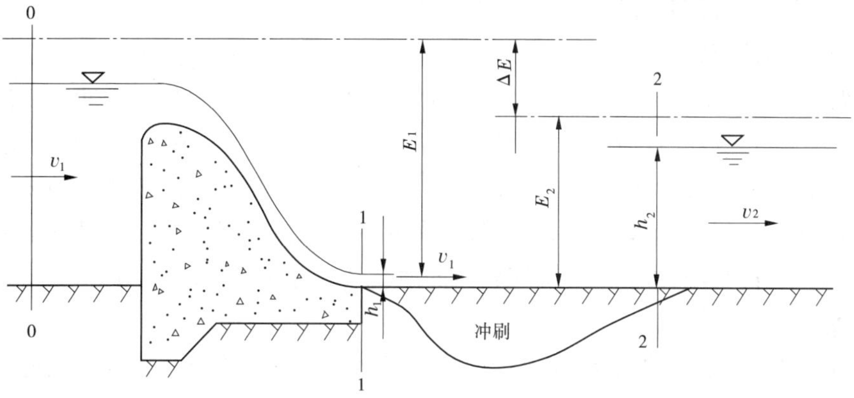

图 9-1

流速水头及流动过程中的能量损失,则余能近似等于上下游水位差,即 $\Delta E = 50$ m。若下泄的单宽流量 $q = 80$ $m^3/(s \cdot m)$,那么在单位宽度河床上每秒钟从 1—1 断面到 2—2 断面应消除的余能为

$$N = \gamma q \Delta E = 9.8 \times 80 \times 50 = 39\ 200(\mathrm{kW})$$

这样巨大的能量如不设法消除,在自然衔接的过程中必然会严重冲刷河床、河岸,危及建筑物的安全。

另外,水流集中泄出,还会使下游水流在平面上形成不良的流态,不利于水利枢纽的正常运行。如果对水流的衔接过渡不加控制,或者控制措施不当,都可能给工程建设造成严重的后果。概括起来讲,会产生这样两个问题:

(1)集中泄出的水流可能严重冲刷河床、河岸,甚至危害建筑物的安全。

(2)水流集中泄出,可能使下游水流在平面上形成不良的流动情况,影响枢纽的正常运行。

因此,泄水建筑物下游水流衔接与消能的主要任务就是在确保闸坝安全、工程费用较省而又合乎流态要求的条件下,设计布置消除余能的具体方式。通过采取一定的工程措施,利用有效的衔接方式,使下泄水流挟带的余能在较短的距离内转化为热能、声能逸散于空气之中,避免冲刷河床岸坡,保证水工建筑物的安全。

实现消能的方式之一就是依靠水流内部的相互摩擦和碰撞,促使水流分散掺气。因为水流内部相对运动越是急剧紊乱,消能效果就越好。因此,工程实际中常常利用下泄水流形成的大的旋滚来消能。另外,水流扩散之后,即使射入下游河道的水量分散,也使能量分散,况且水流掺气之后密度减小,对河床的冲刷作用也会相应地减弱。根据这样一个原则,工程实践中已形成了一些有较好消能效果的衔接消能方式。

由此可见,要合理布置枢纽和进行泄水建筑物的设计,必须考虑下游水流的衔接问题,选择适当的消能方式,在下游较短距离内消除余能,使集中泄出的高速水流尽快转变为下游河道中的正常流动,确保建筑物的安全和水利枢纽的正常运行。

2　泄水建筑物下游水流衔接和消能的主要形式

泄水建筑物下游水流的衔接形式与所采取的消能措施密切相关。水利工程中采取的衔接消能措施种类很多,常见的衔接消能方式分为以下几种基本形式。

2.1 底流式衔接消能

水流从急流向缓流转变时会产生水跃现象,水跃能够消除大量的动能。底流式衔接与消能就是通过采取工程措施,使由泄水建筑物泄出的高速水流在较短距离内,有控制地通过水跃转变为缓流,消除余能,与下游河道的正常流动衔接起来。在这种方式的衔接消能过程中,主流位于底部,如图 9-2(a)所示,故称为底流式衔接消能。这种消能形式主要用于中、低水头的闸坝,可以广泛适应较差的地基基础,消能效果好。

2.2 挑流式衔接消能

利用泄出水流本身的动能,在建筑物的出流部位利用挑流鼻坎将水股抛射在离建筑物较远的下游,与下游水流衔接,称为挑流式衔接消能。水流经过挑射,使得对河床的冲刷位置离建筑物较远,不致影响建筑物的安全,如图 9-2(b)所示。泄出水流的余能一部分在空中消散,大部分则在水股跌入下游冲坑时,在冲坑两侧形成水滚而消除。水股跌入处的水流习惯上称为水垫。

2.3 面流式衔接消能

对于建筑物下游水深较大并且比较稳定的情况,可在建筑物出流部位采用低于下游水位的跌坎,将下泄的高速水流送入下游河道水流表层,在坎后形成尺度很大的底部旋滚,把主流与河床隔开,减轻对河床的冲刷,并消除余能。由于主流位于面层,故称为面流式衔接消能,见图 9-2(c)。

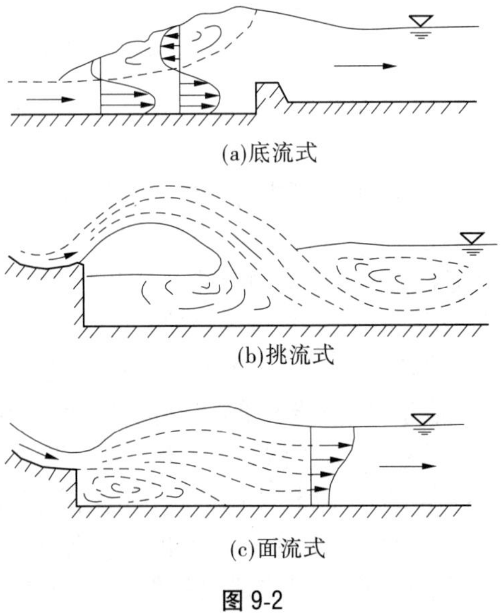

(a)底流式

(b)挑流式

(c)面流式

图 9-2

实际工程中采用的衔接消能形式除上述三种基本形式外,还有戽流式消能、孔板式消能、宽尾墩挑流消能、竖井涡流消能、对冲式消能等形式,这些消能形式一般是基本消能方式的结合或者是在工程具体条件下的发展应用。例如,戽流式就是底流与面流相结合的消能方式。消能方式的选择是比较复杂的问题,需要根据每个工程的泄流条件、工程运用要求及下游河道的地形地质条件，进行综合分析研究。

重要的水利工程往往需要进行水工模型试验，确定消能方式。本项目主要介绍最常用的底流式衔接消能和挑流式衔接消能的水力计算。

任务 2　泄水建筑物下游水流分析

1　泄水建筑物下游水流衔接形式的判别方法

1.1　泄水建筑物下游水流衔接形式

底流式衔接消能，一般适用于中低水头的水工建筑物。对于水闸下游及非基岩或地质条件较差的溢流堰下游，多采用底流式衔接消能。

对于泄水建筑物泄出的高速水流（急流）与下游河道中的正常水流（一般是缓流，水深为 h_t），如果不加控制，必然通过水跃衔接。设建筑物下游收缩断面处的水深为 h_c，所要求的共轭水深为 h''_c。

工程中，一般用 h_t 与 h''_c 之比来表示水跃的淹没程度，该比值称为水跃的淹没系数，用 σ_j 来表示，即 $\sigma_j=\dfrac{h_t}{h''_c}$。

比较 h''_c 和下游河槽水深 h_t 之间的大小判别水跃发生情况，有以下三种水跃衔接形式，三种水跃衔接形式都能通过水跃消能。但它们各有特点：

（1）$h''_c=h_t$，$\sigma_j=1$ 称为临界式水跃［见图 9-3（a）］。发生临界式水跃衔接时，消能率较高，但临界水跃很不稳定。

（2）$h''_c>h_t$，$\sigma_j<1$ 称为远驱式水跃［见图 9-3（b）］。发生远驱式水跃衔接时，建筑物下游自收缩断面至水跃跃前断面仍为急流，流速大，对河床与河岸的冲刷能力强，要求保护的范围大，会增大工程的投资。

（3）$h''_c<h_t$，$\sigma_j>1$ 称为淹没式水跃［见图 9-3（c）］。发生淹没式水跃衔接时，若淹没度较大，则跃前断面的弗劳德数将减小，水跃消能效果会降低，水跃消能段的长度也会有所增大。

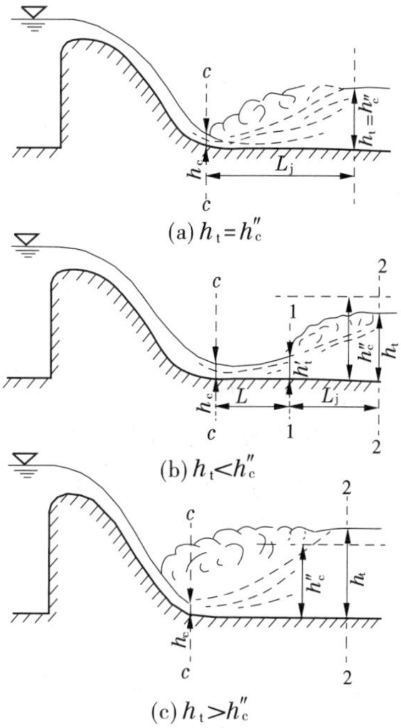

图 9-3

底流式衔接消能的目的，就是要通过工程措施，使建筑物下游产生具有一定淹没度的淹没水跃，有效控制水跃位置，以利于建筑物下游的衔接与消能，既经济又安全。底流式衔接消能的水力计算，首先应分析建筑物下游在一定的泄流条件下的水流衔接形式，即通过分析计算判断发生何种形式的水跃,当发生临界式水跃和远驱式水跃时,需要修建消能建筑物,并确定消能建筑物的形式和尺寸。

1.2　**收缩断面水深 h_c 的分析计算**

为了判别水工建筑物下游水流的衔接形式,必须知道泄水建筑物下游收缩断面的水深 h_c 和它相应的共轭水深 h_c'' 以及下游正常水深 h_t。

下游水深 h_t 可由下游河槽的水力特性及所通过的流量确定,只要知道 h_c 可由水跃公式求出跃后水深 h_c'',所以判定水流衔接形式的关键,在于计算收缩断面水深 h_c。由能量方程可建立计算 h_c 的关系式。

图 9-4 为一溢流堰泄流简图。以通过下游收缩断面底部的水平面为基准,列堰上游断面 0—0 及下游收缩断面 c—c 的能量方程,可得

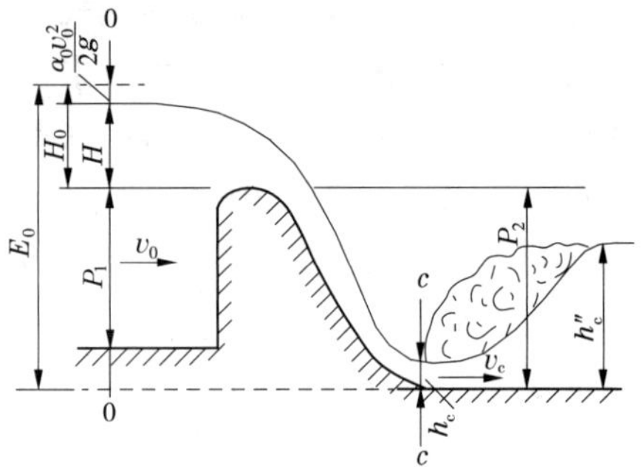

图 9-4

$$E_0 = h_c + \frac{\alpha_c v_c^2}{2g} + h_w \tag{9-1}$$

式中　h_c、v_c——收缩断面 c—c 对应的水深和流速;

h_w——0—0 断面至 c—c 断面间的水头损失;

E_0——以下游渠底为基准面的总水头。

由图 9-4 可以看出

$$E_0 = P_2 + H + \frac{\alpha_0 v_0^2}{2g} = P_2 + H_0 \tag{9-2}$$

令 $h_w = \zeta \dfrac{v_c^2}{2g}$,流速系数 $\varphi = \dfrac{1}{\sqrt{\alpha + \zeta}}$,则式(9-1)可写为

$$E_0 = h_c + \frac{v_c^2}{2g\varphi^2} = h_c + \frac{Q^2}{2g\varphi^2 A_c^2} \tag{9-3}$$

式中　Q——下泄流量;

A_c——收缩断面面积。

式(9-3)为计算 h_c 的一般公式。

收缩断面一般是矩形断面,$A_c = bh_c$,$q = Q/b$,式(9-3)可以写成如下形式

$$E_0 = h_c + \frac{q^2}{2g\varphi^2 h_c^2} \tag{9-4}$$

式(9-4)是由溢流堰导出的收缩断面水深计算公式,但对闸下出流也完全适用。

在计算收缩断面水深 h_c 时,单宽流量 q、堰高 P_2 是给定的,堰前总水头 H_0 可用堰流公式计算,根据式 $E_0 = P_2 + H_0$ 计算出 E_0。求解 h_c 还需确定流速系数 φ。

流速系数 φ 由上游至收缩断面间的水头损失和流速系数决定,对于闸下出流,可根据

闸底坎及闸门的形式选取。溢流堰的流速系数 φ 值的影响因素较多,它包括进口形式、堰高、水头、反弧段曲率和堰面粗糙程度等。φ 值的确定,初步计算可参照表 9-1 选取。

表 9-1　流速系数 φ 值

序号	建筑物泄流方式	图形	φ
1	堰顶有闸门的曲线型实用堰	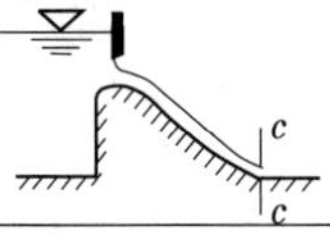	0.85~0.95
2	堰顶无闸门的曲线型实用堰：1. 溢流面长度较短 2. 溢流面长度中等 3. 溢流面长度较长	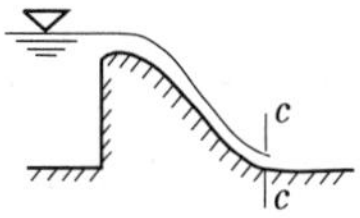	1.00 0.95 0.90
3	平板闸下底孔出流	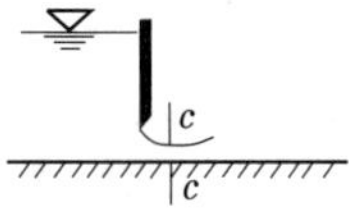	0.97~1.00
4	折线实用断面	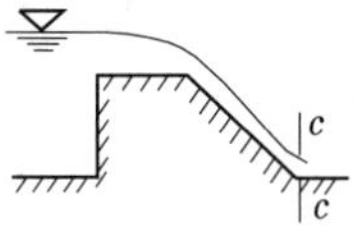	0.80~0.90
5	宽顶堰	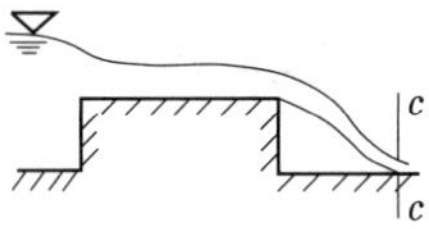	0.85~0.95
6	跌水	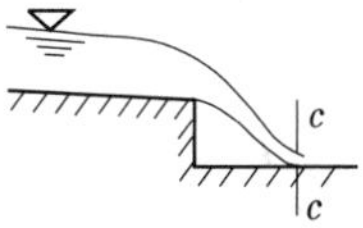	1.00
7	末端设有闸门的跌水	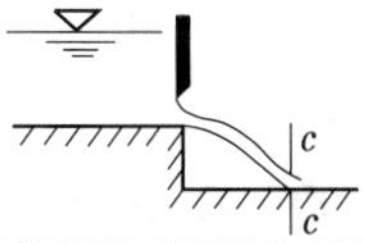	0.97~1.00

流速系数 φ 值也可根据试验(包括原型观测)资料得出的经验公式来计算。

对于高坝采用中国水利水电科学研究院提供的经验公式确定

$$\varphi = \left(\frac{q^{2/3}}{s}\right)^{0.2} \tag{9-5}$$

式中　q——单宽流量,$m^3/(s \cdot m)$;

s——上游库水位到下游收缩断面底部的高度。

对于坝前明显掺气,且 $P_1/H<30$ 的曲线型实用堰,可以采用下式计算确定

$$\varphi = 1 - 0.0155\frac{P_1}{H} \tag{9-6}$$

式中 P_1——上游堰高;

H——堰上水头。

2 泄水建筑物下游收缩断面水深计算

从式(9-4)可以看出,求 h_c 要求解三次方程式,需要用试算法求解。对于矩形断面,可以采用试算、迭代逼近等方法计算。由式(9-4)可得出迭代公式为

$$h_{c(n+1)} = \frac{q}{\varphi\sqrt{2g(E_0 - h_{cn})}} \tag{9-7}$$

【案例 9-1】 设有折线形溢流堰如图 9-5 所示,当下泄单宽流量 $q=6.0\ m^3/(s \cdot m)$ 时,下游矩形断面河槽的水深 $h_t=2.7\ m$。试计算坝下收缩断面水深 h_c,并分析水流的衔接形式。

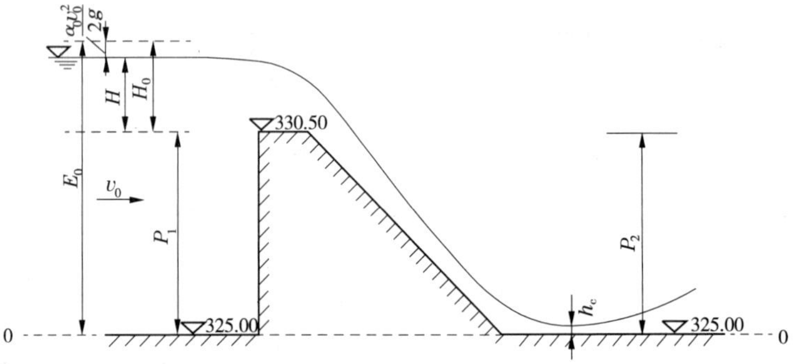

图 9-5

【案例分析与计算】:

(1)基本参数计算。

由图 9-5 可知 $E_0 = P_2 + H_0$,H_0 为堰上水头,H_0 可由堰流公式确定:$q=m\sqrt{2g}H_0^{3/2}$。

溢流堰为折线型实用堰,取 $m=0.46$,则

$$H_0 = \left(\frac{q}{m\sqrt{2g}}\right)^{2/3} = \left(\frac{6.0}{0.46 \times \sqrt{2 \times 9.8}}\right)^{2/3} = 2.06(m)$$

$E_0 = 330.50 - 325.00 + 2.06 = 7.56(m)$

流速系数 φ 取 0.90。

(2)迭代法计算 h_c。

将 q、φ、E_0 等值代入式(9-7),用迭代逼近法计算 h_c。

$$h_{c(n+1)} = \frac{q}{\varphi\sqrt{2g(E_0 - h_{cn})}} = \frac{6.0}{0.90 \times \sqrt{2 \times 9.8 \times (7.56 - h_{cn})}}$$

假设 $h_{c1}=1.0\ m$,则由上式得 h_{c2}

$$h_{c2} = \frac{6.0}{0.90\times\sqrt{2\times9.8\times(7.56-1.00)}} = 0.5879(m)$$,同理得 $h_{c3} = 0.5703\ m$,$h_{c4}=0.5696\ m$, $h_{c5}=0.5695\ m$,…

可以看出,h_{c5} 与 h_{c4} 十分接近,可以确定 $h_c=0.57\ m$。

计算过程见表 9-2。

表 9-2　收缩断面水深计算表

	A	B	C	D	E	F
1	$q=$	6.0	$E_0=$	7.56	$\varphi=$	0.9
2	h_{c1}	h_{c2}	h_{c3}	h_{c4}	h_{c5}	h_{c6}
3	1.00	0.587 9	0.570 3	0.569 6	0.569 5	0.569 5

可以使用表格快速完成迭代过程,假设初设水深 $h_{c1}=1.00$ m,填充到 A3 单元格;B3 单元格计算公式为 B3:=$B$1/($F$1*SQRT(2*9.8*($D$1-A3)));选中 B3 单元格,向右拖动填充 C3:F3 单元格完成迭代计算,计算结果 $h_c=0.569\ 5$ m≈0.57 m。

3　泄水建筑物下游水流衔接分析

【案例 9-2】　依据案例 9-1 的情况,判断溢流坝下游水跃形式。

【案例分析与计算】:

与案例 9-1 相应与该单宽流量对应的临界水深为

$$h_k=\sqrt[3]{\frac{\alpha q^2}{g}}=\sqrt[3]{\frac{6.0^2}{9.8}}=1.54(\text{m})$$

由于 $h_c<h_k<h_t$,所以必然产生水跃。因此,泄水建筑物收缩断面处为急流,下游渠道水流为缓流,则在下游渠道产生远驱式水跃。

h_c 相应的共轭水深 h''_c 为

$$h''_c=\frac{h_c}{2}\left(\sqrt{1+\frac{8q^2}{gh_c^3}}-1\right)=\frac{0.57}{2}\times\left(\sqrt{1+8\times\frac{6.0^2}{9.8\times0.57^3}}-1\right)=3.32(\text{m})>h_t=2.70\text{ m}$$

由于 $h''_c>h_t$,则在建筑物下游渠道产生远驱式水跃,必须通过工程措施加以控制。

任务 3　底流式衔接消能水力计算

当泄水建筑物下游收缩断面共轭水深 $h''_c\geqslant h_t$,建筑物下游产生远驱式水跃或临界式水跃时,为了控制水跃的位置,减少保护段的长度,常在建筑物下游修建消力池,增加局部水深使水流在消力池内产生具有一定淹没度的淹没式水跃,在消力池内消除绝大部分余能。

修建消力池有三种基本方法:

(1)降低护坦高程,形成消力池,这种消力池称为挖深式消力池。

(2)在护坦末端设置消力坎以抬高水位,使坎前形成消力池,称为消力坎式消力池,一般消力坎采用折线型实用堰。

(3)也可以采用既降低护坦又建造消力坎的综合式消力池。

无论采用哪种形式的消力池,都必须使消力池末端的水深满足在消力池内产生淹没水跃的条件。下面重点介绍从入口到出口都是等宽的矩形断面消力池的水力计算方法。

1 挖深式消力池

降低下游护坦形成挖深式消力池后,造成建筑物上下游总水头增加,在消力池末端形成壅水等现象,池中水流情况如图9-6所示。挖深式消力池水力计算主要是确定消力池的深度 d 和长度 L_k。

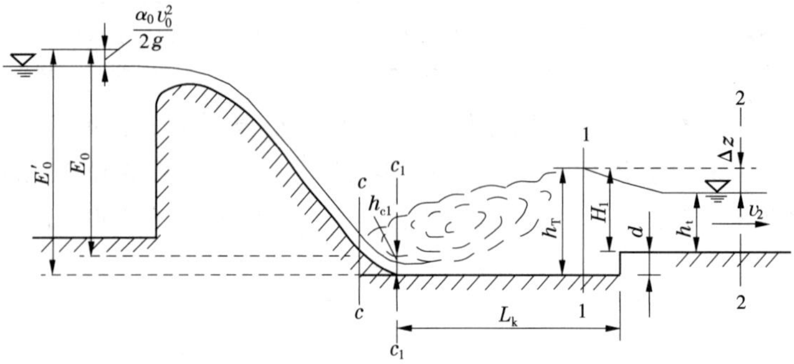

图 9-6

1.1 挖深式消力池深度 d 的计算

假设消力池的池深为 d,则总水头变化为 E_0'

$$E_0' = E_0 + d \tag{9-8}$$

下游收缩断面的水深 h_c' 应符合下式

$$E_0' = E_0 + d = h_c' + \frac{q^2}{2g\varphi^2 h_c'^2} \tag{9-9}$$

为使水流在消力池内产生稍有淹没的淹没式水跃,挖深以后的消力池末端水深 h_T 应满足下列关系式

$$h_T = \sigma_j h_c'' = \frac{\sigma_j h_c'}{2}\left(\sqrt{1 + \frac{8q^2}{g h_c'^3}} - 1\right) \tag{9-10}$$

$$\sigma_j = \frac{h_T}{h_c''} \tag{9-11}$$

式中 σ_j——消力池中水跃淹没系数,$\sigma_j = 1.05 \sim 1.10$;

h_c'、h_c''——挖深后下游收缩断面水深及其相应的跃后水深。

水流由消力池进入下游河床时,与宽顶堰上的流动相似,水面产生跌落 Δz,出池水流与堰流类似,池末水深还应满足下式

$$h_T = h_t + d + \Delta z \tag{9-12}$$

Δz 可由池末断面1—1及下游断面2—2列能量方程来确定

$$\Delta z = \frac{q^2}{2g\varphi'^2 h_t^2} - \frac{q^2}{2g(\sigma_j h_c'')^2} \tag{9-13}$$

式(9-13)中 φ' 一般取0.95,由于此时还不知道 σ_j,取 $\sigma_j = 1.05$。

这样由式(9-10)~式(9-13)四个方程,可求解四个未知数 h_c''、h_T、Δz 和 d。因为池深 d

与其他变量是复杂的隐函数关系，只能利用试算法求解。对于中小型工程，当 $q<25\ m^3/(s\cdot m)$，$E_0<35$ m 时，估算 d 可用下列公式：

当下游流速 $v_t<3$ m/s 时

$$d = 1.05h''_c - h_t \tag{9-14}$$

当下游流速 $v_t>3$ m/s 时

$$d = h''_c - h_t \tag{9-15}$$

式中，h''_c是挖深前下游收缩断面水深 h_c 所对应的跃后水深。其值在判别衔接方式时已求出。计算方法与计算步骤见图 9-7。

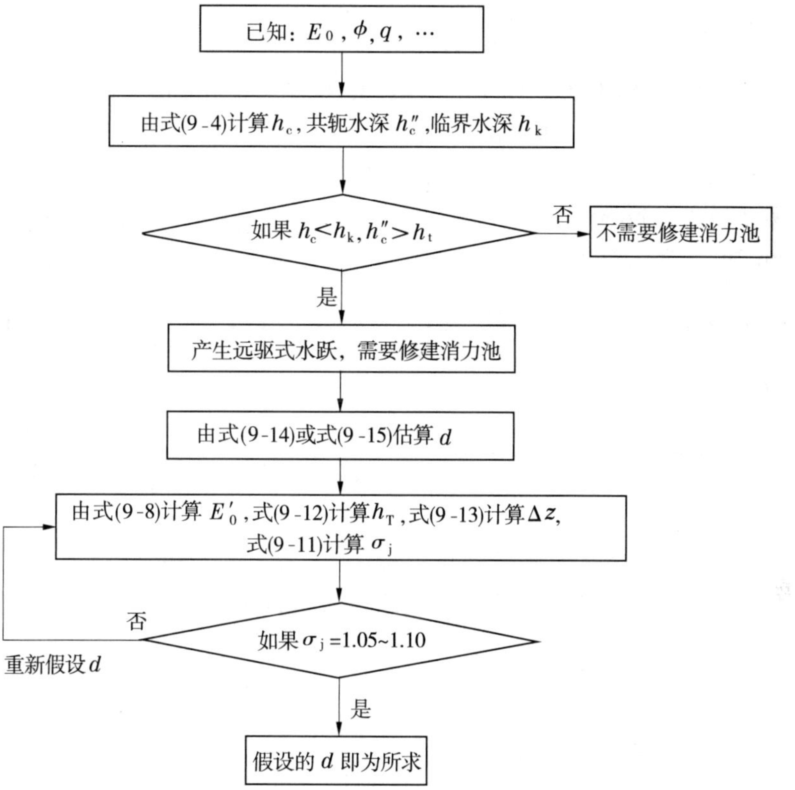

图 9-7

1.2　挖深式消力池长度 L_k 的计算

消力池的长度应使水跃不能越出池外。如果消力池长度不够，水跃一旦越出池外便会冲刷下游河床；若消力池过长，则会增加工程费用，造成浪费。消力池的长度可按下式计算

$$L_k = L_1 + L'_j \tag{9-16}$$

式中　L_1——从堰坎到收缩断面的距离；

L'_j——消力池内的水跃长度，受消力池末端壁面的反向作用力，水跃长度减小，称为壅高水跃长度。

$$L'_j = (0.7 \sim 0.8)L_j \tag{9-17}$$

式中　L_j——自由水跃长度，按矩形断面平底明渠自由水跃长度公式(6-23)计算。

L_1 可视出流方式分别确定。曲线型实用堰可取 $L_1=0$。闸孔出流或其他泄水建筑物,应根据布置形式确定 L_1。

【案例 9-3】 根据案例 9-1 和案例 9-2 的情况,试设计挖深式消力池,计算池深 d 和池长 L_k。

【案例分析与计算】:

(1)分析计算池深 d。

由案例 9-1 和案例 9-2 可知,泄水建筑物下游收缩断面水深 $h_c=0.57$ m,相应的跃后水深 $h_c''=3.32$ m。

下游渠道水深 $h_t=2.70$ m,则下游渠道流速为

$v_t = q/h_t = 6.0/2.70 = 2.22(\text{m/s}) < 3\ \text{m/s}$

据式(9-14)假设 $d=1.05h_c''-h_t=1.05\times3.32-2.70=0.79(\text{m})$

$E_0'=E_0+d=7.56+0.79=8.35(\text{m})$

据式(9-7)迭代计算 h_c,初始值 $h_{c1}=1.0$ m,$h_{c2}=0.555$ m,$h_{c3}=0.539$ m,$h_{c4}=0.539$ m;则 $h_c=0.539$ m。

据式(6-19)计算收缩断面共轭水深 h_c''

$$h_c''=\frac{h_c'}{2}\left(\sqrt{1+\frac{8q^2}{gh_c'^3}}-1\right)=\frac{0.539}{2}\times\left(\sqrt{1+8\times\frac{6.0^2}{9.8\times0.539^3}}-1\right)=3.433(\text{m})$$

据式(9-13)计算 Δz

$$\Delta z=\frac{q^2}{2g\varphi'^2h_t^2}-\frac{q^2}{2g(\sigma_j h_c'')^2}=\frac{6.0^2}{2\times9.8\times0.95^2\times2.70^2}-\frac{6.0^2}{2\times9.8\times(1.05\times3.433)^2}$$
$$=0.138(\text{m})$$

由式(9-12)计算 h_T

$h_T=h_t+d+\Delta z=2.70+0.79+0.138=3.628(\text{m})$

$$\sigma_j=\frac{h_T}{h_c''}=\frac{3.628}{3.433}=1.057$$

由于 σ_j 在 1.05~1.10,可以确定消力池池深 $d=0.79$ m。

(2)分析计算池长 L_k。

对应的消力池池长为

$L_k=(0.7\sim0.8)\times6.9\times(h_c''-h_c)=0.75\times6.9\times(3.433-0.539)=14.98(\text{m})$

将案例 9-1 至案例 9-3 综合起来,可以整理出完整的消力池计算过程,形成表 9-3。

可以使用表格快速、准确地完成消力池计算,具体步骤为:

(1)将基本水力要素 q、E_0 等填充到单元格 A_1:H_1。

(2)同案例 9-1 类似迭代计算收缩断面水深 h_c。

(3)假设消力池水跃淹没度 σ_j,假设消力池池深 d,计算 E_0' 填充到单元格 C6。

(4)重新迭代计算 E_0' 对应的收缩断面水深 h_c。

(5)以此计算 h_c''、Δz、h_T、σ_j,分别填充到单元格 E6:H6。

(6)如果 σ_j 在 1.05~1.06,则符合要求,否则可以使用试算或单变量计算确定消力池池深 d。

具体计算见表 9-3，主要表格计算公式见表 9-4。

表 9-3　挖深式消力池计算表

	A	B	C	D	E	F	G	H
1	$q=$	6.0	$E_0=$	7.56	$\varphi=$	0.90	$h_t=$	2.70
2	h_{c1}	h_{c2}	h_{c3}	h_{c4}	h_{c5}	h_{c6}	h''_c	v_t
3	1.00	0.587 9	0.570 3	0.569 6	0.569 5	0.569 5	3.318 1	2.22
4	$h_k=$	1.54	上游急流	下游缓流	远驱水跃	需建消力池	估算池深 $d=$	0.79
5	目标 σ_j	d	E'_0	h_c	h''_c	Δz	h_T	σ_j
6	1.05	0.79	8.35	1.0	3.433	0.141	3.631	1.051
7				0.555 4				
8				0.539 4				
9				0.538 8				
10				0.538 8				
11				0.538 8				

表 9-4　挖深式消力池表格计算主要公式

序号		计算参数	单元格	单元格计算公式	水力计算公式
1	判断是否需建消力池	迭代计算 h_c	B3	=$ B $ 1/($ F $ 1 * SQRT(2 * 9.8 * ($ D $ 1-A3)))	$\dfrac{q}{\varphi\sqrt{2g(E_0-h_c)}}$
2		h''_c	G3	=F3/2 * (SQRT(1+8 * $ B $ 1 * $ B $ 1/(9.8 * F3 * F3 * F3))-1)	$\dfrac{h_c}{2}\left(\sqrt{1+\dfrac{8q^2}{gh_c^3}}-1\right)$
3		v_t	H3	=$ B $ 1/$ H $ 1	q/h_t
4		上游流态	C4	=IF(F3<$ B $ 4,“上游急流”,“上游缓流”)	
5		下游流态	D4	=IF($ H $ 1>$ B $ 4,“下游缓流”,“下游急流”)	
6		水跃形式	E4	=IF(G3>$ H $ 1,“远驱水跃”,“淹没水跃”)	
7		判断	F4	=IF(E4=“远驱水跃”,“需建消力池”,“不需建消力池”)	

续表 9-4

序号		计算参数	单元格	单元格计算公式	水力计算公式
8	消力池计算	估算池深 d	H4	=IF(H3>3,G3-H1,1.05*G3-H1)	$1.05h''_c-h_t$
9		E'_0	C6	=$D$1+B6	E_0+d
10		迭代计算 h_c	D7	=$B$1/($F$1*SQRT(2*9.8*($C$6-D6)))	$\dfrac{q}{\varphi\sqrt{2g(E_0-h_c)}}$
11		h''_c	E6	=D11/2*(SQRT(1+8*$B$1*$B$1/(9.8*D11*D11*D11))-1)	$\dfrac{h_c}{2}\left(\sqrt{1+\dfrac{8q^2}{gh_c^3}}-1\right)$
12		Δz	F6	=$B$1*$B$1/(2*9.8)*(1/(0.95*0.95*H1*H1)-1/(A6*A6*E6*E6))	$\dfrac{q^2}{2g\varphi'^2h_t^2}-\dfrac{q^2}{2g(\sigma_j h''_c)^2}$
13		h_T	G6	=B6+H1+F6	$h_t+d+\Delta z$
14		σ_j	H6	=G6/E6	$\dfrac{h_T}{h''_c}$

计算求得当 $\sigma_j=1.06$ 时,消力池池深 $d=0.80$ m,相应的池长 $L_k=15.00$ m。

在挖深式消力池计算中,也可以以消力池出池水流为目标进行计算,设消力池深度为 d,末端出池水头 E_d 为目标值,则

$$E_d = h_t + \frac{q^2}{2g\varphi'^2 h_t^2} \tag{9-18}$$

式(9-18)中 φ' 取 0.95。

其中,构造函数为

$$f(d) = h_T + \frac{q^2}{2gh_T^2} - d \tag{9-19}$$

通过适当的 d 值,使得 $f(d)=E_d$ 即可,其他计算同前文。

2 消力坎式消力池

消力坎式消力池的水力计算,主要任务是确定消力坎的高度 c 和消力池的长度 L_k。

2.1 消力坎式消力池坎高分析计算

如图 9-8 所示,修建消力坎后水流受消力坎壅阻,池末水深 h_T 大于下游水深 h_t,若在池内形成具有一定淹没度的淹没水跃,则池末端水深应为

$$h_T = \sigma_j h''_c \tag{9-20}$$

式中 σ_j——淹没系数,一般取 1.05~1.10;

h''_c——收缩断面水深 h_c 所对应的共轭水深。

水流经消力坎顶流入下游河渠属于折线型实用堰流,从图 9-8 中的几何关系可以看出,坎高 c 为

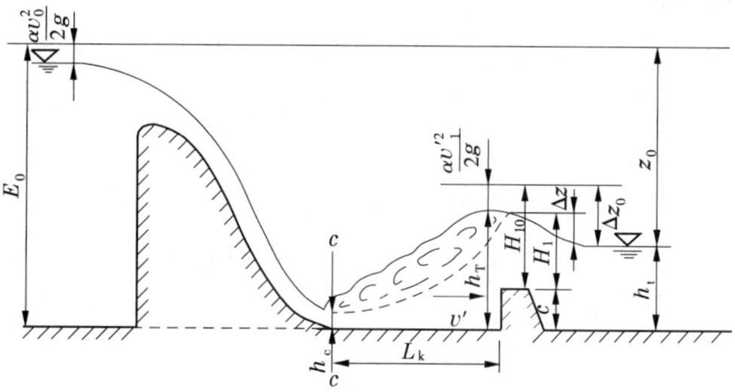

图 9-8

$$c = h_T - H_1 = \sigma_j h''_c - H_1 \tag{9-21}$$

式中　H_1——不包括流速水头在内的坎上水头，可由堰流公式推求。若取 $\alpha_1 = 1.0$，则

$$H_1 = H_{10} - \frac{v'^2_1}{2g} = H_{10} - \frac{q^2}{2gh_T^2}$$

$$H_{10} = \left(\frac{q}{\sigma_s m\sqrt{2g}}\right)^{2/3} \tag{9-22}$$

$$H_1 = \left(\frac{q}{\sigma_s m\sqrt{2g}}\right)^{2/3} - \frac{q^2}{2g(\sigma_j h''_c)^2} \tag{9-23}$$

式中　m——消力坎流量系数，消力坎一般做成折线形，估算时可取 $m = 0.42$；

σ_s——消力坎淹没出流时的淹没系数，因消力坎前为水跃，不同于一般堰前的水流状态，所以淹没条件和淹没系数与一般堰流有所不同，淹没系数 σ_s 取决于 h_s/H_{10} 的值，当 $h_s/H_{10} \leqslant 0.45$ 时，消力坎下游为自由溢流 $\sigma_s = 1.0$，否则，消力坎下游为淹没溢流，σ_s 由表 9-5 查得。

表 9-5　消力坎的淹没系数 σ_s

h_s/H_{10}	≤0.45	0.50	0.55	0.60	0.65	0.70	0.72	0.74	0.76
σ_s	1.00	0.990	0.985	0.975	0.960	0.940	0.930	0.915	0.900
h_s/H_{10}	0.78	0.80	0.82	0.84	0.86	0.88	0.90	0.92	0.95
σ_s	0.885	0.865	0.845	0.815	0.785	0.750	0.710	0.651	0.535

联立解式(9-21)～式(9-23)就可以确定消力坎的高度。

消力坎为折线堰时，淹没系数也可采用下面公式计算：

$$\begin{cases} \sigma_s = \left[1 - \left(\dfrac{h_s}{H_0}\right)^{5.58}\right]^{1/2.34} & (h_s/H_0 < 0.9) \\ \sigma_s = \left[1 - \left(\dfrac{h_s}{H_0}\right)^{6.48}\right]^{1/2} & (h_s/H_0 \geqslant 0.9) \end{cases} \tag{9-24}$$

计算时，开始坎高尚未确定，无法判别过坎水流是否为淹没溢流，一般先按非淹没溢流考虑，取 $\sigma_s = 1.0$，可求出坎高 c_1，下游水位与坎顶的高差为 h_s，则 $h_s = h_t - c_1$，而后求出

h_s/H_{10} 的数值,判别过坎水流是否为非淹没溢流。

若 $h_s/H_{10} \leq 0.45$,为自由溢流,c_1 即为所求的消力坎高度。需要注意的是,这种情况应校核坎后的水流衔接形式。当坎后发生远驱式水跃或临界式水跃时,应修建第二级消力坎或采取其他消能措施。

若 $h_s/H_{10} > 0.45$,为淹没溢流。淹没的影响会使坎上水头 H_1 增大,此时需要将查表 9-5 得出的 σ_s 值重新代入式(9-20)~式(9-23)重复计算 H_1 等数据,得到第二个坎高 c_2,这样重复迭代计算直到前后两次计算的坎高 c 值在误差范围内,最后的 c_n 值才是真正的坎高,计算方法与计算步骤见图 9-9。

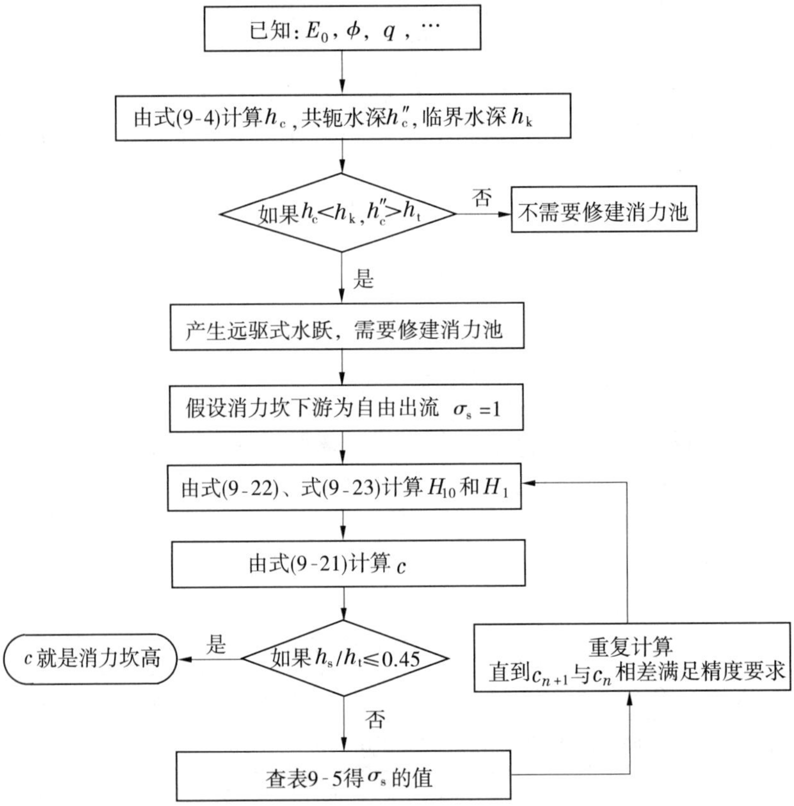

图 9-9

2.2 消力坎式消力池池长分析计算

消力坎式消力池池长确定与挖深式消力池相同。

【案例 9-4】 根据案例 9-1 的工程情况,试设计挖深式消力池,计算坎高 c 和池长 L_k。

【案例分析与计算】:

由案例 9-1 和案例 9-2 可知,泄水建筑物下游收缩断面水深 $h_c = 0.570$ m,相应的跃后水深 $h_c'' = 3.32$ m。

设消力坎后淹没系数 $\sigma_s = 1.0$,则消力坎堰上总水头为

$$H_{10} = \left(\frac{q}{\sigma_s m\sqrt{2g}}\right)^{2/3} = \left(\frac{6.0}{1.0 \times 0.42 \times \sqrt{2 \times 9.8}}\right)^{2/3} = 2.18(\text{m})$$

$$H_1 = H_{10} - \frac{q^2}{2g(\sigma_j h''_c)^2} = 2.18 - \frac{6.0^2}{2 \times 9.8 \times (1.05 \times 3.32)^2} = 2.03(\mathrm{m})$$

$$c_1 = h_T - H_1 = \sigma_j h''_c - H_1 = 1.05 \times 3.32 - 2.03 = 1.46(\mathrm{m})$$

$$h_s = h_t - c_1 = 2.70 - 1.46 = 1.24(\mathrm{m})$$

$$h_s/H_{10} = 1.24/2.18 = 0.569 > 0.45$$

消力坎下游是淹没溢流，查表 9-5 得到消力坎下游淹没系数 σ_s 后需要重新计算坎高。

(1)第一次迭代。

由 $h_s/H_{10}=1.24/2.18=0.569$，查表 9-5 得 $\sigma_s=0.981$。

$$H_{10} = \left(\frac{q}{\sigma_s m\sqrt{2g}}\right)^{2/3} = \left(\frac{6.0}{0.981 \times 0.42 \times \sqrt{2 \times 9.8}}\right)^{2/3} = 2.21(\mathrm{m})$$

$$H_1 = H_{10} - \frac{q^2}{2g(\sigma_j h''_c)^2} = 2.21 - 0.15 = 2.06(\mathrm{m})$$

$$c_2 = h_T - H_1 = \sigma_j h''_c - H_1 = 3.49 - 2.06 = 1.43(\mathrm{m})$$

c_2 与 c_1 仍然有较大差别，需要再进行迭代计算。

(2)第二次迭代。

同上有

$$h_s=h_t-c=2.70-1.43=1.27(\mathrm{m})$$

$$h_s/H_{10}=1.27/2.21=0.575$$

查表 9-5 得 $\sigma_s=0.980$。

$$H_{10} = 2.21\ \mathrm{m}$$

$$H_1 = 2.21 - 0.15 = 2.06(\mathrm{m})$$

$$c_3 = 3.47 - 2.06 = 1.41(\mathrm{m})$$

c_3 与 c_2 十分接近，所以消力坎坎高为 1.41 m。

对应的消力池池长为

$$L_k = (0.7 \sim 0.8) \times (h''_c - h_c) = 0.75 \times 6.9 \times (3.32 - 0.539) = 14.39(\mathrm{m})$$

消力坎式消力池坎高计算见表 9-6，表格计算主要公式见表 9-7。

表 9-6　消力坎式消力池坎高计算

	A	B	C	D	E	F	G	H
1	$q=$	6	$E_0=$	7.56	$h_t=$	2.7	$h_s=$	1.24
2	$h_c=$	0.57	$h''_c=$	3.32	$m=$	0.42	$\sigma_j=$	1.05
3	σ_{sn}	H_{10}	H_1	c	h_s/H_{10}	$\sigma_{s(n+1)}$		
4	1	2.184	2.033	1.453	0.568	0.981 6		
5	0.981 6	2.211	2.060	1.426	0.561	0.982 8		
6	0.982 8	2.209	2.058	1.428	0.561	0.982 8		

表 9-7　消力坎式消力池坎高表格计算主要公式

序号	计算参数	单元格	单元格计算公式	水力计算公式
1	σ_{sn}	A4		初设为 1.0
2	H_{10}	B4	=($B$1/(A4*$F$2*SQRT(2*9.8)))^(2/3)	$\left(\frac{q}{\sigma_s m\sqrt{2g}}\right)^{2/3}$
3	H_1	C4	=B4-$B$1*$B$1/(2*9.8*($H$2*$D$2)*($H$2*$D$2))	$H_{10}-\frac{q^2}{2g(\sigma_j h'')^2}$
4	c	D4	=$H$2*$D$2-C4	h_T-H_1
5	h_s/H_{10}	E4	=$H$1/B4	h_s/H_{10}
6	$(\sigma_s)_{n+1}$	F4	=IF(E4<=0.45,1,IF(E4>0.9,(1-(E4)^6.48)^(1/2),(1-(E4)^5.58)^(1/2.34)))	曲线拟合计算 σ_s
7		A5	=F4	进行下一次迭代

3　综合式消力池

挖深式消力池和消力坎式消力池各有优缺点,采用时要根据地质、施工等各方面具体条件全面考虑确定。一般当河床不易开挖或开挖太深不经济时,可采用消力坎式消力池;对于土基上的中小型泄水建筑物,一般多采用挖深式消力池。消力坎式消力池池后流态一般不如挖深式消力池平稳。有时单纯采用挖深式消力池,开挖量过大或不易施工,而单纯建消力坎,坎又太高,这时可以采用适当降低护坦,同时建造不太高的消力坎形成综合式消力池(见图 9-10)。综合式消力池的水力计算方法与上述类似。

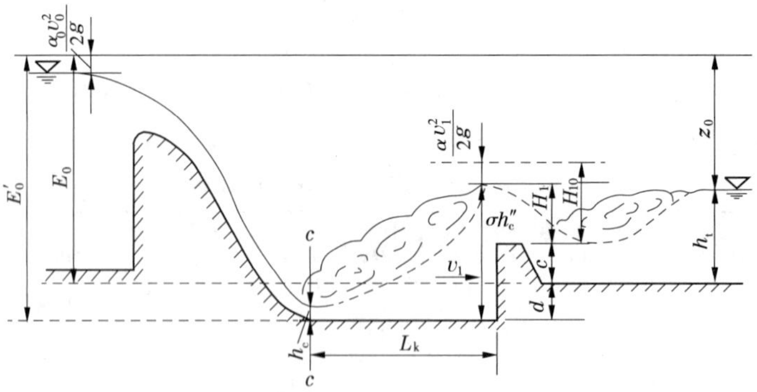

图 9-10

4　消力池的设计流量

上面讨论的消力池池深(或坎高)与消力池长度的计算,均是在一个流量和相应该流量下的下游水深进行的。但消力池建成后,是在不同的流量下工作,每个下泄流量均有它相应的下游水深。为使所设计的消力池在不同的流量下都能保证池中形成淹没水跃，应在给定的流量范围内，对不同的流量分别计算出 h_c 及 h_c''（挖深前下游收缩断面的水深及其跃后水深）。而后，从 $h_t \sim Q$ 关系曲线上查出不同流量所对应的下游水深 h_t，计算出（$h_c''-h_t$）的数值，点绘（$h_c''-h_t$）~ Q 关系曲线（见图 9-11），从图中找出（$h_c''-h_t$）为最大值时的相应流量，即为消力池深的设计流量。

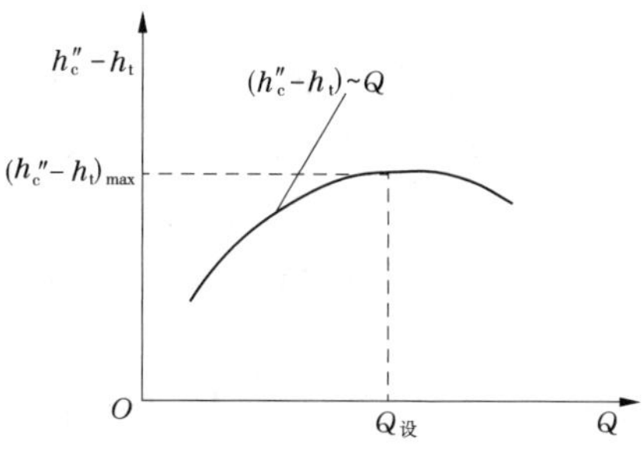

图 9-11

消力池的长度取决于水跃长度 L_j，所以消力池长度的设计流量应为在消力池内形成最长水跃时所对应的流量。消力池长度的设计流量一般采用建筑物下泄的最大流量。需要注意的是，池深的设计流量与池长的设计流量不一定是同一个流量。

随着计算能力的日益提高，也可多设几组流量分别进行消力池计算，然后绘制流量与池深或坎高、流量与池长的关系曲线，从而找出最大的池深或坎高、池长对应的流量作为最终的消力池计算流量。

5　辅助消能工

为了提高消能效率，常在消力池中加设各种形状的墩栏，叫做消能工。现举几种常见的消能工说明其作用。

5.1　分流齿墩

分流齿墩布置在消力池入口，如图 9-12（a）所示。它的作用是分散入池水股，加剧紊动混掺作用来提高消能效率。

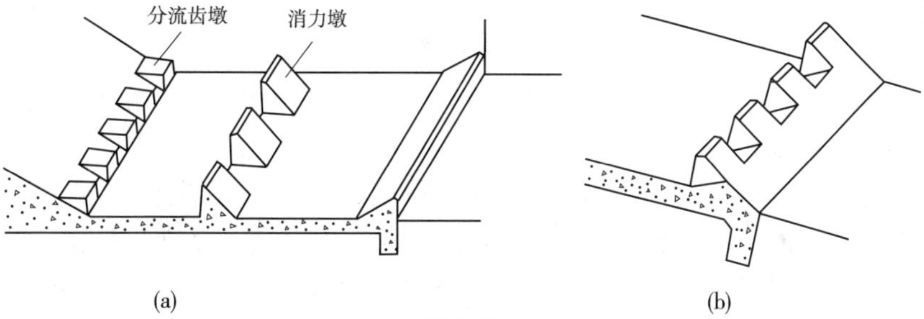

图 9-12

5.2　消力墩

消力墩布置在消力池的护坦上，它的作用除分散水流增大紊动强度外，还能迎拒水流、对水流的冲击产生反作用力，从而增加消能效果，降低跃后水深，减小消力池开挖深度，缩短长度，节省工程量和投资。

5.3　池末齿槛

池末齿槛的作用是把池末流速的底部水流挑起，改变下游的流速分布，使面层流速增大，底部流速减小，从而减轻对池后河床或海漫的冲刷作用，如图 9-12（b）所示。

5.4 护坦后的冲刷与河床加固

水跃后的水流底部流速仍然较大,脉动强度也较强烈,对河床仍有较大的冲击力,所以消力池或护坦下游的河床,除岩质较好足以抵抗冲刷外,一般都要建造海漫加以保护。海漫的水力设计包括确定海漫长度和布置海漫末端的防冲槽,海漫的水力计算请参考《水闸设计规范》(SL 265—2016)或其他书籍。

任务4 挑流消能水力计算

将泄水建筑物出口部分设计成向上翘起的鼻坎形式,将下泄的急流抛向空中,经较远距离空中运动后,落入离建筑物较远的河渠中与下游水流相衔接,这种消能方式称为挑流消能方式。挑流消能通过鼻坎可在挑流范围内有效地控制射流落入下游河床的位置、范围及流量分布,对尾水变幅适应性强,结构简单,施工、维修方便。但其下游冲刷较严重,堆积物较多,尾水波动与雾化都较大。挑流消能应用较广,适于中、高水头,大、中、小流量的各类建筑物。鼻坎形式很多,常用的有连续式鼻坎、差动式鼻坎,还有扭曲鼻坎、斜切鼻坎、扩散式鼻坎和窄缝式鼻坎等(见图9-13)。

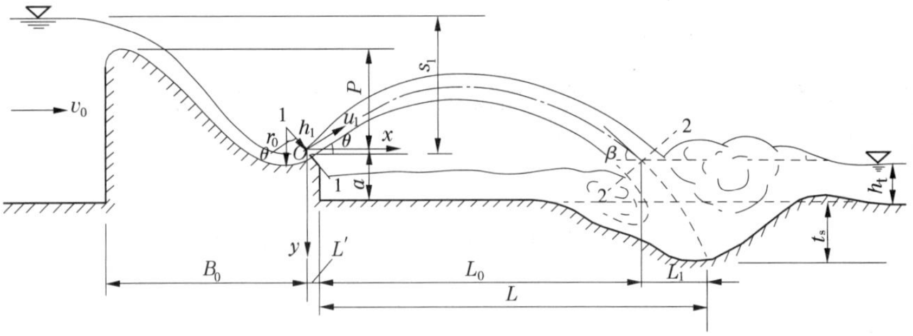

图9-13

挑流消能能耗大体分三部分:急流沿固体边界的摩擦消能,射流在空中与空气摩擦、掺气、扩散消能,射流落入下游尾水中淹没紊动扩散消能。

挑流消能时,水流经鼻坎抛向空中,掺入大量空气,形成扩散的水流,从而消耗一部分能量。空中水流下落潜入下游河渠以后,水流继续扩散,在跌入部位上下游形成两个旋滚区,如图9-13所示,当潜入下游河渠的水流速度大于河床的抗冲能力时,就会在下潜水流集中的区域形成冲刷坑,冲刷坑会不断发展,直到平衡状态,形成稳定的冲刷坑,空中下落水流的大部分能量消耗在冲刷坑内的紊动摩擦和旋滚区内。

挑流消能设计的主要任务是:选择鼻坎形式(见图9-14),确定鼻坎高程、反弧半径、挑角,计算挑距和下游冲刷坑深度等。通过这些数据,分析计算冲刷坑深度与建筑物下游底部形成的坡度,如果坡度过大,建筑物下游河床覆盖层会不断跌入冲刷坑,并被带到下游和河渠中,从而影响建筑物的安全。

1 挑流射程的计算

挑流射程是指挑流鼻坎下游壁面至冲刷坑最深点的水平距离。如图9-13所示,挑流

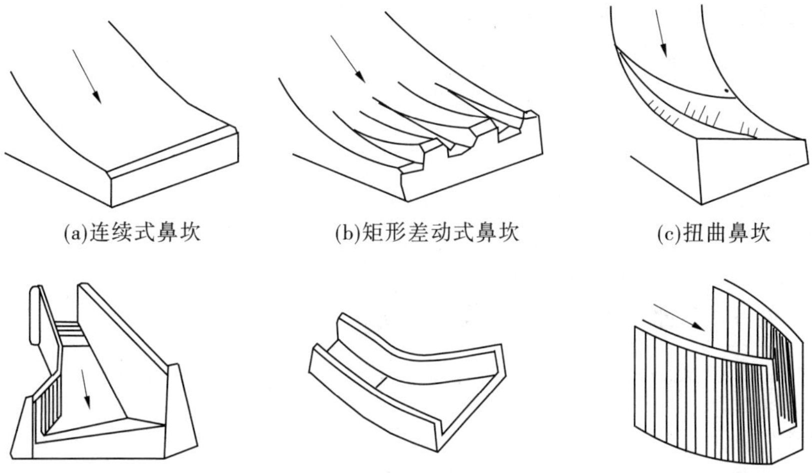

(a)连续式鼻坎　(b)矩形差动式鼻坎　(c)扭曲鼻坎

(d)扩散式斜切鼻坎　(e)扩散式鼻坎　(f)窄缝式鼻坎

图 9-14

射程 L 应包括空中射程 L_0 和水下射程 L_1，即

$$L = L_0 + L_1 \tag{9-25}$$

下面计算最常用的连续式鼻坎的挑流射程。

1.1　空中射程 L_0

连续式鼻坎沿整个宽度上具有同一反弧半径 R 和挑射角 θ，挑射的水流在空中按抛物线运动，经过分析空中挑距应为

$$L_0 = \varphi^2 \sin 2\theta (s_1 - h_1 \cos\theta)\left[1 + \sqrt{1 + \frac{a - h_t + \frac{h_1}{2}\cos\theta}{\varphi^2 \sin^2\theta (s_1 - h_1\cos\theta)}}\right] \tag{9-26}$$

对于高坝 $s_1 \gg h_1$，略去 h_1 得

$$L_0 = \varphi^2 s_1 \sin 2\theta \left[1 + \sqrt{1 + \frac{a - h_t}{\varphi^2 s_1 \sin^2\theta}}\right] \tag{9-27}$$

式中　s_1——上游水面至挑坎顶部的高差；

φ——坝面流速系数；

a——挑坎顶部与下游渠底的高差。

坝面流速系数 φ 可由下面经验公式计算：

(1)我国长江水利科学研究院在分析模型试验和原型观测资料的基础上，得出了如下坝面流速系数 φ 的经验公式

$$\varphi = \sqrt[3]{1 - \frac{0.055}{K_E^{0.5}}} \tag{9-28}$$

式中　K_E——流能比，$K_E = \dfrac{q}{\sqrt{g} s_1^{1.5}}$；

q——单宽流量。

式(9-28)适用于 $K_E=0.004\sim0.15$,当 $K_E>0.15$ 时,取 $\varphi=0.95$。

(2)东北勘测设计院科研所推荐

$$\varphi = 1 - \frac{0.0077}{\left(\frac{q^{2/3}}{s_0}\right)^{1.15}} \tag{9-29}$$

式中 s_0——坝面流程,可近似按 $s_0=\sqrt{P^2+B_0^2}$ 计算;

P——挑坎顶部以上的坝高;

B_0——溢流面顺水流方向的水平投影长度。

式(9-29)的适用范围是 $\frac{q^{2/3}}{s_0}=0.025\sim0.25$,当 $\frac{q^{2/3}}{s_0}>0.25$,可取 $\varphi=0.95$。

1.2 水下射程 L_1

水股潜入下游水体后,属于潜没射流,不符合自由抛射体运动规律,一般近似认为沿入射角 β 方向作直线运动,指向冲刷坑的最深点。水下射程为

$$L_1 = \frac{t_s + h_t}{\tan\beta} \tag{9-30}$$

式中 t_s——冲刷坑深度;

h_t——下游渠道水深。

$$\tan\beta = \sqrt{\tan^2\theta + \frac{a - h_t}{\varphi^2 s_1 \cos^2\theta}} \tag{9-31}$$

$$L_1 = \frac{t_s + h_t}{\sqrt{\tan^2\theta + \frac{a - h_t}{\varphi^2 s_1 \cos^2\theta}}} \tag{9-32}$$

根据式(9-27)和式(9-32)分别求出空中射程和水下射程,二者之和就是总射程。

2 挑流射程影响因素分析

影响挑流射程的因素是多方面的,现对其中的主要因素分析如下。

2.1 鼻坎的挑角

当鼻坎的高程一定时,不考虑空气阻力等因素,按自由抛体的理论计算,其射程最远的挑角应是45°。但由于射出的不是一个质点,而是一股沿程扩散和掺气的水流,并且出口断面1—1上各点的流速又不相同,因此抛射距离最远的挑角实际小于45°。若挑角 θ 愈大,由式(9-31)可以看出入水角 β 愈大,则水下射程减小,并且水流对河床的冲刷力愈强;另外,当通过的流量不大时,由于动能不足,在鼻坎的反弧段上会形成旋滚,然后跌在脚下造成冲刷,影响建筑物的安全。所以,根据试验,鼻坎的适宜挑角是15°~35°,重要工程应通过试验确定。

2.2 鼻坎的高程

鼻坎高程愈低,则 s_1 愈大,鼻坎出口断面上的流速 v 也愈大,因而有利于增加射程。同时,降低挑坎高程可以减小工程量,降低造价。但是,一方面挑坎过低可能会使水股下

缘通气不充分,水舌与建筑间形成封闭空间,造成真空,在水舌外缘大气压力作用下减小射程,降低挑流效果;另一方面,当下游水位超过鼻坎高程到一定程度时也可能使水流挑不出去,达不到挑流消能的目的。因此,工程中一般取挑坎的最低高程等于或稍高于下游最高水位。

2.3　反弧半径 R

反弧半径大小,对射程远近是有一定影响的。根据经验,一般取 $R=(4\sim10)h$,h 为校核洪水位时反弧段最低处的水深。当流速高或单宽流量较大时,R 取较大值。

3　冲刷坑深度 t_s 的计算

t_s 取决于冲刷能力和河床的抗冲能力,其影响因素较复杂,它与单宽流量、上下游水位差、河床地质条件、下游河渠水深、鼻坎形式、溢流坝面等因素有关,工程中采用经验公式进行计算,《混凝土重力坝设计规范》(NB/T 35026—2014)中规定为

$$t_s = kq^{0.5}z^{0.25} - h_t \tag{9-33}$$

式中　t_s——冲刷坑深度;

z——上下游水位差;

k——抗冲刷系数,与岩层性质有关,可查表 9-8。

表 9-8　岩基构造特性与抗冲刷系数 k

岩基构造特性描述	岩基类型	k 值
节理很发育,裂隙很杂乱,岩石呈碎块状,裂隙内部为黏土填充。包括松软结构、松散结构和破碎带	Ⅳ	1.5~2.0
节理较发育,岩石呈块状,部分裂隙为黏土填充	Ⅲ	1.2~1.5
节理发育,岩石呈大块状,裂隙密闭,少有充填	Ⅱ	0.9~1.2
节理不发育,多为密闭状,延展不长,岩石呈巨块状	Ⅰ	<1.0

4　挑流消能分析和计算过程

冲刷坑对坝身的影响,一般用挑坎末端至冲刷坑最深点的平均坡度表示,即

$$i = \frac{t_s}{L_0 + L_1} \tag{9-34}$$

按照式(9-34)计算出的值愈大,坝身愈不安全。根据工程实践经验,一般取许可的最大临界坡 $i_c=1/5\sim1/2.5$。当 $i<i_c$ 时,就认为冲刷坑不会危及坝身的安全。

在进行挑流消能计算时,应首先确定冲刷坑深度 t_s,再分别求出空中射程 L_0 和水下射程 L_1,最后用式(9-34)求出挑坎末端至冲刷坑最深点的平均坡度 i,判断冲刷坑深度对坝身的影响。由于影响冲刷坑的因素比较复杂,往往还需要通过模型试验来确定冲刷坑的深度。

【案例 9-5】　某空腹重力坝(见图 9-15),坝前正常蓄水位 176.00 m,闸门全开下泄流量 1 600 m^3/s,泄流坝段总宽度 50 m。下游河床是坚硬但节理、裂隙均较发育的岩石。试计算下泄水流射程和冲刷坑深度并检验冲刷坑是否危及坝身安全。

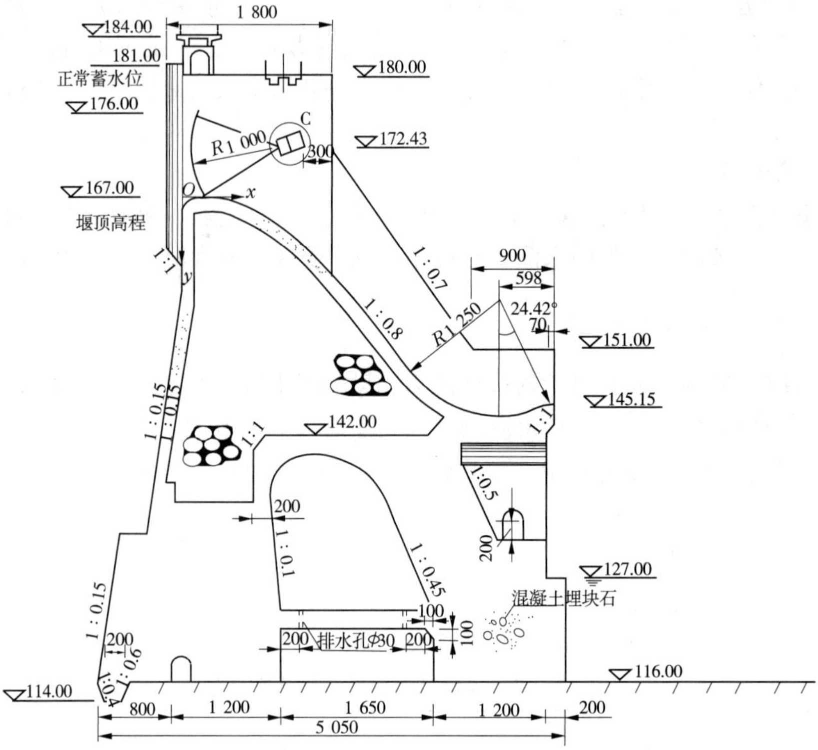

图 9-15 （单位:尺寸,cm;高程,m）

【案例分析与计算】:

根据所给条件算出下列数据:

单宽流量为

$q = 1\ 600/50 = 32[m^3/(s \cdot m)]$

下游坎高为

$a = 145.15 - 116.00 = 29.15(m)$

下游水深为

$h_t = 127.00 - 116.00 = 11.00(m)$

上游水面至挑坎顶部的高差为

$s_1 = 176.00 - 145.15 = 30.85(m)$

上下游水位差为

$z = 176.00 - 127.00 = 49.00(m)$

(1)计算空中挑距。

流能比为

$$K_E = \frac{q}{\sqrt{g} s_1^{1.5}} = \frac{32}{\sqrt{9.8} \times 30.85^{1.5}} = 0.060$$

流速系数为

$$\varphi = \sqrt{1 - \frac{0.055}{K_E^{0.5}}} = \sqrt[3]{1 - \frac{0.055}{0.060^{0.5}}} = 0.919$$

因此，空中挑距为

$$L_0 = \varphi^2 s_1 \sin 2\theta \left[1 + \sqrt{1 + \frac{a - h_t}{\varphi^2 s_1 \sin^2\theta}}\right]$$

$$= 0.919^2 \times 30.85 \times \sin(2 \times 24.42°) \times \left[1 + \sqrt{1 + \frac{29.15 - 11.00}{0.919^2 \times 30.85 \times \sin^2 24.42°}}\right]$$

$$= 63.81(\text{m})$$

(2)估算冲刷坑深度 t_s。

因岩石坚硬完整性较差，选 $k=1.25$。

$$t_s = 1.25 q^{0.5} z^{0.25} - h_t = 1.25 \times 32^{0.5} \times 49.00^{0.25} - 11.00 = 7.71(\text{m})$$

(3)计算水下挑距。

$$\tan\beta = \sqrt{\tan^2\theta + \frac{a - h_t}{\varphi^2 s_1 \cos^2\theta}}$$

$$= \sqrt{\tan^2 24.42° + \frac{29.15 - 11.00}{0.919^2 \times 30.85 \times \cos^2 24.42°}} = 1.023$$

$$L_1 = \frac{t_s + h_t}{\tan\beta} = \frac{7.71 + 11.00}{1.023} = 18.29(\text{m})$$

总挑距为

$$L = L_0 + L_1 = 63.81 + 18.29 = 82.10(\text{m})$$

(4)校核冲刷坑对坝身的影响。

$$i = \frac{t_s}{L} = \frac{7.71}{82.10} = 0.094 < 0.2 \sim 0.4$$

【案例9-6】 某溢流堰坝顶高程161.00 m，下游河床是坚硬但节理、裂隙均较发育的岩石，其高程为120.00 m，拟采用挑流消能。初拟挑角 $\theta=25°$，挑坎高程为138.00 m。当上游水位为170.15 m，下游水位为132.50 m，单宽流量为49 $m^3/(s \cdot m)$ 时，试计算下泄水流射程和冲刷坑深度并检验冲刷坑是否危及坝身安全。

【案例分析与计算】：

根据所给条件算出下列数据：

上游水位与挑坎顶点高差为

$$s_1 = 170.15 - 138.00 = 32.15(\text{m})$$

坎高为

$$a = 138.00 - 120.00 = 18.00(\text{m})$$

下游水深为

$$h_t = 132.50 - 120.00 = 12.50(\text{m})$$

上下游水位差为

$z = 170.15 - 132.50 = 37.65(\mathrm{m})$

(1)计算空中挑距。

流能比为

$$K_E = \frac{q}{\sqrt{g}s_1^{1.5}} = \frac{49}{\sqrt{9.8} \times 32.15^{1.5}} = 0.086$$

流速系数为

$$\varphi = \sqrt[3]{1 - \frac{0.055}{K_E^{0.5}}} = \sqrt[3]{1 - \frac{0.055}{0.086^{0.5}}} = 0.933$$

因此,空中挑距为

$$L_0 = \varphi^2 s_1 \sin 2\theta \left[1 + \sqrt{1 + \frac{a - h_t}{\varphi^2 s_1 \sin^2\theta}}\right]$$

$$= 0.933^2 \times 32.15 \times 0.766 \times \left[1 + \sqrt{1 + \frac{18.00 - 12.50}{0.933^2 \times 32.15 \times \sin^2 25°}}\right] = 52.51(\mathrm{m})$$

(2)估算冲刷坑深度 t_s。

因岩石坚硬完整性较差,选 $k=1.25$,则

$t_s = kq^{0.5}z^{0.25} - h_t = 1.25 \times 49^{0.5} \times 37.65^{0.25} - 12.50 = 9.17(\mathrm{m})$

(3)计算水下挑距。

$$\tan\beta = \sqrt{\tan^2\theta + \frac{a - h_t}{\varphi^2 s_1 \cos^2\theta}}$$

$$= \sqrt{\tan^2 25° + \frac{18.00 - 12.50}{0.933^2 \times 32.15 \times \cos^2 25°}} = 0.676$$

$$L_1 = \frac{t_s + h_t}{\tan\beta} = \frac{9.17 + 12.50}{0.676} = 32.06(\mathrm{m})$$

总挑距为

$L = L_0 + L_1 = 52.51 + 32.06 = 84.57(\mathrm{m})$

(4)校核冲刷坑对坝身的影响。

$$i = \frac{t_s}{L} = \frac{9.17}{84.57} = 0.108 < 0.2 \sim 0.4$$

故可以认为冲刷坑不会危及坝身安全。

治水名人

潘季驯

潘季驯(1521~1595年),字时良,号印川,浙江湖州人,明代著名水利学家,历任工部尚书、总理河道都御史等职。

潘季驯在嘉靖、万历年间曾四次出任总理河道都御史,负责治理黄河、运河长达十余年。总理河道期间,他一改明代前期“下游分流杀势,多开支河”的治河方略,重点针对黄

河多沙特点，提出了“束水攻沙”“蓄清刷黄”的理论，并相应规划了一套包括缕堤、遥堤、格堤等在内的黄河防洪工程体系，以及“四防二守”的防汛抢险修守制度，以期达到“以水治水”“以水治沙”，综合解决黄、淮、运问题，这也成为清代奉行的治河方略，在一定程度上也发挥了显著功效。潘季驯还著有《两河管见》《河防一览》等水利著作。

潘季驯以治水为己任，大胆创新、系统谋划，总结了前人对黄河水沙关系的认识，对后世治黄具有重要历史影响。

项目练习

一、项目自测

（一）单选题

1. 溢流坝下泄水流收缩断面水深 h_c 的跃后水深为 h_c''，下游水深为 h_t，形成远离式水跃衔接的条件是（　　）。

A. $h_t=h_c''$　　B. $h_t>h_c''$　　C. $h_t<h_c''$　　D. 无法确定

2. 底流式消能是利用（　　）消能。

A. 临界式水跃　　B. 远离式水跃

C. 淹没式水跃　　D. 一定淹没度的淹没水跃

3. 关于泄水建筑物下游水流特征，下面说法错误的是（　　）。

A. 单宽流量大　　B. 动能很大　　C. 位能很大　　D. 能量较为集中

4. 关于泄水建筑物下游消能说法正确的是（　　）。

A. 底流式衔接消能是通过工程措施，使建筑物下游形成临界式水跃消能

B. 挑流式衔接消能是利用远离式水跃消能

C. 面流式衔接消能是将下泄主流导致下游水面消能

D. 以上都不对

5. 某溢流堰下游采用挑流消能，下列关于其冲刷坑深度说法错误的是（　　）。

A. 冲刷坑深度与下游河床单宽流量有关

B. 冲刷坑深度与溢流堰上下游水位差有关

C. 冲刷坑深度与下游河床岩石性质有关

D. 冲刷坑深度与下游水深无关

（二）计算题

1. 在河道上建一无侧收缩曲线型实用堰，堰高 $P_1=P_2=10$ m。当单宽流量 $q=8\ m^3/(s\cdot m)$ 时，堰的流量系数 $m=0.45$、流速系数 $\varphi=0.95$。若下游水深分别为：$h_{t1}=5$ m，$h_{t2}=4.6$ m，$h_{t3}=3.5$ m，试分别判别下游水流衔接形式。

2. 在一跌水出口处设平板闸门，如图9-16所示。流量 $Q=10\ m^3/s$；跌坎高 $P=2$ m；下游水深 $h_t=1.4$ m；河槽为矩形断面，底宽 $b=4$ m；闸前水头 $H=1.6$ m；行近流速 $v_0=1$ m/s；流速系数 $\varphi=0.95$。试计算收缩断面水深 h_c，并判别衔接形式。

3. 拟建一无侧收缩溢流堰,堰高 $P_1=P_2=9$ m。当通过单宽流量 $q=8.27$ $m^3/(s \cdot m)$ 时,堰的流量系数 $m=0.49$,流速系数 $\varphi=0.95$,下游河道水深 $h_t=3.5$ m。要求:①判断溢流堰出流与下游水流衔接形式;②若采用挖深式消力池,试设计消力池的尺寸。

4. 一单孔平板泄洪闸,上游水位为31 m,闸底高程和河床高程均为24.0 m,下游水位高程为27.0 m,且为自由出流下游发生远离式水跃,初步设计消力池底部高程为22.5 m,消能段与闸孔等宽(见图9-17)。当闸门开启度 $e=1$ m 时,不计闸前行近流速,验算消力池的深度能否满足消能要求。

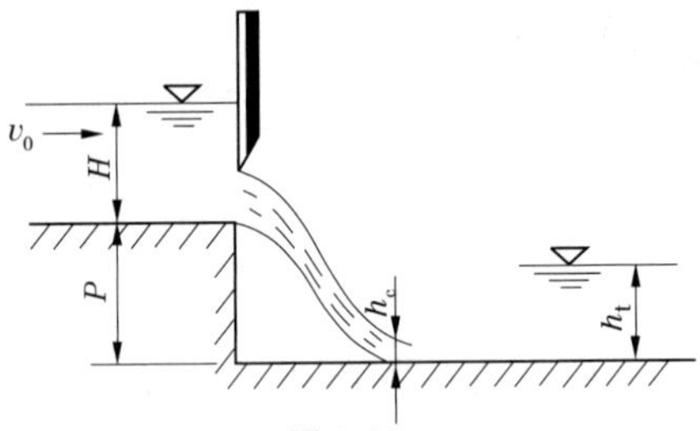

图 9-16

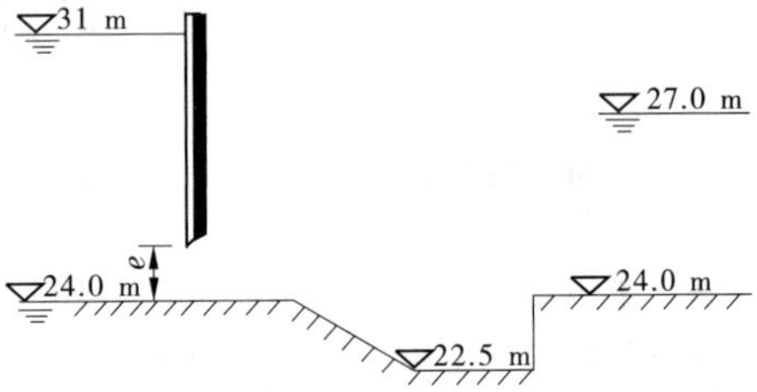

图 9-17

5. 在某矩形渠道修建一平板泄洪闸,已知闸前水头 $H=5$ m,下游水深 $h_t=2.5$ m,闸门开启度 $e=2$ m,不计闸前行近流速。①试判断下游的衔接形式;②若为远驱式水跃,试设计消力坎式消力池。

6. 一溢洪道矩形陡槽,上游水位156 m,由水面曲线分析计算陡槽末端水深 $h=0.8$ m,流速 $v=20$ m/s。今在陡槽末端设计一挑流鼻坎,挑射角 $\theta=30°$,其他有关高程如图9-18所示,流速系数 $\varphi=0.95$,鼻坎下游岩石破碎且松散(冲刷系数 $k=1.5$)。试求:①冲刷坑深度 t_s;②挑流射程 L;③检查冲刷坑的安全性。

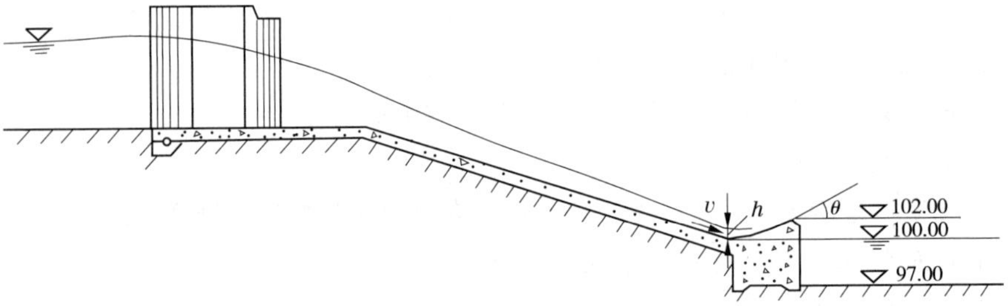

图 9-18

二、项目实训

段村枢纽溢洪道及泄洪洞下游消能计算,具体资料及任务、要求见附录1项目9实训。

项目 10　渗流水力分析与计算

渗流是在孔隙介质中流动的水流。地下水运动是水利工程最关注的渗流问题，渗流对水利工程设计、施工、管理等方面都十分重要。土建、石油、地质、矿业等都涉及渗流问题。

渗流水力分析与计算项目主要任务是掌握渗流模型概念，掌握达西定律，恒定均匀渗流、恒定非均匀渐变渗流等基本知识；会分析、计算、绘制恒定渐变渗流浸润线，能完成完全井、非完全井、排水廊道、井群等的分析计算。

任务 1　渗流水力现象分析

水在有空隙的介质中的流动称为渗流，所谓孔隙介质，是由颗粒状或碎块状材料组成，并含有许多孔隙或裂隙的物质。土和有裂隙的岩石就是最常见的孔隙介质，水在土或岩石空隙中的流动是渗流的一个重要部分，简称地下水运动。

一般水利工程中把土壤中孔隙的体积 ω 和土壤的总体积 W 之比叫作孔隙率，用 n 表示，即

$$n=\frac{\omega}{W} \tag{10-1}$$

各种常见土壤的孔隙率见表 10-1。

表 10-1　各种常见土壤的孔隙率

土壤种类	黏土	粉砂	中粗混合砂	均匀砂
孔隙率	0.45~0.55	0.40~0.50	0.35~0.40	0.30~0.40
土壤种类	细、中混合砂	砾石	砾石和砂	砂岩
孔隙率	0.30~0.35	0.30~0.40	0.20~0.35	0.10~0.20

渗流在水利、土建、石油、化工、地质、采矿、环保等许多部门广泛应用。

水利工程中有许多问题都涉及渗流运动。例如，修建土石坝挡水后，水就可能通过上游挡水坝面体深入，通过坝体渗透到下游，渗流在坝体内形成的自由水面，这个自由水面和坝体横剖面的相交线，叫浸润线。由于土体的物理力学特性在空隙中充满水的饱和状态下会急剧下降，并会造成渗漏损失，所以实际工程中尽量通过在上游截断渗流，在下游排出渗流的方法降低浸润线。在水闸和重力坝中也存在渗流问题，水闸和重力坝挡水后，水流会通过建筑物周边产生渗流，甚至建筑物本身也有渗流问题，要采取一系列截渗和排渗措施，保证建筑物的安全。

在地下水水源的利用方面，渗流涉及水井和集水廊道等集水构筑物的设计、出水量计

算等方面的问题;在建筑物施工时涉及基坑的排水、降低地下水位等方面的问题。

1　渗流基本概念

1.1　水在土壤中的存在状态

土壤空隙中的地下水可处于各种不同的状态,可以分为气态水、附着水、薄膜水、毛细水和重力水。

气态水是以气态水的形式分布于土壤空隙中的;附着水和薄膜水由于分子力的作用而聚集于土壤颗粒表面;毛细水是由于表面张力作用产生的毛细管作用而运动的水。以上几种存在于土壤中的水,数量比较少或对水利工程的影响轻微,一般可以忽略不计。

当孔隙介质中含水量较大,受重力作用而运动的水称为重力水。重力水在实际工程中具有重要意义。因此,地下水分析和计算的主要对象是重力水的运动。

1.2　土壤的渗流特性与分类

渗流运动的特性与孔隙介质的粒径、级配、均匀性,孔隙的大小、形状,孔隙系数等因素密切相关。

自然界的土壤成分、结构和分布十分复杂。为了使问题简化,在能够满足工程精度要求的情况下,渗流分析计算中假定研究的土壤是均质和各向同性的。所谓均质土壤,是指土类和状态相同,各处渗流特性相同的土;所谓各向同性土壤,是指土中一点处各个方向渗流特性相同的土壤。严格地讲,只有等直径圆球颗粒规则排列的土壤才是均质各向同性的土壤。

因此,渗流分析与计算是针对均质各向同性土壤中重力水的恒定流动。

1.3　渗流模型

实际土壤的颗粒、形状和大小的差别较大,颗粒间孔隙的形状、大小和分布也极不规则,因此实际渗流运动相当复杂。水利工程中常以理想化的渗流模型来简化实际渗流。渗流模型主要包括以下几个方面:

(1)不考虑实际渗流过程,只考虑主要流向。

(2)忽略土壤颗粒的存在,而假设渗流是充满整个孔隙介质的连续水流。其实质是将未充满全部空间的渗流看成连续空间的连续介质运动。

引入渗流模型后,水力分析与计算的过水断面、流线、流束、断面平均流速等均可以应用到渗流运动的分析与计算中。

渗流模型中某一微小过水断面的渗流流速定义为

$$v = \frac{\Delta Q}{\Delta A} \tag{10-2}$$

式中　v——渗流模型定义的流速;

ΔQ——通过微小过水断面的渗流流量;

ΔA——由土壤颗粒和孔隙组成的微小过水断面面积,它比实际孔隙组成的过水断面面积 $\Delta A'$ 要大。

对于土壤中一微小过流断面,实际渗流流速 u 可表示为

$$u = \frac{\Delta Q}{\Delta A'} = \frac{v}{n} \tag{10-3}$$

由于 $n<1$，所以渗流模型流速小于实际渗流流速，见图 10-1。

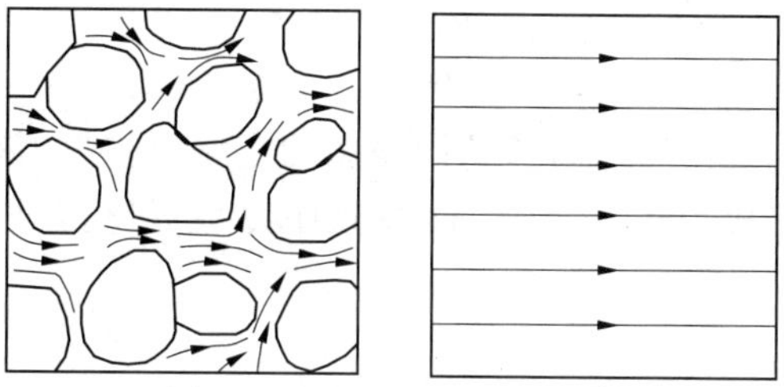

图 10-1

一般不加说明，渗流流速是指模型中的渗流流速。为了使假想的渗流模型在水力特征方面和真实渗流相一致，渗流模型必须满足下列条件：

(1)通过渗流模型的流量与实际渗流流量相等。

(2)对于某一作用面，从渗流模型得出的动水压力与实际渗流的动水压力相等。

(3)渗流模型得出的水头损失与实际渗流的水头损失相等。

根据渗流模型的概念，渗流和一般水流运动一样，也可分为恒定渗流和非恒定渗流、均匀渗流和非均匀渗流、渐变渗流和急变渗流、有压渗流和无压渗流。

渗流的流速往往很小，通常不超过每秒几毫米，因此其动能可以忽略不计。在通常情况下，渗流总水头就等于位置水头 z 和压强水头 $\frac{p}{\gamma}$ 之和，也就是测压管水头，即

$$H = z + \frac{p}{\rho g} + \frac{u^2}{2g} = z + \frac{p}{\rho g} \tag{10-4}$$

因此，渗流的总水头线与测压管水头线(或浸润线)重合，并且只能沿流程下降。

2　达西定律

2.1　达西定律

早在 1852~1855 年，法国工程师达西通过试验研究，总结出渗流水头损失与渗流流速、流量之间的基本关系式，即达西定律。达西定律为解决生产实践中渗流的基本问题奠定了基础。

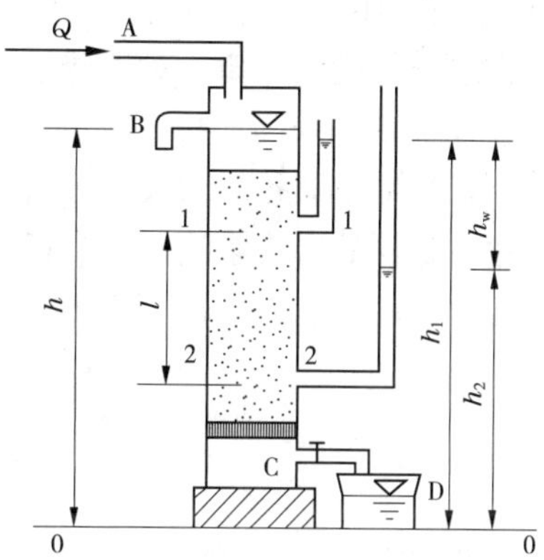

图 10-2

达西试验装置如图 10-2 所示，一上端开口的直立圆筒，内装颗粒均匀的砂土，上部由进水管 A 供水，并用溢流管 B 溢流以保持水位恒定，渗透过砂体的水通过底部滤水网 C 流入容器 D，并由此测定渗流流量。筒侧壁装有两个间距

为 l 的测压管,用以测量1—1断面和2—2断面上的渗透压强。由于达西试验中的渗流流速很小,流速水头可以忽略,因此1—1断面和2—2断面的测压管水头差 ΔH 就是渗流在 l 长度的水头损失 h_w,其水力坡度 J 为

$$J=\frac{h_w}{l}=\frac{h_1-h_2}{l} \tag{10-5}$$

试验表明,对于不同直径的圆筒和不同类型的土壤,通过的渗流量 Q 均与圆筒的横断面积 A 及水头损失 h_w 成正比,与两断面间的距离 l 成反比,并与土壤的渗透性质有关,于是渗流量 Q 为

$$Q=kA\frac{h_w}{l}=kAJ \tag{10-6}$$

或

$$v=kJ \tag{10-7}$$

式中 k——土壤的渗流系数,反映土壤透水性质的比例系数,具有流速的量纲;

v——渗流的断面平均流速。

式(10-7)即为达西公式。它表明,在均质孔隙介质中,渗流流速与水力坡度成正比,并与土壤渗流系数有关。

达西试验中的渗流为均匀渗流,各点的运动状态相同,任意空间点处的渗流流速 u(点流速)等于断面平均流速 v,由于水力坡度 $J=-\frac{\mathrm{d}H}{\mathrm{d}s}$,所以达西定律又可表示为

$$u=v=kJ=-k\frac{\mathrm{d}H}{\mathrm{d}s} \tag{10-8}$$

$$Q=kAJ=-kA\frac{\mathrm{d}H}{\mathrm{d}s} \tag{10-9}$$

2.2 达西定律的适用范围

达西试验是用均匀砂土在均匀渗流条件下进行的。经后人的大量试验研究,认为可以推广到黏土、细缝岩石等其他空隙介质。渗流与管流、明渠水流一样,也有层流和紊流之分,达西定律只适用于层流。达西定律表明渗流流速与渗透坡降成正比,所以达西定律又称为渗流的线性定律。对于透水性能好、渗流量大、渗流流速较大的渗流,可能发生紊流,达西定律就不再适用。

由于实际土壤孔隙的大小、形状、方向、分布等情况十分复杂,而且变化范围较大,渗流从达西定律的层流渗流转变为紊流渗流是逐渐的,可以参照水流雷诺数的概念,建立渗流雷诺数 Re,在考虑土壤孔隙率影响的情况下,巴甫洛夫斯基给出了渗流雷诺数 Re 的表达式为

$$Re=\frac{1}{0.75n+0.23}\frac{vd}{\nu} \tag{10-10}$$

式中 n——土壤的孔隙率;

d——土壤的有效粒径,可用 d_{10} 代替;

v——渗流断面平均流速;

ν——水的运动黏滞系数。

试验表明，渗流 $Re_k=7\sim9$，当渗流 $Re<Re_k$ 时，属于层流渗流，否则为紊流渗流。

工程上所遇到的较多渗流问题都属于层流，但是卵石、砾石等大颗粒土壤中的渗流有可能出现湍流，属于非线性渗流。

2.3 渗流系数

渗流系数是反映土壤渗流特性的一个综合指标，其数值大小对于渗流计算结果影响很大。因渗流系数的影响因素很多，要精确确定其数值比较困难，工程上一般采用以下方法来确定：

(1)经验公式法。这一方法是根据土壤颗粒的大小、形状、结构、孔隙率和温度等参数所组成的经验公式来计算渗流系数的值。这类公式很多，各有其局限性，只能做粗略估算。

(2)实验室测定法。在天然土壤中取土样，利用如图 10-1 所示的达西试验装置，测定水头损失 h_w 与渗流量 Q，用式(10-6)来计算 k 值。此法简便易测，但由于被测定的土样只是天然土壤中的一小块，而且取样和运送时还可能破坏原土壤的结构。因此，取土样时应尽量保持原土壤的结构，并取足够数量的具有代表性的土样进行测定，才能得到较为可靠的 k 值。

(3)现场测定法。在现场利用钻井或原有井做抽水或灌水试验，测出流量和水头值，然后应用井的有关公式计算出渗流系数值。此法虽不如实验室测定法简便易行，但在测定过程中可使土壤结构保持原状，测得的数值更接近真实值，是测定 k 值最有效的方法。由于此法规模大，所需人力、物力较多，一般只在重要工程中应用。

渗流系数 k 常用单位为 m/d 或 cm/s，一般在进行渗流近似计算时，可采用表 10-2 中的 k 值作参考。

表 10-2 土壤的渗流系数值

土壤名称	渗流系数 k	
	m/d	cm/s
黏土	<0.005	$<6\times10^{-6}$
亚黏土	0.005～0.1	$6\times10^{-6}\sim1\times10^{-4}$
轻亚黏土	0.1～0.5	$1\times10^{-4}\sim6\times10^{-4}$
黄土	0.25～0.5	$3\times10^{-4}\sim6\times10^{-4}$
粉砂	0.5～1.0	$6\times10^{-4}\sim1\times10^{-3}$
细砂	1.0～5.0	$1\times10^{-3}\sim6\times10^{-3}$
中砂	5.0～20.0	$6\times10^{-3}\sim2\times10^{-2}$
均质中砂	35～50	$4\times10^{-2}\sim6\times10^{-2}$
粗砂	20～50	$2\times10^{-2}\sim6\times10^{-2}$
均质粗砂	60～75	$7\times10^{-2}\sim8\times10^{-2}$
圆砾	50～100	$6\times10^{-2}\sim1\times10^{-1}$
卵石	100～500	$1\times10^{-1}\sim6\times10^{-1}$
无填充物卵石	500～1 000	$6\times10^{-1}\sim1\times10$
稍有裂隙岩石	20～60	$2\times10^{-2}\sim7\times10^{-2}$
裂隙多的岩石	>60	$>7\times10^{-2}$

3　恒定均匀渗流和非均匀渐变渗流

采用渗流模型后,可用研究明渠水流的方法将渗流分成均匀流和非均匀流。渗流的各水力要素(如流速、压强)沿流程不变则称为均匀渗流,反之称为非均匀渗流。非均匀渗流中,若流线近于平行直线则称为非均匀渐变渗流,反之称为非均匀急变渗流。由于渗流服从达西定律,使渗流的均匀流和非均匀流具有与明渠水流不同的特点。

3.1　均匀渗流

如图10-3所示,在正坡($i>0$)不透水基底上形成无压均匀渗流。因均匀流水深h_0沿流程不变,浸润线是一条直线且平行于不透水基底,水力坡度$J=-\frac{dH}{ds}=i=$常数。根据达西定律式(10-7),断面平均流速v为

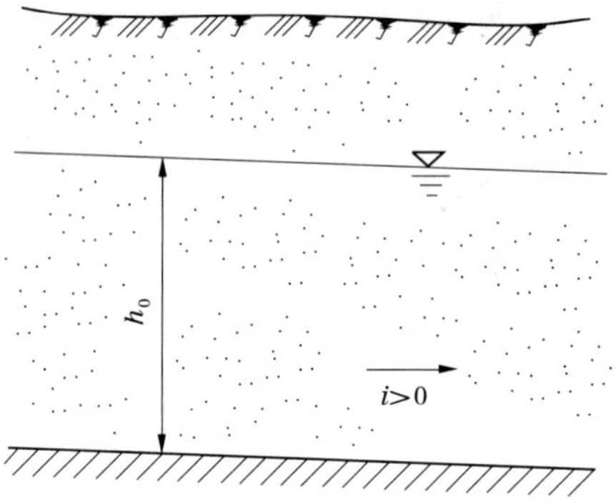

图10-3

$$v=ki \tag{10-11}$$

通过过水断面A_0的流量为

$$Q=kiA_0 \tag{10-12}$$

对于矩形断面,$A_0=bh_0$,故单宽渗流量q为

$$q=kh_0 i \tag{10-13}$$

式中　h_0——均匀渗流水深;

k——土壤的渗透系数;

i——不透水基底坡度。

在均匀渗流中,断面上的压强为静压分布,断面内任一点的测压管坡度也是相同的,均匀渗流区域中任一点的渗流流速都是相等的。

3.2　非均匀渐变渗流

如图10-4所示为非均匀渐变渗流,任取两断面1—1断面和2—2断面,在渐变渗流断面上压强分布近似服从静水压强的分布规律,因此断面上各点的测压管水头皆为H;沿底部流线相距ds的2—2断面上各点的测压管水头为$H+dH$。由于渐变渗流流线几乎为平行的直线,可以认为1—1断面与2—2断面之间,沿一切流线的距离均近似为0。从而

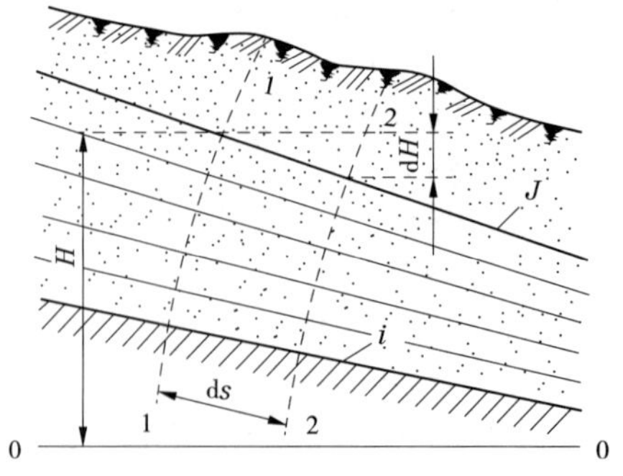

图10-4

任一过水断面上各点的测压管水力坡度为

$$J = -\frac{dH}{ds} = 常数 \tag{10-14}$$

根据达西定律,过水断面上各点的渗流流速 u 都相等,断面平均流速 v 就等于点流速 u,即

$$v = u = kJ \tag{10-15}$$

式(10-15)称为裘皮幼公式,是 1857 年由法国学者裘皮幼推导出来的。虽然它与达西公式具有相同的表达形式,但在含义上却有所不同:达西公式适用于均匀渗流,裘皮幼公式适用于渐变渗流;在均匀渗流中,渗流区内任意点的渗流速度 u 都相等,在渐变渗流中,只是同一过水断面上的各点渗流速度 u 相等,并等于断面平均流速 v。

3.3 渐变渗流的基本微分方程

渐变渗流的微分方程可用裘皮幼公式来推导。如图 10-5 所示,无压渗流,取断面 2—2,距起始断面 1—1 沿底坡的距离为 s,其水深为 h,断面底部至基准面的垂直高度为 z,不透水层坡度为 i。对于任一过水断面 $H=z+h$,则

$$\frac{dH}{ds} = \frac{dz}{ds} + \frac{dh}{ds}$$

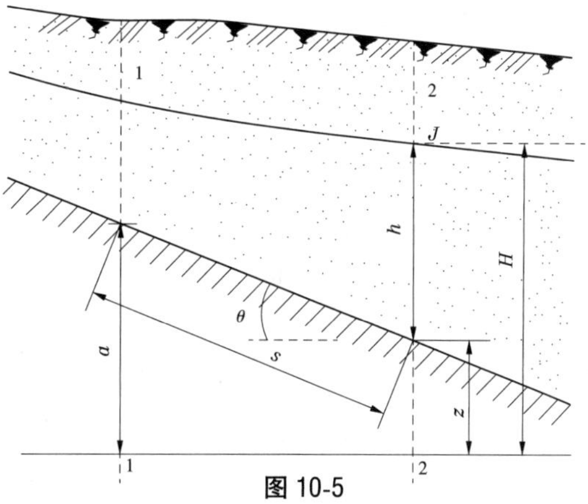

图 10-5

与明渠流相似,定其底坡 $i=-\frac{dz}{ds}$,故

$$J = -\frac{dH}{ds} = i - \frac{dh}{ds} \tag{10-16}$$

根据式(10-15)得

$$v = kJ = k(i - \frac{dh}{ds}) \tag{10-17}$$

或

$$Q = Av = Ak(i - \frac{dh}{ds}) \tag{10-18}$$

这就是适用于各种底坡的恒定非均匀渐变渗流的基本微分方程,也是分析和计算非

均匀渐变渗流水面线(浸润线)的理论依据。

任务2 恒定渐变渗流浸润线的分析与计算

在无压渗流中,重力水的自由表面称为浸润面。在流动的纵剖面上它是一条曲线,称为浸润线。工程中若需要解决浸润线的问题,可以从裘皮幼公式出发,建立非均匀渐变渗流的微分方程,积分可得浸润线。

分析渗流浸润线形状的方法与分析明渠水面曲线形状的方法相似。所不同的是,渗流的流速水头可以忽略不计,断面单位能量 $E_s = h + \frac{\alpha v^2}{2g} \approx h$,断面单位能量曲线变成直线,不存在极小值,或者说,其极小值为零,因此渗流中不存在临界水深、临界底坡、缓坡、急坡、缓流、急流、临界流等概念,在不透水层坡度上仅有顺坡、平坡和逆坡三种底坡。实际水深仅和均匀渗流正常水深 h_0 作比较。

在顺坡上可以发生均匀渗流,其正常水深为 h_0,渗流水深 h 的变化范围有两种情况,即 $h>h_0$ 和 $h<h_0$。对于平坡和逆坡,不可能发生均匀渗流,不存在 h_0,渗流水深的变化范围只有 $0<h_0<\infty$ 一种情况。因此,渗流的浸润线共有四种类型。其中顺坡两种,平坡和逆坡各一种。下面分别对三种不同的坡度进行讨论。

1 顺坡($i>0$)的浸润线

顺坡中可以发生均匀渗流,其水深 h_0 沿程不变,则有

$$Q = kA_0J = kA_0i \tag{10-19}$$

式中 A_0——相应于正常水深 h_0 的过水断面面积;

i——不透水层底坡。

将式(10-19)代入式(10-17),渗流区的过水断面是宽度为 b 的宽矩形,可得

$$kh_0bi = khb\left(i - \frac{dh}{ds}\right)$$

$$\frac{dh}{ds} = i\left(1 - \frac{h_0}{h}\right) \tag{10-20}$$

令 $\eta = \frac{h}{h_0}$,则式(10-20)可写为

$$\frac{dh}{ds} = i\left(1 - \frac{1}{\eta}\right) \tag{10-21}$$

式(10-21)就是顺坡渗流浸润线的微分方程,正常水深的 $N—N$ 线将顺坡上渗流区分为 a、b 两个区。$N—N$ 线以上,水深 $h>h_0$,称为 a 区;$N—N$ 线以下,水深 $h<h_0$,称为 b 区,如图 10-6 所示。

正坡 a 区浸润线是壅水曲线,上游以正常水深 $N—N$ 线为渐近线,下游以水平直线为渐近线,如图 10-6 所示。

正坡 b 区浸润线是降水曲线,上游正常水深 $N—N$ 线为渐近线,下游与渠底呈正交趋

势,如图 10-6 所示。

设顺坡渗流从上游到下游有 1—1 断面和 2—2 断面,见图 10-7,则浸润线方程为

$$\Delta s = \frac{h_0}{i}\left(\eta_2 - \eta_1 + \ln\frac{\eta_2 - 1}{\eta_1 - 1}\right) = \frac{h_0}{i}\left(\eta_2 - \eta_1 + 2.3\lg\frac{\eta_2 - 1}{\eta_1 - 1}\right) \qquad (10\text{-}22)$$

式中,$\eta_1 = h_1/h_0$,$\eta_2 = h_2/h_0$。

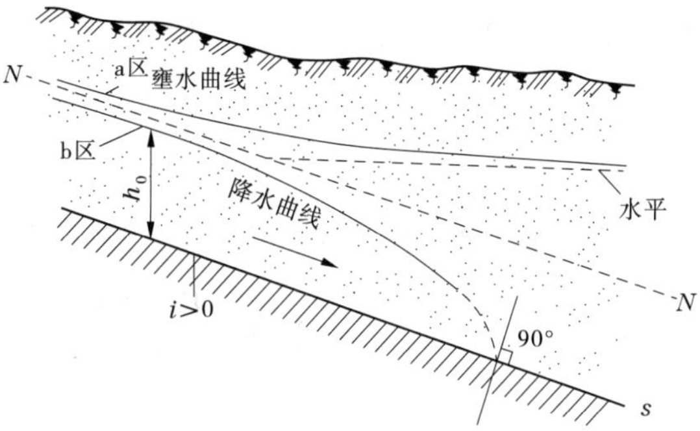

图 10-6

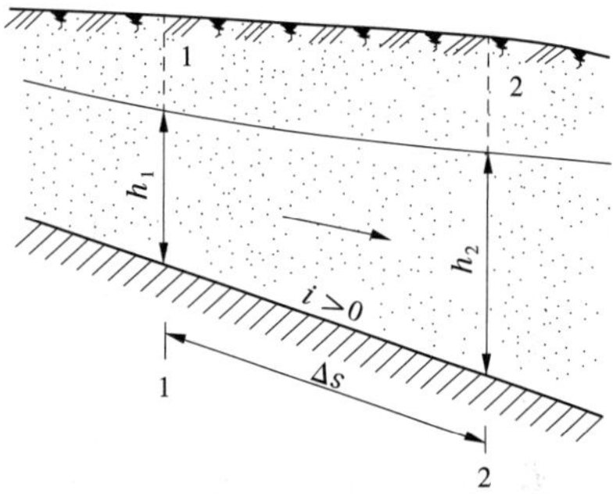

图 10-7

【案例 10-1】 一渠道水位高于河道水位,渠道渗水沿透水土层下渗入河道,土壤渗透系数 $k=0.0045$ cm/s,其不透水层底坡 $i=0.03$,如图 10-8 所示。渠道与河道之间的距离 $s=210$ m,渠道水深 $h_1=1.30$ m,渗流在河岸出流处的深度 $h_2=2.15$ m。设渗流为平面渗流,分析计算单位渠长的渗流流量并绘制浸润线。

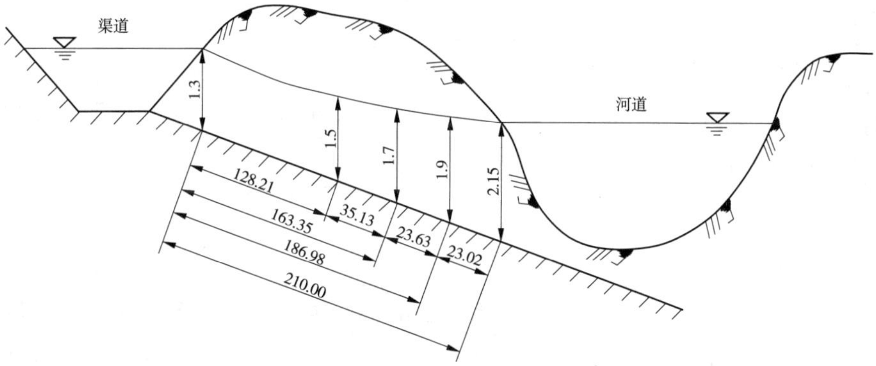

图 10-8 (单位:m)

【案例分析与计算】:

因 $h_1 < h_2$,故渗流的浸润线为正坡 a 区壅水曲线。

(1)求正常水深。

由顺坡渗流的浸润线方程式(10-22)得

$$i\Delta s - h_2 + h_1 = h_0 \ln\frac{h_2 - h_0}{h_1 - h_0}$$

令 $f_1(h_0)=i\Delta s-h_2+h_1$，$f_2(h_0)=h_0\ln\dfrac{h_2-h_0}{h_1-h_0}$，试算或使用表格单变量求解，当 $f_1(h_0)=f_2(h_0)$ 时，得 $h_0=1.287$ m。

(2)求单宽渗流量。

对于宽度为 b 的宽矩形断面，$A_0=bh_0$，代入式(10-13)可得

$$q=kih_0=0.000\ 045\times0.03\times1.287\times10^4=0.017\ 4[\mathrm{cm^3/(s\cdot cm)}]$$

(3)计算浸润线。

浸润线为壅水曲线，采用分段求和法计算浸润线。

设 $h_2=1.50$ m

$\eta_1=h_1/h_0=1.30/1.287=1.010$，$\eta_2=h_2/h_0=1.5/1.287=1.165$

$$\Delta s_{1-2}=\frac{h_0}{i}(\eta_2-\eta_1+\ln\frac{\eta_2-1}{\eta_1-1})=\frac{1.287}{0.03}\times(1.165-1.010+\ln\frac{1.165-1}{1.010-1})$$
$$=128.21\ \mathrm{m}$$

分别继续设沿程水深 $h_2=1.70$ m、1.90 m、2.15 m，依次据式(10-22)，计算 Δs_{2-3}、Δs_{3-4}、Δs_{4-5}，分别为：35.13 m、23.63 m、23.02 m。流程和分别为：128.21 m、163.35 m、186.98 m、210.00 m。计算结果见表10-3。

表10-3 渗流流量及浸润线计算结果

	A	B	C	D	E	F
1	$k=$	0.004 5 cm/s	$i=$	0.03	$s=$	210 m
2	$h_1=$	1.30 m	$h_2=$	2.15 m		
3	h_0/m	$f_1(h_0)$/m	$f_2(h_0)$/m	η_1	η_2	q/[cm³/(s·cm)]
4	1.287	5.45	5.45	1.010	1.670	0.017 4
5	浸润线计算					
6	断面	h/m	η_1	η_2	Δs/m	s/m
7	1	1.30			0	0
8	2	1.50	1.010	1.165	128.21	128.21
9	3	1.70	1.165	1.320	35.13	163.35
10	4	1.90	1.320	1.476	23.63	186.98
11	5	2.15	1.476	1.670	23.02	210.00

注：初设 h_0 时要考虑是 a 区浸润线，初设值要满足 $h_0<h_1<h_2$。

和明渠水面线类似可使用表格单变量求解、拖动填充功能计算渗流、正常水深、渗流流量和浸润线，主要计算公式见表10-4。

表 10-4 渗流流量及浸润线表格计算主要公式

序号	计算参数	单元格	单元格计算公式	水力计算公式
1	$f_1(h_0)$	B4	=D1 * F1-D2+B2	$i\Delta s-h_2+h_1$
2	$f_2(h_0)$	C4	=A4 * LN((D2-A4)/(B2-A4))	$h_0\ln\dfrac{h_2-h_0}{h_1-h_0}$
3	Δs	E8	= $ A $ 4/ $ D $ 1 * (D8-C8+ LN((D8-1)/(C8-1)))	$\dfrac{h_0}{i}(\eta_2-\eta_1+\ln\dfrac{\eta_2-1}{\eta_1-1})$
4	s	F8	=E8+F7	$\sum\Delta s$

2 平坡($i=0$)的浸润线

将 $i=0$、$A=bh$ 代入式(10-18),经整理得

$$\frac{dh}{ds}=-\frac{Q}{kbh}=-\frac{q}{kh} \tag{10-23}$$

式中,$q=Q/b$,即单宽渗流流量。

平坡浸润线是降水曲线,上游取决于边界条件,以水平线为渐近线。曲线下游与底坡呈正交趋势,如图 10-9 所示。

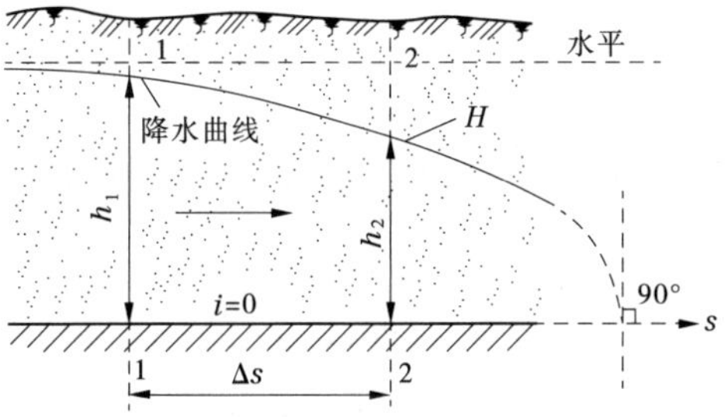

图 10-9

设平坡渗流从上游到下游有 1—1 断面和 2—2 断面,则浸润线方程为

$$\Delta s=\frac{k}{2q}(h_1^2-h_2^2) \tag{10-24}$$

3 逆坡($i<0$)的浸润线

由式(10-18),其中 $A=bh$,经整理可得

$$\frac{dh}{ds}=i-\frac{Q}{kbh}<0 \tag{10-25}$$

式(10-25)说明逆坡浸润线是降水曲线,上游取决于边界条件,以水平线为渐近线。下游与底坡呈正交趋势,如图 10-10 所示。

为计算浸润线,虚拟一个底坡为 $i'(i'>0)$ 的等宽均匀渗流,且 $i=-i'$,单宽流量可用均匀流的关系表示,其正常水深为 h_0',可推求的逆坡浸润线方程为

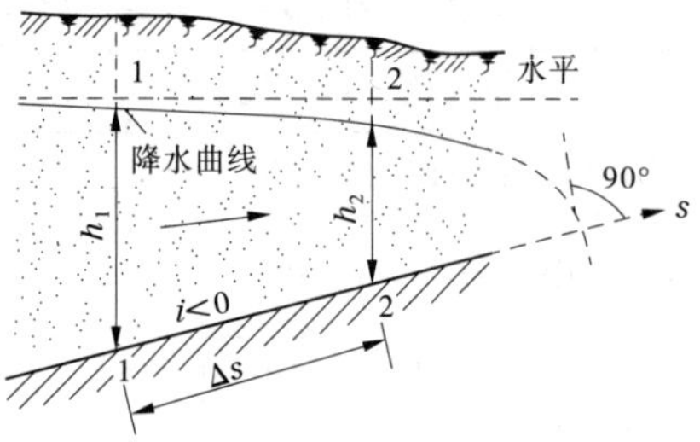

图 10-10

$$\Delta s=\frac{h'_0}{i'}\left(\eta'_1-\eta'_2+\ln\frac{1+\eta'_2}{1+\eta'_1}\right)=\frac{h'_0}{i'}\left(\eta'_1-\eta'_2+2.3\lg\frac{1+\eta'_2}{1+\eta'_1}\right) \tag{10-26}$$

式中，$\eta'_1=h_1/h'_0$，$\eta'_2=h_2/h'_0$。

任务3　排水廊道和井的水力计算

井和排水廊道是在给水工程中用以采集地下水的建筑物，应用广泛。从这些建筑物中抽水，会使附近的天然地下水位降落，也起着施工排水的作用。

1　排水廊道

如图 10-11 所示，有一排水廊道，横断面为矩形，廊道底位于水平不透水层上，即底坡 $i=0$，由式(10-18)可得

$$Q=bhk(0-\frac{dh}{ds}) \tag{10-27}$$

设 q 为集水廊道从一侧渗入的单宽流量，式(10-27)可写成

$$q=-kh\frac{dh}{ds} \tag{10-28}$$

由于在 xOz 坐标系中，z 坐标与流向相反，如图 10-11 所示，故 $\frac{dh}{ds}=-\frac{dz}{dx}$，并将式(10-28)分离变量并积分，代入边界条件 $x=0$，$z=h_0$，得集水廊道浸润线方程为

$$z^2-h_0^2=\frac{2q}{k}x \tag{10-29}$$

当 x 越大时，距离排水廊道越远，地下水位的降落就越小。当距离集水廊道 L 处，地下水位降落趋近于零时，z 等于含水层厚度 H，L 称为集水廊道的影响范围，距离超过 L 的区域地下水位不受影响。将 $x=L$，$z=H$ 代入式(10-29)中可得集水廊道从一侧流入的单位长度的渗流量(或称产水量)为

$$q=\frac{k(H^2-h_0^2)}{2L} \tag{10-30}$$

设 $\bar{J}=\frac{H-h_0}{L}$ 是浸润线的平均坡度，则式(10-30)可改写为

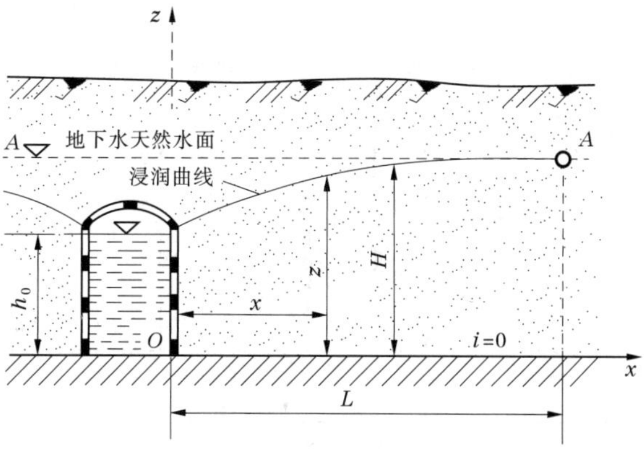

图 10-11

$$q = \frac{k}{2}(H + h_0)\bar{J} \tag{10-31}$$

式(10-31)可用来初步估算 q。$\bar{J}$ 可根据以下数值选取:对于粗砂及卵石,$\bar{J}$ 为 0.003~0.005,砂土为 0.005~0.015,亚砂土为 0.03,亚黏土为 0.05~0.10,黏土为 0.15。

2 普通井

在地表的无压透水层中所挖掘的井称为普通井。井用来吸取无压地下水。井的断面通常为圆形,水由透水的井壁进入井中。挖掘的普通井直达不透水层的称为普通完全井,否则称为不完全井。

2.1 普通完全井

如图 10-12 所示,井底位于水平的不透水层上,不透水层底坡为平坡,$i=0$,含水层的厚度为 H,未抽水前地下水的水位为天然水面 $A—A$。从井中抽水后,井中水位降落深度为 S,井中水深为 h_0,井周围水面降落,形成以井中心为轴线的漏斗形浸润面。设在离井中心 r 处渗流的浸润面上点的标高为 z,显然过水断面为一圆柱面,其面积为 $A=2\pi rz$,圆柱过水断面上各点的测压管水头都是 z,其水力坡度 $J=-\frac{\mathrm{d}H}{\mathrm{d}s}=\frac{\mathrm{d}z}{\mathrm{d}r}$。应用式(10-18),可得出渐变渗流流量为

$$Q = Av = 2\pi rzk\frac{\mathrm{d}z}{\mathrm{d}r} \tag{10-32}$$

分离变量并进行积分,到井壁处,当 $r=r_0$ 时,$z=h_0$,则得井的浸润线方程为

$$z^2 - h_0^{\ 2} = \frac{Q}{\pi k}\ln\frac{r}{r_0} \tag{10-33}$$

设在浸润面上,有半径 $r=R$ 的一个圆,在 R 范围以外,浸润漏斗的下降 $H-z$ 趋于零,即天然地下水不受影响,R 称为井的影响半径,井的产水量 Q 确定前,必须首先确定影响半径 R。将 $r=R$ 时 $z=H$ 这一边界条件代入式(10-33)中可得

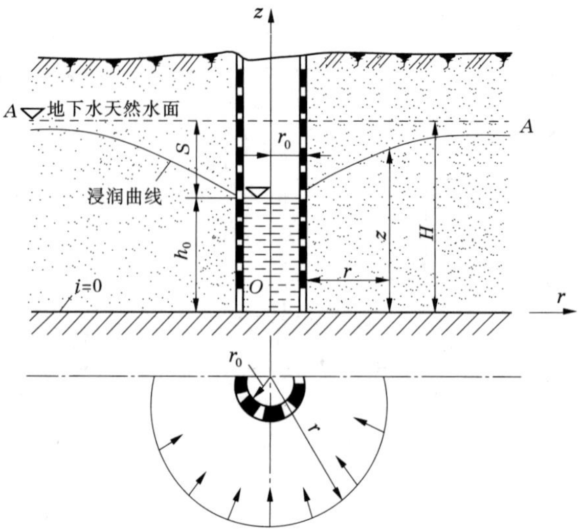

图 10-12

$$Q = 1.36\frac{k(H^2 - h_0^2)}{\lg\frac{R}{r_0}} \tag{10-34}$$

式(10-34)即为完全井的产水量公式,称为裘皮幼产水量公式。

在一定产水量 Q 时,设恒定产水后,地下水位的降落深度为 S,则 $S=H-h_0$,从而有 $H^2-h_0^2=(H+h_0)(H-h_0)=(H+H-S)S=2H(1-\frac{S}{2H})S$,代入式(10-34)得

$$Q = 2.73\frac{kHS}{\lg\frac{R}{r_0}}(1-\frac{S}{2H}) \tag{10-35}$$

当 $\frac{S}{2H}\ll 1$ 时,式(10-35)可简化为

$$Q = 2.73\frac{kHS}{\lg\frac{R}{r_0}} \tag{10-36}$$

式(10-36)表明,k、H 及 S 是影响产水量 Q 的主要因素,并与 Q 成正比。

影响半径由抽水试验测定。在估算时,可根据土壤情况选取,粗砂 $R=700\sim1\ 000$ m,中砂 $R=250\sim500$ m,细砂 $R=100\sim200$ m,也可以用经验公式估算

$$R = 3\ 000S\sqrt{k} \tag{10-37}$$

或

$$R = 575S\sqrt{Hk} \tag{10-38}$$

式(10-37)、式(10-38)中,S、H、R 的单位使用 m;k 的单位使用 m/s。

【案例 10-2】 某普通完全井的含水层厚度 H 为 7 m,其渗透系数 k 为 0.03 cm/s,井的半径 r_0 为 0.4 m,抽水时井中水深 h_0 为 4.5 m。分析计算井的产水量。

【案例分析与计算】:

井中水位降深 $S = H - h_0 = 7 - 4.5 = 2.5(\text{m})$，由式(10-37)估算影响半径 R 得

$$R = 3\ 000 S\sqrt{k} = 3\ 000 \times 2.5 \times \sqrt{0.000\ 3} = 129.9(\text{m})$$

由式(10-34)得

$$Q = \frac{1.36k(H^2 - h_0^2)}{\lg \dfrac{R}{r_0}} = \frac{1.36 \times 0.000\ 3 \times (7^2 - 4.5^2)}{\lg \dfrac{129.9}{0.4}} = 0.004\ 7(\text{m}^3/\text{s})$$

2.2 非完全井

对于非完全井，如图 10-13 所示，产水量除来自井壁四周外，井底还有部分深水渗入，不能应用渐变流的裘皮幼公式来进行分析计算。目前，多采用裘皮幼公式乘以一个大于 1 的系数来确定其产水量，较为常用的经验公式为

$$Q = 1.36k \frac{H^2 - h_0^2}{\lg \dfrac{R}{r_0}} \left[1 + 7\sqrt{\frac{r_0}{2H}\cos\left(\frac{\pi H}{2H'}\right)} \right] \tag{10-39}$$

式中 H'——地下水位至不透水层的厚度；

其余符号含义同完全井。

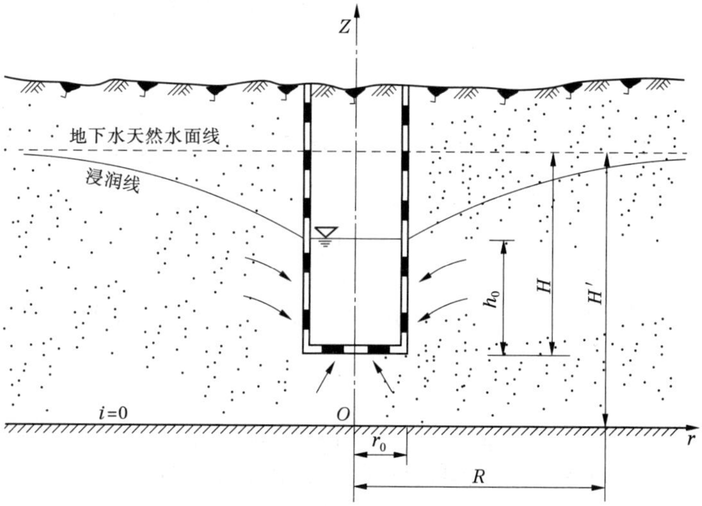

图 10-13

任务 4 井群的水力计算

在实际工程供水或基坑开挖排水时，多采用多个井同时抽水，井与井按一定规律排列，间距不大，这种布置称为井群。井群中多个井同时工作，各井之间相互影响，渗流区地下水流比较复杂，其浸润面的形状也十分复杂。流体力学中把微小质团不转动的流动叫有势流动，也叫无涡流，在均质同性土中符合达西定律的渗流运动称为有势流动。解决井

群方法要利用势流叠加原理。

在水平不透水层上有 n 个普通完全井,在井群的影响范围内取一点 A,各井出水量以及到 A 点的水平距离分别为 $Q_1,Q_2,\cdots,Q_n;r_1,r_2,\cdots,r_n$,如图 10-14 所示。

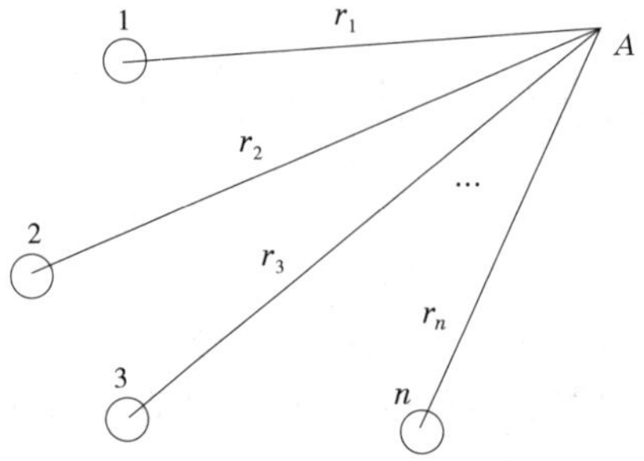

图 10-14

对于单个完全井,由于渗流可以看做是有势流,所以有流速势函数存在,将式(10-33)分离变量积分可得

$$\frac{1}{2}kz^2 = \frac{Q}{2\pi}\ln r + C \tag{10-40}$$

令 $\varphi=\frac{1}{2}kz^2$,φ 为完全井的势函数,则单个完全井的势函数为

$$\varphi_i = \frac{Q_i}{2\pi}\ln r_i + C \tag{10-41}$$

根据势流叠加原理,n 个完全井同时工作时,任一点的势函数等于各井单独工作时在该点的势函数之和,则有

$$\varphi = \sum \varphi_i = \sum_{i=1}^{n} \frac{1}{2}kz_i^2 = \frac{Q_i}{2\pi}\ln r_i + C \tag{10-42}$$

假定井群抽水量为 Q,每个井的抽水量相同,均为 Q/n,代入式(10-42)得

$$\varphi = \frac{Q}{2\pi n}\ln(r_1r_2r_3\cdots r_n) + C \tag{10-43}$$

设井群也有影响半径 R,一般情况下,井群的影响半径 R 远大于井群之间的距离,在井群影响半径上设一点 A,见图 10-14,此时,可以近似认为:$r_1\approx r_2\approx r_3\approx\cdots\approx r_n\approx R$。代入式(10-43),得到井群影响半径处的势函数值为

$$\varphi_R = \frac{Q}{2\pi n}\ln R^n + C = \frac{Q}{2\pi}\ln R + C \tag{10-44}$$

设井群中任一点势函数的降落值为

$$\varphi_R - \varphi = \frac{Q}{2\pi}\left[\ln R - \frac{1}{n}\ln(r_1r_2r_3\cdots r_n)\right] \tag{10-45}$$

把井群视为一个整体,按照势函数定义:$\varphi_R=\frac{1}{2}kH^2$,代入式(10-45),整理后得

$$z^2 = H^2 - \frac{Q}{\pi k}\left[\ln R - \frac{1}{n}\ln(r_1r_2\cdots r_n)\right] \tag{10-46}$$

或

$$z^2 = H^2 - 0.73\frac{Q}{k}\left[\lg R - \frac{1}{n}\lg(r_1 r_2 \cdots r_n)\right] \tag{10-47}$$

式(10-46)、式(10-47)即为普通完全井井群的浸润线方程,可用来确定普通完全井井群中某点的水位 z 值。

通过式(10-46)不难得到井群的总出水量为

$$Q = 1.36\frac{k(H^2 - z^2)}{\lg R - \frac{1}{2}\lg(r_1 r_2 \cdots r_n)} \tag{10-48}$$

式中　Q——井群总产水量,m^3/s;

n——井群井的数目;

R——井群的影响半径,m;

H——含水层的厚度,m;

z——井群抽水时,含水层浸润面上某点 A 的水位,m;

$r_1, r_2, \cdots, r_n$——某点 A 至各井的距离,m。

井群的影响半径可由抽水试验测定或按式(10-37)、式(10-38)估算。

【案例 10-3】　有 6 口完全井群环形布置在圆形基坑周围用以基坑排水,如图 10-15 所示。各井距基坑中心的距离 r 为 20 m,基础含水层的厚度 H 为 12 m,地基土壤主要是细砂,渗流系数 k 为 0.005 cm/s。当各井同时抽水,每个井的出水量 Q_0 为 0.8 L/s 时,求基坑中心的地下水位降深。

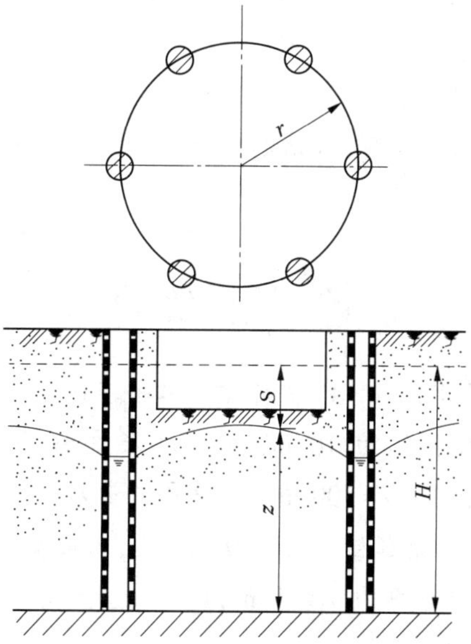

图 10-15

【案例分析与计算】:

各井同时抽水,井群抽水量 $Q=nQ_0=6\times0.8=4.8(\mathrm{L/s})=0.004\ 8\ \mathrm{m^3/s}$

基础土壤为细砂,根据经验,设影响井的半径 $R=150$ m,$r_1=r_2=\cdots=r_n=20$ m

由式(10-47)得

$$z^2=H^2-0.73\frac{Q}{k}\left(\lg R-\frac{1}{n}\lg r^n\right)=12^2-0.73\times\frac{0.004\ 8}{0.000\ 05}\times\left(\lg150-\frac{1}{6}\lg20^6\right)$$

$$=82.68\ (\mathrm{m^2})$$

则 $z=9.09$ m。

因此,基坑中心地下水位降深 $S=H-z=12-9.09=2.91(\mathrm{m})$。

治水名人

林则徐

林则徐(1785~1850年),字元抚,晚号俟村老人,福建福州人,清代著名的政治家、思想家和治水人物。

林则徐近40年历官13省,从北方的海河到南方的珠江,从东南的太湖流域到西北的伊犁河,都留下了他治水的足迹。1820年,林则徐出任杭嘉湖兵备道,上任之初便认识到海塘工程乃保障滨海地区生产生活之关键,着手加固海塘,还特别要求"新塘采石,必择坚厚";1837年,在湖广总督任上,着重维修长江中游荆江段和汉水下游堤防。1841年,林则徐被谪戍伊犁,又领导水利屯田,在惠远城水利建设中负责最艰巨的渠首工程建设,在托克逊大力推广"坎儿井"。

林则徐认识到水利是农业的命脉,水利兴废攸关国家命运和人民生计,每到一地、治水一方。林则徐治水注重深入实际,因地制宜,科学施策,为水利事业发展做出了突出贡献。

项目练习

1. 如图10-16所示,两水池A、B,中间为一水平不透水层上的砂壤土沙丘。已知A水池水位为15 m,B水池水位为10 m,不透水层高程为5 m,砂壤土的渗透系数 $k=0.000\ 5$ cm/s,两水池的间距 $l=500$ m。求单宽流量 q。

2. 如图10-17所示,一不透水层底坡 $i=0.002\ 5$,土壤渗透系数 $k=5\times10^{-3}$ cm/s,在相距500 m的两个钻孔中水深分别为 $h_1=3$ m ,$h_2=2$ m。试求单宽流量 q 及 $L=250$ m处的水深 h。

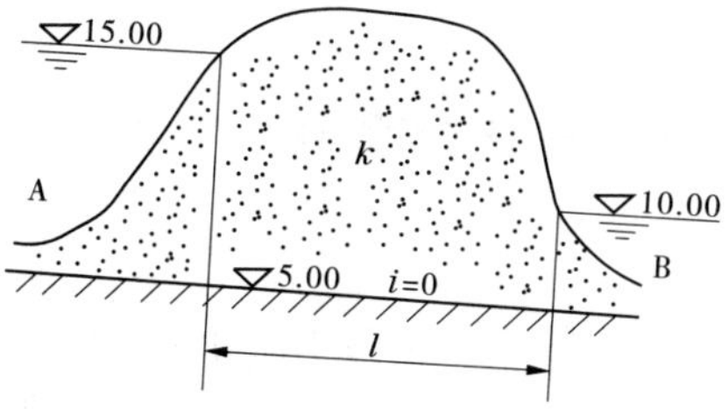

图 10-16

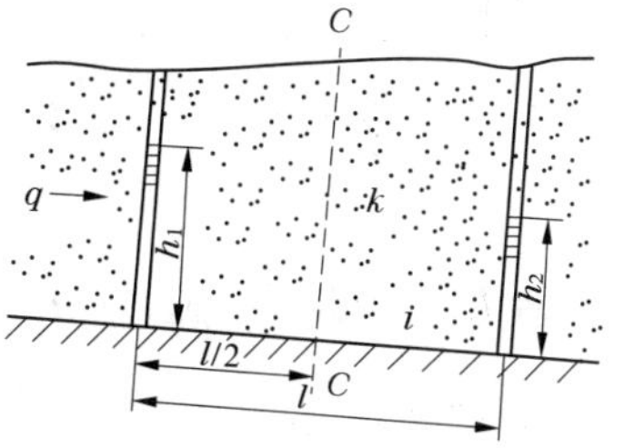

图 10-17

3. 有一普通完全井，半径 $r_0=0.1$ m，$H=8$ m，$h_0=2$ m，渗透系数 $k=0.001$ cm/s，影响半径 $R=200$ m。求渗流量 Q。

4. 为降低基坑地下水位，在基坑周围布设 8 个普通完全井，沿矩形边界排列，如图 10-18 所示，各井抽水量相等，总流量 $Q_0=0.02$ m^3/s，井的半径 $r_0=0.15$ m，地下水含水层厚度 $H=15$ m，渗透系数 $k=0.001$ m/s。设井群的影响半径为 $R=500$ m，求井群中心点 O 处地下水位降落值 Δh。

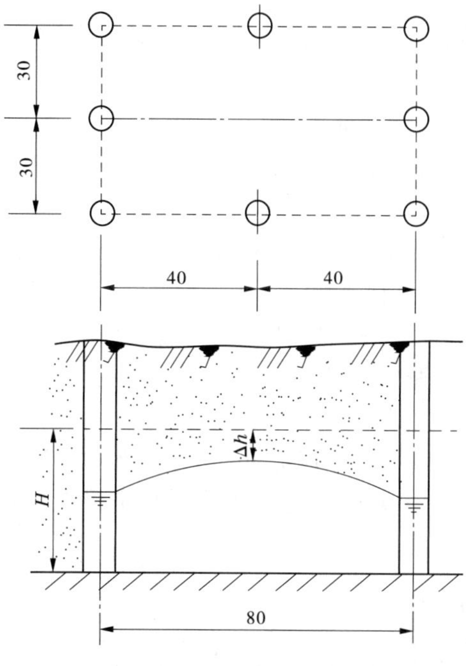

图 10-18　(单位:m)

项目 11 高速水流基础

高速水流是流速较高并伴生空化、掺气、脉动、冲击波等现象的水流,随着水利水电事业的发展和技术的进步,高速水流及其防护措施在水利水电工程中越来越受到重视。

高速水流基础项目主要任务是理解气蚀概念、气蚀产生原因及掺气水流现象,掌握减免气蚀措施及掺气水流对水工建筑物的影响,能进行水工建筑物及明渠高速水流现象分析与计算,会进行明渠掺气水深计算。

任务 1 水工建筑物的气蚀现象分析与计算

随着材料科学、施工技术的不断进步及施工设备的先进化,水工大坝的高度记录不断被刷新。据不完全统计,目前世界上已经建成 200 m 以上的高坝 77 座。这种高坝泄水建筑物,水头都比较高,有几十米甚至百米以上,水流的流速甚至高达每秒三四十米, 这种流速较高而出现空化、掺气、冲击波、强烈脉动等一种或多种特殊现象的水流,称为高速水流。高速水流产生的水力分析与计算问题,主要有:

(1)由于强烈脉动,使轻型建筑物振动。

(2)出现掺气及气穴现象,水流的连续性遭到破坏,从而形成包括液相和气相的两相流,气穴现象还可导致边界材料的气蚀破坏。

(3)高速明渠水流中还会出现冲击波和滚波等特殊波动现象。

在水工建筑物破坏中,泄水建筑物的破坏最为普遍。泄水建筑物承担宣泄上游来水的作用,同时它受到下泄水流,特别是高速水流的冲刷作用,其本身及下游河道中,水流冲刷造成的破坏随处可见而又难以避免,有时甚至是大坝失事的主要原因。泄水建筑物的破坏往往是多种因素造成的,如冲刷、磨损、空蚀、振动等,对于具体的工程而言,往往是某一种因素在起主导作用,其他作用兼而有之。目前,国内外水工界在建坝过程中遇到的问题,随着大坝高度记录的不断刷新,尤其是对于高泄量、高流速的泄洪设施的设计,如泄流面的抗冲刷问题、抗磨蚀问题、抗气蚀问题。

1 水工建筑物的气蚀现象

在挑流鼻坎的侧面和背面、底孔闸门槽下游边墙、泄洪洞的转弯段、溢洪道的变坡段和不平整处等这些高中水头泄水建筑物部位,当设计体型不当或施工中存在质量问题时,在高速水流通过后,常常在混凝土或金属表面出现斑点、蜂窝状麻面或严重破坏,这些现象都是气蚀引起的。气蚀的发生会直接影响建筑物的正常运转,甚至可能造成整个建筑物的失事,国内外有很多泄水建筑物发生气蚀破坏的实例。例如,美国的格兰峡重力坝和胡佛重力坝泄洪洞的空蚀破坏,中国的刘家峡、碧口、鲁布革水电站右岸泄洪洞气蚀破坏。美国包尔德坝东岸泄洪洞第一次放水流量是设计流量的 1/5,但在隧洞的转弯处发生了气蚀现象,致使该处的混凝土被剥蚀，产生一个长 35 m，宽 9.2 m，最深处达 13.7 m 的大坑。苏联伏尔加水电站溢流坝，气蚀使左侧一孔闸墩受到破坏，造成深度 1 m 的坑穴，内部钢筋也暴露了出来。湖南省某溢流坝在 1962 年汛期过水后，矩形差动式鼻坎发生严重破坏，钢筋成排被切断，混凝土大块剥蚀，总剥蚀体积近 24 m^3，坑深最大达 1.1 m，1963 年改造后齿坎侧壁仍发生严重剥蚀。因此，对高速水流的气蚀问题必须引起足够的重视。

2 产生气蚀的原因

水的沸点与压强有关，压强增大，沸点温度增高；压强减小，沸点温度降低。例如，当水面为工程大气压时，温度升高至 100 ℃，水就会沸腾，而在高海拔地区，大气压低于工程大气压，温度升高小于 100 ℃水就沸腾了。这种在一定温度下使液体汽化的相应压强称为蒸汽压强，常用 p_v 表示。同样道理，如果温度一定，当压强减小到一定值时，水体也会沸腾汽化，对于同一种液体，随着温度升高，蒸汽压强也增大。水的蒸汽压强（以相对压强表示）如表 11-1 所示。

表 11-1 不同温度的蒸汽压强

单位：m

t/℃	0	5	10	15	20	25	30	35
p_v/γ	0.062	0.089	0.125	0.174	0.238	0.323	0.433	0.573

当运动的水流处于低压区时，如果压强降低到相应温度的蒸汽压强，即 $p \leqslant p_v$，水流也会汽化放出大量气泡，这种现象叫气穴现象。特别说明的是，水流内部放出的气泡并不是外面的空气掺到水流里面去的，而是自然状态下的水体中含有大量的极微小的气核，其直径很小，为 $10^{-3} \sim 10^{-4}$ mm，不溶解于水，一般是观察不出的。当水体的压强降低到相应温度的蒸汽压强时，气核便膨胀变大，形成可以观察到的气泡从水体中释放出来。气核的存在是形成气穴的内在原因，而压强降低到蒸汽压强是形成气穴的外在条件。

随着高速水流的强烈紊动，在低压区连续不断地释放出气泡，当水流把气泡带到高压区时，由于压强的变化气泡会在极短的时间（约 10^{-3} s）内溃灭，四周水流质点会以极快的速度填充气泡空间，使这些水流质点的动量在极短的时间内变为零，动量在极短时间内发生很大的变化，因此会产生极大的冲击力。当气泡在建筑物边界及其附近处溃灭时，冲击力就会不断地作用在固体边界上，造成固体表面的严重剥蚀，这是产生气蚀的根本原因。

3 易发生气蚀的部位和减免气蚀的措施

3.1 易发生气蚀的部位

气穴是造成气蚀的前提，气穴在低压区出现。关于低压区的部分，可以根据能量守恒和转化规律进行分析。若不计能量损失，微小流束的能量方程为

$$z + \frac{p}{\gamma} + \frac{u^2}{2g} = \text{常数} \tag{11-1}$$

它清楚地说明：低压区出现在位置高和流速较大的地方，因此建筑物顶部较低部容易发生气蚀；水轮机的安装高出下游尾水位愈多，尾水管发生空蚀的可能性愈大。在边界轮廓变

化,局部流速很大处,特别在边界突然变化或变化较急时,水流发生脱离现象,常常伴有局部低压旋涡区,在旋涡区下游就容易发生气穴。如溢流坝的顶部(见图 11-1)和有压管道的收缩段(流速增大)就容易引起气蚀。此外,水流中的局部负压区与固体边界有密切关系。在泄水建筑物的边界发生急剧变化的地方,流线与边界脱离,形成旋涡就会产生低压区,都容易产生气穴,在其下游高压区往往发生气蚀。如图 11-1 所示,底孔、水轮机和尾水管进口和弯段凸缘、闸门槽后的边墙、泄洪洞分插段、消力齿墩的顶部及两侧、差动式鼻坎的侧壁及其他溢流边界表面局部不平整部位的下游,都是容易发生气蚀的部位。

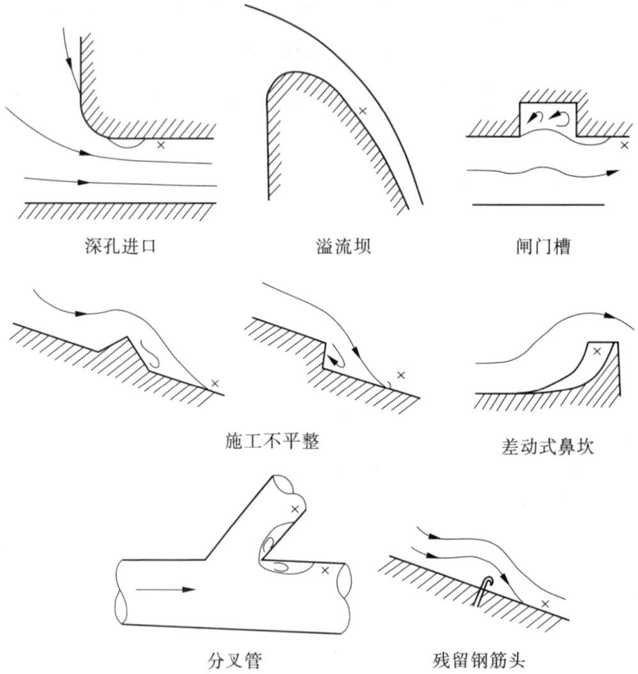

图 11-1

3.2 减免气蚀发生的措施

根据气蚀发生的原因和易于发生气蚀的部位,减免气蚀发生的措施主要有以下几方面。

3.2.1 体型设计要合理、保证施工质量

免除气蚀的关键在于如何避免在水流中出现过低的局部低压区,因此设计建筑物时,在照顾运转要求的前提下,要尽可能注意边界轮廓线的合理性(如切忌锐弯、突然收缩和水流严重分离等);在施工时,要严格控制边界表面平整、光洁的程度,提高建筑物表面平整度。在凸起处应研磨成具有一定坡度的平面,施工后过水表面不应有钢筋头等突起物。对已发生气蚀的建筑物,如溢流坝顶部、泄水道进口、弯段及收缩段等处的压强,要经校核计算或模型试验。

3.2.2 选用高强度抗气蚀能力的材料

使用高强度或其他适当材料衬护,可减轻剥蚀,延长机械和建筑物的寿命。一般通过提高混凝土强度等级,增大混凝土抗蚀强度。此外,采用环氧砂浆或合成塑胶护面,或以钢板、

橡皮板衬砌，均能提高抗气蚀能力。

3.2.3 人工对低压区通气

对水流的局部低压区通入空气，一方面可减小负压，另一方面可对气泡溃灭时的冲击起缓冲作用，因此可有效地减免气蚀。实践证明，水流掺水有减轻负压的作用，同时可缓冲气穴溃灭时的冲击力，从而减小产生气穴的可能性。有试验表明，当水中掺气量为 1.5%~2.0%时，试件气蚀破坏减少 1/10；当掺气量达到 7%~8%时，则气蚀现象基本消失。这说明人工通气是减轻或避免气蚀的有效办法。近 20 年来，不少高水头的溢流坝和泄水洞已研究采取此措施。

我国在高压闸门后一般设有通气孔。对管道的收缩段、转弯段、分叉段及其他可能产生低压区，原则上均可设通气孔。20 世纪 60 年代初，开始在气蚀区上游的溢流边界底部设置掺气槽，使水流形成掺气水流，从而免除气蚀。20 年来的实践证明，掺气减蚀是一种行之有效的防气蚀措施。

4 气穴数计算

设计高流速泄水建筑物时，需要预估建筑物建成运用时是否会发生气蚀，这就要求预估水流中是否会发生气穴的问题。前面已经讲到，气穴的发生条件是：水流中的局部动水压强应不大于蒸汽压强 $p \leqslant p_v$，只要测出水流中低压区的压强值，就可以判断是否会发生气穴现象。但是，水流中的局部低压区的压强难以得知，所以工程实践中常采用一个纯数，作为衡量实际水流趋向发生气穴程度的指标，叫气穴数，以 K 表示。

$$K = \frac{p - p_v}{\frac{1}{2}\rho v^2} \tag{11-2}$$

式中 p——水流中某一点的时均动水压强（绝对压强）；

p_v——蒸汽压强；

v——水流的平均流速；

ρ——水的密度。

显然，对于一定的水流就可算出相应的气穴数。在水温变化不大时，流速愈大、压强（或）愈小时，气穴数愈小，愈趋向于发生气穴。

当气穴数降至某一数值时，开始发生气穴，这时的气穴数称为初生气穴数（或临界气穴数）。当实际水流的气穴数 K<临界气穴数 K_c 时，就会发生气穴现象。值得注意的是，边界条件不同，流速和压强分布不同，初生气穴数就不一样。通常，各种边界条件下水流的初生气穴数要通过试验来确定。对于一般的溢流坝面，$K_c = 0.3 \sim 0.5$；对于闸门槽、消力齿墙，K_c 值一般大于 0.6；对于螺旋桨或水轮机叶片，K_c 值小于 0.2。试验表明，在相同的边界压强和气温下，初始气穴数越小，越不容易发生气穴和气蚀。

对于不同的边界形状，初生气穴较小的，出现气穴的可能性就较小。因此，可以通过初生气穴数的比较，来选定抗蚀较好的过水边界形式。

任务2 明渠高速掺气水流现象分析与计算

1 水流掺气的现象

高水头的明流泄水道,在泄放高速水流中,空气常会大量掺入水流,形成乳白色的水汽混合流动,这种水流称为掺气水流。

根据水流条件,掺气水流可分为大气中射流的碎裂掺气;水股射入水体时的卷吸掺气;在明渠水流如溢流坝、陡槽、高压闸门下游的明流隧洞中的均匀流或渐变流的沿程掺气以及急变流(如水跃、桥墩和闸门槽)的局部掺气等。本任务主要介绍明渠水流均匀流和渐变流的沿程掺气问题。

为什么明渠高速水流能够形成掺气水流,原因比较复杂,曾出现不同的理论,与实际情况比较符合的紊流边界层理论认为,从水流底部边界开始的紊流边界层发展到水面以后,当水流紊动引起的横向流动(或动能)足以克服水面的表面张力及水滴自重时,则水滴就会跃离水面进入空中,当其回落至水中时带入空气,从而使水流掺气。

高速水流掺气的发生和发展过程以图11-2的溢洪道为例说明。

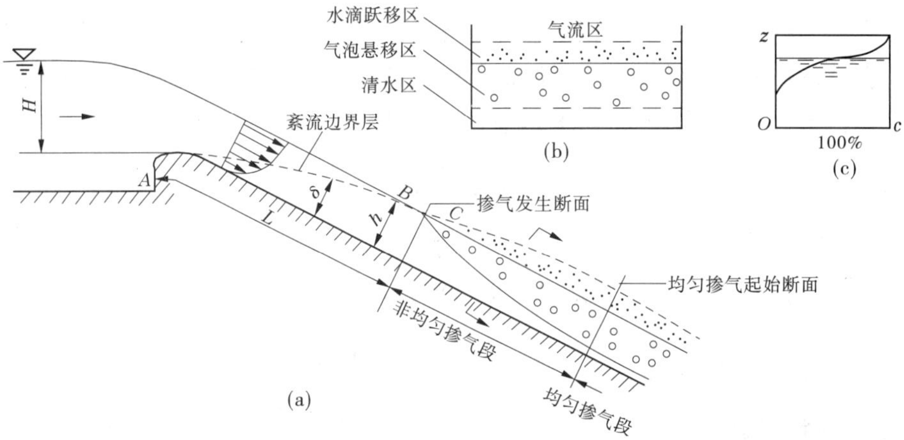

图11-2

如图11-2(a)所示,水流从水库进入溢洪道是不掺气的。从A点开始,水流受溢洪道底面的影响,紊流边界层沿底面向下游发展,到B点边界层厚度发展到水面。在B点以上不可能发生掺气水流。自B点开始向下游,流速愈大,水流紊动愈强烈。如果在C点水流的紊动强度足以使液体质点跃出水面,在回落时带入空气,那么C点将成为掺气发生点。在C点下游是非均匀掺气段,经过一段距离后,从表面卷入的空气量与逸出的空气量达到平衡,便形成均匀掺气段。

高速水流的紊动形成的掺气水流不仅从底部发生,而且也从边墙和闸墩开始。当水深较大时,会出现中间水流还没有掺气,而靠近边墙和闸墩下游首先形成掺气水流的现象。

明渠掺气水流目前尚不能完全用紊流边界层理论来解决,解决工程中的问题还只能借助依据试验和原型观测的资料建立的经验公式。

我国水利科学研究院曾对国内外一些高坝溢流原型资料进行整理，提出确定混凝土坝面溢流掺气发生点位置为

$$S = (10 \sim 15)q^{2/3} \tag{11-3}$$

式中　S——掺气发生点与坝顶的距离；

q——紊流流量。

水流掺气后的结构如图 11-2(b)所示。在过水断面上，掺气水流可分为三个区：最上部是腾空而起的带雾状的水滴，叫水滴跃移区；中部是含有许多气泡的水流，叫气泡悬移区；最下部是纯水区（或清水区）。当水深较浅，高度掺气时，还有可能出现只有水滴跃移区和气泡悬移区，没有纯水区。

水流掺气后，空气所占水气混合体的体积比称为掺气浓度，以符号 C_a 表示。C_a 值沿水深的变化如图 11-2(c)所示。若以 C_a=99%以下的深度定义为掺气水深，以 h_a 表示，则过水断面上（取单位宽度）平均掺气浓度为

$$\overline{C}_a = \frac{1}{h_a}\int_0^{h_a} C_a \mathrm{d}h \tag{11-4}$$

以下讨论问题均采用平均掺气浓度。

水气混合体中水的体积所占的比例称为含水比，以符号 β 表示，则

$$\beta = 1 - C_a \tag{11-5}$$

对于矩形明槽，若全掺气水流的水深为 h_a，断面平均流速为 v_0；纯水水流的水深为 h，断面平均流速为 v，根据含水比的定义可知

$$\beta = \frac{vh}{v_a h_a} \tag{11-6}$$

若近似设 $v=v_a$，则

$$\beta = \frac{h}{h_a} \tag{11-7}$$

也可以写为

$$h_a = \frac{h}{\beta} = \frac{h}{1 - C_a} \tag{11-8}$$

2　掺气水流对水工建筑物的影响

水流掺气后，改变了水流原有的性质，对水工建筑物有以下几方面的影响：

(1) 水流掺气后，可减小水流的负压值，减轻或消除气蚀对水工建筑物的破坏作用。

(2) 水流掺气能消耗部分水流的能量，增强了消能效果，并且水气混合流的容重小于纯水的容重，可以减轻水流对下游河道的冲刷。

(3) 水流掺气后使水体膨胀，水深加大，要求明槽边墙的设计高度增加，提高了工程造价；在明流隧洞，则要求增加断面净空，加大开挖面，以免由于隧洞过流断面不足引起水流封顶，造成明流与满流周期性交替的不稳定状态。这时会出现不稳定的气囊，使隧洞顶部将受到正、负压的交替变化作用，还可能引起隧洞的振动和工作闸门的振动，流态不稳

定对下游消能也有着不良影响。

总之,水流掺气对水工建筑物的影响既有利,又有弊。认识了掺气水流的规律,就可以充分利用它有利的一面,例如在负压区设通气孔或在气蚀区设掺气槽,是工程中广泛采用的减免气蚀的积极措施;对于不利的方面也应估计到,认真对待,避免或减小不良后果产生。

3 掺气水深的计算

掺气水流是水气的混合流动,它破坏了水流的连续性,从理论上分析是很复杂的。工程上,对于明槽中的掺气水流,主要是解决掺气后的水深和流速的计算问题。目前,掺气水流的流速一般仍按清水计算,不考虑掺气影响。掺气水深的计算,目前设计中多为参考一些原型观测和试验资料所得的经验公式。

3.1 陡槽和溢流堰面掺气水深的计算

通常,掺气水深以 h_a 表示,不含气的清水深度以 h 表示,令掺气水流的含水比 β 为

$$\beta = \frac{h}{h_a} \tag{11-9}$$

如果知道 β 值,则可由不含水气的水深 h,推算出掺气后的深度

$$h_a = \frac{h}{\beta} \tag{11-10}$$

根据原型观测和试验资料分析,一般认为含水比 β 主要与弗劳德数 Fr 和槽壁的粗糙度有关。目前,确定 β 值的经验公式不少,工程上应用较广的有总结原型陡槽掺气资料得到的霍尔公式

$$\beta = \frac{1}{1 + k\dfrac{v^2}{gR}} \tag{11-11}$$

式中 v、R——按不掺气水流计算的断面平均流速、水力半径;

k——系数,取决于槽壁材料的性质,见表 11-2。

表 11-2 k 值表

槽壁材料	k 值	槽壁材料	k 值
水槽	0.003~0.004	粗混凝土或光滑砌石	0.008~0.012
普通混凝土	0.004~0.006	粗砌石或浆砌块石	0.015~0.020

王俊勇认为,影响掺气水流的主要因素为弗劳德数 Fr、粗糙系数 n 及宽深比 b/h,根据国内外 13 个陡槽掺气水流实测资料分析,提出含水比 β 的表达式为

$$\beta = 0.937\left(Fr^2\varphi\frac{b}{h}\right)^{-0.088} \tag{11-12}$$

$$Fr = \frac{v}{\sqrt{gh}} \tag{11-13}$$

$$\varphi = \frac{n\sqrt{g}}{R^{\frac{1}{6}}} \tag{11-14}$$

式中　v、R——不考虑掺气水流的流速、水力半径；

n——陡槽粗糙系数；

g——重力加速度。

对于溢流坝面，我国制定的《混凝土重力坝设计规范》(SL 319—2018)规定用下式计算掺气水深

$$h_a = (1 + \frac{\eta v}{100})h \tag{11-15}$$

式中　η——掺气修正系数，一般为 1.0~1.4，视流速和断面收缩情况而定，当流速大于 20 m/s 时，宜采用较大值；

h——不含气的清水水深。

3.2　深孔闸门后、无压隧洞掺气水深的计算

深孔闸门后，进入底坡平缓的明流隧洞的水流与陡槽、溢流堰面水流特点不同，它在闸门处的流速很高，以后水深沿程增加，流速沿程减小。有些实测资料论定，深孔闸门后掺气增加的水深计算式为

$$\Delta h = h_a - h \tag{11-16}$$

式中　h——未掺气的清水水深；

Δh——掺气水深。

对于混凝土隧洞，当粗糙系数 $n=0.014$，$\Delta \approx 0.002$ m 时，先求出未掺气的水深 h，然后可由下面公式计算出掺气后的水深 h_a：

$$\lg \frac{h_a - h}{\Delta} = 1.77 + 0.008\,1\frac{v^2}{gR} \tag{11-17}$$

式中　v、R——未掺气的清水断面平均流速、水力半径；

Δ——边壁粗糙度。

上述计算方法适用范围是：$h>1.2$ m；0.6 m$<R<1.4$ m；15 m/s$<v<30$ m/s。

设计无压隧洞时，为防止产生明、满流交替的有害作用，必须留有足够的洞顶净空，其高度至少为 0.4 m，或不小于隧洞断面高度的 0.15 倍，较高流速的隧洞，应使掺气水面线以上的净空面积为隧洞过水断面面积的 15%~25%，具体可根据流速和水深的大小来选定。

治水名人

李仪祉

李仪祉(1882~1938 年)，名协，字仪祉，陕西省蒲城县人，我国近代著名水利学家和水利教育家，历任河海工程专门学校教授、陕西省水利局局长、华北委员会委员长、黄河水利委员会委员长等职。

李仪祉先生在德国留学期间，目睹欧洲各国水利之发达，对我国当时水利的颓废十分感慨，立志振兴水利事业、服务国家发展。民国四年(1915 年)，李仪祉学成回国之初，任

河海工程专门学校教授,专注培养水利人才。民国十一年(1922年)李仪祉任陕西省水利局局长,先后提出建设关中八惠工程计划。民国二十一年(1932年)泾惠渠建成,当年灌溉农田50万亩,郑国渠焕发新生,八惠其他工程此后也陆续实施。李仪祉长期致力于黄河治理研究,他主张治理黄河要上中下游并重,防洪、航运、灌溉和水电兼顾,把我国治理黄河的理论和方略向前推进了一大步,对水利科技发展也做出突出贡献。

李仪祉先生是中国水利从传统走向现代过渡阶段的关键人物之一,被誉为"中国近现代水利奠基人"。

项目练习

1. 有一高水头泄洪隧洞,在进口段设有事故闸门,泄放最大流量时,闸门槽前流速为16.4 m/s ,断面最高点的压强为213 kPa (相对压强)。试问若采用流线型门槽(初始气穴数 $K_c=1.14$)是否会发生气蚀?(水温为15 ℃)

2. 由一混凝土矩形陡槽,槽宽 $b=15$ m,断面平均流速为22.3 m/s时,实测水流水深 $h=3.30$ m。试计算掺气水流的水深,并与实测水深比较。

附录 1　项目实训

1　段村水利枢纽水力计算基本资料

段村水利枢纽工程位于颍河上游河南省登封县境内。控制流域面积 94.1 km^2。根据水能计算,该枢纽死水位 348 m,最高兴利水位 360.52 m,相应库容 1 423.07×10^4 m^3。设计洪水位按 50 年一遇,为 363.62 m,相应库容 1 998.36 ×10^4 m^3,溢洪道泄洪量 540 m^3/s,泄洪洞泄洪量 90 m^3/s,校核洪水位按 500 年一遇,为 364.81 m,相应库容 2 299.68 ×10^4 m^3,溢洪道泄洪量 800 m^3/s,泄洪洞泄洪量 110 m^3/s。根据地形、地质条件和水力条件初步拟定。

1.1　溢洪道

溢洪道由六段组成,均为混凝土衬砌,如附图 1-1 所示。

(1)引渠段。长 120 m,底坡 $i=0$,边坡 1∶1.5,混凝土衬砌。

(2)控制段。采用平底坎宽顶堰,过水宽 60 m,顺水流长度 20 m。

(3)渐变段。断面为矩形,长 60 m,底坡 1∶50。

(4)第Ⅰ陡槽段。断面为矩形,底宽 40 m,长 596 m,底坡 1∶200。

(5)第Ⅱ陡槽段。断面形状及尺寸同第Ⅰ陡槽段,长 40 m,底坡 1∶8。

(6)挑流消能段。下泄设计洪水时,挑坎下游尾水渠水位 350.64 m,下游河底高程 347.2 m。

1.2　泄洪洞

泄洪洞由 11 段组成,混凝土衬砌,如附图 1-2 所示。

(1)进口段。采用底部高程 342 m,长 10 m。进口喇叭形塔架式进水口,进口设拦污栅,局部水头损失系数 $\zeta=0.15$,进口局部水头损失系数 $\zeta=0.1$。

(2)闸室段。横断面为 4 m×4 m 的矩形断面,长 6 m,门槽局部水头损失系数 $\zeta=0.1$。

(3)渐变段。横断面由 4 m×4 m 的矩形断面渐变为直径为 3.5 m 的圆形断面,长 10 m,渐变段局部水头损失系数 $\zeta=0.05$。

(4)洞身段。横断面是直径 3.5 m 的圆形断面,长 170 m。

(5)第二渐变段。横断面由直径 3.5 m 的圆形断面渐变为 3.2 m×3.2 m 的矩形断面,长 10 m。

(6)洞后闸室段。底部高程 341 m,长 12 m。

(7)平坡段。底宽 3.2 m,长 7 m。

(8)扩散斜坡段。扩散角 15°,底坡 1∶5。

(9)消能段。

(10)扭曲面。

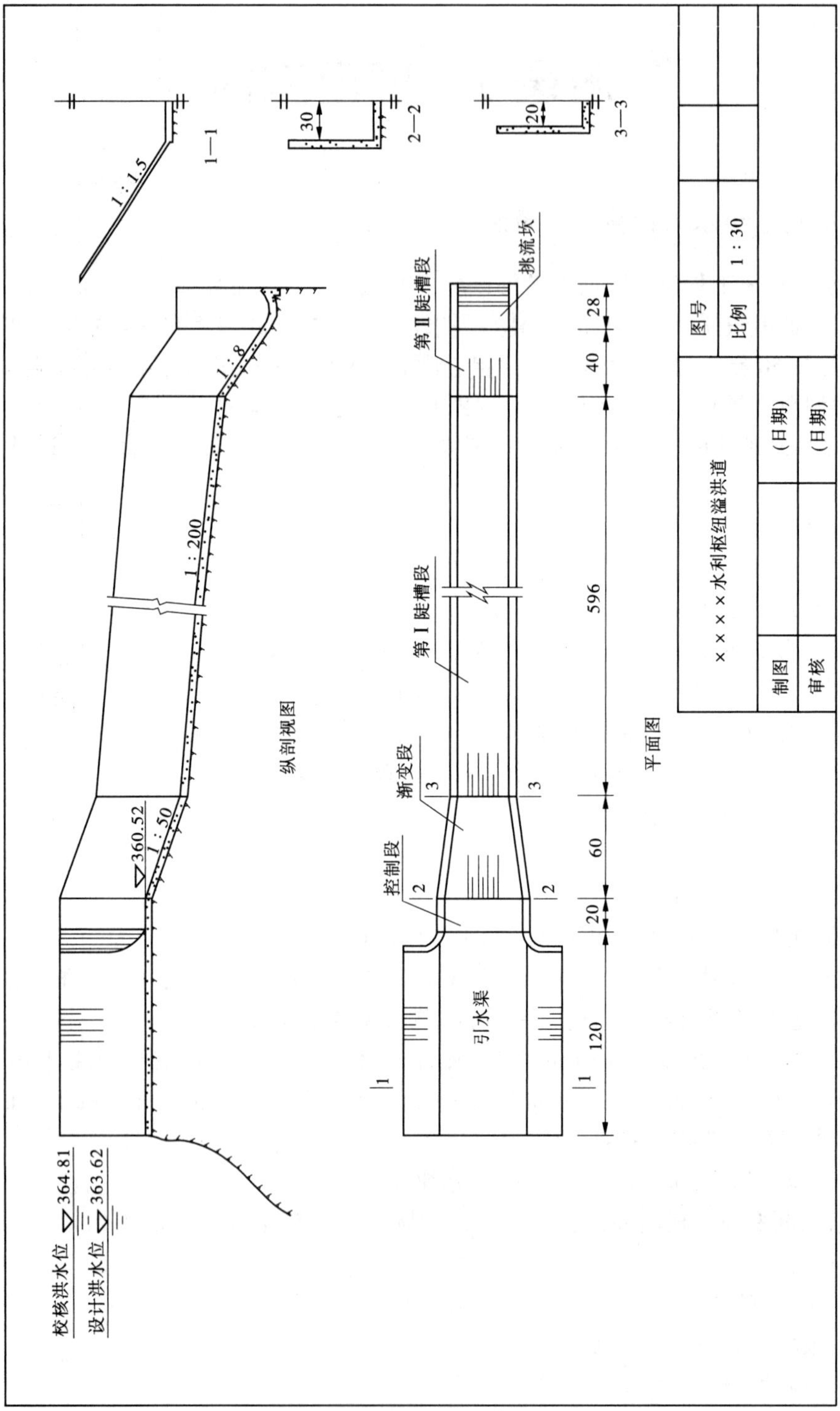
校核洪水位 364.81
设计洪水位 363.62
360.52
1∶50
1∶200
1∶8
1∶1.5
纵剖视图
1—1
2—2
3—3
30
20
引水渠
控制段
渐变段
第Ⅰ陡槽段
第Ⅱ陡槽段
挑流坎
120
20
60
596
40
28
平面图
×××水利枢纽溢洪道
图号
比例
1∶30
制图
审核
(日期)
(日期)

附图1-1 （单位:m）

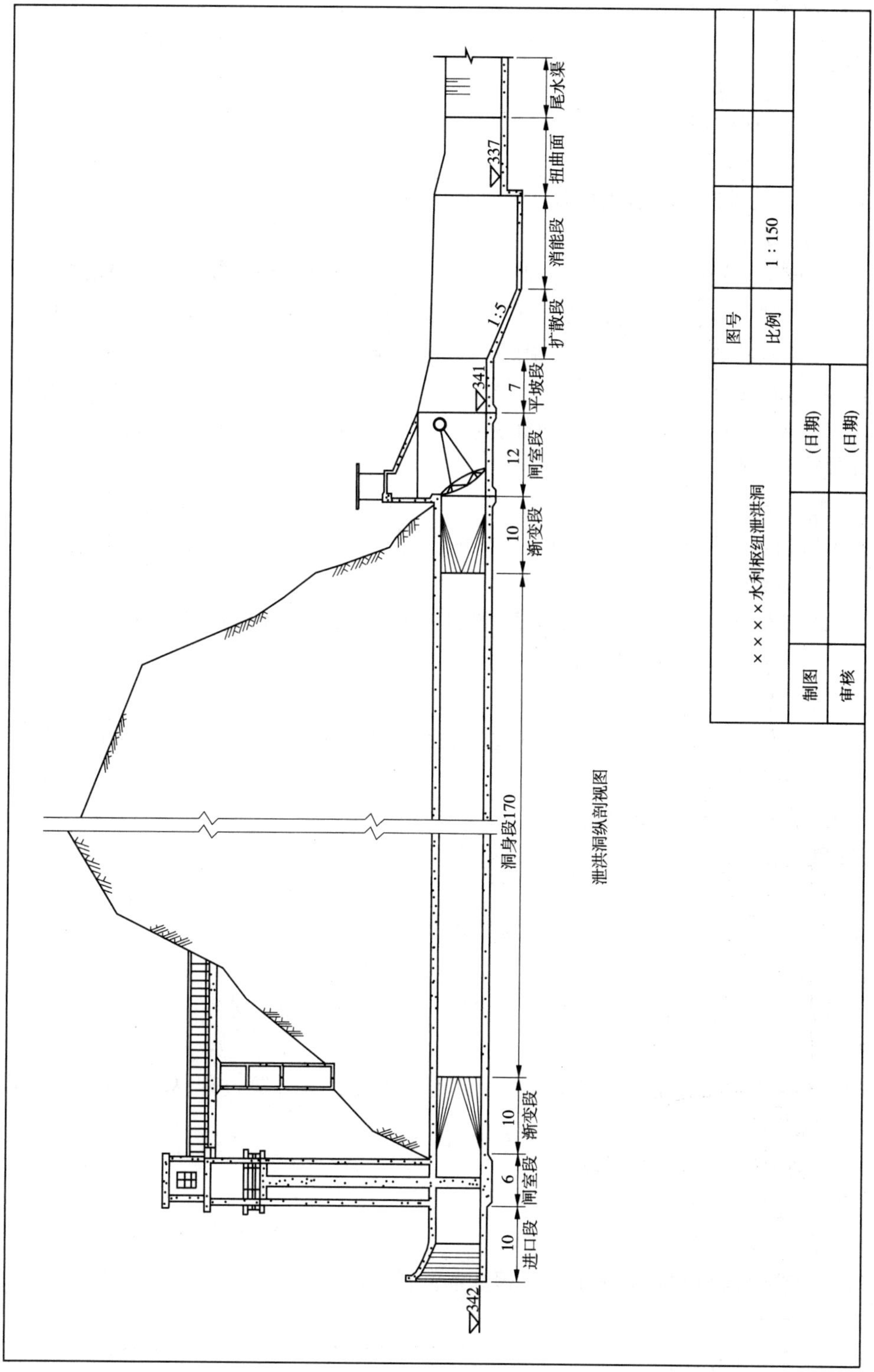
尾水渠
扭曲面
337
消能段
1:5
扩散段
341
7
平坡段
12
闸室段
10
渐变段
洞身段170
10
渐变段
6
闸室段
10
进口段
342
泄洪洞纵剖视图
图号
比例
1∶150
××××水利枢纽泄洪洞
制图
(日期)
审核
(日期)

附图1-2 （单位:m）

(11)尾水渠。底部高程 337 m,底坡 $i=0.001$,底宽 14 m,边坡系数 $m=1.5$。

2 实训内容

2.1 项目3实训内容

2.1.1 基本资料

基本资料见段村水利枢纽水力计算基本资料。

2.1.2 设计内容

(1)计算水闸检修工作,检修闸门关闭时,闸门所受的静水压强分布和静水总压力。

(2)弧形闸门转轴高程 344.2 m,闸门顶部高程与转轴高程相同,弧形闸门半径 $R=3.7$ m。计算弧形闸门关闭时,弧形闸门上受到的静水总压力。

2.1.3 上交成果

计算任务书一份(包括平板闸门计算和弧形闸门的完整计算过程,Word 文档)。

2.2 项目4实训内容

2.2.1 基本资料

基本资料见段村水利枢纽水力计算基本资料。

2.2.2 设计内容

(1)验算泄洪洞是否满足泄洪要求(设计洪水位、校核洪水位两种情况)。

(2)设计情况下绘制泄洪洞压坡线。

2.2.3 上交成果

(1)计算任务书一份(包括泄洪洞过流量完整计算过程,Excel 表格、Word 文档)。

(2)绘制泄洪洞压坡线。

(3)本项目学习体会及建议。

2.3 项目5实训内容

2.3.1 基本资料

基本资料见段村水利枢纽水力计算基本资料。

2.3.2 设计内容

计算设计洪水位时段村水利枢纽泄洪洞下游尾水渠的正常水深。

2.3.3 上交成果

(1)计算任务书一份(包括试算法计算正常水深完整计算过程,Word 文档,Excel 计算正常水深计算过程)。

(2)本项目学习体会及建议。

2.4 项目6实训内容

2.4.1 基本资料

基本资料见段村水利枢纽水力计算基本资料。

2.4.2 设计内容

(1)确定引水渠断面。

(2)验算渐变段长度是否满足要求(扩散角应小于 15°)。

(3)按设计洪水流量计算并绘制溢洪道水面曲线。

2.4.3 上交成果

(1)计算任务书一份(包括溢洪道水面线完整计算过程,Excel 表格、Word 文档)。

(2)绘制溢洪道水面曲线。

(3)本项目学习体会及建议。

2.5 项目 7 实训内容

2.5.1 基本资料

某水库修建一带胸墙的河岸式溢洪道,溢洪道控制段上为宽顶堰,宽顶堰上用弧形闸门控制泄流量,如附图 1-3 所示。溢洪道共 3 孔,每孔净宽 $b=10$ m,闸墩墩头为半圆形,墩厚 $d=2$ m,翼墙为八字形,底宽 $b_0=34$ m,边坡系数 $m=1.5$,闸上游设有引渠段,断面为梯形,闸底板高程 $\nabla_1=33.0$ m,前沿为圆弧形,胸墙底部为圆弧形,圆弧半径 $r=0.53$ m。墙底高程 $\nabla_2=38.0$ m,闸门圆弧半径 $R=7.5$ m。门轴高程 $\nabla_3=38.0$ m,闸后接斜坡段,溢洪道用混凝土浇筑,粗糙系数 $n=0.014$,水库设计洪水位 $z_{设}=42.07$ m,校核洪水位 $z_{校}=42.40$ m,溢洪道下游水深与流量的关系曲线见附图 1-4。

2.5.2 设计内容

在闸门全开堰流的条件下,建立库水位与溢洪道的流量关系曲线。

2.5.3 上交成果

(1)计算任务书一份。

(2)本项目学习体会及建议。

2.6 项目 8 实训内容

2.6.1 基本资料

基本资料同项目 7 实训内容的基本资料。

胸墙底缘为圆弧形,闸孔出流时流量按以下公式计算

$$Q=\mu Be\sqrt{2g(H_0-\varepsilon' e)}$$

$$\varepsilon'=\frac{1}{1+\sqrt{K\left[1-\left(\frac{e}{H}\right)^2\right]}}$$

$$K=\frac{0.4}{2.718^{16r/e}}$$

$$K=\frac{0.4}{2.718^{16\times0.106}}=0.073$$

式中 H_0——包括行近流速水头的闸前作用水头,m;

B——闸孔净过水宽度,m,$B=30$ m;

e——闸门开启高度,m,$e=5$ m;

R——胸墙底部圆弧半径,m,$R=7.5$ m;

μ——流量系数,$\mu=\varphi\varepsilon'$;

ε'——弧形闸门垂向收缩系数;

r——胸墙底部圆弧半径,m,$r=0.53$ m。

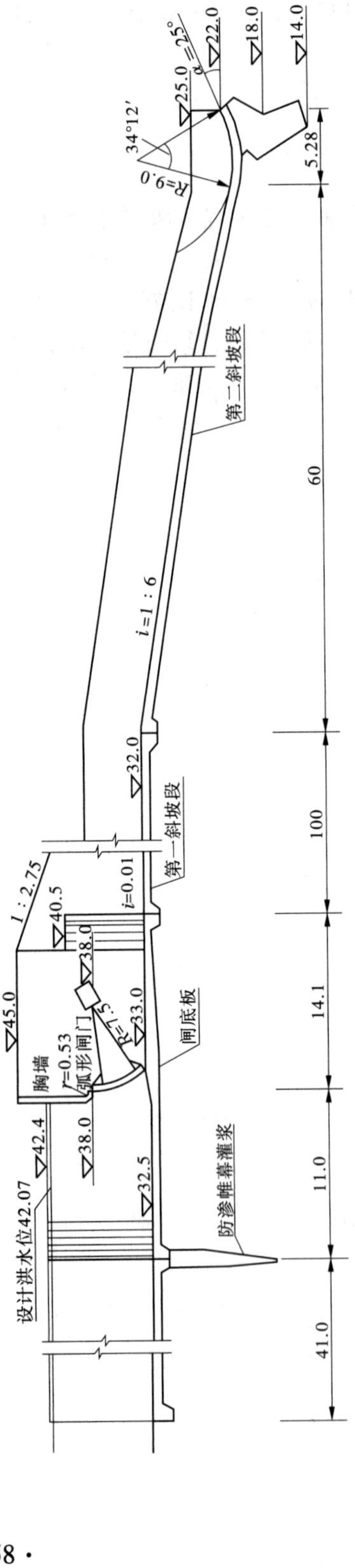

附图1-3 （单位:m）

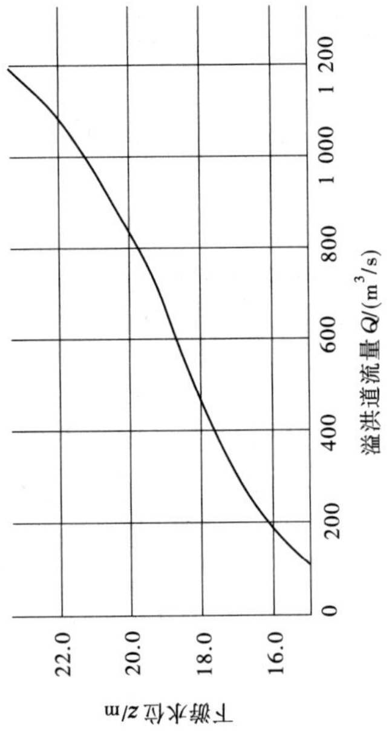

附图1-4

2.6.2 设计内容

在闸门全开闸孔出流的条件下,建立库水位与溢洪道的流量关系曲线。

2.6.3 上交成果

(1)计算任务书一份。

(2)本项目学习体会及建议。

2.7 项目9实训内容

2.7.1 基本资料

基本资料见段村水利枢纽水力计算基本资料。

2.7.2 设计内容

(1)根据项目4溢洪道水面线计算结果拟定挑坎形状及尺寸(溢洪道出口河底高程347 m,岩石坚硬,完整性较差)。计算挑距,验算是否满足稳定要求。

(2)根据泄洪洞设计流量,分析泄洪洞下游水流衔接形式,设计消力池。

2.7.3 上交成果

(1)计算任务书一份(包括溢洪道挑流消能及泄洪洞底流消能完整计算过程,Excel表格、Word文档)。

(2)绘制溢洪道挑流消能及泄洪洞底流消能计算图。

(3)本项目学习体会及建议。

2.7.4 时间安排

学生主要利用课下时间完成,教师课上布置任务、检查完成情况、答疑并对普遍问题集中讲解。

附录2 希腊字母读音表

序号	大写	小写	英文注音	国际音标注音	中文注音
1	A	α	alpha	a:lf	阿尔法
2	B	β	beta	bet	培塔
3	Γ	γ	gamma	ga:m	伽玛
4	Δ	δ	delta	delt	代尔塔
5	E	ε	epsilon	ep`silon	依伯西隆
6	Z	ζ	zeta	zat	兹依塔
7	H	η	eta	eit	爱塔
8	Θ	θ	theta	θit	西塔
9	I	ι	iota	aiot	爱呵塔
10	K	κ	kappa	kap	卡巴
11	Λ	λ	lambda	lambd	乃姆达
12	M	μ	mu	mju	弥优
13	N	ν	nu	nju	纽
14	Ξ	ξ	xi	ksi	爱克刹爱
15	O	o	omicron	omik`ron	奥密克戎
16	Π	π	pi	pai	派爱
17	P	ρ	rho	rou	罗
18	Σ	σ	sigma	`sigma	西格玛
19	T	τ	tau	tau	套
20	Υ	υ	upsilon	ju:p`sailon	优伯西隆
21	Φ	ϕ	phi	fai	非
22	X	χ	chi	phai	盖
23	Ψ	ψ	psi	psai	普西
24	Ω	ω	omega	o`miga	奥米轧

附录3　部分参考答案

绪　论

(一)单选题

1. B　　2. A　　3. B　　4. C

(二)计算题

1. $\gamma = 10\ 094\ \text{kN/m}^3$
2. $\nu = 0.605\times10^{-6}\ \text{m}^2/\text{s}$, $\mu = 1.842\times10^{-5}\ \text{Pa}\cdot\text{s}$
3. $\tau = 1.15\ \text{kPa}$

项目 1

(一)单选题

1. A　　2. B　　3. B　　4. B　　5. C
6. B　　7. B　　8. D

(二)分析题(略)

(三)计算题

1. 静水压强:$p_1 = 14.7\ \text{kPa}$, $p_2 = 4.9\ \text{kPa}$, $p_3 = 4.9\ \text{kPa}$, $p_4 = 19.6\ \text{kPa}$, $p_5 = 24.5\ \text{kPa}$
2. 相对压强:$p_A = 9.8\ \text{kPa}$, $p_B = -9.8\ \text{kPa}$

项目 2

(一)单选题

1. D　　2. C　　3. B　　4. C　　5. A
6. A　　7. C　　8. A　　9. D　　10. B
11. D　　12. C　　13. D　　14. B　　15. D
16. D　　17. A

(二)计算题

1. $v_2 = 0.5\ \text{m/s}$
2. 水流 B 流向 A, $h_w = 2.95\ \text{m}$
3. $v = 5.4\ \text{m/s}$
4. 单位总能量(总水头):$H_1 = 10.05\ \text{m}$, $H_c = 4.74\ \text{m}$, $H_2 = 3.97\ \text{m}$

5. $v_2=1.78$ m/s, $Q\approx6.63$ m^3/s

6. $v_B=2.67$ m/s, $p_A/\gamma\approx6.20$ m

7. $Re=7\ 846.6$ 紊流

8. $Re=2\ 522.5$ 紊流; $Re=840.8$ 层流

9. $v=1.82$ m/s, $\lambda\approx0.015\ 9$

10. $R=2.1$ m, $A=39$ m^2, $h_f\approx0.149$ m

11. $v\approx1.38$ m/s, $\zeta\approx0.3$

12. $p_2/\gamma\approx40.5$ m,轴向推力约为 391.71 kN

13. $R_x\approx2.84$ kN, $R_y\approx2.15$ kN, $R\approx3.56$ kN

项目 3

一、项目自测

(一)单选题

1. C　　2. C　　3. C　　4. A　　5. D

(二)绘图题(略)

(三)计算题

1. 闸门斜放 $\alpha=60°$时:$P=141.45$ kN, $e=0.962$ m

当闸门铅直时:$P=122.5$ kN, $e=0.833$ m

2. $P=34.594$ kN, $e=1.79$ m

3. $P_x=78.4$ kN, $P_z=123.08$ KN, $P=145.94$ kN, $\theta=57.53°$

4. $P_x=2\ 940$ kN, $P_z=879.648$ kN, $P=3\ 068.775$ kN, $\theta=16.67°$

5. $T=70.119$ kN

6. 水流对闸门的作用力 $F=98.35$ kN,静水总压力 $P=120.05$ kN

二、项目实训(略)

项目 4

一、项目自测

(一)单选题

1. D　　2. A　　3. B　　4. C　　5. A

6. C　　7. C　　8. D　　9. A

(二)绘图题(略)

(三)计算题

1. $Q=392.5\ m^3/s$
2. $n=0.0125$ 时,$H\approx 14\ m$
3. 按正常管,$d=250\ mm$
4. $H=2.75\ m$
5. $D=0.72\ m$,取 $D=0.75\ m$
6. 进口局部系数取 2.5,$n=0.014$ 时,$Q=2.13\ m^3/s$,高出上游水面约 5.1 m
7. $Q=0.027\ m^3/s$,$z=0.83\ m$
8. $z=70.3\ m$, $h_s\approx 4.9\ m$
9. $H=3.09\ m$
10. $\lambda=0.031$,$Q=7.62\ m^3/s$

二、项目实训(略)

项目5

一、项目自测

(一)单选题

1. D	2. A	3. A	4. D	5. A	6. A

(二)计算题

1. $h_0=1.27\ m$,$h_0+\Delta h=1.57\ m$
2. $b=2.83\ m$
3. $h_0=1.22\ m$,$b=3.05\ m$
4. $i=0.0004$,$v=1.688<1.8\ m/s$,满足通航要求

二、项目实训(略)

项目6

一、项目自测

(一)单选题

1. D	2. A	3. D	4. A	5. C
6. B	7. B	8. A	9. A	10. B

(二)绘图题(略)

(三)计算题

1. 水流为缓流

2. $v_w=4.2$ m/s,$Fr=0.29$,水流为缓流

3. $h''=17$ m,$L_j=99.36$ m

4. $h_0=2.762$ m $\sum\Delta s=8\ 451.1$ m

5. 略

二、项目实训(略)

项目 7

一、项目自测

(一)单选题

1. C	2. C	3. A	4. B	5. C
6. A	7. A	8. B	9. A	10. D

(二)计算题

1. $Q=0.77$ m³/s

2. $m\approx0.515$,$\varepsilon\approx0.979$,$\sigma_s\approx0.995$,$Q\approx799.55$ m^3/s

3. $m=0.367$,$\varepsilon=0.978$,①$h_s/H_0=0.96$,$Q=414.8$ m^3/s;②$h_s/H_0=0.78$,$Q=702.9$ m^3/s

4. $m=0.366$,迭代试算得 $Q\approx180$ m^3/s

二、项目实训(略)

项目 8

一、项目自测

(一)单选题

1. B	2. A	3. B	4. A	5. C
6. C	7. A			

(二)计算题

1. ①自由出流 $Q\approx138.99$ m^3/s ;②淹没出流 $Q\approx112.58$ m^3/s

2. 淹没出流 $Q\approx254.4$ m^3/s

3. $Q\approx19.25$ m^3/s

4. ①$e/H=0.22$,$Q_1\approx197.72$ m^3/s;②$e/H=0.5$,$Q_2\approx656.86$ m^3/s

二、项目实训(略)

项目 9

一、项目自测

(一)单选题

1. C　2. D　3. C　4. C　5. D

(二)计算题

1. $h'_c=4.6$ m,①淹没式水跃;②临界式水跃;③远离式水跃
2. $h_c=0.33$ m,$h'_c=1.83$ m,远离式水跃
3. $h_c=0.6$ m,$h'_c=4.54$ m,池深 $d\approx1.57\sim1.85$ m
4. $q=5.02$ $m^3/(s\cdot m)$,淹没系数 $\sigma_j\approx1.29$,不满足要求
5. 取 $\varphi=0.97$,$h'_c=3.63$ m,坎高 $c\approx1.02$ m
6. $t_s=13.41$ m,$L\approx114.08$ m,$i\approx0.118$

二、项目实训(略)

项目 10

1. $q=3.75\times10^{-7}$ $m^3/(s\cdot m)$
2. $q=5.71\times10^{-7}$ $m^3/(s\cdot m)$,$h=2.60$ m
3. $Q=2.47\times10^{-4}$ m^3/s
4. 0 点处地下水位降低了 0.54 m

项目 11

1. 气穴数 2.32,不发生气蚀
2. 选用霍尔公式修正系数 $k=0.005$ 时,$h_a=3.66$ m;选用式(10-8)$\eta=1.1$,$h_a=4.1$ m

参 考 文 献

[1] 罗全胜. 王勤香. 水力分析与计算[M]. 郑州:黄河水利出版社,2011.
[2] 李炜. 水力计算手册[M]. 2版. 北京:中国水利水电出版社,2006.
[3] 武汉水利电力学院水力学教研室. 水力计算手册[M]. 北京:水利电力出版社,1983.
[4] 吴持恭. 水力学[M]. 3版. 北京:北京高等教育出版社,2003.
[5] 罗全胜. 水力计算[M]. 北京:中国水利水电出版社,2001.
[6] 刘纯义,熊宜福. 水力学[M]. 北京:中国水利水电出版社,2005.
[7] 李大美,杨小亭. 水力学[M]. 武汉:武汉大学出版社,2004.
[8] 张耀先,丁新求. 水力学[M]. 郑州:黄河水利出版社,2002.
[9] 邓小玲. 水力学[M]. 北京:科学出版社,2005.
[10] 刘润生,何建京,王忖,等. 水力学[M]. 2版. 南京:河海大学出版社,2007.
[11] 清华大学水力学教研组. 水力学[M]. 北京:人民教育出版社,1980.
[12] 徐正凡. 水力学[M]. 北京:高等教育出版社,1986.
[13] 李序量. 水力学[M]. 3版. 北京:中国水利水电出版社,1991.
[14] 华东水利学院. 水工设计手册;第一卷[M]. 北京:水利电力出版社,1987.
[15] 大连工学院水力学教研室. 水力学[M]. 北京:高等教育出版社,1985.
[16] 余际可,罗尚生,田文铎. 倒虹吸管[M]. 北京:水利电力出版社,1983.
[17] 徐桂英,安毓群,张俊华. 工程流体力学[M]. 郑州:黄河水利出版社, 1996.
[18] 中华人民共和国水利部. 水闸设计规范: SL 265—2016[S]. 北京:中国水利水电出版社,2017.
[19] 中华人民共和国水利部. 水工隧洞设计规范: SL 279—2016[S]. 北京:中国水利水电出版社,2016.
[20] 中华人民共和国水利部. 溢洪道设计规范: SL 253—2018[S]. 北京:中国水利水电出版社,2018.
[21] 左东启. 中国水利百科全书. 水力学、河流及海岸动力学分册[M]. 北京:中国水利水电出版社,2004.
[22] 袁新明,邓继军,祁国军. 高淹没度下平底宽顶堰流量计算问题研讨[J]. 水利水电科学进展,2010,(30)4:22-24,66.
[23] 周明德. 治淮闸坝工程水力学论文集[M]. 北京:海洋出版社,2002.
[24] 武永昌. 消力池深(坎高)迭代计算[J]. 陕西水利,1987(3):28-33.
[25] 张志昌,李若冰,赵莹,等. 消力坎式消力池淹没系数和坎高的计算[J]. 长江科学院院报,2013,30(11):50-54.